KB024066

뭔가 만들거나 고칠 때, 더 대담하고 더 나은 내가 되고자 할 때 꼭 필요한 지침서. 타이어를 바꾸고, 물 새는 변기를 고치고, 개집 짓는 방법이 궁금할 때, 아니면 그냥 좀 더 용감해진 듯한 기분을 맛보고 싶은 이들에게 딱이다. 이 책에는 쉽게 찾아볼 수 있고 용기를 북돋워주며 실제로 시도해볼 만한 내용으로 가득하다. 이 책을 읽다 보면 여성들이 두려움을 떨치고 더 많은 것을 만들도록 지금까지 노력해온 에밀리 필로톤에게서, 어째서 그 많은 소녀들이 그토록 큰 도움을 받았는지 이해하게 될 것이다.
_멀린다 게이츠(MELINDA GATES), **여성 사회진출 지원기업 피보탈벤처스 창립자, 빌&멀린다게이츠재단 공동의장, 『누구도 멈출 수 없다』 저자**

처음 이 책을 읽을 때만 해도 물이 잘 안 내려가는 변기를 몇 달째 참고 있었다. 절반쯤 읽었을 무렵 문득 깨달았다. 난 대체 뭘 기다리고 있는 거지? 내가 고치면 되잖아! 『언니는 연장을 탓하지 않는다』는 단순한 지침서 그 이상이다. 모든 연령대의 여성들에게 운명을 자신의 손으로 개척해나가라는 분명한 메시지다. 이 책은 공구 다루는 법을 배우면 멋진 책장이나 화분, 개집을 만들 수도 있지만, 그와 동시에 자신감도 생긴다고 말하고 있다. 내 안의 위대함에 대한 필로톤의 진심 어린 확신과 여러 여성 메이커의 소개글에 자극받은 나는 그 즉시 변기를 수리했다. 내가 어렸을 때 이 책이 있었다면 좋았을 텐데. 이 책은 모든 여성 청소년의 DIY 정신에 대한 열띤 선언이다.
_캐롤린 폴(CAROLINE PAUL), **『용감한 소녀들이 온다』 저자**

『언니는 연장을 탓하지 않는다』는 모든 여성 청소년을 위한 DIY 도서이다. 이 책은 실용적인 공구 사용법과 수리 방법을 쉽게 설명해 다음 세대 여성들이 독립적으로 성장할 힘을 길러준다. 그 과정에서 여성 청소년들은 능력 있고 강한 여성 롤모델이 한목소리로 외치는 격려를 받는다. "넌 할 수 있어. 혼자가 아니야!"
_루즈 리바스(LUZ RIVAS), **캘리포니아주 제39지구 하원의원, DIY 걸스 설립자**

*이 책은 PUR 제본으로 만들어, 파본 걱정 없이 쫙 펴서 볼 수 있습니다.
책에 소개된 도구를 다룰 때, 공작 프로젝트를 시도할 때 옆에 펼쳐놓고 편하게 작업하세요!

GIRLS
GARAGE

여성 메이커를 위한 공구 워크숍

언니는 연장을 탓하지 않는다

에밀리 필로톤 지음 · 이하영 옮김

학고재

언니는 연장을 탓하지 않는다
여성 메이커를 위한 공구 워크숍
에밀리 필로톤 지음, 케이트 빙거먼버트 그림

이 책은 숙련된 성인이 감독한다는 전제 아래 14세 이상의 여성 청소년을 대상으로 썼다. 성인도 공구를 다루고 프로젝트를 할 때는 동료와 함께 작업해야 한다. 이 책에 다양한 유형의 공구 사용법에 대한 지침이 담겨 있지만, 공구 모델의 설명서를 읽고 명시된 안전 주의 사항을 늘 따라야 한다. 저자와 크로니클북스는 이 책에서 소개하는 프로젝트에서 발생할 수 있는 부상이나 손해에 대해 법적 책임을 지지 않는다.

Photo credits: Title page/Girls Garage: photo by Emily Pilloton
Introduction/baby Emily: photo by Anna Pilloton
Introduction/welding: photo by Emily Pilloton
Introduction/farmers' market: photo by Brad Feinknopf Photography
Bibi Amina: photo by Safiullah Baig
Patrice Banks: photo by Girls Auto Clinic
Tiarra Bell: photo by Tamira Bell
Kari Byron: photo by Kari Byron
Erica Chu: photo by Emily Pilloton
Quetzalli Feria Galicia: photo by Emily Pilloton
Tami Gamble: photo by Texasblewprints
Jeanne Gang: photo by Sally Ryan
Miriam E. Gee: photo by Sean Wittmeyer
Evelyn Gomez: photo by Eric Quintero
Kay Morrison: photo by Emily Pilloton
Allison Oropallo: photo by Gretchen Gottwald
Simone Parisi: photo by Emily Pilloton
Liisa Pine: photo by Claire Porter
Kia Weatherspoon: photo by A Little Bit of Whimsy Photography

내게 세상을 열어준 여성 애나, 마거릿, 비베트에게.
그리고 미래를 만들어갈 모든 여성에게 이 책을 바친다.
—에밀리 필로톤

차례

8 머리말—두려워 말고 많이 만들자

21 **안전과 장비**

29 에벌린 고메즈

33 **공구함**

35 **만들기 재료**
만들기 프로젝트에 필요한 제재목과 합판, 판금, 콘크리트, 기타 원자재

42 시모네 패리시

48 **철물**
조립하고 부착하고 고정할 때 필요한 못과 나사, 너트, 볼트

54 태미 갬블

61 캐리 바이런

73 **측정하고 배치하고 고정하기**
측정하고 조립하고 정렬하고 제자리에 고정하는 도구

84 미리엄 E. 지

96 **수공구**
망치와 드라이버, 플라이어, 기타 전기를 사용하지 않는 도구

103 에리카 추

111 키아 웨더스푼

122 **톱**
이동식 톱에서 전기 톱까지, 다양한 재료를 다양한 방법으로 절단하는 데 쓰이는, 치명적인 매력을 지닌 톱

131 비비 아미나

145 케트잘리 페리아 갈리시아

148 **전동 공구**
프로젝트에 동력을 제공하는 드릴과 임팩트 드라이버와 같이 놀라운 전동 공구

156 앨리슨 오로팔로

165 **샌딩하고 마무리하기**
표면을 매끄럽게 마감하고 마모로부터 보호해주는 도구

171 **금속 공구**
(마치 슈퍼히어로처럼) 금속을 접합하고 절단하고 성형하는 데 탁월한 도구

173 케이 모리슨

183 리사 파인

187 **청소하기**
톱밥을 정리하고 깨끗하고 안전한 작업공간을 유지하는 데 필요한 도구

191 **필수 기술**

193 **피트와 인치 표시하기**
194 **치수 표시하기**
195 **재료의 '재단 목록' 작성하기**

196 측정이나 계산 없이 직사각형 중심 찾기
198 건축 설계 도면 읽기
200 3-4-5 삼각형으로 완벽한 직각 모서리 만들기

202 잔 강

205 제재목 옮기기
206 빗못치기
208 유용한 매듭 네 가지와 용도
212 연장 코드 감기
214 샛기둥 감지기 없이 샛기둥 찾기
216 벽에 액자 걸기
218 벽에 페인트칠하기
220 회로 차단기 올리는 법과 내려간 원인 찾기
222 스토브나 온수기의 점화용 불씨 재점화하기
226 벽의 구멍 메우기
230 새는 변기 고치기
232 예초기 등 소형 엔진의 시동 켜기
234 자물쇠 따기 (나쁜 의도는 없다!)
238 방전된 자동차 시동 걸기

240 패트리스 뱅크스

242 바람 빠진 타이어 교체하기

247 **만들기 프로젝트**

249 나만의 공구함 만들기
254 톱질대 만들기
258 손으로 눈금을 새긴 강철 눈금자 만들기
262 원하는 모양으로 벽시계 만들기
266 나무 숟가락 만들기

271 티아라 벨

274 직각 새집 만들기
280 벽걸이식 자전거 거치대 만들기
285 모듈식 책장 만들기
290 우유갑으로 콘크리트 화분 만들기
295 다리 달린 화분 상자 만들기
300 샛기둥 구조의 개집 짓기

310 감사의 말
311 찾아보기
319 저자 소개

머리말

두려워 말고 많이 만들자

만들기에 푹 빠진 자매들이여

이 책은 만들기와 공구, 우리 손으로 멋진 것을 만드는 방법을 이야기한다. 그러나 동시에 여성임을 자각하고, 두려움을 극복하고, 지금까지 시도하지 못했던 기술을 배우고, 세상에 흔적을 남기는 일의 강렬함을 느끼는 일에 관해서도 이야기한다.

나는 만들기가 정말 좋다! 하루 종일 만들기를 생각하고 거의 매일같이 무언가를 만든다. 만들기를 하지 않으면 손에 가시가 돋칠 정도다. 단 몇 시간 만에 뚝딱 만들어 "이거 내가 만든 거야"라고 말한다니, 생각할수록 진짜 좋다. 무언가를 만든다는 건 손과 머리와 마음을 갖고 새로운 것을 내놓아 조금이나마 세상을 변화시키는 것과 같다.

어리든, 나이 들고 현명하든, 모험심이 강하든, 부끄러움이 많든, 수학을 잘하든 못하든, 이웃을 사랑하든, 이웃에게서 벗어나고 싶든, 이 책을 집어 든 순간 여러분은 이미 용감한 여성 메이커다. 여성 메이커 모임에 온 것을 환영한다. 여러분이 나만큼 만들기를 좋아하면 좋겠다. 아니, 적어도 "그거 내가 만들었어"라고 말할 때의 그 마법 같은 기분을 느껴보면 좋겠다. 이 책을 펼쳐서 새로운 것을 시도해보고, 책을 덮으면서 어제보다 더 강하고 힘이 세진 자신을 느껴보길 바란다.

나는 비영리 프로그램 걸스 개라지(Girls Garage)의 설립자이자 사무국장으로 활동하고 있다. 여성 청소년들에게 자신들이 바라는 세상을 만들 도구를 마련해주기 위해 2013년 이 프로그램을 시작했다. 나는 건축을 공부하고 건축 회사에서 가구 디자이너로 일했다. 수년간 다른 사람의 아이디어를 현실로 옮기는 일을 했지만 내 손으로 직접 무언가를 만드는 일이 사무치게 그리워져 회사를 그만두었다. 지역 사회, 특히 젊은 세대를 위한 진짜 프로젝트를 젊은 세대와 함께 진행하고 싶었다. 왜냐하면 나는 디자인과 건축이 세상(비록 단지 한 사람의 세상이라 할지라도)을 바꿀 수 있다고 언제나 믿어왔기 때문이다.

2008년부터 노스캐롤라이나 시골과 샌프란시스코 베이 지역의 공립 고등학교에서 건축과 만들기를 가르쳤다. 중고등학생들과 함께 굉장한 것들을 설계하고 만들었다. 약 186제곱미터 규모의 농산물 직판장, 노숙인들을 위한 초소형 주택, 학교 도서관 같은 것이다. 그리고 나에게 가장 중요한, 여성 청소년을 위한 디자인 및 만들기 작업 공간인 걸스 개라지를 처음 열었다. 건설 현장이나 교실, 남녀가 섞여 있는 환경에서 어린 여학생 일부가 여학생끼리 있을 때와는 다른 모습을 보이는 경우를 종종 보았기 때문이다. (나 역시 다르지 않다.) 우리는 각도 절단기 사용법을 알면서도 가끔 자기 말을 검열하고 책임을 회피했다. 또 가끔은 대놓고 자기가 뭘 하는지도 모른다는 말을 듣거나 손에서 공구를 빼았겼다. 일터에서는 날아오르려는 우리의 능력을 제한하려는 사회적 힘과 맞닥뜨리곤 했다. 나는 그런 장벽을 무너뜨리고 싶었다. 무엇보다 두려움 없이 만들기를 즐기는 여성 청소년의 공동체를 만들고 싶었다.

걸스 개라지는 캘리포니아주 버클리에 위치한 약 334제곱미터 면적의 밝고 아름다운 작업 공간이다. 다양한 배경의 십 대 여성 청소년들이 모여 어린 메이커로서 대범하고 용감한 일을 한다. 어떤 주는 아홉 살 여자아이와 용접을 하고, 그 아이 언니와 공구함을 만들고, 손수 만든 가구를 지역 여성 센터에 전해주고, 여성 엔지니어 단체를 초대해 팀워크 향상 워크숍을 진행하기도 한다. 우리는 용접하고 나무를 자르고 벽을 만들고 자물쇠를 따고 스크린 인쇄를 하고 스케이드보드에 레이저로 원하는 무늬를 새긴다. 해마다 방과 후와 여름 내내 걸스 개라지의 문으로 걸어 들어온 여성 청소년들은 자기 이름을 벽에 새긴다. 여성 청소

년들은 이곳이 말도 안 되는 아이디어조차 현실로 옮길 수 있는 안전한 공간임을 잘 알고 있다.

걸스 개라지는 네 가지가 특별하다.

1/ 고도로 숙련된 강사, 멘토와 얼굴을 맞대고 경험을 쌓을 때 교류가 활발히 일어나는 곳은 바로 지역 사회와 가족이다. 우리 강사는 모두 여성이고(몇몇 강사의 이야기가 이 책에 실려 있다!) 대단한 경력을 자랑하며, 건축, 목공, 금속공예, 교육, 리더십 분야에서 수십 년간 경험을 쌓은 사람들이다. 여성 청소년들은 강사들을 보며 자신을 돌아볼 수 있으며, 그 반대의 경우도 가능하다. 이런 관계를 쌓는 과정에서 여성 청소년들은 걸스 개라지에서 성장하고 늘 새로운 것을 배운다.

2/ 걸스 개라지에서 쌓은 경험은 언제나 유대감과 베풂에 뿌리를 둔다. 우리는 팀원을 위해 각목의 반대편 끝을 들어 지탱해주고, 지역 사회에서 공존할 프로젝트를 만든다. 우리는 여러 목소리와 생각을 받아들여 우리 작업을 개선한다. 많은 여성 청소년에게는 메이커로서의 능력을 찾도록 옆에 서서 도와주는 나나 우리 강사, 만들기 교실 친구가 중요한 존재라고 생각한다. 이 책이 여러분 옆에 있어야 할 우리 가운데 한 명을 대신하고 각목의 반대편 끝을 잡아주며 할 수 있다고 북돋워주는 믿을 만한 친구를 대신한다고 느끼게 해주면 좋겠다. 함께 작업하면 벽을 넘을 수 있다. 우리는 이웃이나 비영리 단체, 학교에 필요한 가구, 놀이용 모래 상자, 온실 같은 것을 만드는 프로젝트를 진행한다. 우리가 제공하는 최고의 서비스는 우리의 기술을 가지고 지역 사회를 실제로 변화시키는 것이다.

3/ 인종, 가족, 배경, 한계, 두려움에 관한 우리의 이야기와 목소리는 모두 중요하며 존중받는다. 사실 이런 것들 덕에 걸스 개라지에서 만드는 것들이 더 의미 있어진다. 예를 들어 근처의 여성 쉼터에 둘 가구를 만들 때, 우리는 살면서 노숙이나 가정 폭력을 겪은 여성 청소년을 기꺼이 초대해 그 경험을 듣는다. 우리는 어려운 이야기를 할 공간을 마련한다. 여성 청소년들은 이곳에서 자신의 약함을 드러낼 수도 있고, 자신의 정체성, 정신 건강, 인종, 가족, 인간관계에 관해 의문이나 이의를 던질 수도 있다. 프로젝트를 진행하는 동안 서로 이런 이야기들을 듣는다. 우리의 이야기는 중요할 뿐 아니라 우리의 작업이 한층 개인적이고 중요한 의미를 지니게 한다.

4/ 걸스 개라지는 주소가 있고, 테두리가 있으며, 세상에 실재하는 공간이다. 나는 늘 건축을 좋아했는데, "이곳이 우리가 공동체로서 함께 일할 공간이다"라고 알려주기 때문이다. 특히 여성 청소년과 성인 여성은 자신만의 공

간을 가짐으로써 자립심과 정체성을 찾을 수 있다. 샌드라 시스네로스는 책 『망고 스트리트』에서 공간에 대한 여성의 욕구를 다음과 같이 묘사한다.

> 연립주택은 안 된다. 뒤에 아파트가 있으면 안 된다. 남자 명의의 집은 안 된다. 아빠 집은 안 된다. 온전히 내 소유의 집. 내 현관과 내 베개, 그리고 내 예쁜 보라색 피튜니아가 있어야 한다. 내 책과 내 이야기. 침대 옆에 놓인 내 신발 두 켤레. 신경 써야 할 사람 없이. 누군가의 쓰레기를 줍는 일 없이. 눈만큼 고요한 그런 집, 나만 갈 수 있는 공간, 시 쓰기 전의 종이처럼 깨끗한 곳.

반세기 전 버지니아 울프는 『자기만의 방』에서 여성을 변화시키는 촉매제로서의 공간에 대해 다음과 같이 썼다.

> 여성은 수백만 년 내내 방 안에 앉아 있었기 때문에 지금은 벽에 여성의 창조력이 스며들어 있습니다. 이 창조력이 수용할 수 있는 수준을 넘어 벽돌과 회반죽을 채워왔으니, 이제 이 창조력을 펜과 붓과 사업과 정치에 활용해야 합니다.

공간은 중요하다. 그리고 걸스 개라지는 우리의 공간이다.

종종 사람들이 묻는다. "왜 걸스 개라지예요? 보이스 개라지도 있어야 하지 않아요?" 나는 그들에게, 물론 만들기는 모든 사람, 특히 어린이에게 강력한 경험을 선사해준다고 말해준다. 그러나 역사적으로 어떤 공간은 여성이 접근하는 것을 제한해왔으며, 그러니 내 생각에 '보이스 개라지'란 결국 '미국의 개라지(차고) 모두'와 같은 말이다. 우리 여성 청소년과 성인 여성은 우리만의 이런 공간을 마련해야 한다.

이 모든 것은 바로 지금 매우 중요하며, 가까운 미래와 먼 미래에도 중요할 것이다. 지금 우리가 '미투' 구호를 소리 높여 외치는 페미니즘의 새로운 흐름 속에서 고군분투하고 있기 때문이다. 여성임을 자각한 순간 우리는 두려우면서도 가슴이 뛴다. 여성, 소수자 여성으로서, 우리는 안전하고 평등하다고 느끼도록 해주는 것이라면 무엇이든 움켜쥐고 있다. 또 그 어느 때보다 서로의 손을 꼭 잡고 "우리는 소중하다"라고 말하고 있다. 여성은 과학, 기술, 컴퓨터 과학, 공학, 수학, 건축, 건축업 및 관련 분야에서 그 수에 비해 두드러지지 않는다. 어떤 이들은 '흥미' 탓으로 돌리며, "여자애들은 그저 흥미가 없잖아요"라고 말한다. 그러나 우리는 '흥미'가 훨씬 복잡한 요소의 영향을 받으며, '흥미 부족'이 실제로는 '따뜻하게 환영해주지 않'거나 노골적인 억압과 차별의 결과임을 알고 있다. 이 분야에서 성인 여성과 여성 청소년이 공공연하게나 은밀하게나 환영받지 못하는데 어째서 우리는 이러한 통계를 보고 충격을 받는 걸까? 또 주목할 점은 걸스 개라지가 문을 연 첫날부터 들어오고 싶어 하는 사람이 줄을 섰다는 것이다. 나는 여성 청소년이 이 분야에 흥미가 없다는 생각에 단연코 반대한다.

나는 진심으로 이 분야로 들어오고 싶어 하는 아주 많은 여자아이들과 함께 애써왔다. 용접기와 전동 공구를 들고 늘 질문이 끊이지 않는 그 아이들이 굶주려 있다는 사실은 의심할 여지가 없다. 여성 청소년들은 세상이 어떻게 움직이는지 알고 싶어 하고, 기술과 도구를 이용해 자신의 미래를 만들어가고 싶어 한다. 나는 이 책이 모든 여성 청소년들의 바람을 이루어줄 더 많은 수단을 제공하기를 진심으로 바란다.

나는 '여성 청소년'이나 '여자아이', '소녀', '걸'이라는 단어 사용의 문제를 충분히 인식하고 있고, 실제로 이 단어의 사용에 아주 민감하다. '여자아이'란 남자아이 아니면 여자아이라는 이분법을 암시한다. 그러나 여자아이라는 단어는 '여자아이처럼 공을 던진다'와 같이 부정적인 의미를 내포할 수도 있다. 나는 이 책이 자신을 여자아이로 인식하는 사람, 젠더 스펙트럼에서 여성에 가까운 사람뿐 아니라 여성도 남성도 아닌 논바이너리(non-binary)와 자신을 여성이나 남성으로 정의하지 않는 비관행적 젠더(gender non-confirming)의 청년들의 공감도 이끌어내기를 바란다. '여자아이'라는 단어가 절대적으로 긍정적인 서술로 읽히게 하자. 여자아이들은 놀라운 존재이며 아주 강력한 힘을 지니고 있기 때문이다. 또 남자 형제와 아버

지, 친구 들이 이 책이 전하는 메시지를 진지하게 받아들이고 이 책을 읽는 여자아이들을 응원해주기를 바란다.

내가 혼혈 여성이라는 점도 강조해야겠다. 어머니는 중국인이고 아버지는 주류 백인 사회에서 성장한 프랑스인이다. 많은 여성 청소년이 어떤 면에서는 자신이 어디에도 속하지 않는다고 느끼는 듯하기 때문에 이 점이 중요하다. 나는 내 어린 시절 대부분을 주변에 맞추려고 애쓰며 보냈다. 내 코가 더 작고 귀엽고 동그랬으면, 내 눈이 조금 덜 처졌으면 하고 바랐다.

만들기는 내가 처음으로 세상을 이해하고 세상에 맞춰나가는 법을 배운 활동이었다. 만들기는 나에게 양쪽 모두가 되어도 괜찮다는 것을 가르쳐주었다. 나는 중국인이자 프랑스인이고, 공부만 하는 괴짜이자 예술가이고, 겁이 많지만 용감하기도 했다. 내 기억에 내가 처음 집착한 장난감은 독일제 조립 세트인 쿼드로였다. 안에는 PVC 파이프와 팔꿈치 관절 같은 연결 부위, 작은 플라스틱 나사가 들어 있어 들어가 살아도 될 집과 요새를 만들 수 있었다. 아버지는 거의 매주 일요일이면 팔려고 만들어둔 집으로 나를 데려갔고, 우리는 평면도와 자재를 살펴보고 평가하고 의견을 나누었다. 그런 다음 집에 돌아와 우리 집이나 내 방의 청사진을 그렸다. 나는 거의 매달 새로 그렸다. 나는 아버지와 함께한 이 창조적인 시간이 좋았고 나만의 공간이 몇 번이고 달라지는 게 좋았다.

내가 어릴 때 만들기와 사랑에 빠지게 된 구체적인 순간 다섯 가지를 소개해보겠다.

1/ 여덟 살쯤에 나는 전화벨이 어떤 원리로 울리는지 알고 싶어 할머니의 낡은 회전식 다이얼 전화기를 분해했다. 마침 그곳에 들어선 할머니가 카펫 위에 흩뿌려진 전화기의 잔해를 보더니 이렇게 말씀하셨다. "아, 괜찮다, 얘야. 어차피 나한테 전화 올 일 없단다!" 그때 나는 아주 조금이지만 세상이 어떻게 돌아가는지 깨달았고, 할머니는 탐구를 이어나가 호기심을 좇아도 좋다고 허락해주셨다.

2/ 고등학교 2학년 때는 지도 교사인 환경과학 선생님과 경제학 선생님의 도움을 받아 해비타트 운동 동아리를 만들었다. 학생 동아리로서 우리는 샌프란시스코 베이 지역 여기저기를 다니며 집짓기 자원 봉사를 했다. 이때 나는 준비되지 않았어도(내가 집짓기에 대해 뭘 알았겠는가) 일단 시작해서 점점 향상시키고 배워나가는 것이 얼마나 중요한지 배웠다.

3/ 다음 해 여름에는 돈을 모아 미국 전역에서 모인 여러 십 대 친구들과 벨리즈의 작은 마을에 공원을 만드는 여름 캠프에 등록했다. 한 달 동안 날이 넓은 마체테로 공터의 잡초를 제거하고, 콘크리트 수백 포대를 손으로 개고, 야외 무대와 정자, 벤치를 만들어 공원으로 탈바꿈시켰다. 이 여행에서 나는 두 가지를

배웠다. 내 체력이 예상보다 훨씬 좋더라는 것과 만들기는 지역 사회 안에서나 지역 사회를 위해서나 유용한 서비스라는 것이다.

4/ 시카고에서 대학원에 다닐 때 나는 작업장에 걸어 들어가서 말했다. "용접 가르쳐주세요." 나는 며칠 만에 브레이즈 용접과 MIG 용접을 배웠고, 그 뒤로 용접을 손에서 놓은 적이 없다. 용접할 때는 마치 내가 초인이 된 듯했고, 아이디어만 있으면 뭐든 만들 수 있는 정말 새로운 세상이 열렸다. 용접은 나에게 문자 그대로나 은유적으로나 (프로메테우스가 세상에 불을 가져온 것처럼) 내 작업에 불을 당기는 법을 가르쳐주었다.

5/ 마지막은 2010년으로, 당시 나는 노스캐롤라이나 시골에서 고등학생을 대상으로 첫 수업을 했다. 1년간 우리는 주민 3,500명의 작은 마을 윈저에 약 186제곱미터 면적의 농산물 직판장을 기획하고 설계하여 건설했다. 우리는 개장식 리본을 잘랐고 학생들은 그동안 머릿속에 그려온 건물 안에서 감탄을 쏟아냈다. 우리는 모든 이가 틀렸음을 증명했고, 마을의 얼굴을 바꾼 어떤 것을 만들어냈으며, 그곳은 모임과 지역 사회의 중심으로 지금도 여전히 버티고 있다. 이 프로젝트를 통해 나

는 젊은이들이야말로 진정 꿈을 꾸고 협력할 수 있는 이들이며 어떤 대단한 만들기 프로젝트도 늘 실현할 수 있음을 확인했다.

이 모든 순간이 만들기에 대한 오늘날의 내 생각과 태도에 중대한 영향을 미쳤다. 나는 만들기를 통해 성장했으며 내가 타고난 인종과 젠더, 그리고 내 이야기를 좋아하고 이해하게 되었다. 그 무엇보다 만들기는 나와 여러분이 목소리를 내고, 영향력을 행사하고, 자유롭고 독립적인 여성으로 존재하며, 실제 세상에 능동적으로 참여하는 방식이다.

그러니 누구나 쉽게 두려움을 느끼고 누구나 어디서 시작해야 할지 모른다는 점을 인정하고, 어찌 되었건 일단 시작하자. 설명을 읽어나가며 내면의 용감한 메이커 여성 청소년을 끌어내자.

여러분이 내면에서 용감한 메이커 여성 청소년을 끌어내, 바로 지금 여기에서 메이커로서의 자기 삶을 돌아보고 이를 다른 이들과 공유하도록 돕고자 이 책을 썼다. 이 책에서 나는 '두려움 없는(fearless)'이란 단어 대신 일부러 '용감한(brave)'이란 단어를 사용한다. 두려움이 없는 사람은 없기 때문이다. 누구나 두려운 게 있다. 그게 어둠일 수도, 처음 사용하는 각도 절단기일 수도 있고, 내가 정말 무서워하는 망망대해에서의 수영일 수도 있다. 그러나 두려움은 용감해지고 성장하는 데 필요한 발판이다! 우리의 목표는 두려움 없이 사는 것이 아니라, 두려움을 피할 수 없음을 인정하고 두려워도 용감하게 행동하는 것이다. 용감함이란 익힐 수 있고, 선택할 수도 있는 것이다.

시작하는 가장 좋은 방법은 (준비되기 전에) 시작하는 것이다. 많은 이들이 이렇게 묻는다. "어디서부터 시작할까요?" 이 이상의 좋은 대답은 없다. "그냥 시작하세요." 목표는 첫 번째 시도에서 지나치게 잘하지 않는 것이다. 목표는 준비하기 전에 시작하고 지금 내 상태가 어떻든 반복해서 조금씩 나아지는 것이다.

두려움을 인정하고, 두려움에게 절벽에서 뛰어내리라고 말하자. 처음 용접을 배우는 이들을 가르칠 때면 우리는 두렵지 않은 척하는 대신 소리 내어 "두렵다"고 말한다. 그러고 나서 두려움에게 "사라져!"라고 말한다. 두려움은 정상적이고 건강한 감정이다. 두려움을 느끼더라도 우리 내면의 정상적이고 건강한 용감함이 제 역할을 할 수 있다.

타고난 여성 메이커임을 스스로 마음에 새기자. 여성 청소년과 여성은 결단력 있고 자아를 성찰하며 복잡한 문제를 협상하는 데 능하다. 만들기에는 이런 능력이 모두 필요하다. 만들기가 남자만을 위한 것이라고 말하게 두지 말자. 여성으로서, 우리는 아름답게 만들 능력을 이미 지니고 있다.

분해하자. 나는 십자말풀이를 무척이나 좋아한다. 모든 빈칸을 노려보며 답할 수 있는 질문을 골라 단어를 채워 넣는다. 한 단어는 이어지는 다른 단어의 실마리가 되고, 이렇게 빈칸을 채워나가다 보면 십자말풀이가 완성된다. 만들기는 너무 복잡해서 실현 불가능한 엄청난 일이라고 느껴질 수 있다(장난감집을 만든다고 생각해보자!). 그렇지만 만들기를 전체를 구성하는 작은 조각들로 분해할 수 있다(나무 자르는 것부터 시작해보면?).

정확한 (그리고 구체적인) 언어를 사용하자. 걸스 개라지에서 '그것'은 나쁜 단어다. 이 단어를 말하는 사람은 푸시업을 열 번 해야 한다. 언어에는 힘이 있어서 여러분이 의도를 갖고 말하면 여러분이 원하는 것을 스스로 알고 있다고 세상에 알리는 것이 된다. 정확한 물건과 공구의 구체적인 명칭을 알아두고 철물점에 가서 무엇을 살 것인지 정확히 말하자.

근육을 키우자. 문자 그대로다. 만들기는 몸을 쓰는 활동이다. 이두박근을 우락부락하게 키울 필요까지는 없지만, 망치를 두드리거나 나사를 박거나 합판을 들어 올릴 때 얼마나 힘이 드는지 알면 놀랄지도 모른다. 몸은 나만의 첫 번째 도구이자 가장 강력한 도구이다.

어려운 부분을 연습하자. 나는 나무를 비스듬히 자르고 기하학적으로 정확하게 연결하는 일을 끔찍이 못했다. 여러분도 어떤 일을 시도하다가 적성에 딱 들어맞지 않는 순간을 발견할지 모른다. 그 기술을 가장 많이 연습해야 한다!

자신을 가장 혹독하게 질책하는 사람은 언제나 자기 자신이다. 여러분처럼 누구나 어쩔 줄 몰라 하기도 하고 남의 시선을 의식한다. 우리는 모두 완전하지 않으며 약한 존재라는 사실을 인정하면 스트레스 받아도 편안할 수 있다! 자신에게 지나치게 엄격하게 굴지 말자. 여러분을 사랑하는 사람은 언제나 여러분 편이라는 점을 기억하자.

메이커로서의 자각이 중요하다. 여러분이 누구인지는 여러분이 무엇을, 왜 만드는지와 떨어져 있지 않다. 여러분이 유색인 여성 청소년이든, 대단한 스타 운동선수든, 부모님이 이혼을 했든, 폭력이나 학대를 경험했든, 동물을 사랑하든, 개인 사정은 모두 다 중요하다. 개인 사정이 있다면 그것을 영감의 원천으로 삼자. 예를 들어 유기 동물 보호를 열성적으로 지지한다면 지역 동물 보호소에 연락해 개집을 만들 수 있다. 만들고 싶은 것에 여러분의 생각과 이야기를 담고, 공구를 통해 여러분을 소리쳐 드러내자.

대단한 걸 만들거나 그냥 집에 가거나. 집을 짓고 싶다면 실제로 집을 어떻게 짓는지를 알아야 한다. 판지로 만든 모형에 만족하지 말자. 나는 프로젝트마다 하나같이 내 능력을 벗어나는 것, 심지어 아주 멀리 벗어난 프로젝트를 구상했다. 물론 아주 큰 프로젝트를 만들려면 작은 걸음부터 밟아 나가야겠지만, 그렇다 하더라도 언제나 가장 크고, 가장 대단하고, 가장 대범한 목표를 가져야 한다.

멘토를 찾아 도움을 구하자. 불가능해 보이는 목표를 혼자서 달성하기란 어려운 일이다. 좋은 소식은 사람들은 대부분 순수하게 도움을 주려 한다는 점이다. 인간으로서 그리고 메이커로서 여러분을 응원해줄 멘토는 어디에나 있다! 존경하는 이들에게 메일을 보내보자. (271쪽의 티아라 벨처럼) 인턴을 시켜달라고 부탁해보자. 모임에 참가해 사람을 만나보자. 선생님께 경험담을 이야기해달라고 부탁하자. 그리고 마음을 열고 모든 단계에서 다른 이들에게 배우자.

용감한 여성 청소년 메이커를 응원하자. 다른 사람들을 초대하자. 너무나 오랫동안(수백 년 동안! 심지어 수천 년 동안!) 여성들은 특정 공간에 초대받지 못했다. 이제 여성 차례다. 다른 여성 메이커들을 자매라고 생각하고, 관대한 마음으로 지식을 공유하자.

시작한 것은 끝내자. 제대로 돌아가지 않는 프로젝트를 관두는 일은 매우 쉬울 수 있다. 그러나 결과가 끔찍하더라도 프로젝트를 일단 끝내면 좋겠다. 끝낸다는 행동은 언제나 중요한 교훈을 알게 하며, 동시에 이를 통해 불완전함이 실패와 동의어가 아니라고 생각하게 해준다. 그 순간은 단지 다음 단계에 무엇을 해야 할지 알려줄 뿐이다.

휴! 많기도 하다. 그렇다면 이 책은 어떤 내용을 담고 있으며 이 모든 목표를 달성하기 위해서는 이 책을 어떻게 활용해야 할까?

안전과 장비

'안전 제일!'이 제일 중요하다. 왜냐면 안전이 언제나 가장 중요하기 때문이다! 여기에서는 용감하면서도 안전한 만들기를 위한 올바른 장비 사용법을 배울 것이다. 반드시 '안전과 장비'(21쪽)를 읽고 만들기와 공구를 사용하기 시작하자! 프로젝트마다 안전 점검표도 정리해두었다. 원칙은 다음과 같다. 항상 숙련된 성인이 함께해야 한다. 공구를 사용하기 전에 제조사의 설명서를 읽어야 한다. 또 늘 보안경을 착용하고 몸과 머리를 제대로 보호해야 한다. 이 책에서는 안전 경고와 안전 관련 주의 사항을 붉은색으로 나타낸다.

공구함

이 책에서 가장 긴 '공구함' 부분에서는 175개가 넘는 공구를 빠짐없이 수록했다. 실제 만들기 프로젝트에서 사용하는 순서대로 수록했으며, 각 범주에서 사용 빈도를 기준으로 정리했다. '공구함' 부분은 작업에 적절한 공구를 찾거나 사용 방법을 떠올릴 때 하던 일을 멈추고 참고하기 좋다. 어떤 위대한 건축 프로젝트라도 그 바탕에는 공구가 있다! 공구 나름의 특성과 스토리는 공구 사용법을 하나하나 배우다 보면 알게 될 것이다. 물론 세상에는 이 책에 있는 것보다 훨씬 많은 공구가 존재하지만, '공구함' 부분은 공구를 배워가는 시작점으로 부족함이 없을 것이다.

현실에서 물리적인 힘을 키워주기 때문에 나는 공구를 사랑한다. 은유적인 표현이 아니라 실제로 수량화할 수 있는 것이다! 우리 조상들은 큰 바위에 대고 씨앗과 음식을 으깨기 위해 돌을 사용했다. 그러나 돌에 나무나 뼈로 손잡이를 만들어 달자 '펑' 하고 휘두르는 길이가 늘어났다! 힘이 몇 배로 증가했다.

공구는 또한 세상을 이해하고 변화시키도록 도와준다. (내가 할머니의 전화기를 분해해서 배운 것처럼) 우리는 공구를 사용하여 물건을 분해하고 그 작동 방식을 배울 수 있으며, 부품을 조립해 완전히 새로운 것을 만들 수도 있다.

공구는 우리를 하나로 묶어준다. 우리 힘이 커지면 그 힘을 다룰 사람이 한 명 이상 필요해진다. 혼자서는 헛간을 세울 수 없다. 공구를 사용하기 위해서는 다른 사람이 필요하며, 따라서 건축은 중요한 사회적 행동이다. 건축은 곧 유대감 형성이다!

어떤 작업이든 그에 알맞은 공구가 있기 마련이다! 인간인 우리는 "적당한 공구쯤은 만들 수 있어!"라고 생각하도록 태어났고, 나는 이 생각이 아주 마음에 든다. 뒤에서 배우겠지만, 같은 작업을 아주 조금만 바꾸어도 그에 맞는 최적화된 공구와 철물이 따로 있다. 수공구와 나사, 못, 볼트의 종류가 너무 많아서 정말로 이게 다 필요한지 궁금할 것이다. 정말로 다 필요하다! 우리는 언제 어떤 작업에 어떤 공구를 사용해야 할지 배울 것이다. 작업에 딱 맞는 공구를 찾는 일은 마치 퍼즐 조각을 제자리에 끼우는 것과 비슷하다. 어마어마한 만족감을 줄 것이다.

필수 기술

'필수 기술'에는 기하학을 활용한 '직각' 확인이나 변기 수리, 아주 유용한 네 가지 매듭법처럼 여러분이 만들기로 뛰어들도록 도와줄 유용한 전략과 기술이 가득하다. 필수 기술은 프로젝트는 아니지만(눈에 보이는 결과물이 만들어지는 건 아니다), 수리와 창의적인 문제 해결의 좋은 출발점이다.

만들기 프로젝트

이 책에 소개한 프로젝트 열한 가지는 단기간에 많은 비용을 들이지 않고 만들 수 있는 것이다. 나만의 나무 숟가락 깎기부터 공구 상자 만들기, 강철 눈금자에 눈금 새기기, 개집 만들기 등 다양하다. 다양한 기본 기술을 시도하고, '공구함' 부분에 나오는 다양한 공구를 다루어볼 수 있도록 선정했다. 이제 여러분만의 프로젝트에 도전하기 바란다!

여성 메이커의 이야기

여성 메이커 15명의 이야기는 이 책의 영혼으로, 솔직히 말해 수십 명 더 담을 수도 있었다. 책을 읽는 동안 여성 메이커에 관한 글이 여러분을 응원하듯이 계속 등장한다! 여성 메이커의 삶과 그 여정을 읽으면서 여러분이 동질감을 느끼고 혼자가 아니라는 점을 잊지 않길 바란다. 내 동료와 걸스 개라지 학생부터 시카고의 건축가, 파키스탄의 목수, 제2차 세계대전 당시의 용접공에 이르기까지 이 여성들은 스스로 길을 닦고 있고 우리를 그 길로 초대한다. 책에 실을 글을 써달라고 부탁하자 이분들은 모두 열렬히 그러겠다고 대답했다. 모두 독자 여러분을 믿었기 때문이다.

그러니 이제 시작할 시간이다! 먼저 안전 부분을 읽고 뛰어들어보자!

용감히 만들자,

에밀리 필로톤

안전과 장비

건설 현장과 목공장에 붙은 안전 문구 중에 기억에 남는 게 많다. 가장 마음에 든 것은 "최고의 공구는 안전 규칙!"과 "보안경을 착용하시오. 맘에 들 땐 '세이 아이(eye)'(세이 예say yeah를 바꾼 말장난—옮긴이)!" 뻔한 말이지만 안전은 어떤 프로젝트에서도 반드시 최우선으로 고려해야 한다.

만들기는 나이와 상관없이 누구에게나 재미와 도전 의식을 불러일으키지만, 이 책은 14세 이상의 메이커를 대상으로 한다. 젊은 친구들은 어떤 것이든 공구를 사용할 때는 공구 사용 경험이 풍부한 성인을 곁에 두어야 한다. 마찬가지로 성인도 동료와 함께하는 게 최선이다. 특히 전동 공구는 경험이 풍부한 성인의 지도와 도움 없이 사용해서는 안 된다! 어떤 공구는 반드시 성인이 다뤄야 해서, 공구 설명할 때 따로 표시해두었다. 항상 보안경을 착용하는 것 역시 아주 좋은 습관이다. 일단 썼다면 계속 쓰고 있으면 된다.

공구는 제조사마다 조금씩 차이가 있다. 언제나 제조사에서 만든 설명서를 읽어서 여러분 앞에 있는 공구의 구체적인 사용법을 숙지해야 한다.

안전 장비란 전쟁터에 나갈 때 갖추는 갑옷과 같은 것이라 생각한다. 만들기라는 멋진 작업을 해내기 위한 유니폼이란 뜻이다. 다음은 반드시 갖추어야 할 안전 장비 목록이다. 만들기라는 모험을 할 때 빠르게 참고할 체크리스트로 활용하자.

- 숙련되고 경험 많은 성인 메이커 동료
- (항상 쓸!) 보안경
- 전동 공구를 쓸 때 필요한 귀마개
- 톱, 샌더, 페인트, 착색제를 쓸 때 필요한 방진 마스크나 호흡용 보호구
- 앞이 막힌 신발이나 안전화
- 긴 바지
- 머리 뒤로 묶기
- 헐렁한 옷, 끈 달린 후드티, 액세서리 피하기
- 반팔을 입거나 팔꿈치까지 소매 접어 올리기

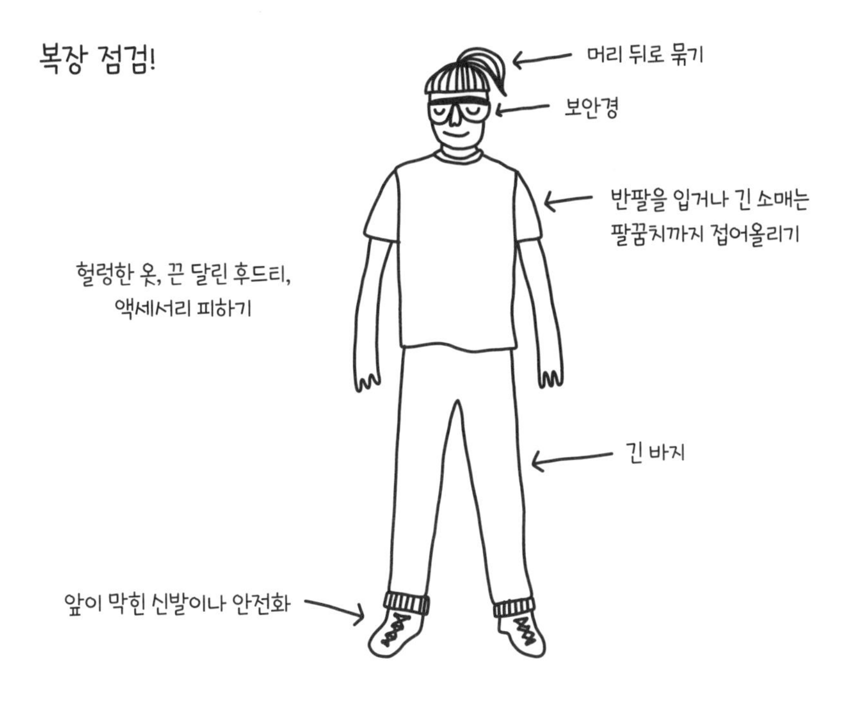

보안경

마음에 드는 보안경을 사자. 그리고 공구 사용 전에 보안경을 미리 쓰고, 계속 쓰고 있자. 가장 안전한 보안경은 실제로 보안경을 쓰는 것이다. 보안경의 디자인과 색상은 선글라스만큼이나 다양하니 편안하게 쓸 제품으로 고르자.

만들기용 보안경은 일반 안경보다 충격 방지 성능이 뛰어난 단단한 플라스틱으로 만들어진다. 안경을 쓰고 있다면 쓰고 있는 안경테까지 안전하게 덮어주는 보안경을 사면 된다. 내가 가장 좋아하는 보안경은 렌즈가 투명하고 브릿지가 고무인 가벼운 것으로 안경다리가 화려한 색이어서 찾기도 쉽다. 대부분이 좋아하겠지만 자외선 차단이 되는 보안경도 좋아해서, 야외 작업할 때나 용접 마스크 안에 쓰면 눈을 한 번 더 보호할 수 있다.

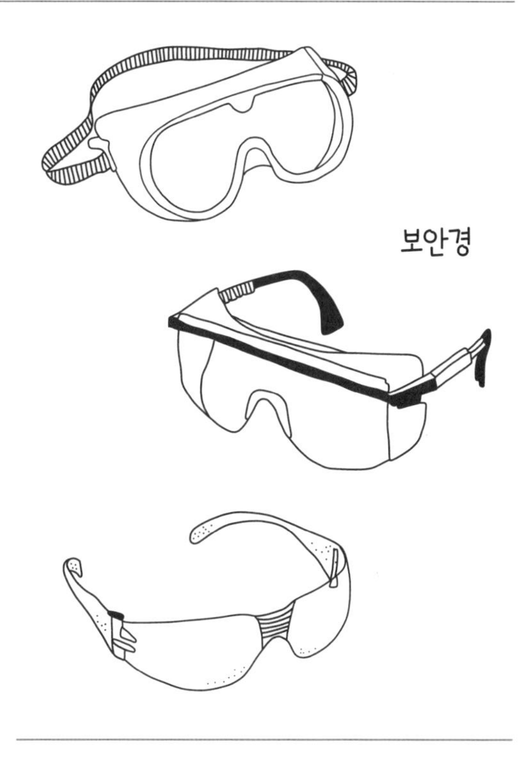

귀덮개와 귀마개

전동 공구는 시끄럽다! 프로젝트를 하나 하든 평생 여러 프로젝트를 하든 특히 귀에 손상을 줄 소음에서 청력을 보호하는 일은 아주 중요하다. 85데시벨이 넘는 소리는 청력을 손상시킬 수 있다. 참고로 평범한 대화는 60데시벨 정도다. 지그소, 원형 톱, 벨트 샌더는 다 100데시벨을 훌쩍 넘는다. 보안경과 마찬가지로 자신에게 편안한 청력 보호 장비를 선택하자. 나는 귀덮개 형태를 선호하지만, 머리띠나 끈이 달린 편리한 귀마개를 사면 쓰지 않을 때 목에 두르면 된다. 음악 감상용 헤드폰이나 이어폰은 청력 보호 장비가 아니므로 작업실에서 써선 안 된다. 공구를 사용할 때나 만들기 프로젝트 진행 중에는 절대 음악을 듣지 않는다. 중요한 것은 작동 중인 공구의 소리가 달라지거나 안전에 주의하라고 누군가가 지적하는 소리를 놓치지 않고 분명하게 들을 수 있어야 한다는 점이다.

공구 벨트

공구 벨트는 안전 장비가 아니라고 생각할지 모르지만, 모든 공구를 수납할 수 있고 모든 공구가 엉덩이 쪽 제자리에 있으면 작업 공간이 한층 더 안전해진다. 필수 공구를 모두 몸에 걸치고 있으면 작업실을 이리저리 돌아다닐 필요가 없다. 몸 앞으로 차는 공구 벨트는 착용이 편할 만큼 가볍고 기본 공구를 모두 수납할 수 있다. 공구 벨트에는 대부분 공구나 못과 나사를 넣을 커다란 사각형 주머니 네 개, 망치 걸이 한 개, 가운데에 줄자 수납용 주머니가 한 개 있다.

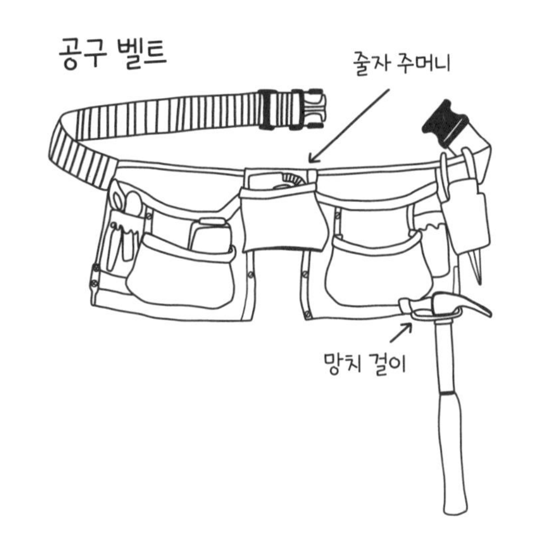

안전모

머리 위로 작업할 때나 머리 위로 무언가가 떨어질지도 모를 때는 반드시 안전모를 쓰자. 안전모는 충격 방지 성능이 뛰어난 플라스틱으로 만들어졌고 머리에 단단히 고정하도록 턱끈을 조정할 수 있다. 안전모도 밝은 색상과 재미있는 무늬가 무수히 많다. 아니면 맞춤 제작으로 스티커를 여기저기 붙여도 된다!

안전화

작고 귀여운 발가락을 보호하자! 튼튼한 안전화는 반드시 착용해야 하는 필수품으로, 발가락이나 발, 발톱의 부상을 예방할 수 있다. 건설 현장에서 신는 표준 안전화는 안에 강철 발가락 캡이 들어 있다. 나는 끈 없는 가죽 안전화를 신는데, 작은 못에 다치거나 용접 불꽃이 튈 위험으로부터 발을 지키기에 충분하다. 안전화는 오래 신을 수 있고 시간이 지날수록 멋이 나는 게 좋다. (표면의 얼룩과 긁힌 자국을 가리키면서 "이건 내 책장 만들 때 생긴 거야!"라고 말할 수 있을 것이다.)

장갑

사실 수공구나 전동 공구를 쓸 때는 장갑을 껴서는 안 된다. 맨손으로 공구를 쥘 때의 느낌이 제일 좋을 것이기 때문이다. 그러나 날카롭거나 표면이 거친 재료를 다룰 때 장갑은 손을 보호하는 소중한 장비다. 튼튼한 가죽 장갑 한 켤레와 가벼운 코팅(보통 라텍스나 고무로 코팅) 면장갑 한 켤레가 있으면 좋다. 가벼운 반코팅 혹은 코팅 장갑은 합판 운반 같은 작업에 쓰며, 손가락을 움직이기 좋고 자유롭게 물건을 잡을 수 있을 만큼 얇고 신축성이 좋다. 금속 조각과 같이 날카로운 물체로부터 강력하게 보호할 필요가 있을 때는 튼튼한 가죽 장갑을 사용한다. 이외에 용접용 특수 장갑이 있다. 용접용 장갑은 용접할 때나 방금 용접한 금속을 다룰 때 반드시 착용해야 한다!

안면 보호구

안면 보호구는 쓰자마자 만들기 전문가가 된 듯한 기분이 든다. 보안경만으로 얼굴이 보호되지 않을 때 안면 보호구를 쓰면 전체 시야를 확보할 수 있다. 선반을 사용할 때처럼 톱밥이나 대팻밥이 생기거나, 앵글 그라인더를 사용할 때처럼 불똥이 튈 때 안면 보호구는 정말 좋은 선택이다. 안면 보호구의 마스크는 투명하거나 색이 들어간 것이 있는데 교체가 가능한 것을 고르면 된다.

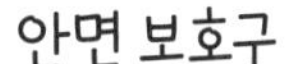

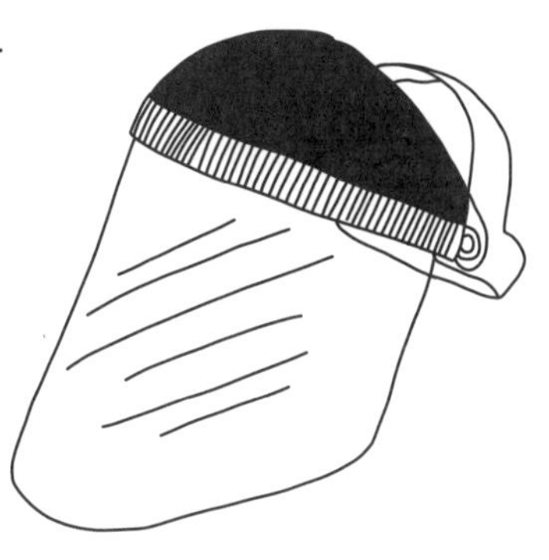

호흡용 보호구와 방진 마스크

나는 어릴 때 천식을 앓았는데 공기 중의 어떤 오염 물질 탓에 증상이 악화됐다. 호흡기가 자극에 취약하든 취약하지 않든, 호흡용 보호구나 방진 마스크를 착용하는 것은 독성 물질이나 기타 해로운 물질로부터 폐를 보호하는 데 중요하다. 톱밥이 많이 생기는 작업을 할 때는 고무 밴드가 달린 부드러운 방진 마스크를 쓰거나, 분진, 미립자, 화학 물질을 제대로 막아줄 교체형 필터 카트리지가 장착된 호흡용 보호구를 쓰면 된다.

필터가 장착된 호흡용 보호구

방진 마스크

구급상자

머리끈

전동 공구, 회전하는 날, 샌더 주위로 머리가 길게 내려오도록 두는 건 좋지 않다. 만들기를 시작하기 전에 항상 얼굴이 드러나도록 머리를 묶는다. 곱창 머리끈이 다시 유행이라니 다행이지 않은가?

구급상자

구급상자는 가득 채워 손 닿는 곳에 두도록 하자! 상처가 났을 때를 대비해 반창고, 거즈, 가시 제거용 족집게, 소독용 솜은 필수이다.

그 외에 안전 예방에 중요한 사항

깨끗한 작업 환경은 아무리 강조해도 지나치지 않다! 작업 공간을 정리하고, 작업하면서 생긴 먼지와 쓰레기를 청소하자. 바닥에 먼지가 많으면 넘어질 수 있다. 작업대 위 공구는 모두 잘 정리해두고 사용하지 않는 공구의 전원 플러그를 뽑았는지 신경 써야 한다. 동료와는 충분한 거리를 유지하여 안전하게 움직일 수 있도록 하자.

마지막으로 어떤 상황에서도 지켜야 할 최선의 규칙은 한 번에 한 가지 공구로 한 가지 작업만 하는 것이다. 더 많은 작업을 하려고 묘기 부리다가는, 무언가 잊어버려 결국 다치기 쉽다. 천천히 부드럽게 하자.

에벌린 고메즈

엔지니어, STEM 교육자

캘리포니아주 실마

나를 만났을 때 에벌린이 말했다. 자신은 로스앤젤레스에서 자란 라틴계 고등학교의 학생이자 졸업생 대표로서 매사추세츠 공과 대학(MIT)에 가고 싶었다고. 왜냐하면 그게 불가능해 보였고 실제로 불가능에 가까울 만큼 힘든 일이었기 때문이라고.

에벌린은 MIT에서 항공우주·항공학 및 우주공학 학위를 받은 후 하버드에서 교육학 석사 학위를, UCLA에서 항공우주·항공학 및 우주공학 석사 학위를 받았다. 대학원에서 에벌린은 우주 하드웨어 설계, 쾌속 조형(rapid prototyping) 및 제조를 전공했다.

에벌린의 경력은 말이 필요 없을 정도로 인상적이었다. 그러나 에벌린은 자신에게 쏟아진 기대에 결코 만족하지 않고, 공학 지식을 동네의 어린 여성 청소년들에게 전해주었다. 'DIY 걸스(DIY Girls)'의 전 총괄 책임자이자 현 이사회 멤버인 에벌린은 자신과 같은 길을 걷는 수많은 여성 청소년들에게 영감을 주고 이들을 지원했다. 에벌린은 공학과 전자공학을 가르치며 여성 청소년들과 함께 까다로운 문제를 해결해 보임으로써 이들이 자신만의 '불가능한' 진로를 걸어갈 수 있도록 돕고 있다.

만들기를 처음 접한 건 아주 어렸을 때예요. 아버지는 못하는 게 없는 분이셔서 집 주변의 온갖 것들을 고치고 전기, 자동차, 기계 등을 손보셨죠. 별의별 공구를 다 다루는 아버지의 모습을 보고 자라서 저도 공구를 써보고 싶었어요. 그렇지만 아버지는 전혀 도와주지 않으셨는데, 제가 여자아이라는 게 하나의 이유였고 또 하나의 이유는 제가 너무 어리다는 거였죠. 그래도 아버지 덕분에 저는 제 손으로 해내는 법을 배우는 데 흥미가 생겼어요. 저의 첫 멘토는 바로 부모님이셨죠. 부모님은 가족이 더 나은 삶을 살도록 멕시코에서 미국으로 이민을 오셨어요. 어릴 때부터 근면함의 가치를 가르쳐주셨고, 제가 몸이 아닌 머리를 써서 생계를 꾸려나갈 수 있도록 온갖 희생도 감수하셨어요.

어느 대학에 진학할지 고민하면서 여러 학교를 찾아가봤지만 딱 한 곳이 인상에 남았어요. MIT요. 보고도 믿을 수 없는 장치를 만들고 조립해본 사람들이 가득했어요. 그런 경험이 없는 저는 겁이 났어요. 속여서 들어온 사기꾼이라는 말을 들을까 봐 무서웠어요. 그렇지만 내가 MIT에 간다면 편안한 지금 위치에 안주하지 않고 그 이상을 해내야 한다는 압박 속에서 결국은 더 나은 내가 되리라는 것도 알고 있었죠. MIT에 합격한 저는 일단 두려움은 제쳐두고 가보자고 결심했어요!

MIT에서는 기계 공작실, 목공장, 유리 공방을 이용할 수 있었어요. 항공우주공학 수업과 연구를 위해서는

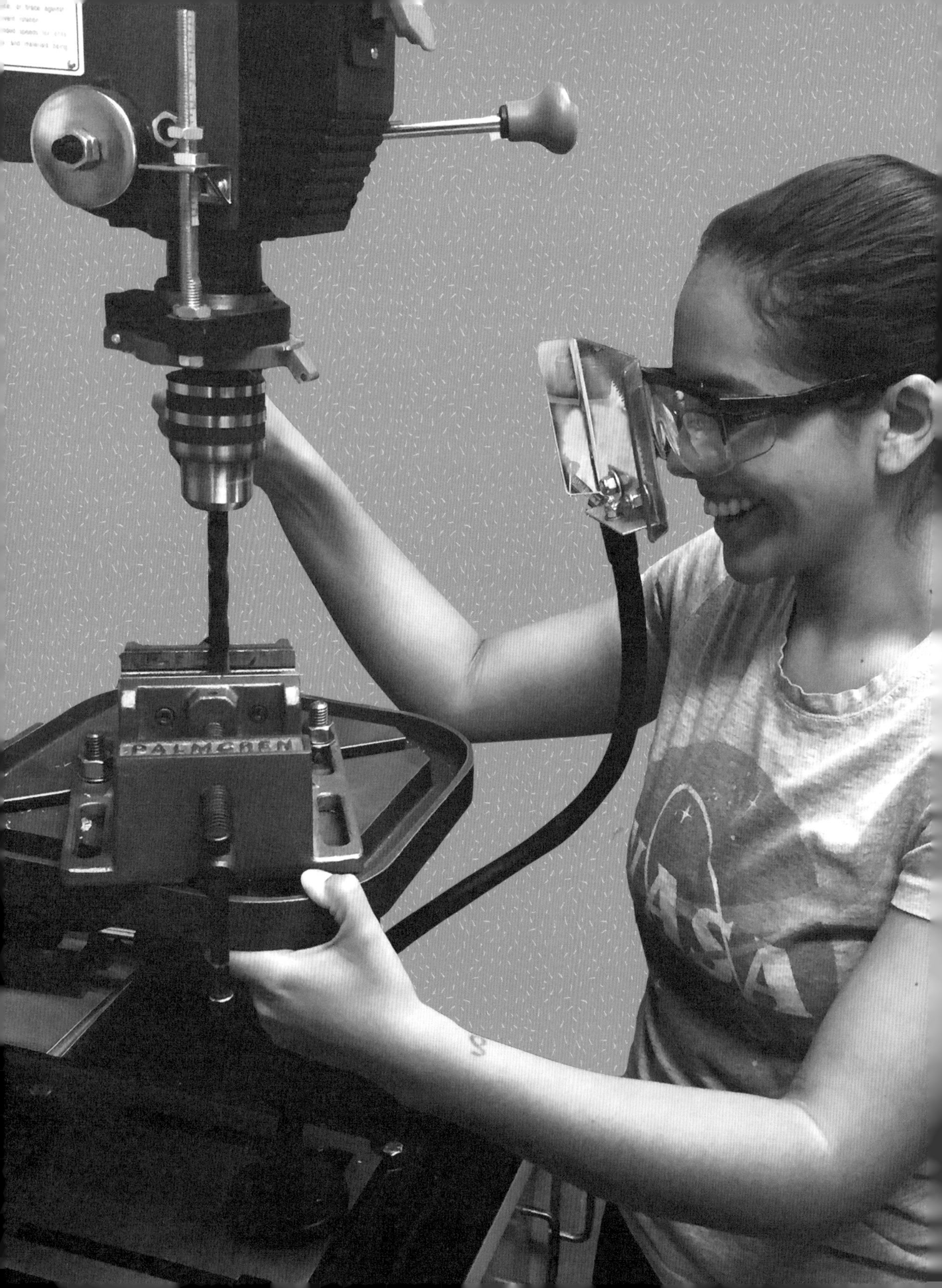
PALMGREN

작업실을 속속들이 알아야 했죠. 제 첫 프로젝트는 페트병 로켓 설계와 제작이었는데, 점차 복잡해졌지만 또 그만큼 재미있었어요! 지금까지 제가 했던 프로젝트 중에서 MIT 졸업반 설계 수업에서 만든 자율비행 항공기가 가장 뿌듯했어요.

DIY 걸스에서는 STEM(과학Science, 기술Technology, 공학Engineering, 수학Mathematics의 앞 글자를 딴 용어)에 관심 있는 여성 청소년들이 엔지니어와 과학자가 되는 꿈을 이루도록 도왔는데 저는 그 일이 아주 마음에 들었어요. 가장 좋았던 프로젝트로는 여고생 열두 명과 함께 로스앤젤레스에 태양열 노숙자 보호소를 지은 것이 있어요. 우리는 재봉틀 사용법과 아두이노 프로그래밍을 배웠죠. 나의 멘토이자 DIY 걸스 설립자인 루스 리바스 씨는 저를 자원과 연결해주고, 개인적으로나 직업적인 야망도 지지해주었어요. 루스 씨 같은 대단한 여성의 지원과 멘토링이 없었으면 저는 제 목표를 이룰 수 없었을 거예요.

저는 제가 세계 최고의 교육 기관에서 공부했기 때문에 고향 샌페르난도밸리 북부 히스패닉 여성 청소년들의 롤모델이라고 생각해요. 그곳에는 다채로운 라틴 문화가 있고, 사람들은 자부심이 대단해요. 그러나 안타깝게도 범죄 조직과 폭력, 마약도 판치고 있어요. 수많은 가족이 빈곤선 아래에서 생활하고, 대개 기준 미달인 학교에 다니죠. 제가 다닌 고등학교의 수학과 과학 과목 성취도는 표준 시험 합격 점수 기준 50퍼센트 아래였어요. 학교마다 기본 자원이 부족하고 아이들이 21세기의 직업을 준비하도록 공학과 컴퓨터 프로그래밍 같은 과목을 가르쳐야 한다는 사실을 교육 행정관들이 이제 막 이해하기 시작했어요.

히스패닉 여성 청소년들에게 무엇이든 가능하다고 알려주고 싶어요. 저야말로 성공하면 안 되는 사람이었거든요. 저를 보고 고등학교를 중퇴하거나 어린 나이에 임신하는 또래 여자아이들과 같은 덫에 빠질 거라고들 했죠. 고정관념이나 주어진 상황에 갇힌 듯한 여성 청소년들에게 제 이야기를 들려주고 함께 희망에 대해 이야기하고 싶어요. 여성 개발자이자 제작자로서, 전통적으로 남성이 지배하는 학문 분야를 고려해보라고 여성 청소년들에게 조언하고 있어요. 우리가 힘을 모아 기술과 공학의 얼굴과 미래를 변화시켰으면 좋겠어요.

여성 청소년들에게 말하고 싶어요. 일단 해봐요! 공학자가 되는 데는 누군가의 허락이 필요하지 않아요. 또 대학 갈 때까지 기다릴 필요도 없어요. 공학은 사람들이 안고 있는 문제를 해결하는 모든 것을 말해요. 모든 사람, 특히 젊은 사람은 조립하고 만들면서 지역 사회에 영향을 끼치고 있는 문제를 해결하는 데 필요한 능력과 자신감, 도구를 얻죠. 지금 당장 일상의 문제를 간단히 해결하는 것부터 시작해보세요. 누구든지 할 일이 분명 있습니다!

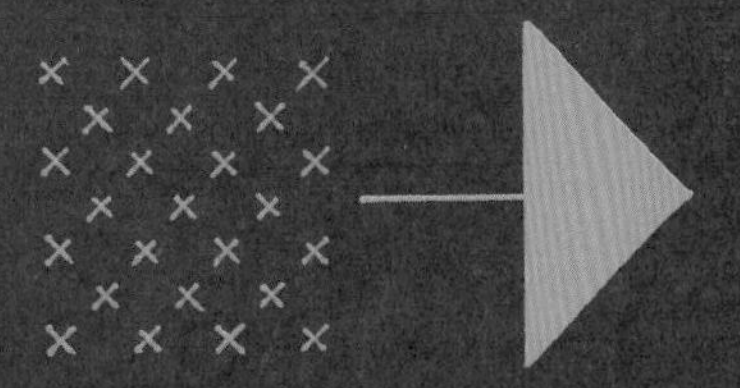

공구함

안전 장비에 관해 숙지했으니, 이제 실제로 만들기에 사용할 재료와 공구를 만나보자. 크게 만들기 재료, 철물, 측정하고 배치하고 고정하기, 수공구, 톱, 전동 공구, 샌딩하고 마무리하기, 금속 공구, 청소하기로 나누었다. 만들기 프로젝트에서 생각하고 해야 할 일의 논리적인 전개나 작업 흐름을 반영했다.

일단 무얼 만들지 알았다면 이제 재료와 철물을 구입하거나 쓰레기더미를 뒤져야 한다. 그런 다음 조각과 부품 크기를 재서 배치하고, 고정할 방법을 생각하고, 공구를 고르면서 점점 복잡한 프로젝트를 완성해낸다. 톱은 수공구, 전동 공구와 분리해 따로 정리했다. 재료 자르기는 그 자체로 대단한 기술이기 때문이다. 모든 프로젝트에서 샌딩하고 마무리하기, 청소하기는 작업 후반부에 이루어지므로 가장 마지막에 설명했다.

파트마다 가장 일반적으로 사용하는 공구부터 소개한다. 예를 들어 망치라면 가장 일반적으로 사용하는 노루발 장도리가 제일 먼저 나온다.

이 책에 수록한 공구는 대부분 아날로그이고 고급 기술이 없어도 되며 목공, 금속 및 기타 기본 재료에 사용하는 것이다. 3D 프린팅이나 별의별 멋진 기술이 등장하더라도, 만들기를 배울 때 고급 기술이 필요 없는 이런 공구를 사용하면 만족감이 더 피부에 와닿는다고 생각한다. 원형 톱을 잡고 합판을 절단하면서 진동을 느끼고 또 청바지가 온통 톱밥 범벅이 되고 나면 프로젝트를 위해 CNC(컴퓨터 수치 제어) 루터기의 로봇 팔의 움직임을 지켜볼 때보다 직관적으로 이해가 더 쉽고 실제로 더 와닿는다.

이러한 이유로, 아날로그 공구는 여러분이 메이커로 성장할 빠른 길로 이끌 것이다! 이 공구와 재료를 다루면 여러분 스스로 강해졌음을 느끼고 실제 살면서 맞닥뜨릴 문제를 해결하는 법을 배울 수 있다.

그리고 이 책이 공구의 세계를 모두 보여주는 것은 결코 아니다! 무엇을 담고 무엇을 담지 않을지 결정해야 했다. 부디 이 책에 갇히지 말고 더 광대한 만들기 세계에서 훨씬 더 다양한 공구를 탐험해보길.

자, 이제 지식을 쌓을 시간이다!

만들기 재료

메이커로 살다 보면 만들기 재료를 무수히 만나게 될 것이다. 목재와 금속이 가장 흔하지만 석재와 벽돌, 플라스틱 등도 세상을 만드는 데 한몫하는 경이로운 구성 요소이다. 나는 지금도 재료와 작동 원리, 즉 절단법, 장점과 특성 활용법, 새로운 사용법 등에 대해 알고 싶다. 여기서는 가장 흔하게 사용할 재료만 간단히 정리한다. 이것이 단지 빙산의 일각임을 잊지 말자!

제재목

제재목(lumber)은 나무 조각이다! 흔히 보는 2×4(투바이포)와 같이 통나무를 일정 규격으로 켜낸 구조목으로는 구조물의 골조(나무 위의 집이나 개집을 떠올려보자)를 만들 수 있다. 목수는 주택이나 기타 구조물의 샛기둥을 만들 때 구조목을 사용한다. 일반적으로 2×4는 주택 골조에, 4×4(포바이포)는 울타리, 우편함, 새집의 기둥에 사용한다(새집 만들기는 274쪽 참고!).

제재목에서 나이테를 직접 볼 수 있지만, 숲에서 작업대로 오기까지의 전 과정을 상상하기란 어려울 것이다. 일반 제재목을 생산할 나무는 대부분 나무 농장에서 키우기 때문에 성장이 빠르며 예측 가능하고 매우 곧다. 벌목한 나무를 제재소에서 잘라 제재목을 만든다. 사람마다 사과 자르는 법이 다르듯이 통나무를 제재목으로 자르는 방법 역시 다양하다.

널결 목재로도 불리는 **판목(plain-sawn, flat-sawn)**은 통나무를 평행하게 일직선으로 자르는 가장 간단하고 저렴한 방법이다. 판목 윗면에는 기다란 아치 모양의 결이 있다. 판목, 특히 2×10 같은 넓은 제재목이 가장 흔하다. 나이테를 가로지르는 절단 방식 탓에 건조하는 동안이나 시간이 지남에 따라 휘거나 위쪽으로 말릴 수 있다.

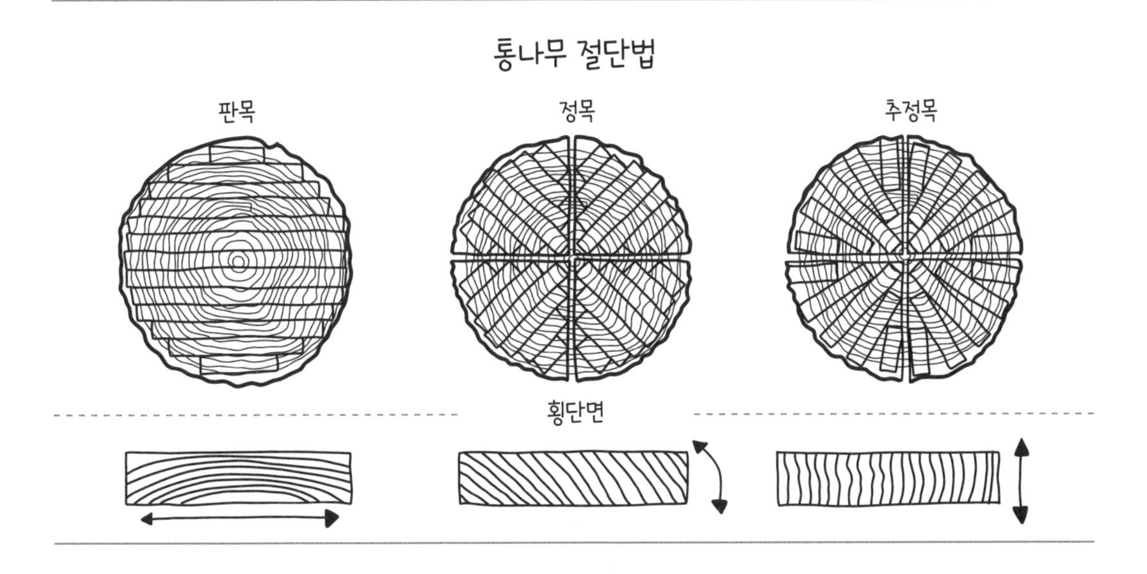

구조목

명칭	실제 크기
1" x 2"	¾" x 1½"
1" x 4"	¾" x 3½"
1" x 6"	¾" x 5½"
1" x 8"	¾" x 7¼"
1" x 10"	¾" x 9¼"
1" x 12"	¾" x 11¼"
2" x 4"	1½" x 3½"
2" x 6"	1½" x 5½"
2" x 8"	1½" x 7¼"
2" x 10"	1½" x 9¼"
2" x 12"	1½" x 11¼"
4" x 4"	3½" x 3½"

재미있는 사실!

'목재(timber)'는 벌목한 통나무를 가리키는 말로, 제재소로 운반하기 위해 조각으로 자르기 전 상태를 뜻한다. 일단 제재소에서 가공하면 제재목(lumber)이라 부른다.

정목(quarter-sawn)은 먼저 통나무를 길게 4등분한다. 그런 다음 각각을 평행한 조각으로 자른다. 정목은 보통 윗면의 결이 긴 선으로 나타나고 자국이나 얼룩이 있다.

추정목(rift-sawn)은 가장 좋은 제재목으로 제일 비싸고 또 가장 드문 목재이다. 추정목도 정목처럼 통나무를 4등분하지만, 마치 햇살이 퍼지듯이 각 추정목 조각이 정확히 통나무의 중심을 향하도록 절단한다. 이렇게 절단하면 결이 제재목의 모서리를 따라 평행하며 윗면의 결도 끊김 없는 선으로 일정하다. 하나하나 평행하게 자르지 않기 때문에 목재 낭비가 심하다는 단점이 있다.

구조목(dimensional lumber)은 1×4, 2×4, 2×6, 4×4 등 표준 크기가 있다(표 참고). 치수는 제재목의 폭과 두께를 인치로 나타낸 값이며, 길이는 프로젝트에 따라 원하는 대로 정하면 된다. 따라서 2×4를 8피트, 4×4를 4피트 하는 식으로 구입할 수 있다.

구조목이 아주 까다로운 이유는 2×4의 실제 규격이 2×4인치가 아니라는 사실이다! 그랬으면 너무 쉬울 뻔했다. 예를 들어 2×4의 실제 사이즈는 1½×3½인치에 불과하다. 목재 집하장에서 어째서 이렇게 일하는지 궁금하지 않은가? 이유는 다음과 같다. 통나무를 잘라 제재목을 만들 때는 실제로 2×4인치(또는 이외의 규격 사이즈)로 자른다. 그러나 통나무는 가공할 때까지 완전히 마르지 않는 경우가 많아서 절단한 제재목은 건조되면서 크기가 줄어든다. 완전히 마르면 전동 대패로 1½×3½인치 크기로 깎는다. 따라서 2×4는 실제로 2×4인치가 아니며, 항상 1½×3½인치이다.

합판

합판(plywood)은 가장 일반적인 판 목재 제품이다. 넓은 면적을 목재로 덮어야 하는 프로젝트에 사용하기 적합하다. 예를 들어 개집의 골조를 만들려고 구조목을 사용한다면(내 강아지를 위한 개집 짓기는 300쪽 참고!), 골조를 감쌀 벽에 합판을 사용할 수 있다. 그런 다음 페인트를 칠하고 발자국 모양을 찍은 후 강아지 이름을 써 넣으면 된다.

합판은 커다란 판(1장 전체의 크기는 4x8피트 또는 4×8자, 1,220x2,440mm)으로 판매되며, 얇은 목재를 여러 겹 쌓아 만든다. '겹'이란 2겹 화장지처럼 층을 뜻한다. 여러 겹을 겹쳐 쌓아야 합판 전체가 더욱 단단해진다. 통나무에서 이처럼 나무를 얇게 층 내는 방법 가운데 내가 가장 좋아하는 방법은 두루마리 화장지처럼 통나무를 돌려가며 얇은 층으로 깎아내는 회전식 절단법이다. 얇은 합판은 보통 두께가 1/32인치(약 1mm)에서 1/8인치(약 3mm) 사이인데, 이 얇은 층을 서로 겹쳐 접착한 뒤 압축해 만든다.

합판 조각의 단면을 보면 알겠지만, 층은 거의 대부분 홀수이다. 얇은 층 3개, 5개, 7개, 9개로 만든 합판이 흔하지만, 고급 가구를 만드는 프로젝트에는 층을 13개 이상 쌓아 만든 고급 합판을 사용하기도 한다. 각각의 층은 나뭇결이 서로 교차하도록 정해진 순서대로 쌓아 올린다. 한 층의 결이 위아래 층의 결과 수직이 되도록 접착하면 접착력이 더 강해지며, 합판의 안정성도 크게 향상된다. 즉 어느 방향으로도 휘거나 뒤틀어지지 않는다. 어떤 합판은 안보다 겉의 층을 더 부드럽고 매끈하게 만들기도 한다.

보통 합판의 두께는 ¼인치, ½인치, ¾인치, 1인치(한국은 2.7T, 4.6T, 8.5T, 11.5T, 14.5T, 17.5T)이며 단면과 앞뒷면의 고르기 정도 또는 마감 상태에 따라 등급이 달라진다. 가장 높은 등급은 A로, 앞뒤 양면이 거의 완벽하고 옹이나 흠집이 거의 없다. 등급 A/B의 경우 앞면(A)에는 결함이 없는 반면 뒷면(B)에는 옹이나 변색이 있을 수 있다. 이런 식으로 등급은 가장 낮은 C/D까지 내려간다. C/D 등급은 옹이나 변색이 약간 있지만, (위에 무언가를 바르는 바닥이나 지붕처럼) 마감이 매우 뛰어날 필요 없는 곳에 사용하면 비용 면에서 괜찮은 선택일 수 있다.

합판은 다양한 목재로 만들 수 있지만 철물점이나 집하장에서 가장 흔히 볼 수 있는 것은 자작나무, 전나무, 소나무 같은 것이다.

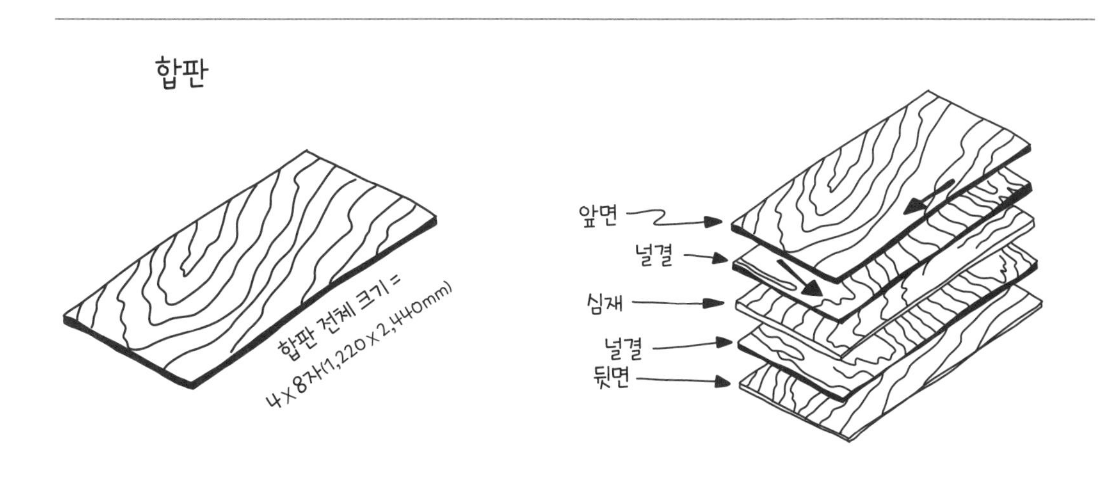

가공 합판

OSB(배향성 합판)

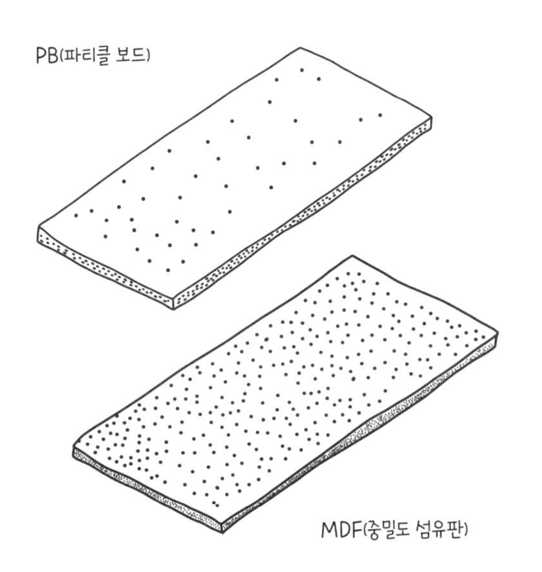

가공 합판

OSB(oriented strand board, 배향성 합판)는 나무 조각을 수지 접착제로 접착해 압축한다. 보통 통나무에서 잘게 깎아낸 단단한 견목재(hardwood) 조각을 가문비나무나 소나무에 더해 만든다. 그때 나무 조각이 여러 각도로 서로 겹치도록 놓으므로 합판이 단단해진다. 접착제를 분무한 뒤 압축하면 합판이 완성된다. 나무 조각이 여러 각도로 섞이기 때문에 OSB는 기상 조건으로 인한 휨이나 뒤틀림이 없다.

놀라울 정도로 단단한 OSB는 건축용으로 많이 찾는 판 목재 제품으로, 특히 목조 주택 벽에 층을 만드는 데 사용한다. OSB는 또한 목재나 카펫을 깔기 전의 바닥재로도 사용한다. 활용 방식과 기상 조건에 따라 1등급(건조한 환경에 적합한 경하중용 제품)에서 4등급(습한 환경에 적합한 고하중용의 튼튼한 제품)까지 네 개 등급 제품을 판매한다. 걸스 개라지에서는 뒷벽에 OSB로 공구 걸이 벽을 만들어 모든 공구를 모아둔 특별한 공간을 조성했다.

PB(particleboard, 파티클 보드)는 버려진 대팻밥과 입자, 우드칩을 접착제로 압축한 저렴한 목재이다. 가정, 학교나 사무실의 부담 없는 가격의 가구는 대부분 파티클 보드로 만들어진다. 파티클 보드는 베니어판이나 플라스틱 라미네이트 층으로 덮어 표면을 멋지게 만들 수 있다. 파티클 보드는 대부분 목재 부산물을 수지 접착제로 압축해 만든다. 단면을 보면 실제로 각각의 입자가 보인다. 파티클 보드는 MDF만큼 밀도가 높지 않지만 입자는 OSB보다 크기가 작다.

MDF(medium-density fiberboard, 중밀도 섬유판)는 PB와 비슷하지만 밀도가 더 높고, 훨씬 고운 목재 입자로 만든다. 가루에 가까운 작은 목재 섬유를 접착제와 섞은 뒤 압축해서 판을 만든다. MDF는 더 작은 입자로 만들기 때문에 밀도가 더 높다. 단면을 보더라도 더 단단하고 균일한 입자로 이루어진 것처럼 보인다. 그러나 접착제도 더 많이 사용하기 때문에(그리고 접착제에는 포름알데히드같이 몸에 좋지 않은 화학 물질이 함유되어 있기 때문에) MDF를 재단하고 가공할 때는 마스크를 착용해야 한다. 업체 중에 포름알데히드가 없는 MDF를 생산하는 곳도 있으니 이런 제품을 찾아서 사용해 보자!

석고 보드

수백 년 전, 주택이나 구조물의 내벽은 대부분 석고 반죽(plaster, 회반죽)으로 만들었다. 석고 반죽은 비싸기도 비쌌지만 공사 중에 개서 말리는 데 시간이 오래 걸렸다. 반면 석고 반죽의 대체제로 등장한 석고 보드는 설치가 쉬웠다. 석고 보드는 1900년대 중반까지 설치가 쉽고 가격이 저렴해서 벽 재료로 흔히 사용했다.

목조 건물은 대부분 석고 보드로 벽을 덮을 때 가로 4피트(약 1.22m), 세로 8피트(약 2.44m)짜리를 여러 장 그대로 사용한다. 이 크기는 뒤에 위치한 목조 샛기둥에 고정하면 빈틈이 생기지 않아서 단열재나 배관 시설, 전선 등을 보드 뒤로 감출 수 있다.

석고 보드는 석고 코어를 두꺼운 종이가 앞뒤 양쪽에서 덮는, 일종의 석고 샌드위치 구조로 되어 있다. 석고는 내구성 있는 판을 만들 수 있는 광물이다(칠판 분필로도 사용된다). 석고 반죽과 달리 석고 보드는 보통 빠르게 부착이 가능하며, 곧바로 이음매를 정리해 페인트를 칠할 수 있다.

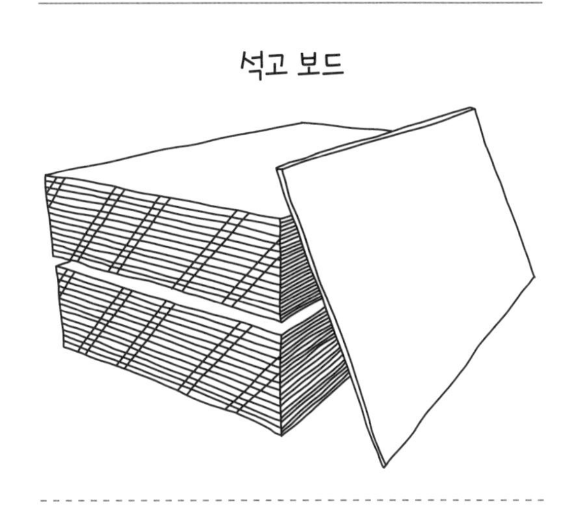

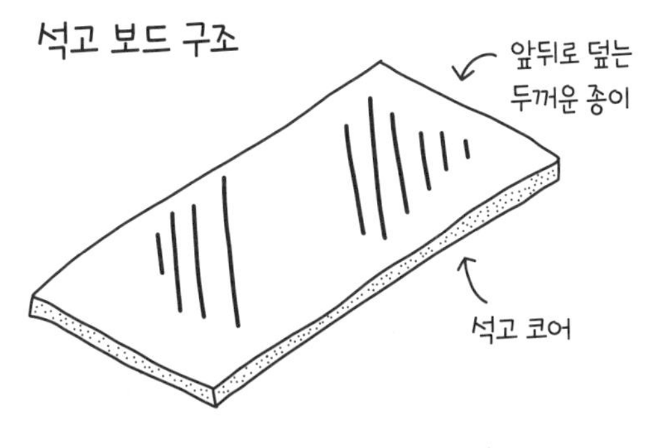

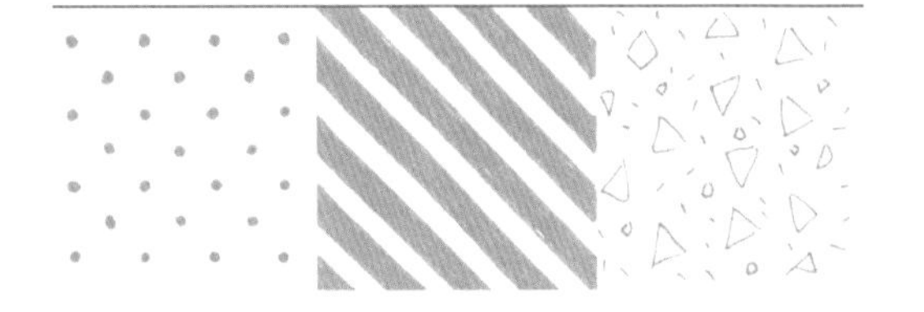

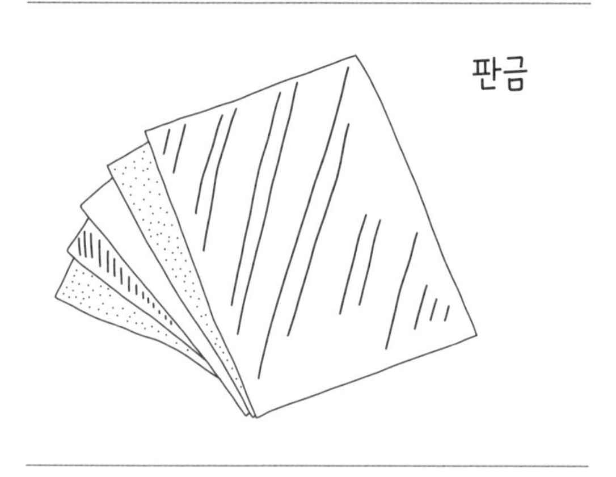

판금

판금(sheet metal)은 매우 다양하게 사용된다. 당장 주변을 둘러봐도 판금으로 만든 물건을 적지 않게 찾을 수 있다. 알루미늄, 강철, 스테인리스강, 구리, 황동 등 종류가 다양하며, 크기와 두께도 다양하게 구입할 수 있다. 판금의 두께는 '게이지'로 측정하며, 게이지 6에서 20까지가 가장 흔하다. 게이지가 높을수록 두께가 얇아지는데, 직관적으로 쉽게 이해되지 않을지도 모른다. 판금은 가열한 금속을 일정한 두께가 되도록 압축 롤러 두 개 사이로 통과시켜(압연해) 만든다. 판금은 자르고, 구부리고, 형태를 찍어내고, 성형하고, 모양을 변형해서 아주 다양한 물건을 만들 수 있다. 자동차 문, 금속 토스터, 파일 캐비닛, 보석류 등 판금으로 만들 수 있는 제품은 무궁무진하다!

표준 금속 제품

철물점이나 철강 판매소에서 구입하는 금속은 다양한 형태의 얇고 긴 '막대 모양'으로 생산된다. 합판 형태의 판금이라면, 표준 금속 제품은 2×4처럼 특정 폭, 두께, 길이로 판매된다. 가장 일반적으로 사용되는 철강 제품은 연강(mild steel)이며, 강철을 가열한 뒤 원하는 형태로 만드는 열간 압연(hot-rolling) 방식으로 생산한다. 냉간 압연(cold-rolling)을 거친 철강 제품도 있지만, 이 경우도 기본적으로는 열간 압연으로 생산한 뒤 실온에서 추가 과정을 거치는 것뿐이다. 가장 일반적인 금속 제품에는 플랫바(flat bar)와 앵글(angle, angle iron), 원형봉(round), 표준 I빔(standard I-beam), 채널바(channel), 사각파이프(square tube), 원형파이프(pipe), 철근(rebar, 콘크리트 구조물 보강용)이 있다. 많이 생산되는 치수의 제품은 철물점에서 구입하며, 원하는 크기로 절단하려면 철강 업체를 통해 구입한다. 강철 제품은 용접에 흔히 사용되며, 절단기나 앵글 그라인더를 사용해 손쉽게 절단할 수 있다. 절단한 다음 다른 강철 제품과 용접해 가구 등의 멋진 틀을 만들 수도 있다! 이외에 알루미늄과 스테인리스강 등의 금속도 표준 형태와 치수로 판매한다.

전산 볼트

전산 볼트(threaded rod, all-thread)는 나사 머리가 없는 두꺼운 나사처럼 생겼으며, 나사산이 전체에 있다. 긴 전산 볼트를 사서 프로젝트에 맞춰 자르거나 이미 정해진 길이의 제품을 구입해도 된다. 전산 볼트는 양 끝을 너트로 조여야 할 때 일반 볼트 대신 사용하기 좋다. 일반 볼트와 마찬가지로 전산 볼트도 지름과 피치(나사산 사이의 거리)가 다양하다.

시멘트와 콘크리트

내가 아주 싫어하는 것 중 하나는 '콘크리트'와 '시멘트'라는 용어를 구별 없이 쓰는 것이다. 이 둘은 같은 게 아니다. 차이가 있다. 시멘트는 콘크리트의 재료이며 콘크리트는 시멘트 혼합물이다.

시멘트(cement)는 토양에서 채굴한 석회암으로 만든다. 시멘트는 원자재이며 가장 흔한 형태가 포틀랜드 시멘트이다.

반면 **콘크리트**(concrete)는 주변에서 가장 흔히 볼 수 있는 실제 혼합물이다. 콘크리트는 시멘트와 물, 여러 골재(자갈, 모래, 쇄석 등)를 섞어 개서 만든다. 콘크리트는 다양한 용도로 사용하도록 건조된 재료를 미리 섞어 부대에 담아 판매한다. 정말 다용도여서 미세하고 부드러운 콘크리트로 작업대 상판을 만들기도 한다. 콘크리트는 보통 틀, 즉 거푸집에 부어 반죽 상태로 형태를 잡고, 다 마르면 거푸집을 제거한다. 거푸집은 보통 나무에 나사를 박아 만들어서 나중에 쉽게 떼어낼 수 있다. 콘크리트는 무겁지만(일반 콘크리트 블록은 무게가 16킬로그램이나 나간다!) 아주 단단하다. 특히 재료를 제대로 섞은 다음 철근 같은 보강재에 부어 사용하면 아주 튼튼하면서도 내구성이 좋은 건축 자재가 된다.

전산 볼트

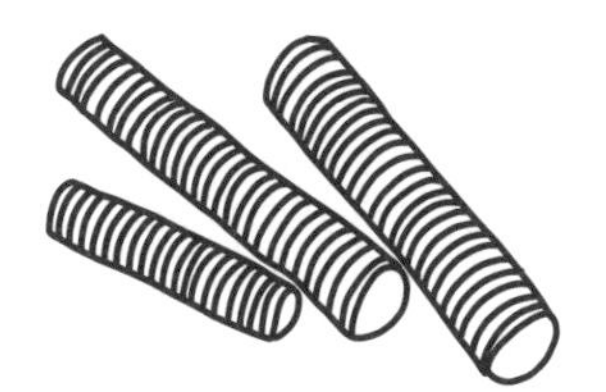

재미있는 사실!

어릴 때 나는 나무 조각 사이에 꽃을 끼워두곤 했다. 나무 조각은 샌드위치 같았는데, 양 끝에 전산 볼트를 박은 뒤에 볼트 양 끝을 나비 너트로 단단히 죄어서 꽃을 끼워둘 수 있었다.

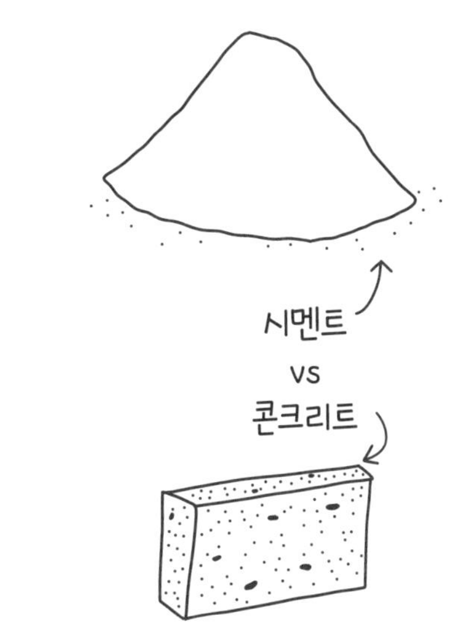

콘크리트 = 시멘트 + 골재(모래, 자갈 등) + 물

시모네 패리시

걸스 개라지 학생

캘리포니아주 이스트베이 지역

우리는 시모네가 열한 살일 때 걸스 개라지의 여름 캠프에서 처음 만났다! 그해 여름 시모네는 지역 여성 쉼터에서 살고 있는 아이들을 위한 장난감 집 짓기를 도왔다. 그때부터 시모네는 해마다 걸스 개라지에 참여했다. 걸스 개라지에서 가장 실력 좋은 메이커 중 하나인 시모네는 빌 게이츠의 아내 멀린다 게이츠와 배우 맨디 무어가 2019년 걸스 개라지를 찾았을 때 드릴과 드라이버 사용법을 가르쳐주었다! 시모네에 대해 가장 기억에 남는 것은 한 전문 단체가 추최한 걸스 개라지 프로그램을 위한 기금 모금에 나와 함께 참여한 것이다. 시모네는 내향적이라고 하지만 수백 명 앞에서 연설하며 자신이 얼마나 만들기를 사랑하는지 말했고, 그곳에 있던 모두가 시모네의 이야기에서 영감을 받았다. 시모네는 매일 용기를 끌어내어 메이커이자 리더로서 새롭게 성장하기 위해 노력하고 있다.

어릴 때는 미술 수업이 좋았어요! 채색이랑 바느질, 소묘, 점토 빚기가 좋았죠. 초등학교 2학년 때 방과 후 목공 수업을 들었는데, 생각나는 거라고는 여자아이가 저뿐이었다는 거예요. 처음으로 나무를 만지거나 수공구를 다뤘어요. 내가 만든 작품을 자랑스러워한 것도 기억나지만 내가 유일한 여자아이라는 걸 자각하고 부끄러워했던 것도 기억나요. 결국 저는 목공 수업을 그만두었어요.

만들기는 걸스 개라지를 알고 나서부터 다시 시작했어요. 창의력을 표현하고 손으로 무언가를 만들 수 있도록 저를 감싸주는 공간처럼 느껴져서 걸스 개라지에 끌렸어요. 여기 오기 전에는 전동 공구를 다뤄본 적이 없었고, 새롭고 흥미로운 것을 시도하고 그것을 지역 사회에 되돌리는 일에 관심이 있었어요.

몇 년간 걸스 개라지 메이커로 있으면서 지그소, 드릴, 드라이버, 스피드 스퀘어, 테이블 톱 사용법과 용접하고 제도하는 법을 배웠죠. 이런 공구나 기술은 저 혼자서 찾아 배울 수 없는 것들이잖아요. 저는 임팩트 드라이버가 제일 좋아요. 드라이버를 들고 스위치를 누른 뒤 온 힘을 다해 나사를 나무에 박아 넣는 그 느낌이 너무 좋아요.

걸스 개라지 십 대 여자아이 열두 명이서 6.4미터 길이의 벤치와 앉을 수 있는 공간을 동네 식당 앞 인도에 만든 일이 가장 자랑스러워요. 우리는 각자의 아이디어를 모두 모아 복잡하고 거대하며 까다로운 디자인으로 완성했고, 그러는 동안 저는 메이커이자 리더가 되었고요.

무언가를 만들면서 저는 집이나 학교에서 경험할 수 없는 창의력을 분출해요. 만들기는, 완전히 다른, 그리고 실질적인 맥락에서 수학을 다루기 때문에 수학이 늘 즐겁거나 자신 있지 않은 여성 청소년에게 수학에 대한 자신감을 키워줘요. 또 저는 생각을 다르게 표현하고 현실화할 수 있었죠. 만들기를 통해 저는 세상에서 실제 쓸 물건을 디자인하고 만들어내며 문제를 해결하는 능력을 길렀어요.

만들기를 배우고 싶은 어린 여자아이들에게 자기 자신이나 자신의 강인함을 의심하지 말라고 말해주고 싶어요. 완벽을 추구하지 마세요. 실수를 받아들이세요. 여성 청소년들이 만들기를 배우는 것은 매우 중요해요. 지금이라면 여성 청소년은 이래야 하고 이런 일을 해야 한다는 사회의 오래된 고정관념을 벗어버릴 수 있기 때문이죠.

제 꿈은 여자아이들에게 만들기를 가르치는 거예요. 저보다 어린 여자아이가 전동 공구를 사용하고 강해지고 자신감 있는 메이커가 되도록 제가 알고 있는 것을 전해주고 싶어요. 이제 여성 청소년과 여성이 자신의 온전한 강함과 힘, 지능, 그리고 재능으로 인정받을 때예요. 여성이 계속해서 한계를 뛰어넘어 무엇이든 할 수 있다는 것을 스스로 세상에 보여주길 바랍니다. 또 새로운 세대의 여성 청소년들이 두려움 없이 위축되지 않고 절단기 사용법을 알아가도록 모두가 뜻을 함께했으면 좋겠어요.

유용한 테이프 세 가지

덕트 테이프(duct tape)는 무엇이든 고정할 수 있으며 DIY 작업에 대표적으로 사용한다. 1900년대 초부터 덕트 테이프는 전원 케이블을 감싸는 데서부터 신발 수선과 가교의 강철 케이블 설치에 이르기까지 거의 모든 곳에 사용되었는데, 그럴 만한 이유가 충분했다. 덕트 테이프는 보통 망사 천 한 면에 접착제를 바르고, 반대 면에는 빛을 반사하는 염료를 바른 형태이다.

메이커라면 누구나 덕트 테이프를 즐겨 사용하지만, 고온에서는 피하는 편이 좋다. 접착제가 끈끈해져 떼어내기가 어려워지기 때문이다. 덕트 테이프는 신축성이 약간 있으며 쉽게 찢을 수 있다.

페인트칠에 사용하는 **마스킹 테이프**(painter's tape)는 녹색이나 파란색이 일반적이며, 표면을 손상시키거나 페인트를 벗겨내는 일 없이 쉽게 떼어낼 수 있는 접착제를 사용한다. 접착력이 약해서 목공과 페인트칠에 사용하기 좋은 테이프이다.

내 경우, 페인트를 칠하고 싶지 않은 부분에 마스킹 테이프를 붙이고 나머지 부분에 페인트를 칠해서 멋진 무늬를 만드는 식으로 사용한다. 또 끈적임을 남기지 않고 쉽게 떨어지기 때문에 만들 물건에 표시하는 데 사용하기도 좋다.

마스킹 테이프는 신축성은 없지만 종이로 만들었기 때문에 쉽게 찢을 수 있다.

전기 테이프(electrical tape)는 플라스틱이나 비닐로 만든다. 내가 전기 테이프를 좋아하는 가장 큰 이유는 색을 선택할 수 있기 때문이다. 금속 조각에 붙이고 표시하고, 공구 손잡이를 감거나 전기 테이프의 본래 목적인 전기를 절연하는 데 유용하다.

전기 테이프는 쉽게 찢어지며 네임펜을 사용하면 테이프 위에 글씨를 쓸 수 있다.

덕트 테이프

마스킹 테이프

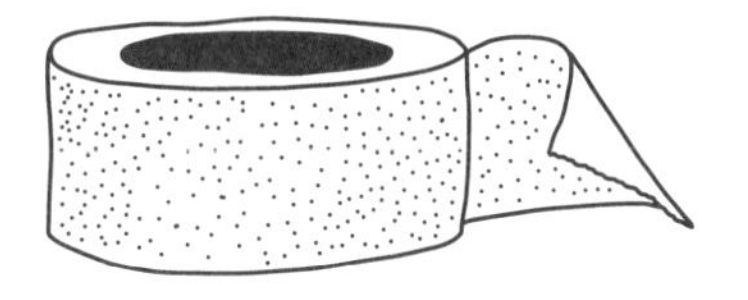

전기 테이프

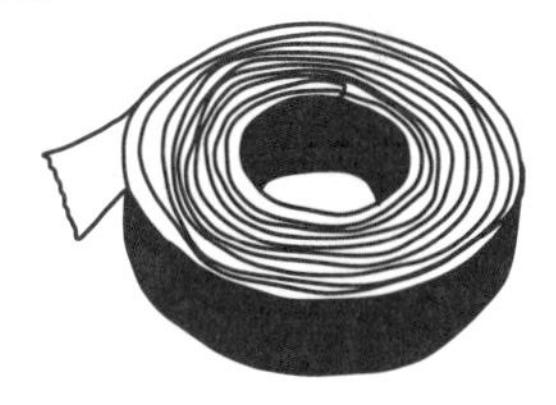

재미있는 사실!

덕트 테이프는 덕 테이프(duck tape)라고도 불린다. 캔버스를 뜻하는 네덜란드어 덕(deok)에서 유래한 덕 캔버스(duck canvas)를 처음에 테이프 재료로 사용했기 때문이다.

접착제

목공용
접착제

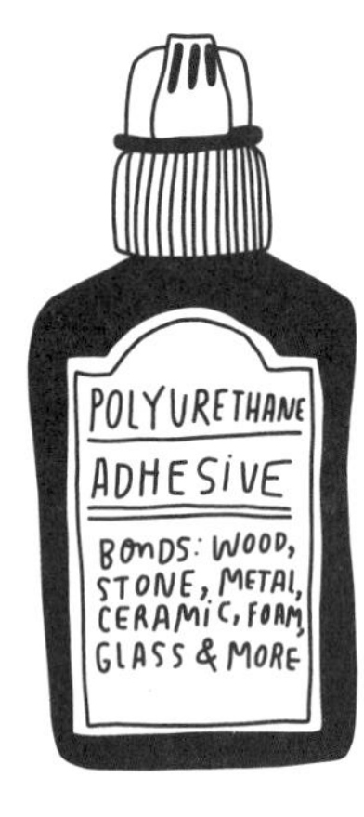

폴리우레탄
접착제

스프레이
접착제

사용하기 좋은 접착제 세 가지

목공용 접착제(wood glue)는 목공장에서 사용하는 흰색 공예용 접착제와 비슷하다. 보통은 옅은 노란색이며 용도에 따라 실내용, 방수용, 실외용 등이 있다.
목공용 접착제로 나무 조각을 서로 붙이려면 클램프 같은 걸로 다 마를 때까지 고정하거나 말릴 곳을 고정해두어야 한다. 목공용 접착제는 장부촉 끼움(dowel joined)이나 비스킷 끼움(biscuit joined)에도 사용한다(72쪽 참고). 베니어판 같은 얇은 나무판 여러 장에 목공용 접착제를 바르고 압축해 스케이트보드를 직접 만들 수도 있다(이 책에 싣지 않았지만, DIY로 하기 좋은 프로젝트여서 여러 책에 자세히 소개되어 있다!). 목공용 접착제는 구멍이 많은 다공성 재료(목재, 종이 제품 등)에만 사용할 수 있으며 금속, 유리, 플라스틱에는 효과가 없다.
폴리우레탄 접착제(polyurethane glue)를 활성화하려면 수분이 필요하다. 폴리우레탄 접착제는 마르면서 팽창하는데, 완전히 마르면 아주 단단해지며 방수가 된다. 목재, 금속, 유리, 플라스틱을 포함해 거의 모든 곳에 사용할 수 있으며, 건조 후 접착제 자국을 걱정하지 않아도 되는 작업에 적합하다.
스프레이 접착제(spray adhesive)는 가벼운 재료나 표면적이 넓은 데 사용하기 적합하다. 종이, 직물, 판지 등 가벼운 재료에 다양한 목적으로 사용할 수 있으며, 특히 넓은 면적에 뿌리기에 효과적이다. 접착력이 영구적인 제품도 있지만, 점착식 메모지처럼 뗐다가 다시 붙일 수 있는 제품도 있다.

폴리우레탄 코팅제

목재와 금속 프로젝트에서 얼룩, 부식, 변색이나 일반적인 손상을 방지하고 싶다면 폴리우레탄 코팅제(polyurethane sealant)를 사용하면 좋다. 투명한 폴리우레탄 코팅제는 수성, 유성이 있으며, 고광택, 무광택 마감이 가능하고 색상이 다양하다. 개인적으로 가장 선호하는 제품은 와이프온 폴리(Wipe-On Poly)인데, 천에 묻혀 손으로 물건을 닦으면 된다. 붓을 사용해 칠하는 제품은 커다란 페인트통이나 편리한 스프레이 캔에 담겨 판매된다. 대부분의 프로젝트에서 나는 수성 폴리우레탄 제품을 광택 마감에 사용하지만, 내구성이 필요한 옥외용 프로젝트의 경우 유성 제품을 선택하는 편이 더 낫다.

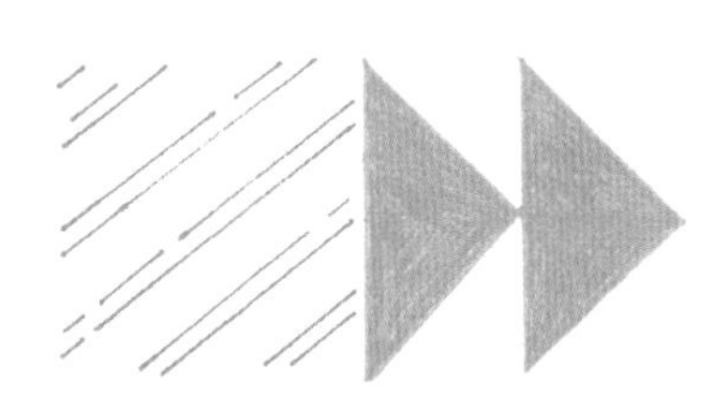

폴리우레탄 코팅제

철물

처음으로 누구의 도움도 받지 않고 철물점 통로를 걸은 때가 또렷이 기억난다. 나는 필요한 나사의 정확한 크기와 종류, 그리고 그것이 놓인 위치를 이미 알고 있었다. 당시 나는 철골로 물결 모양의 벤치를 만들고 있었다. 벤치를 콘크리트 바닥에 고정하되, 제거해도 거대한 구멍이 생기지 않아야 했다. 철물점 직원이 물었다. "꼬맹아, 도와줄까?" 나는 자신 있게 대답했다. "아뇨, 방금 막 1¾인치(약 4.4cm) 태프콘 콘크리트 나사를 찾았어요. 감사합니다!" 삶에서도 만들기에서도 무엇이 필요한지, 그리고 그 이름이 무엇인지를 정확히 아는 일은 강력한 힘을 지닌다. 특히 작은 금속 물체가 가득한 바다인 철물점 통로에서 그 힘은 특히 더 강력해진다. '1¾인치 태프콘 콘크리트 나사'를 크게 소리 내서 몇 번 말해보자, 정말 진지하게!

공구와 만들기를 이야기할 때 '철물(hardware)'이라는 단어는 일반적으로 여러 조각을 하나로 고정해주는 금속 조임쇠 같은 장치를 말한다. 나사, 못, 볼트 같은 것이 가장 흔히 볼 수 있는 철물 종류다. 세상에는 철물의 종류가 아주 많기 때문에 '이렇게 많은 물건이 어쩌면 이렇게 똑같아 보일 수 있지?'라고 생각할 수도 있다. 그러나 프로젝트를 하다 보면 알게 되겠지만, 못이 아니라 나사가, 둥근머리 나사 대신 나무로 된 접시머리 나사가 필요한 경우가 반드시 생긴다.

앞에서 만들기 재료를 살펴보았으니 이제 더 넓은 철물의 세계로 떠나보자. 무엇보다도, 만들기 재료를 고정해 프로젝트를 완성하려면 언제 어떤 종류의 철물을 사용해야 하는지, 또 그 이유는 무엇인지 배우는 것이 중요하다.

나사

나사(screw)는 거의 모든 프로젝트에 사용하기 좋은 조임쇠다. 믿을 수 없을 만큼 튼튼하며 용도도 다양하다. 사실상 상상할 수 있는 모든 작업에 적합한 나사가 따로 있을 정도다. 나사는 거의 대부분 강철로 만들어서 인장 강도가 높고, 나중에 드라이버나 임팩트 드라이버로 쉽게 제거할 수 있다. 나사는 접착제를 사용할 필요가 없고(잔못인 브래드brad나 못에는 사용하기도 한다), 나사산이 있어서 일반적으로 나무와 더 잘 맞물린다. 보통 재료를 압착하는 강도는 못보다 높지만(나사 축을 따라 힘이 가해진다) 전단 강도(잡아당겨서 재료가 끊어지는 순간 단위 면적당 가해진 힘의 크기)는 못보다 약하다. 다시 말해, 나사는 옆에서 압력을 가했을 때 부러지거나 휠 가능성이 높다.

나사는 볼트와 비슷하지만, 나사에는 나사산이 있어서 재료 내부의 나사산과 맞물린다. 나무에는 나사가 맞물리면서 나무 내부에 나사산을 만들거나, 미리 구멍에 나사산을 만들고 나사를 끼워 넣기도 한다. 반면에 볼트는 짝이 되는 너트의 나사산과 연결할 수 있도록 나사산이 나 있다.

사용 요령

나사를 박을 때는 드라이버나 임팩트 드라이버(해머 드릴이나 전기 드라이버라고도 한다. 152쪽 참고)를 사용한다.

바로 이 이유로 못 대신 나사를 사용하기도 한다. 못을 박으려면 망치를 휘둘러야 하는데 나사는 망치를 휘두를 공간이 없는 협소한 공간에서 사용하기에 적합하기 때문이다. 나사를 잘 박기 위해 '파일럿 홀(pilot hole)'이라 부르는 작은 홈을 미리 뚫어두는 경우도 있다. 특히 작은 나무 조각에 나사를 박을 때 나무가 쪼개지는 일을 피할 수 있다.

나사 부위 명칭

나사는 종류와 용도에 따라 기본적으로 여섯 개 부분으로 이루어진다. 머리(head), 홈(drive), 생크(shank, 몸통, 나사산이 없는 부분), 축(shaft), 나사산(thread), 끝(point)이다. 축은 나사의 원통 전체를, 생크는 축에서 나사산 없이 매끈한 부분을 뜻한다.

만들기 프로젝트를 하다 보면 길고 얇거나 짧고 두껍거나 이외 다양한 수치 조합으로 이루어진 다양한 길이와 지름의 나사가 필요할 것이다. 나사 구입 팁을 소개하자면 나사 박을 재료 두께의 약 절반이나 ¾ 되는 길이를 선택하면 좋다. 두 개의 재료를 잇는다면 첫 번째 재료를 충분히 관통하고 두 번째 재료에 절반에서 ¾만큼 들어가는 길이를 선택한다. 즉, 두께가 1인치(약 2.5cm)인 나무 조각 두 개를 잇는다면 약 1½인치(약 3.8cm)에서 1¾인치(약 4.4cm) 길이의 나사가 필요하다.

나사 크기

나사 크기는 특정 형식으로 상자에 표기된다. 즉 나사의 두께나 폭을 나타내는 숫자, 그리고 인치로 나타낸 길이이다. 예를 들어 #8×2½인치는 대표적인 표준 사이즈의 건축용 나사이다. 나사 두께를 나타내는 숫자(#8)는 나사 생크의 지름을 뜻한다. 숫자가 클수록 나사가 두껍고 인치당 나사산 수가 줄어든다.

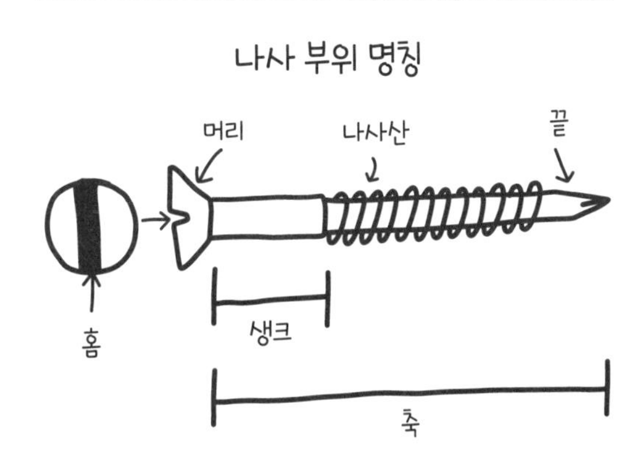

나사 크기 표

나사 크기	나사 생크 지름	파일럿 홀 크기*
#2	3/32″	1/16″
#4	7/64″	1/16″
#6	9/64″	5/64″
#8	5/32″	3/32″
#10	3/16″	7/64″
#12	7/32″	1/8″
#14	1/4″	9/64″

* 파일럿 홀 크기는 이 책의 프로젝트에서 사용할 만한 소나무 같은 무른 목재에 맞춘 수치다. 단단한 목재는 1/64인치(약 0.4mm) 더 커야 한다.

나사 머리 유형

나사 머리는 나사의 강도, 성능, 설치에 매우 중요하다. 나사 머리에 홈(드라이버나 드라이버 비트를 고정하는 위치)이 있으며, 나사를 제거해야 할 경우를 대비해 눈에 띄도록 나사 박힌 재료의 위나 표면에 자리한다. 나사 머리는 크기와 옆모습이 다양하며, 나사 머리가 목재 안으로 깊이 들어가서 조각의 표면과 평평하거나 높이가 같아지는 카운터싱크가 되는지도 나사에 따라 다르다.

접시머리(flathead) 나사는 나무용 나사의 가장 일반적인 머리 모양이다. 접시머리 나사는 카운터싱크가 되도록 머리 밑면이 경사진 V 자 모양이기 때문에 나사를 박았을 때 머리가 목재 표면에 납작하게 박힌다. 가구 프로젝트나 주택 골조에 카운터싱크용 나사를 사용하면 머리가 목재 표면 위로 불룩 튀어나오지 않는다.

둥근머리(roundhead) 나사는 머리 옆모습이 거의 반원형이다. 나사 머리 가운데 가장 크며 밑면이 평평해서(경사가 없다) 나사를 박으면 머리가 표면 위로 튀어나오기 때문에 목조 건축 프로젝트에서는 잘 사용하지 않고 금속 부품, 판금, 기계류에 더 적합하다. 장식 목적으로 나사 자체를 두드러지게 하려고 사용하기도 한다.

타원형(Oval head) 나사는 접시머리 나사와 마찬가지로 카운터싱크용으로 설계되어 재료에 더 깊게 박을 수 있다. 그러나 위쪽이 약간 둥글어서 접시머리 나사와 둥근머리 나사를 혼합한 형태라고 볼 수 있다. 타원형 나사는 카운터싱크 방식으로 나사를 깊고 단단히 박아야 하지만 표면에 둥근머리로 장식적 요소를 더하고 싶을 때 주로 사용한다.

냄비머리(pan-head) 나사도 머리에 각진 부분이 없이 짧으며 나사 머리 높이도 낮다. 밑면이 평평한 점은 둥근머리 나사와 비슷하다. 박았을 때 표면으로 튀어나오는 점도 비슷하지만, 옆에서 보면 더 납작하다.

트러스머리(truss-head) 나사(우산머리 나사)는 머리가 넓고 평평하며 밑면이 납작한 와셔(washer) 모양이어서, 더 넓은 표면에 무게나 힘을 분산시킬 수 있다. 자동차 번호판을 고정하는 데 주로 사용한다.

나사 머리 유형

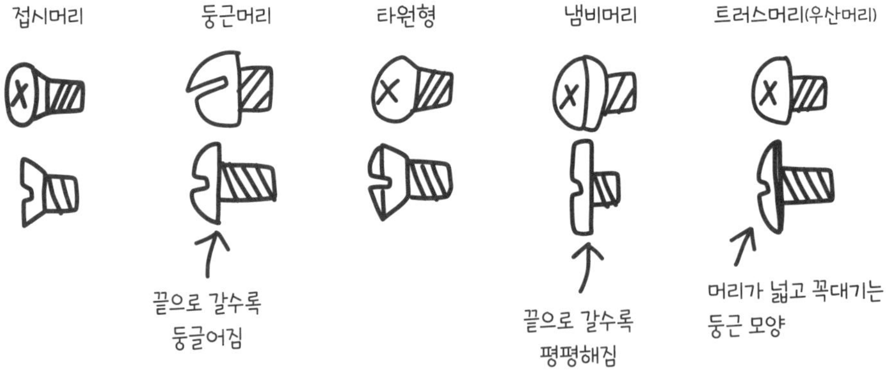

나사 머리 홈 유형

나사 종류는 나사 머리 모양 외 나사 머리 홈 유형에 따라서도 달라진다. 나사 머리 홈은 나사를 박을 때 드라이버나 드릴 비트, 드라이버 비트를 끼우는 홈을 말한다. 가장 일반적인 나사 머리 홈 유형은 다음과 같다.

일자 홈(flat/slot)은 나사 머리 폭 전체를 가로지르는 일자 모양의 홈이다. 일자 홈의 크기는 나사 머리의 폭에 따라 ⅜인치, ¼인치 등 분수로 나타낸다.

십자 홈(Phillips)은 홈 모양이 열십자이다. 크기가 다양하며 #2(또는 PH2)를 가장 흔히 사용한다. 십자 드라이버나 드라이버 비트에는 크기에 따라 PH1, PH2, PH3 등을 표시한다. 십자 홈이라 해도 드라이버와 잘 맞물리도록 두 홈이 교차하는 지점의 모서리를 둥글리거나 각지게 하기 때문에 홈이 완벽한 십자 모양을 이루지는 않는다. 십자 홈 나사는 존 P. 톰슨(John P. Thompson)이 발명했으나 제조에는 실패해서 나사 홈 설계를 헨리 F. 필립스(Henry F. Phillips)에게 팔았다. 십자 홈을 뜻하는 영어 단어 'Phillips'는 이 사람의 이름에서 따왔다.

별 모양 홈(star/torx)은 육각형 별 모양이다. 별 모양 홈은 나사와 드라이버 비트 간의 접촉 면적을 늘려주기 때문에 나무용 나사에 적합하다. 별 모양 홈 비트의 가장 일반적인 크기는 #25(또는 T25)이며, 이외에 T15, T35도 있다. 숫자가 작을수록 별 모양의 크기도 작아진다.

사각 홈(square)은 1909년에 사각 홈 설계의 특허를 획득한 캐나다인 발명가이자 공구 판매원인 피터 림버너 로버트슨(Peter Lymburner Robertson)의 이름을 따서 **로버트슨 홈**(Robertson)이라고도 부른다. 사각 홈은 크기가 다양하며 가장 흔히 사용하는 크기는 #2(또는 S2)이다. 사각 홈은 나사 머리가 작아 마감용 나사로 사용하며 맞물림 정도는 별 모양 홈과 비슷하다. 로버트슨은 어느 날 한 손님에게 일자 드라이버 사용법을 보여주다가 드라이버가 헛돌아 손을 다쳤는데

나사 머리 홈 유형

일반

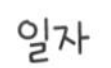

십자

별 모양

사각

육각 소켓

특수

포지

안전 육각 소켓

육각별

삼각날개

토크셋

원형

12각

폴리

원웨이

스플라인

12각

브리스톨

펜타로브

나무용 나사

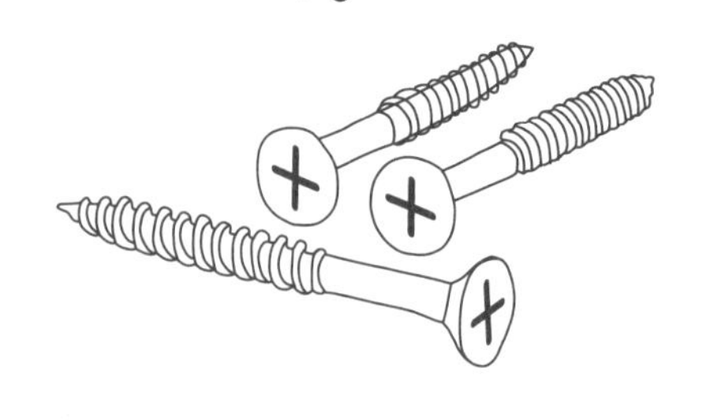

직결 나사

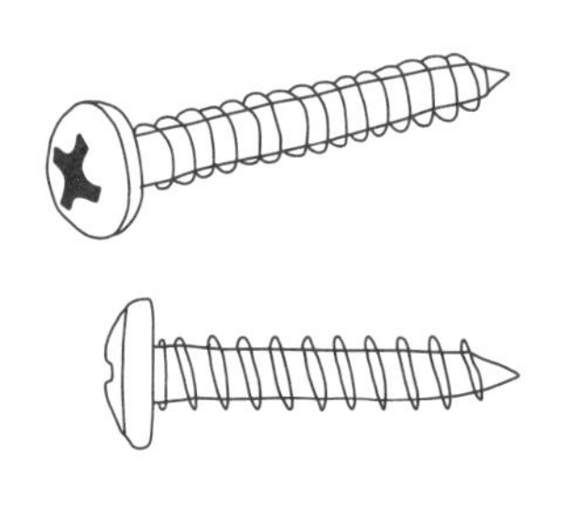

이 일을 계기로 사각 홈을 개발했다. 로버트슨의 나사는 캐나다 윈저 공장에서 초기 포드 자동차 모델을 생산할 때도 사용됐다.

육각 소켓(hex socket)은 **앨런 홈**(Allen)이라고도 하는데 나사를 박을 때 사용하는 앨런 렌치(Allen wrench)에서 따왔다. 홈은 육각형 모양이다. 육각 소켓 나사는 박을 때 엄청난 회전력(토크torque)을 견딜 수 있으며, 자전거 부품을 고정할 때 흔히 사용한다.

나사 유형

나사에는 여러 가지 유형이 있지만 만들기 과정에서 다음의 네 가지 유형을 가장 많이 사용한다.

나무용 나사(wood screw): 나무용 나사는 목재 프로젝트에서 반드시 사용하는 것이다. 머리 밑면이 각져 있어서 나무 표면 위로 튀어나오지 않도록 카운트싱크 방식으로 사용할 수 있다. 또 대부분은 나사산이 없는 생크가 있어서 나무 깊숙이 박는 데도 좋다.

대부분은 다른 나사에 비해 인치당 나사산 수가 적다. 나사산이 적기 때문에 목재와 나사 사이에 마찰이 작게 일어나 더 박기 쉽다. 나무용 나사는 강화 열처리를 한 강철로 만들어 쉽게 부러지지 않는다. 이는 힘을 잘못 가했을 때 나사가 부러지는 대신 휘어진다는 뜻이다. 이 성질은 시간이 지나면서 수축과 팽창을 반복하는 나무에 특히 유용하다.

많이 사용하는 나사 유형으로는 데크용 나사(deck screw, 야외용으로 녹 방지 코팅 또는 아연 도금 처리한 나사), 석고 피스(drywall screw, 건축에서 석고 보드를 목재나 금속 샛기둥에 고정할 용도로 고안된 나사), 마감용 나사(trim-head/finish screw, 나사 머리가 작아서 장식용이나 가구 프로젝트에서 눈에 띄지 않도록 사용하는 나사)가 있다. 홈은 십자나 별 모양이 가장 흔하다.

직결 나사(sheet-metal screw): 금속을 목재나 플라스틱 같은 다른 재료에 고정하거나 경첩, 브래킷 같은 철물을 설치하는 등 금속 관련 여러 작업에 사용한다. 끝이 뾰족하고 박으면 나사산이 들어갈 길을 직접 만드는 '직접 체결(self-tapping)' 형태여서 나사가 한 치의 틈도 없이 맞물린다. 직결 나사 중에는 '자가 드릴링(self-drilling)' 형태도 있다. 이런 제품에는 끝이 드릴 비트 모양으로 되어 있어서 설치 전에 별도로 파일럿 홀을 뚫을 필요가 없다.

직결 나사는 몸통 전체에 나사산이 있으며 인치당 나사산 수가 나무용 나사보다 많기 때문에 다양한 유형의 재료에도 단단히 박을 수 있다. 나사 머리는 보통 표면 위로 튀어나오는 둥근머리나 타원형이며 밑면은 금속 표면 전체에 무게를 분산시키는 평평한 형태이다. 직결 나사는 녹슬지 않도록 일반적으로 스테인레스강이나 아연 도금 강철로 만든다.

기계 나사(machine screw): 끝이 뾰족하지 않고 평평하기 때문에 기계 나사를 볼트라고 생각할 수도 있다. 그러나 머리에 홈이 있고 드라이버로 박기 때문에 나는 나사로 분류한다. 기계 나사는 드릴로 미리 구멍을 뚫은 뒤(나사산을 만들기도 한다) 둘 이상의 부품을 결합하거나 함께 고정하는 데 사용한다.
끝이 뾰족하지 않고 평평하기 때문에, 이미 뚫어둔 나사 구멍에 박으며, 박는 위치의 반대편까지 완전히 재료를 통과한 뒤 너트와 와셔로 고정한다. 기계 나사는 크기가 작고 몸통 전체에 나사산이 나 있다. 보통 장비, 기계, 가전 제품 조립에 사용한다. 기계 나사는 주로 둥근머리나 냄비머리여서 설치 표면에 보기 좋게 튀어나온다.

콘크리트 나사(masonry screw): 콘크리트나 벽돌, 콘크리트 블록에 대상을 고정하는 데 사용한다. 콘크리트 나사를 사용하려면 먼저 파일럿 홀을 뚫어야 하지만, 직접 체결 형태여서 박을 때 콘크리트에 자체적으로 나사산을 만든다. 이 섹션의 서두에서 언급했던 태프콘 콘트리트 나사는 가장 흔히 사용하는 콘크리트 나사 브랜드의 하나이며, 감청색이라 쉽게 알아볼 수 있다.
콘크리트 나사 머리는 둘 중 하나이다. 하나는 홈이 없는 육각머리(나사 머리 바깥 면에 걸어 돌리는 비트를 사용함)이고 다른 하나는 카운터싱크를 위해 아래 부분이 각지고 머리에 홈이 있다.

자가 드릴링 직결 나사

기계 나사

재미있는 사실!

기계 나사는 스토브 볼트(stove bolt)라고도 부르는데 역사적으로 나무 태우는 스토브를 만들 때 판금을 고정하는 용도로 특히 유용했기 때문이다.

콘크리트 나사

태미 갬블

'걸리 숍 선생님' 대표이자 CEO

텍사스주 댈러스

내가 태미 갬블을 좋아하는 이유 하나는 태미가 '여자답다'는 표현을 사용하지 않아서이다. '걸리 숍 선생님'으로 알려진 태미는 전동 공구를 자유자재로 다루는 숙련된 건축업 교사이다. 그리고 자신의 여성성을 온전히 받아들이는 사람이기도 하다(빨간 립스틱에 절단기라니 멋지지 않은가!). 태미가 웃음을 전염시키면 그의 팬과 학생, 동료 들은 거부하지 못한다. 나는 오랫동안 태미의 팬이었다.

저는 아프리카계 미국인 여성으로 하워드 대학교에서 심리학 학위를 받았고, 세 아들의 엄마이자 건축업 교사예요! 텍사스주 댈러스 남쪽 덩컨빌 고등학교에서 건축과 건축업을 가르치고 있어요. 에너지 넘치고 사람들을 웃게 만들고 절대 포기하지 않는 걸로 유명하죠.
건축에서 처음 영감을 받은 건 여섯 살 때였어요. 아버지가 콘크리트를 부어 계단 세우는 걸 도와드렸죠. 어린 시절 아버지가 손으로 재료를 만지고 틀을 만들고 형태를 이뤄나가는 모습을 어깨 너머로 바라보는 데 대부분의 시간을 보냈어요. 그 덕에 저는 평생 아버지께서 가르쳐주신 기술을 활용할 수 있었죠! 이상하게 들릴 수도 있는데, 저는 제 기술을 알아본 저의 미용사 덕분에 결국 고등학교 학생들에게 건축업을 가르치게 되었어요. 가족과 친구 들이 제 작업을 SNS에 공유해보라고 권했고, 저는 '걸리 숍 선생님'으로 유명해졌죠.

학생들과 함께 진행한 프로젝트 중에 가장 마음에 드는 건 댈러스 동물원 조류 전시 구역에 서식지 구조를 설계해 건설하고 설치한 거예요. 계획을 세우고 예산을 책정하는 과정에서 동물원에서 일하던 친구가 여학생들로만 팀을 꾸려보면 어떻겠냐고 제안했거든요! 작업 규모가 엄청났어요! 동물원에서 새들이 살 수 있게 큰 철골 구조물 서른 개를 만들어달랬거든요. 저는 여학생들로 팀을 꾸려 상당한 성과도 이루었고, 지역 언론에서 어느 정도 주목도 받았어요. 그 뒤, 제 수업을 듣는 남학생들이 이 거대한 작업에 대해 듣고는 새를 돕는 데 힘을 보태고 싶어 했고요. 이로써 서로가 소중한 가르침을 얻었어요. 남학생들은 뒤에서 여학생들을 도우며 이들을 전보다 높이 평가하게 되었어요. 일하는 과정에서 진가를 알아본 거겠죠. 또 여학생들은 이후 다른 프로젝트를 진행할 때 남학생들을 편하게 의지하고 협력할 수 있게 되었어요. 그날 이후로 제 수업에서 성 불균형 이야기가 완전히 사라졌죠.

저는 제가 얼마나 유능한지 잘 알고 있지만, 약한 부분에서는 여전히 다른 이들에게 도움을 구하고 강한 부분에서는 다른 이들을 기꺼이 돕습니다. 건축에 관심 있는 젊은 여성들에게 이런 이야기를 해주고 싶어요. 성별에 지나치게 의존하거나 이를 무기로 사용하는 대신, 가장 중요한 도구인 뇌를 사용해 현명한 결정을 내리라고요. 누군가가 여러분을 낮춰 보거나 대상화한다면, 그 순간 여러분은 자신이 자신과 주변 사람들의 성장을 위한 배움의 도구 역할을 할 수 있다는 점을 깨달아야 해요.

못의 부위 명칭

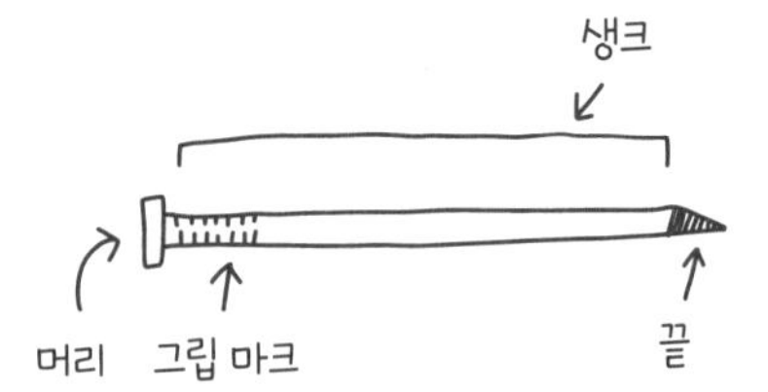

재미있는 사실!

못은 고대 이집트에도 존재했다! 오늘날 못은 거의 대부분 강철로 만들지만 과거에는 청동이나 철로 만들었다. 처음에는 대장장이가 가공한 연철을 높은 온도로 가열해 성형한 뒤 망치와 모루로 하나하나 잘라내는 방식으로 못을 만들었다. 이 작업에 들인 시간과 노력이 얼마나 대단했으며 똑같은 못 두 개를 만드는 일은 또 얼마나 힘들었을지 상상해보라. 18세기 말 산업혁명 시대에 미국에서는 긴 판금을 작게 자르는 방식으로 못을 만들어 효율성을 높였다. 오늘날 못은 철사를 길이에 맞게 잘라 기계로 모양을 만드는 방식으로 생산한다.

못

망치로 못(nail)을 박으면 못이 목섬유를 밀어내서 못의 생크를 단단히 죄어 움직이지 못하도록 고정하는 힘이 발생한다. 압력으로 못이 제자리에 단단히 고정된다.

사용 요령

나사와 마찬가지로 못은 모양과 크기가 다양하며, 각각의 용도가 따로 있다. 그렇다면 궁금할지도 모르겠다. "언제 나사 대신 못을 사용해야 할까?" 그 답은 장인이나 메이커마다 다를 수 있다. 기본적인 수준에서 답하자면, 못은 제거할 때 힘이 덜 들지만 전단 강도(shear strength)와 유연성이 훨씬 뛰어나다.

쉽게 말해서, 못은 재료에서 제거하기 쉽지만 수평으로 더 큰 힘을 견딜 수 있으며 (대부분의 나사와 달리) 부러지기 전에 휜다. 2×4 같은 구조목으로 목재 구조물을 만든 주택에는 나사가 아닌 못을 사용하는데, 수평으로 전단력이 가해질 때 나무로 된 샛기둥을 더 단단히 고정해주기 때문이다. 샛기둥을 나사로 고정하면 시간이 지나 주택에 움직임이나 진동이 생기거나 지진이 났을 때 나사가 절반으로 부러질 수 있다! 대부분의 건축 법규에서는 주택 및 구조물에 사용하는 못 종류와 특정 패턴까지도 명시하고 있다.

못 부위 명칭

못은 어느 철물점에서든 가장 기본적으로 판매하는 조임쇠이며, 뾰족한 끝과 나사산이 없는 긴 생크, 반대쪽 끝의 납작한 머리로 이루어져 있다.

못 크기

나사와 마찬가지로 못에는 길이를 나타내는 고유한 크기 표시 체계가 있다. 못의 길이는 페니(penny)라는 단위를 사용하며 소문자 d로 표시한다. '8d'라고 표시된 못 상자가 있다면 그 안에 든 것은 8페니 길이의 못이다. '페니'의 어원은 중세 영국의 못 가격으로 거슬러 올라가며, 문자 d는 고대 로마에서 사용한 은화 데나리온(denarius)을 의미한다.

실제로, 못은 페니 값이 커질수록 길고 두꺼워진다. 보통 1인치(약 2.5cm) 이하의 잔못을 브래드(brad)라고 하며, 이 경우는 페니가 아닌 인치로 길이를 표시한다. 4인치(약 10.2cm) 이상의 긴 초대형 못은 스파이크(spike)라고 한다. 철로를 고정하는 데 사용하는 못도 철도 스파이크(railroad spike)라고 부른다. 페니를 인치(또는 mm)로 변환해 계산하는 방법을 알아둘 필요는 없다. 대부분의 상자에 페니와 인치(또는 mm)가 모두 표시되어 있기 때문이다. 16d 못은 3½인치(약 8.9cm)로 골조 주택에 가장 흔히 사용한다.

못은 특정 용도에 사용하기 위해 다양한 코팅 처리를 한다. '밝은색(bright)' 못은 아무 처리도 하지 않아서 실외 환경에서 녹슬기 쉬우며, 이름에서 알 수 있듯이 밝고 반짝인다. 시멘트 코팅 못은 수지로 코팅되어 못을 박을 때 마찰로 인해 수지에서 열을 발생시켜 접착제 역할을 하기 때문에 더욱 단단히 고정된다. 아연 도금한 못은 녹슬거나 부식되지 않는다.

못 유형

이 책에 수록된 것 외에도 못의 종류는 많지만, 아마도 여러분의 프로젝트에서는 다음에 소개하는 유형을 가장 일반적으로 사용하게 된다.

골조용 못—일반 못(common nail), 상자 못(box nail), 싱커(sinker): 절반쯤 완성된 집의 건설 현장을 지나친 적이 있다면 골조용 못으로 목재 샛기둥을 고정해둔

못 크기 표

페니 길이	길이(인치)
2d	1″
3d	1¼″
4d	1½″
5d	1¾″
6d	2″
7d	2¼″
8d	2½″
9d	2¾″
10d	3″
12d	3¼″
16d	3½″
20d	4″
30d	4½″
40d	5″
50d	5½″
60d	6″

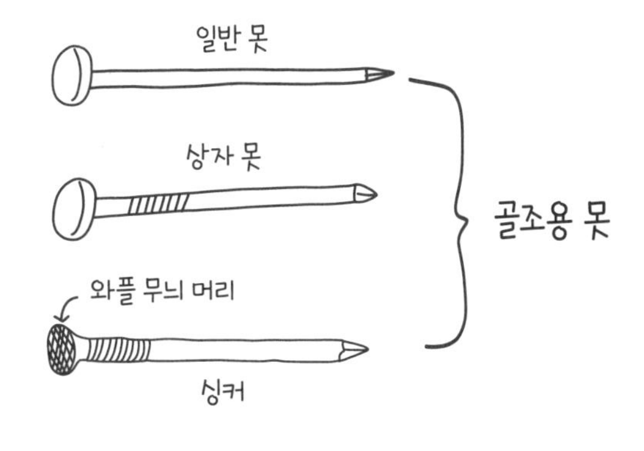

모습을 보았을 것이다. 골조용 못은 주택과 기타 목재 구조물의 골조를 만드는 데 사용하며 대부분의 목공 프로젝트에서 아주 흔히 사용하는 못이다. 일반 못, 상자 못, 싱커는 모두 아주 비슷하게 생겼으며 모두 골조를 만드는 데 사용하지만, 각각이 지닌 작은 차이가 특정 상황에서 유용할 수 있다.

- 골조용 못 세 가지는 모두 생크가 매끈하고(재료와 잘 맞물리도록 몸통에 무늬가 있는 제품도 있다) 머리는 생크 너비의 3~4배 크기이며 납작하다.
- 일반 못과 상자 못은 거의 비슷하게 생겼지만 상자 못이 일반 못보다 조금 가늘다. 생크가 가는 상자 못은 얇은 나무 조각에 박기가 쉬워서 과거에는 사과 상자 같은 작은 나무 상자를 조립할 때 사용했다. 일반 못은 약간 두껍지만 상자 못보다 더 단단하다.
- 싱커는 일반 못, 상자 못과 같은 용도로 사용하지만, 다음의 세 가지 특징 때문에 시공 상황에 따라 약간의 이점이 생기기도 한다.
  - 싱커에는 보통 비닐 코팅 처리가 되어 있어 박으면 접착력도 생긴다.
  - 망치가 미끄러지지 않도록 머리에 무늬를 넣기도 한다. 이렇게 하면 망치를 비껴 쳐도 못을 박기가 수월하다.
  - 머리 밑면이 각져 못을 나무 표면보다 약간 더 깊게 박을 수 있다.

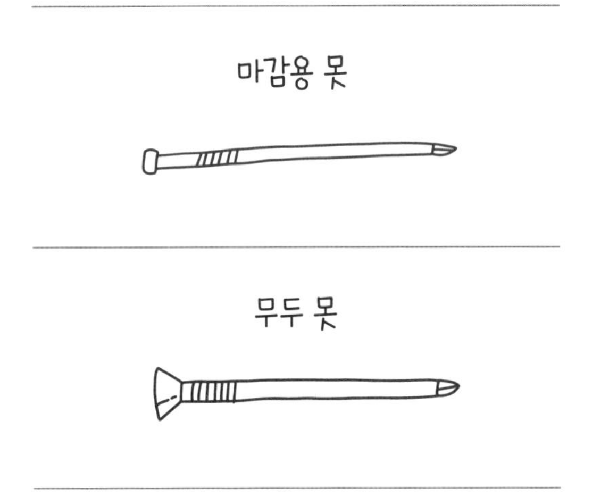

마감용 못(finish nail): 수제 목재 가구 프로젝트를 진행할 때처럼 못이 눈에 띄지 않도록 하고 싶다면 마감용 못이 가장 적합하다. 골조용 못과 달리 마감용 못은 머리가 생크보다 그다지 크지 않은 작은 통 모양이어서 목재 표면 아래로 쉽게 박혀 들어가기 때문에 기본적으로 눈에 잘 띄지 않는다. 더더군다나 가구 디자이너는 마감용 못을 박은 뒤 퍼티로 못 구멍을 덮기 때문에 마감용 못은 한층 더 눈에 잘 보이지 않는다. 마감용 못은 주택을 지을 때 몰딩이나 문선(trim) 등에도 사용한다.

무두 못(casing nail): 마감용 못의 큰 형태로, 머리가 두껍지 않아서 박았을 때 눈에 잘 띄지 않는다는 점이 비슷하다. 무두 못은 마감용 못보다 약간 더 크기 때문에 강도도 높아서 몰딩, 창틀, 문틀 모양재 등에 사용하기 매우 적합하다.

듀플렉스 못(duplex head nail): 무언가를 만들다 보면 나중에 해체할 것을 염두에 두고 만드는 경우가 있다. 거푸집이라고 하는 나무 틀에 콘크리트를 붓는 경우 콘크리트 조각을 꺼내려면 나무 거푸집을 해체해야 한다. 이때 듀플렉스 못을 사용하면 좋다. 듀플렉스 못에는 실제 머리 아래 생크에 두 번째 '머리'가 있다. 이 두 번째 머리가 못이 더 깊이 박히지 않도록 막아주기 때문에 박고 나면 못 윗부분이 튀어나온다. 듀플렉스 못을 사용하면 죔쇠나 거푸집을 해체해야 할 때 나무에서 머리를 힘들여 꺼낼 필요 없이 못을 제거할 수 있다.

테두리 못(annular ring-shank nail): 생크에 고리가 나란히 나 있다. 박을 때 고리가 나무와 맞물리면서 못이 나무에서 뽑히지 않도록 더욱 단단히 고정해준다. 테두리 못은 보통 지붕널이나 외장용 자재, 패널 등의 설치에 사용한다. 대부분은 아연 도금 처리되어 녹이 잘 슬지 않는다.

브래드(brad): 1인치(약 2.5cm) 이하의 못을 브래드라고 한다. 마감용 못과 마찬가지로 브래드는 대부분 눈에 띄지 않도록 고안되었으며 작은 골조를 만들거나 패널을 부착하는 데 사용한다. 브래드는 브래드 건을 사용하면 공기 압축기로 나무에 쉽게 박을 수 있다. 너무 작아서 보통은 망치를 사용하지 않는다.

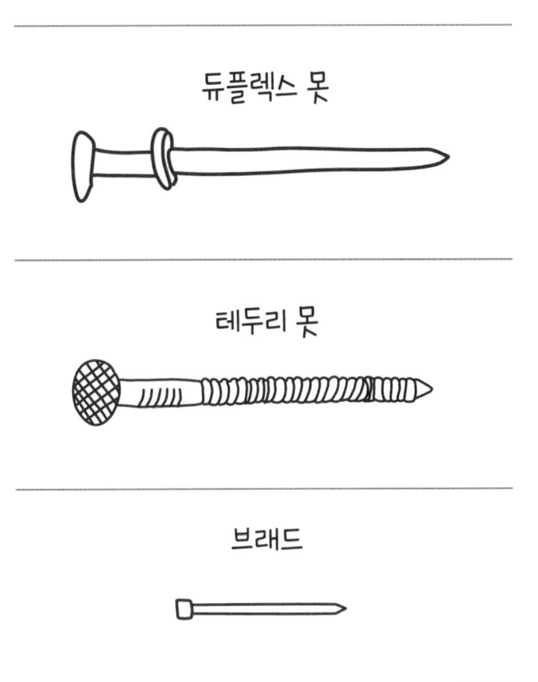

캐리 바이런

유명 TV 프로그램 <호기심 해결사>와 <화이트 래빗 프로젝트>의 출연자

캘리포니아주 샌프란시스코 베이 지역

어렸을 때 드라마 <맥가이버>를 즐겨 보았는데, 주인공인 맥가이버가 아주 한정된 재료를 가지고 창의적인 방식으로 문제를 해결하는 모습에 나는 푹 빠지곤 했다. 성인이 되고는 <호기심 해결사> 팀이 물건의 작동 원리(또는 작동하지 않는 이유)를 밝혀내겠다는 이유만으로 무언가를 해체하고 만들고 날려버리는 모습에 마찬가지로 완전히 빠져들고 말았다. 내가 가장 좋아하는 에피소드 중 하나는 유일한 여성 전문가인 캐리 바이런이 딸을 임신하고도 전동 공구로 물건을 불태운 것이다. 캐리는 현대판 맥가이버이며 대중의 눈길을 사로잡는 인물로 무언가를 만들고 싶어 하는(그리고 동시에 날려버리고도 싶어 하는) 많은 젊은 여성들을 위한 선봉장 역할을 하고 있다.

저는 항상 무언가를 만들었어요. 차고에 앉아 아버지가 나무로 작업하는 모습을 경외감이 가득한 눈으로 바라보곤 했죠. 갓 자른 나무의 냄새는 여전히 따뜻한 기억을 떠올리게 합니다. 너무 어려서 커다란 톱을 사용하진 못했지만 아버지는 제게 망치로 못을 박고 조각을 샌딩하라고 시키셨어요. 아버지를 돕지 않을 때는 모형을 만들기 위해 쓰레기통에서 찾은 물건을 분해했지요. 4학년 때쯤 나무 조각으로 손가락용 스케이트보드를 만들었죠. 종이 클립으로 차축을 만들고, 연필에서 흑연 부분을 긁어내고 잘라냈더니 완벽한 바퀴로 변신했어요. 페인트를 칠하고 반 친구들에게 팔아 사탕 살 돈을 모았어요.

<호기심 해결사>에서의 역할이 버거운 이유는 제가 만든 가장 아름다운 작품 중 일부를 터뜨리거나 박살 낼 목적으로 만든다는 거예요. 한번은 화살을 실은 용 모양의 로켓을 여러 대 만들었어요. 로켓이 작동했고, 또 역사적이고 예술성이 있어 보여서 무척 자랑스러웠죠. 최종 실험을 제대로 해내려고 밤마다 늦게까지 소형 복제품을 여러 개 만들었고요. 로켓은 제대로 작동했으나 애초부터 파괴할 목적으로 만들었기 때문에 결국에는 남은 게 거의 없었죠.

직접 손으로 무언가를 만들면 특별한 만족감이 생겨요. 칭찬하고 자랑스러워할 실체가 있는 결과물이고요. 저는 까다로운 만들기 프로젝트를 완성하는 데서 엄청난 자신감을 얻었어요. 저는 그 자신감을 제 삶 전체에 적용해요. 메이커가 되고서 더 강한 여성이 되었어요. 배울 때 가장 좋은 방법은 바로 배운 것을 하는 거예요. 실수는 배움에 도움이 되죠. 전 아주 많은 프로젝트를 망쳤고, 그걸 바탕으로 다시 노력해서 훨씬 더 나은 프로젝트를 만들 수 있었답니다!

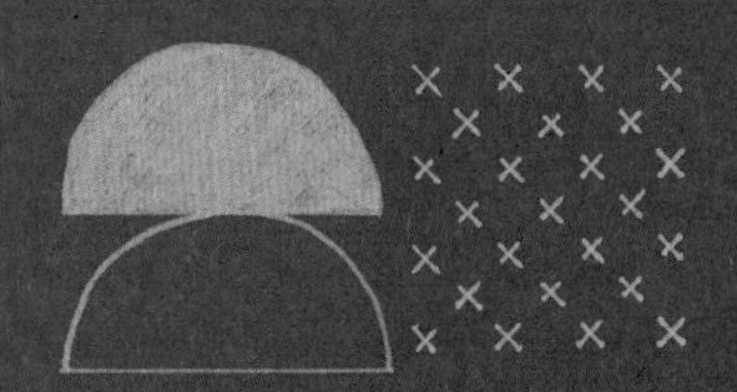

볼트

볼트(bolt)는 나사의 사촌 격이다. 비슷해 보이지만 특성과 용도는 전혀 다르다. 볼트에는 나사와 구별되는 주요한 특징이 있어서 특정 작업에 유용하게 사용할 수 있다.

볼트는 거의 대부분 너트와, 와셔 하나 또는 여러 개와 같이 사용한다. 너트와 와셔는 볼트를 제자리에 고정시키는 역할을 한다.

볼트는 보통 바깥에서 잡고 돌린다. 즉, 드라이버를 머리 홈에 끼워 돌리는 나사와 달리, 볼트는 머리 전체를 바깥에서 렌치로 잡아 돌린다. 볼트의 머리는 육각형 또는 여러 기하학적 모양이어서 바깥에서 돌리기가 훨씬 수월하다.

볼트는 미리 뚫어놓은 구멍을 지나 재료를 통과해 반대편으로 나오도록 끼운 뒤 맞는 너트를 끼워 조일 수 있다. 볼트에 너트를 죄어서 재료를 제자리에 고정하기 때문에 볼트를 고정하는 힘은 엄청나다.

볼트의 나사산은 나사의 나사산과는 전혀 다르다. 나사의 나사산은 나무 깊숙이 박히기에 적합하지만, 볼트의 나사산은 볼트를 끼우려는 재료 자체가 아니라 대응하는 너트와 맞물린다. 볼트의 나사산이 대부분 나사의 나사산보다 촘촘한 대신 덜 날카로운 것만 봐도 알 수 있다. 물론 여기에는 예외가 존재한다는 점을 잊지 말자!

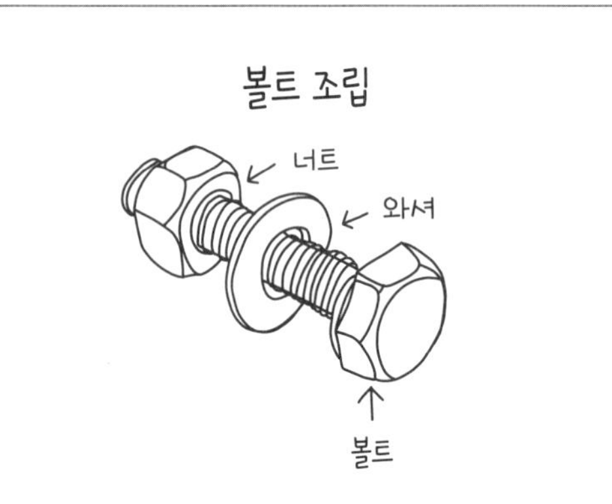

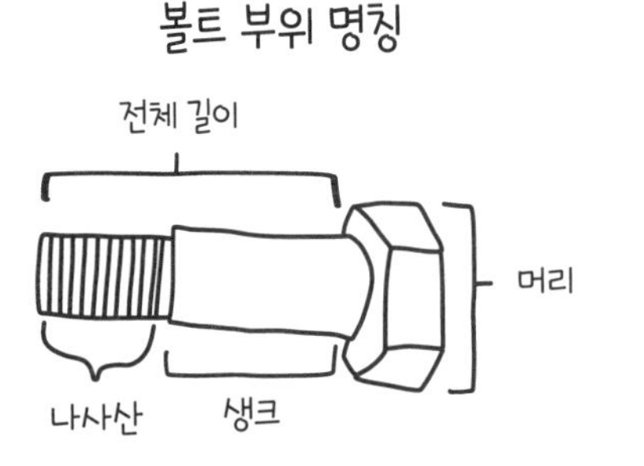

사용 요령

볼트는 이후에 다시 분해해야 하는 프로젝트나 여러 재료를 아주 단단히 겹쳐 고정해야 하는 경우에 사용하기 좋다. 볼트는 보통 나사보다 길거나 두꺼우며, 튼튼한 만들기 프로젝트에 적합하도록 상당히 다양한 크기로 판매된다(그러나 항상 예외가 있다!).

볼트 부위 명칭

볼트는 크게 머리(잡아 돌릴 수 있는 기하학적 모양의 상단), 생크(볼트에서 나사산이 없는 매끄러운 부분), 나사산으로 구성된다. 볼트의 나사산은 인치당 나사산 수(TPI, threads per inch)로 표시한다. 예를 들어, 20TPI 볼트의 경우 1인치 안에 나사산이 20개 있다.

볼트 크기

볼트를 구입하려 할 때 못이나 나사와 마찬가지로 크기 표시 체계가 까다로울 수 있다. 보통 볼트 크기는 다음의 순서로 나타낸다.

생크 지름 - 나사산 수(TPI) × 길이

예: ½인치 - 20 × 2인치

이 숫자는 아주 중요하며, 볼트와 짝을 맞춰 너트, 와셔를 사용하는 경우는 특히 더 중요하다. 너트와 와셔는 함께 사용할 볼트에 맞춰 크기를 정해야 하기 때문에 ¾인치(약 1.9cm) 볼트에는 ¾인치 와셔와 ¾인치 너트 둘 다 필요하다. 그러나 너트를 정하는 또 다른 방법은 너트의 나사산 수를 볼트의 나사산 수와 일치시키는 것이다. 볼트의 나사산이 크고 그 간격이 넓다면 나사산이 좁은 너트는 맞지 않을 것이다. 위의 예를 사용하자면 ½인치 - 20 × 2인치 볼트라면 ½인치 - 20 너트가 필요하다.

마지막으로 볼트를 설치할 때 도움될 팁을 하나 더 말하자면, 볼트 끼울 구멍을 미리 뚫을 경우 볼트 지름보다 약간 더 크게 뚫는 편이 좋다(1/32인치/약 0.8mm나 1/16인치/약 1.6mm 정도 크게 뚫는다). 이렇게 하면 볼트를 재료 반대쪽까지 쉽게 끼울 수 있으며, 볼트의 나사산이 재료 자체와 맞물리지 않아서 꼼짝 못 할 정도로 끼이지 않아 좋다.

참고: 이 표시 체계는 나무에 박는 래그 볼트(lag bolt)에는 적용되지 않는다. 래그 볼트는 실제로 몸통 지름보다 약간 작게 구멍을 뚫어야 한다!

볼트 유형

나사, 못과 마찬가지로 각 작업에 적합한 볼트가 따로 있으며, 각 볼트에 적합한 작업이 따로 있다! 가장 일반적으로 사용하는 볼트로는 육각머리 볼트, 캐리지 볼트, 래그 볼트가 있다. 죄는 힘, 재료, 볼트가 설치할 재료의 반대편까지 통과하는지에 따라 다음 중 하나를 골라 사용한다.

육각머리 볼트(hex bolt): 아마도 가장 흔하게 사용하는 육각머리 볼트는 머리가 육각형이어서 렌치나 너트 드라이버 비트로 죌 수 있다. 육각머리 볼트에는 전체에 나사산이 있는 유형과 부분적으로 나사산이 있는 유형이 있다. 재료 반대편에서 너트를 끼워 육각머리 볼트를 체결할 때 중요한 점은 볼트 머리를 렌치로 고정시키고 너트를 죄어야 한다는 것이다. 그러지 않으면 볼트가 구멍 안에서 헛돌기만 한다. 나는 자주 쓰지 않는 손으로 렌치를 잡고 볼트 머리를 고정한 뒤, 자주 쓰는 손으로 렌치나 너트 드라이버 비트를 잡고 너트를 죈다. 육각머리 볼트는 가장 쉽게 사용하는 볼트이며 크기도 다양하다. 합판 등의 재료를 목재 골조에 고정하는 데 사용하기에 알맞다.

캐리지 볼트(carriage bolt): 머리에 홈이 없는 반구 모양이라서 머리를 렌치나 드라이버로 '잡을 수 없다'는 점이 특징인 재미있는 볼트로, 머리 바로 아래에는 사각형의 칼라(collar)가 있다. 이 사각형 칼라는 금속 부품의 사각 구멍에 맞춰 설계되었기 때문에 일단 설치

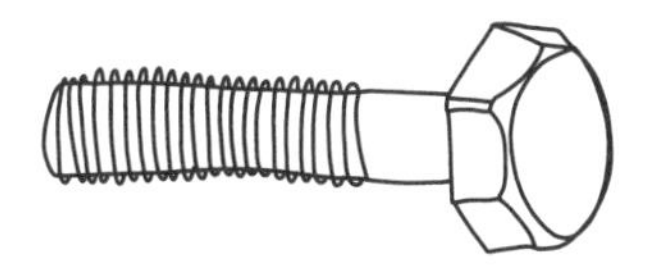

캐리지 볼트

재미있는 사실!

캐리지 볼트는 애초에 마차의 나무 차축에 금속 뼈대를 연결할 목적으로 고안되었다. 그렇다. 캐리지 볼트의 이름은 마차를 뜻하는 영어 'carriage'에서 유래했다!

래그 볼트

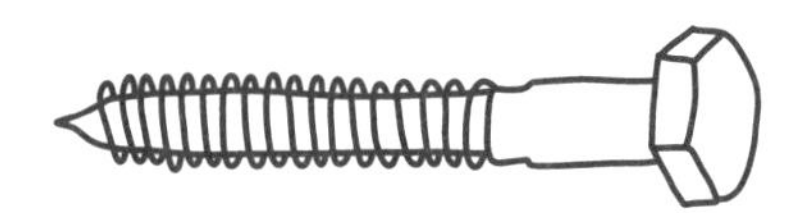

육각 구멍붙이 볼트

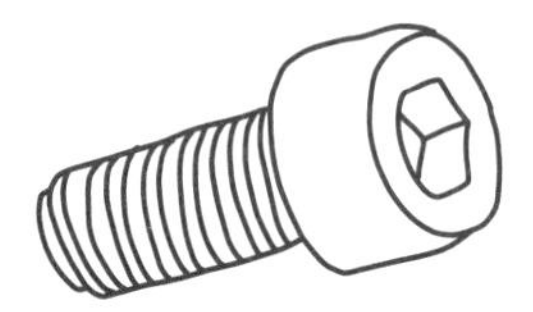

재미있는 사실!

여러분이 타고 다니는 자전거에서 부품을 고정하고 있는 육각 구멍붙이 볼트를 발견할지도 모른다!

되면 볼트가 헛돌지 않는다.
머리를 잡고 죌 수 없기 때문에 캐리지 볼트는 볼트 반대편을 너트로 죄는 방법으로만 설치할 수 있다. 따라서 머리 부분이 노출되어도 볼트를 풀 수 없기 때문에 보통 금고와 같은 보안용 제품 등에 사용한다. 볼트의 끝부분은 평평하고 뾰족하지 않으며 짝이 되는 너트를 끼워서 볼트를 단단히 죌 수 있다.

래그 볼트(lag bolt): 래그 볼트가 볼트인지 나사인지에 대해 내부적으로 오랫동안 논의가 있었다. 이 혼합 조임쇠에 두 가지 특성이 있기 때문이다! 나는 크기와 육각형 머리 때문에 볼트라고 부르지만 이에 동의하지 않는 사람이 있어서 래그 나사(lag screw)라고 부르는 소리를 들을지도 모른다.
나무용 나사의 커다란 버전인 래그 볼트는 종종 데크를 만드는 작업이나 엄청난 하중을 버텨야 하는 지붕보에 많이 사용한다. 래그 볼트는 끝이 나사처럼 뾰족하고 파일럿 홀은 래그 볼트의 지름보다 조금 작게 뚫어야 나사산이 나무에 잘 맞물릴 수 있다. 대부분의 볼트와 달리, 그러나 대부분의 나사와 마찬가지로 래그 볼트의 나사산은 너트와 체결하기보다 나무와 맞물리도록 고안되었다. 전체가 나사산인 유형과 일부만 나사산인 유형이 있지만, 어느 쪽이든 대부분 머리와 래그 볼트를 박을 표면 사이에 와셔를 사용한다. 소켓 렌치(socket wrench)나 드라이버에 너트 드라이버 비트를 끼워 사용하면 쉽게 설치할 수 있다.

육각 구멍붙이 볼트(socket bolt): 앨런 볼트(Allen bolt)라고도 하는 육각 구멍붙이 볼트는 공간이 협소한 프로젝트에 사용하기 적합하다. 다른 볼트는 렌치나 드라이버가 있어야 설치가 가능하지만 육각 구멍붙이 볼트는 육각 렌치(즉 앨런 렌치)만 있으면 설치할 수 있다. 게다가 나사산이 촘촘하고 결속력이 뛰어나기 때문에 기계나 장비 조립에 사용하기 이상적이다. 머리 밑면이 평평하기 때문에 대부분 육각 구멍붙이 볼트에는 와셔를 추가로 사용할 필요가 없다.

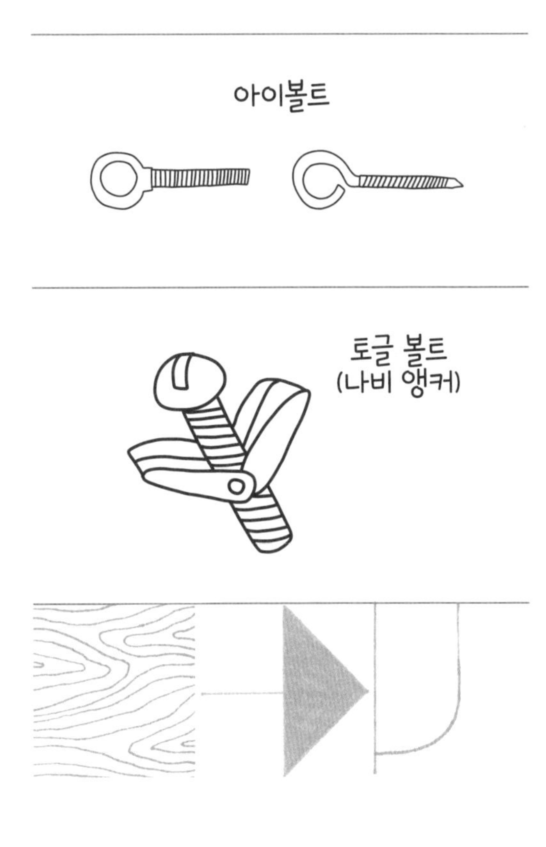

아이볼트(eyebolt): 이름만으로는 힌트가 충분하지 않지만 아이볼트는 머리에 둥근 고리(또는 바늘귀 같은 눈)가 달렸다. 아이볼트는 밧줄이나 사슬을 안전하게 걸 연결점을 만드는 데 유용하다. 아이볼트를 사용해 천장에 물건을 걸거나 도르래를 만들어 무거운 짐을 들어 올릴 수 있다. 아이볼트는 다양한 유형이 있으므로 지탱할 무게에 따라 선택하면 된다. 예를 들어 고리에 틈이 있는 제품도 있고, 표면에 밀착시킬 수 있도록 평평한 와셔와 단단한 고리가 달려 있어서 어떤 방향으로 잡아당기더라도 견딜 수 있는 제품도 있다. 아이볼트는 보통 체결할 재료를 완전히 통과해 반대편에서 짝이 될 너트를 끼워 사용하지만, 래그 볼트처럼 재료 자체에 박는 끝이 뾰족한 아이 래그 볼트(eye lag bolt)도 있다. '벽걸이식 자전거 거치대 만들기' 프로젝트(280쪽 참고)에 사용하는 자전거 걸이는 아이볼트와 비슷하게 생겼지만 완전한 고리 형태가 아닌 열린 걸이 모양을 하고 있다.

토글 볼트(toggle bolt): 벽에 무거운 물건을 매달았다가 그것이 떨어져 나뒹구는 모습을 본 적이 있다면 토글 볼트(나비 앵커)를 사용해보자. 토글 볼트는 얇고, 보통 머리가 둥글며, 짝이 될 날개처럼 생긴 토글이 딸려 있다. 날개를 접어 볼트에 끼운 상태로 석고 보드를 통과시킨다. 날개 달린 토글이 석고 보드를 완전히 통과해 반대편에 이르면 날개가 열리면서 벽과 밀착되어 볼트(와 물체)를 제자리에 고정시킨다. 토글 볼트는 벽에 선반 등을 설치하거나 책장을 고정하는 데 좋다.
토글 볼트의 여동생 격으로 몰리 볼트(Molly bolt)도 있다(사실 내 동생 이름이 몰리다!). 몰리 볼트는 토글 볼트와 비슷한 방식으로 작동하지만 날개 대신 생크에 금속 슬리브가 있어서 벽 구멍을 통과한 뒤 펼쳐진다. 몰리 볼트는 토글 볼트보다 설치가 살짝 까다로울 수 있다. 구멍을 미리 뚫지 않고도 벽을 통과할 수 있도록 끝이 뾰족한 제품도 있다.

너트

너트(nut)와 와셔는 땅콩 버터와 잼이 빵에 어울리듯이 볼트에 어울리는 것들이다. 다시 말해 서로가 서로를 필요로 한다. 래그 볼트나 재료의 반대편까지 통과하지 않는 볼트 유형이 아니라면, 너트와 와셔가 있어야 볼트를 제자리에 고정할 수 있다. 너트는 볼트의 끝을 고정하는 역할을 한다. 너트의 나사산은 볼트의 나사산과 일치해야 서로 완벽하게 맞물릴 수 있다.

사용 요령

너트(그리고 어쩌면 와셔)를 볼트 끝에 끼운 후 너트가 볼트를 타고 내려가도록 돌린다. 너트를 단단히 죄면 너트가 표면을 누르며 압착한다. 너트의 종류에 따라 사용하는 렌치의 종류도 달라진다. 너트 크기에 따라 소켓 렌치, 너트 조임용 비트를 끼운 드라이버나 콤비네이션 렌치 등을 사용할 수 있다.

혹시 있는 힘껏 세게 너트를 조이려 할지 모르겠는데, 나중에 너트를 다시 풀어야 할 수도 있으니 너무 지나치게 조이지는 않는다.

너트 크기

너트의 나사산 개수와 볼트의 나사산 개수를 정확히 일치시키자! 세상에서 가장 나쁜 짓은 너트를 나사산이 일치하지 않는 (그 결과 불행한) 볼트에 억지로 끼우는 일이다.

볼트에 지름과 나사산 수 둘 다 있으니 치수가 같은 구멍의 너트가 필요하다는 사실을 기억하자. 너트 크기는 구멍 지름 - 인치당 나사산의 형태로 표시한다. 예를 들어 너트 크기는 ¼인치 - 20처럼 표시할 수 있는데 이 경우 너트는 길이와 무관하게 ¼인치 - 20 크기의 볼트에 딱 맞는다.

너트 유형

견과류(nut)도 호불호가 갈리는 것처럼(헤이즐넛이 최고다!) 철물점을 둘러보면서 다양한 제품 중에서 마음에 드는 너트를 찾을 수도 있다. 여느 철물이 그렇듯이 각 작업마다 그에 맞추어 완벽하게 고안된 너트가 존재한다. 일단 죄고 나면 그대로 영원히 둘 너트가 필요할 수도 있지만, 쉽게 풀 수 있는 너트가 필요할 때도 있다. 또 얇은 금속판에 무게를 고르게 분산시켜줄 너트가 필요할 수도 있다. 걱정할 필요 없다. 각각에 맞는 너트는 언제나 존재한다!

육각 너트(hex nut): 처음으로 고등학생들이 내 설계와 만들기 교육 프로그램을 '졸업'했을 때 기념으로 나는 아이들에게 옆면에 각자 이름을 새긴 육각 너트를 선물했다. 나는 오른손 가운뎃손가락에 스테인레스강 육각 너트를 반지처럼 끼고 있다. 이 모든 것에서 육각 너트가 얼마나 내 마음속에서 특별한 위치인지 알 수 있을 것이다.

확신이 없을 때는 표준 육각 너트를 사용한다! 아마도 가장 일반적인 유형일 육각 너트는 위에서 보면 육각형 모양이라 렌치로 돌리기가 정말 쉽다.

육각 너트는 여러 크기로 판매되며 금속 유형과 마감재 역시 다양하다. 데크 만들기 같은 실외 프로젝트에는 커다란 아연 도금 육각 너트를, 작은 물건 조립에는 소형 육각 너트를 선택한다. 육각 너트를 끼울 볼트 유형과 고정할 재료 유형에 따라 와셔를 써서 너트가 가하는 하중을 분산시켜야 할 수도 있다. 특히 부드러운

재미있는 사실!

세상에서 가장 큰 육각 너트는 길이가 10피트(약 3.05m)로, 위스콘신주 그린베이에 위치한 파커 파스너(Parker Fastener) 공장 정문을 지키고 서 있다.

목재나 판금에 고정하는 경우 육각 너트 밑에 평 와셔(flat washer)를 사용하면 표면 손상이나 움푹 파이는 것을 막을 수 있다.

잼 너트(jam nut): 육각 너트와 같지만 머리 높이는 일반 육각 너트의 절반 정도에 불과하다. 높이가 낮아도 아주 영리하게 사용할 수 있다. 예를 들어 잼 너트 두 개가 서로 힘을 받도록 죄면 막대나 볼트의 특정 위치에 너트를 고정할 수 있다. 잼 너트는 너트를 막대나 볼트에 고정해서 일종의 스토퍼로 사용하고 싶을 때 유용하다. 또 표준 육각 너트와 잼 너트를 함께 사용하면 육각 너트 하나만 사용할 때보다 고정하는 힘을 더욱 키울 수 있다.

사각 너트(square nut): 지금은 흔하지 않지만 육각 너트보다 사각 너트를 더 선호하는 사람들이 있다. 둘의 용도는 거의 같지만 사각 너트의 고정력이 육각 너트보다 아주 조금 세다. 이유가 궁금한가? 기하학 때문이다. 동일한 지름의 정사각형과 육각형을 생각해 보자. 두 도형의 면적을 계산하면 사각형이 더 크다. 너트의 경우 너트가 재료에 접촉하는 표면적이 넓어지면 고정하는 힘도 비례해서 커진다. 반면 사각 너트의 단점은 흔히 사용하는 유형이 아니기 때문에 특별한 공구가 필요할 수 있다는 점이다. 사각 너트는 흔히 사각 볼트와 쌍으로 사용한다.

나일론 너트(nylon-insert lock nut): 나일론 삽입 잠금 너트라고도 하는 나일론 너트는 나일록(nyloc) 너트로 줄여 부르기도 한다. 나일론 너트는 육각 너트와 비슷하게 생겼지만 튀어나온 칼라(collar) 부분에 나일론 선이 들어 있어 너트가 풀어지지 않는다. 나일론 너트가 볼트의 끝을 조이고, 너트의 나일론 칼라가 볼트의 끄트머리를 한 번 더 조이는 식이다. 칼라의 나일론이 볼트 주위를 눌러 한층 더 강하게 죄어주는 것이

육각 너트

잼 너트

사각 너트

나일론 너트

다! 나일론 너트는 고정력이 세기 때문에 보통 와셔를 사용하지 않는다.

캡 너트

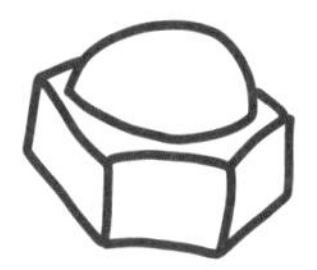

캡 너트(cap nut): 캡 너트는 상단에 돔 모양의 모자(cap)가 있는 육각 너트다. 둥근 캡이 너트의 끝을 덮고 있어 볼트를 통과시킬 수 없다. 캡 너트는 보통 가구의 섬세한 장식이나 주택 장식처럼 장식 목적으로 사용된다. 캡 너트를 사용할 때는, 육각 너트와 달리 볼트가 캡 너트를 통과할 수 없기 때문에 볼트가 고정하려는 재료를 통과한 뒤 캡 너트에 완전히 들어갈 수 있도록 볼트의 길이를 정확히 맞춰주어야 한다. 캡 너트 중에는 캡이 더 높고 뾰족한 도토리 너트(acorn nut)도 있다. 캡 너트는 대부분 장식용이어서 와셔를 사용하지 않는다.

플랜지 너트

플랜지 너트(flange nut): 와셔가 붙어 있는 육각 너트다. 와셔가 붙어 있는 한쪽에는 와셔 기능을 하는 평평한 테(flange)가 있어서 설치할 재료에 닿는 면적이 더 넓어진다. 자동차 정비나 조립같이 손이 잘 닿지 않아 와셔 사용이 어렵거나, 와셔를 사용하면 시간이 많이 걸리는 경우 아주 유용하게 사용할 수 있다. 플랜지 너트는 대부분 평평한 면이 톱니 모양이어서 손으로 잡기 쉽고 잘 풀리지 않는다. 플랜지 너트의 또 하나의 숨은 이점은 테가 넓어서 너트를 소켓 렌치에 끼운 채로 한 손으로 설치할 수 있다는 점이다. 다른 손으로 너트를 잡지 않아도 테가 넓어서 너트가 소켓 안으로 떨어지지 않는다!

나비 너트

나비 너트(wing nut): 나비 너트는 토끼 귀처럼 귀엽고 기능성이 뛰어난 조임쇠다. 나비 너트의 특징은 큰 '날개' 두 장이 작은 손잡이 역할을 하기 때문에 반복해서 풀고 조이기가 쉽다는 점이다.

재미있는 사실!

나비 너트는 신속하게 제거할 수 있어서 예전에 자전거의 축을 고정하는 데 흔히 사용했다. 또 조정이나 탈부착이 쉬워서 드럼 세트에서 심벌즈나 드럼을 스탠드에 고정하는 데도 사용했다.

와셔

와셔(washer)는 너트가 견고하게 고정하도록 돕는다. 와셔는 평평하고 보통 둥근 금속 원판 모양이며 가운데에 구멍이 있다. 거의 동전처럼 보인다. 너트를 죌 때의 압력을 더 넓은 면적에 분산시킨다.

사용 요령

와셔는 재료의 표면이 압력으로 손상되거나 마모되지 않도록 보호해준다. 와셔는 너트와 재료 사이(또는 경우에 따라 볼트 머리와 재료 사이)에 오도록 볼트에 끼어 재료에 대해 평평한 표면을 만들어준다. 와셔를 사용하지 않으면 너트를 조일 때 너트가 종종 재료를 물고 들어가거나 아예 풀려버릴 수 있다. 보통 와셔는 너트와 함께 사용하는 것이 좋고 머리가 작은 볼트의 머리 아래에 위치하면 좋다. 특히 와셔는 무른 나무, 판금이나 페인트칠한 재료처럼 손상되기 쉬운 표면을 보호하는 데 좋다.

와셔 크기

다른 철물과 마찬가지로 와셔의 규격 크기를 보면 올바른 와셔를 구입할 수 있을지 걱정된다. 와셔는 바깥지름(와셔의 바깥쪽에서 잰 지름)과 안지름(구멍의 지름)이 있다. 안지름은 볼트가 통과해야 하므로 가장 중요하다! 안지름이 볼트 지름과 같은 와셔를 구입하자. 볼트 두께가 ¼인치(약 6mm)라면 볼트에는 ¼인치 와셔가 필요하다.

와셔 유형

너트와 와셔를 함께 사용하면 볼트의 고정력이 더 강해지고 시간이 지나도 너트가 느슨해지는 일이 적다. 볼트나 다른 철물과 마찬가지로 각 작업에 알맞은 와셔가 따로 있다.

평 와셔(flat washer): 가장 먼저 선택하는 와셔로 육각 너트와 사용하기 적합하다. 너트에 가해지는 하중을 더 넓은 표면에 고르게 분산시킨다. 평 와셔를 너트 아래와 볼트 머리 아래에 사용하면 양쪽으로 하중을 분산시킬 수 있다. 와셔 두 개를 겹쳐 사용하기도 한다. 와셔를 추가하면 재료 표면을 보호할 수 있고, 와셔가 하나여서 과도한 힘을 받아 휘거나 찌그러지는 일을 방지해준다. 대부분은 하나만 써도 된다.

펜더 와셔(fender washer): 평 와셔와 비슷하게 생겼지만 바깥지름이 더 커서 하중을 더 넓은 면적에 분산시킨다. 자동차 산업에서 판금으로 만든 펜더(자동차의 흙받기)에 사용해서 이런 이름이 붙었다. 판금은 상대적으로 구부러지거나 찌그러지기 쉽기 때문에 펜더 와셔는 볼트 머리의 압력을 분산시켜서 판금 표면이 움푹 들어가지 않도록 해준다.

캡 볼트 와셔(finish washer): 나사나 볼트의 머리가 드러나는 프로젝트의 경우 캡 볼트 와셔를 사용하면 재료 표면을 보호하면서도 장식적인 요소를 더해줄

일반 와셔

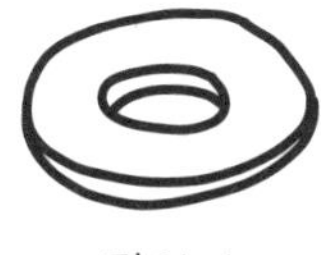
평 와셔

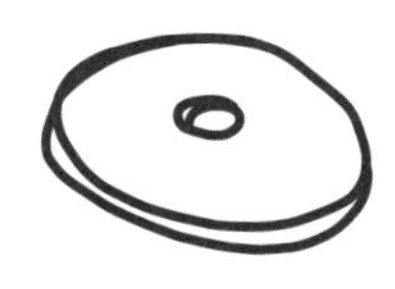
펜더 와셔

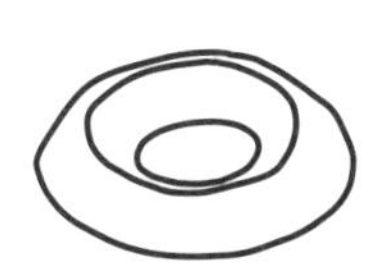
캡 볼트 와셔

수 있다. 설치하는 면 중 볼트나 나사 머리 쪽에만 사용한다. 와셔의 모양은 각진 볼트나 나사 머리가 와셔 안으로 들어가도록 고안되었기 때문이다. 따라서 설치하면 재료 위로 와셔가 놓이고, 나사나 볼트 머리가 그 안으로 들어가 있는 형태가 된다. 나사나 볼트 머리가 드러나면서도 고정은 단단해야 하는 가구나 캐비닛을 만드는 프로젝트에 적합하다.

풀림 방지 와셔

스플릿 와셔

외치 와셔

내치 와셔

파도 와셔

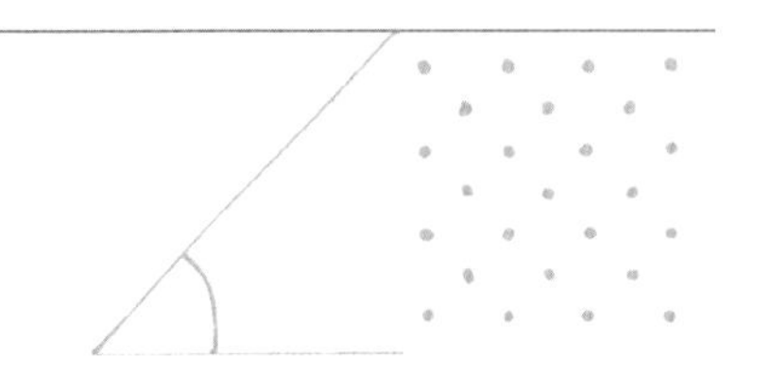

풀림 방지 와셔(lock washer): '스프링 와셔(spring washer)'로도 불리는 와셔를 총칭한다. 풀림 방지 와셔는 재료와 너트 사이에 사용하면 그 모양 때문에 탄성이 가해지면서 너트의 풀림을 방지해준다. 가장 흔한 풀림 방지 와셔 유형은 스플릿 와셔(split washer)로 단순한 고리 모양이지만 한쪽이 끊어지고 살짝 틀어져 있다. 설치하면 와셔가 평평하게 눌리지만 원래의 형태대로 돌아가려는 성질 탓에 너트와 재료 표면에 압력을 가하기 때문에 서로가 꽉 맞물리면서 너트가 풀리지 않는다. 이 외에도 옆모습이 물결 모양인 파도 와셔(wave washer)와 와셔 내외부에 이가 나 있는 이붙이 와셔(tooth-lock washer)도 있다. 이붙이 와셔 중 와셔 바깥쪽에 이가 난 외치 와셔(external tooth-lock washer)는 가운데 구멍이 난 표창과 비슷하게 생겼다.

기타 철물

나사나 못의 범주에 들지 않지만, 나무에 종이를 붙이는 것처럼 재료에 여러 유형을 붙이거나 벽에 무거운 물건을 걸 때 사용하면 좋을 기본 철물 몇 가지를 소개한다. 당연히 철물점에서 구입 가능하다! 스테이플, 리벳, 앵커, 목심, 비스킷은 모두 특정 용도에 사용해야 하지만, 만들기를 하다 보면 분명 이런 철물이 필요해지는 시점이 올 것이다.

스테이플(staple): 사무용 스테이플과 거의 비슷해 보이지만, 건축과 만들기에 사용하는 더 두껍고 튼튼한 산업용 스테이플은 얇은 재료를 목재에 고정하는 효과적이고 빠른 방법이다. 스테이플은 강철 와이어를 정렬해 접착제로 함께 고정하고 스테이플 모양으로 구부려 스테플러에 넣을 수 있도록 잘라낸다. 산업용 스테이플은 보통 스테이플 건(staple gun)이나 해머 태커(hammer tacker)로 박으며, 다양한 치수로 판매한다. 스테이플은 구멍이 육각형 모양인 철조망을 나무 틀에 고정하는 등의 용도로 사용할 수 있다.

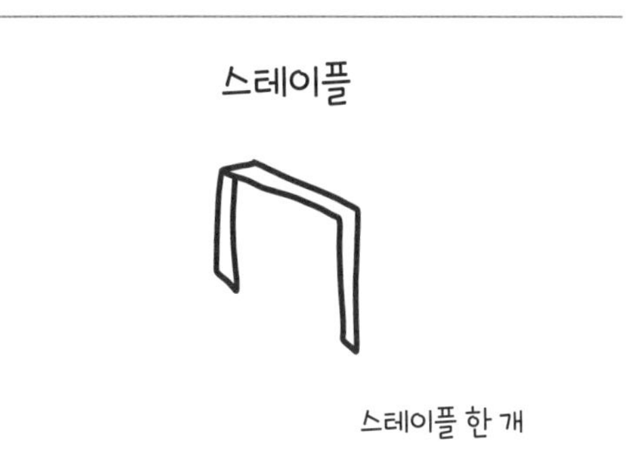

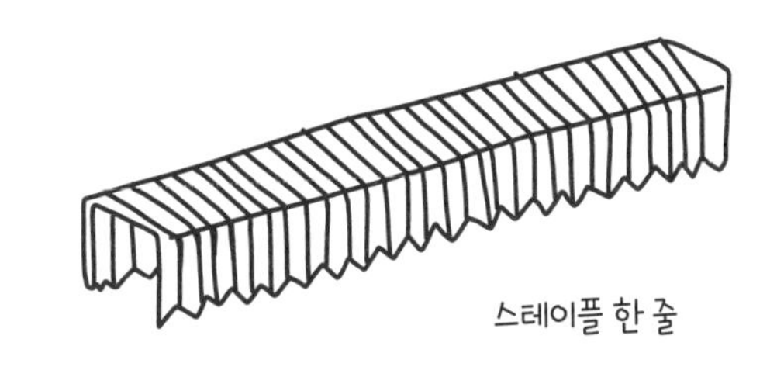

리벳(rivet): 세상에는 청바지에 다는 작은 금속 리벳을 포함해 다양한 유형의 리벳이 있지만, 만들기에 사용하는 리벳은 거의 대부분 블라인드 리벳(blind rivet)이나 팝 리벳(pop rivet)이라는 유형이다. 리벳 건으로 설치하며, 얇은 재료 두 개를 연결하고 싶지만 한쪽에서만 접근이 가능할 때 가장 유용하다.

낡은 에어스트림 캠핑카를 개조한 적이 있었다. 새 판금을 내벽으로 설치할 때 판금을 뼈대에 부착해야 했지만, 일단 판금을 위치에 놓으면 뼈대에 접근할 수가 없었다. 결국 팝 리벳을 아주 많이 사용해야 했다!

리벳에는 얇은 막대 부분인 맨드릴(mandrel)과 아래쪽에서 맨드릴을 감싸는 보다 두꺼운 리벳 핀(rivet pin)으로 이루어져 있다. 리벳 핀은 리벳 머리가 위로 오도록 해 미리 뚫어놓은 구멍에 끼운다. 리벳 머리는 리벳이 구멍 안으로 완전히 들어가지 않도록 막아주는 역할을 한다. 그런 다음 리벳 건으로 맨드릴을 잡아당기면 이 힘이 리벳 핀을 재료의 뒷표면에 압착시킨다. 이렇게 리벳을 압착해 제자리에 고정하고 맨드릴의 남은 부분은 잘라낼 수 있다. 리벳은 판금 작업에 주로 사용하지만 얇은 합판이나 베니어판에 부착할 때도 사용한다. 리벳을 구입할 때는 리벳 핀이 재료를 통과해 반대편에 충분히 나올 길이를 선택한다(그럼에도 핀이 보이지 않는다). 구멍은 리벳 핀의 지름에 맞춰 뚫는다.

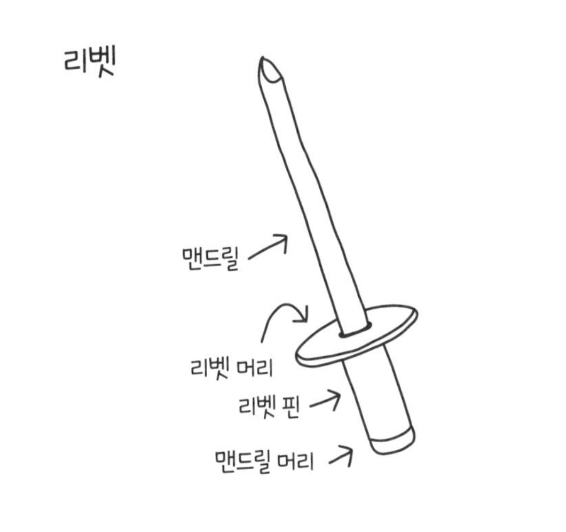

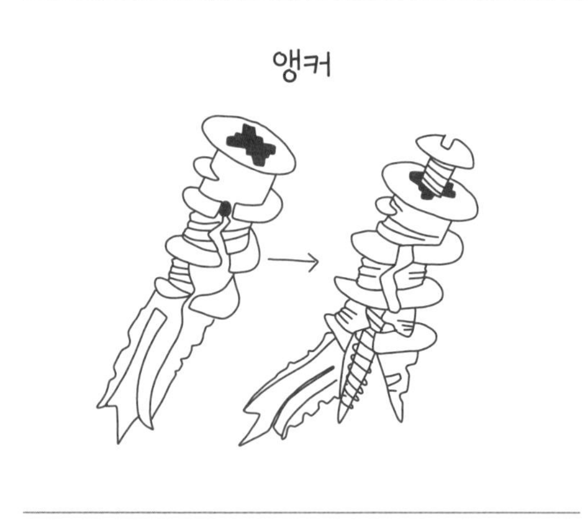

앵커(anchor): 만들기의 영역에서 앵커는 반드시 콘크리트 앵커(53쪽에서 언급한 태프콘 콘크리트 나사와 비슷하다)나 물건을 걸 수 있는 나비 앵커를 가리키지는 않는다. 이 책에서는 강력한 콘크리트용 플라스틱 나사를 지칭할 때 앵커라는 단어를 사용한다. 앵커는 플라스틱 나사처럼 보이지만 석고 보드에 나사를 박을 때 나사를 감싸주는 플라스틱 외피 역할을 한다.

앵커는 벽에 무거운 물건을 걸거나 책장처럼 수직으로 무언가를 고정해야 할 때 편리하게 사용할 수 있다. 플라스틱 앵커를 삽입한 후 앵커에 실제 나사를 박으면 고정력이 강해져서 석고 보드에 설치한 경우 보통 최대 75파운드(약 34kg)의 무게를 견딜 수 있다.

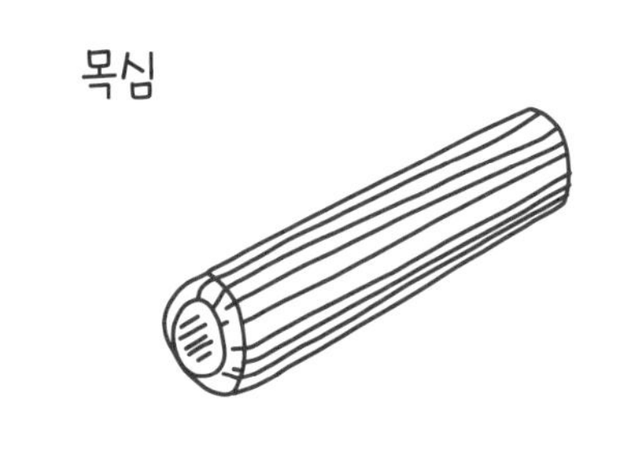

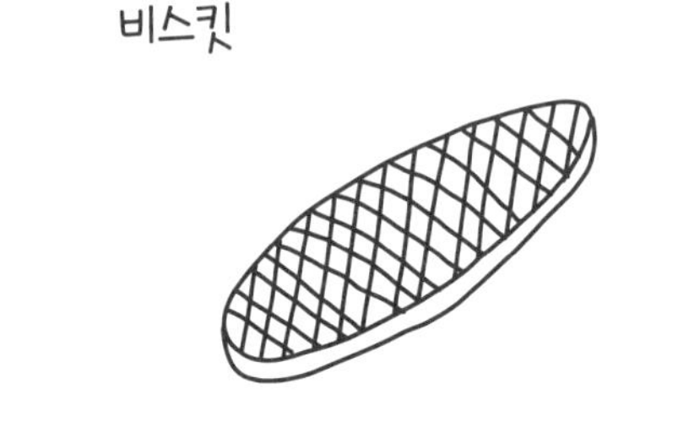

목심(dowel)**과 비스킷**(biscuit): 간단한 가구를 조립해본 적이 있다면 목심을 사용해보았을 것이다. 목심과 비스킷은 나무 조각 내부에서 고정하도록 도와주는 작은 나무 조각을 말한다.

목심은 원통형이다. 연결하려는 나무 조각 하나의 얕은 구멍에 목심 한쪽 끝을 끼우고 반대쪽 끝은 다른 나무 조각의 구멍에 끼운다.

비스킷은 평평한 럭비공 모양의 얇은 나무 조각으로, 원리가 목심과 같지만 목심보다 더 얇기 때문에 얇은 목재 조각끼리 연결할 수 있다. 그러나 비스킷을 사용하려면 먼저 비스킷 접합기(biscuit joiner)로 비스킷 홈을 만들어야 한다. 비스킷 접합기는 연결하려는 나무 조각 양쪽에 완벽한 홈을 만들어준다. 비스킷의 양 끝을 삽입해 나무 조각을 연결한다.

목심과 비스킷은 보통 가구 장인이나 가구 제작자가 목공용 접착제와 함께 사용하며 조임쇠의 흔적을 남기고 싶지 않을 때 사용하기 적합하다.

측정하고 배치하고 고정하기

만들기 재료와 철물을 손에 넣고 철물점에서 의기양양하게 돌아왔으니 이제 시작할 준비가 되었다! 조각을 자르거나 붙이기 전에, 측정하고 배치하고 고정하는 법을 배우는 시간을 갖는 게 중요하다. 그래야 안전하게 작업할 수 있다. 톱으로 자르거나 조각 두 개를 연결하거나 구멍을 뚫는 등 재료를 손질하고 연결하는 어떤 작업에서든, (1) 재료의 크기가 정확한지, (2) 재료를 올바른 위치에 놓았는지, (3) 재료를 제 위치에 단단히 고정했는지 확인해야 한다. 이제 재료를 측정하고 똑바로 배치하고 단단히 고정해줄 최고의 공구를 집중적으로 살펴본다. 여러분만의 마법을 실현할 수 있을 것이다.

측정하기

"두 번 측정하고 한 번에 자른다"라는 옛말이 있다. 수학을 좋아하는 만들기 장인으로서 나는 "세 번 측정하라!"라고 말한다. 2010년 내가 고등학교에서 처음 맡은 학생들과 농산물 직판장 가건물을 지을 때였다. 나는 학생인 자메샤와 건물 바닥을 길게 가로지를 장선(기둥)을 수십 개 자르고 있었다. 도면에는 이 거대한 2×12 구조목의 길이가 96인치(약 2.44m)라고 표시되어 있었지만, 실제로는 깔릴 바닥의 폭에 딱 맞춰 재단해야 했다. 사실 95¾인치(약 2.43m)였다가 96⅛인치(약 2.44m)였다 하면서 도면과 조금씩 차이가 났다. 자메샤는 처음 측정하더니 "96… 정도네요"라고 말했다. 나는 이렇게 말했다. "자메샤, 건축에 '정도'란 건 없단다!" 우리는 장선걸이(지지대가 없는 장선의 끝을 고정하는 틀)에 완벽히 맞도록 다시 측정해 목재를 잘랐다. 지나쳐 보일 수 있지만 나는 항상 가능한 한 정확하게, 적어도 1/16인치(약 1.6mm) 이내로 정밀하게 측정하고 표시하려고 노력한다. 가끔 오차를 이보다 더 줄일 때도 있다. 이는 줄자의 가장 작은 눈금이 중요하다는 뜻이다. ⅝인치(약 1.6cm)나 ¾인치(약 1.9cm)를 측정하는 게 아니라 실제로는 11/16인치(약 1.8cm)를 측정할 수도 있다. 이런 작은 차이와 1인치 미만의 작은 치수가 중요하다. 특히 이런 작은 차이가 쌓이면 심각한 문제가 될 수 있다.

이 이야기의 교훈은 이렇다. 정확하게 측정하는 것은 최종 결과물의 완성도를 보장하는 가장 좋은 습관이다. 목재와 금속 또는 기타 재료를 자르기 전에 먼저 정확히 측정하자. 다음의 요령과 공구에 관해 숙지하면 재료의 종류, 크기, 프로젝트에 관계없이 정확하게 측정할 수 있을 것이다.

위치 표시

V 기호는 공구가 아니라 정확한 측정 지점을 표시하는 유용한 방법이다. 측정 장치를 사용할 때는 해당 수치가 가리키는 지점을 재료에 표시해야 한다. 대부분의 사람들은 이 지점을 표시할 때 점을 찍거나 작은 선을 긋는다. 그러나 점은 너무 작아서 나중에 찾기 힘들 수 있다. 선이라면 재료를 톱으로 자르려고 옮기면서 '표시한 곳이 선의 이쪽 끝이었나, 저쪽 끝이었나?' 고민하게 될 수도 있다. 작은 V자 모양 기호는 꼭짓점이 치수에 해당하는 지점을 정확히 가리키기 때문에 점이나 선보다 훨씬 낫다.

나는 기호를 표시할 때 아주 날카롭게 깎은 연필을 사용한다. 나중에 선을 지울 수 있고, 끝이 뾰족해서 표시를 훨씬 더 정확히 할 수 있다. 재료 위에 줄자(나 기타 측정 장치)를 펼치고 원하는 지점을 찾은 뒤 표시하고자 하는 지점의 줄자 눈금 바로 옆에 연필을 갖다댄다. 이곳이 V자 기호의 꼭짓점이 된다. 이 꼭짓점에서 오른쪽으로 사선을 하나 긋고 왼쪽으로 사선을 하나 더 긋는다. 이렇게 하면 재단할 때 기준점을 정확히 알 수 있다!

줄자

25피트(7.62m) 길이의 줄자(tape measure)는 반드시 갖추어야 한다. 나는 열쇠고리에 3피트(약 0.91m) 길이의 소형 줄자를 갖고 다니면서 말 그대로 매일 사용한다.

표준 줄자는 직선으로 눈금이 표시된 금속 띠 모양을 하고 있다. 줄자는 펼쳤을 때 직선을 유지할 정도로 뻣뻣하지만 케이스 안에 다시 말아넣을 수 있을 만큼 유연하다. 줄 끝(영점)의 작은 금속 갈고리는 측정할 재료의 가장자리에 걸 수 있다. 줄자에는 대부분 케이스 한 면에 클립이 달려 있으며(이 클립을 벨트에 끼우면 대단한 사람처럼 보인다!) 줄자를 펼쳤을 때 되말리지 않도록 하는 잠금 장치가 있다. 줄자 사용 요령은 늘 줄의 끝을 재료의 가장자리에 단단하게 거는 것이다. 그런 다음 줄자를 펼치고 원하는 위치에 고정시킨 다음 측정을 하거나 재단 표시를 남기면 된다.

도움될 팁이 하나 더 있다. 한쪽 끝이 아주 멀거나 손이 닿지 않는 긴 길이를 측정한다면(예를 들어 천장 높이를 재는 경우) '꺾기' 기술을 사용해보자. 줄자는 반으로 꺾을 수 있다. 층고가 높은 천장의 높이를 측정할 때 줄 끝을 10피트(약 3.05m)나 12피트(약 3.66m)까지 수직으로 늘리면 줄이 흔들거리다 쓰러지기 마련이다.

위치 표시(V자 표시)

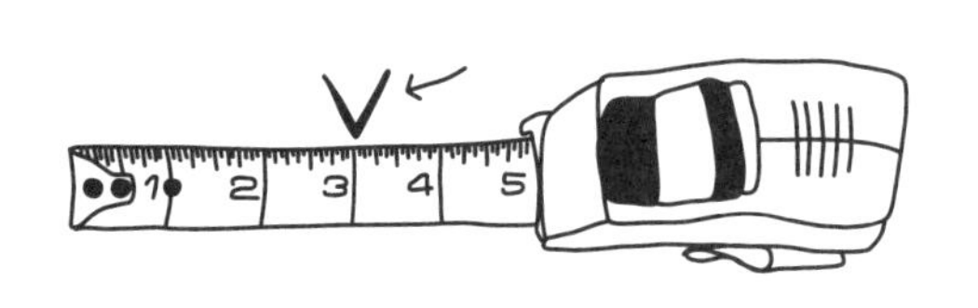

줄자

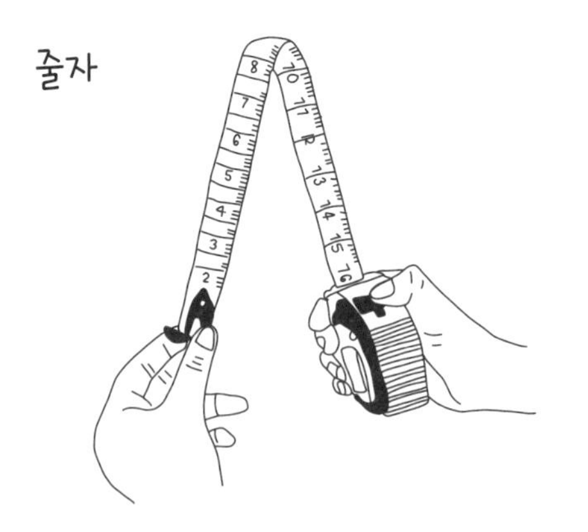

그러나 줄 끝을 발로 밟거나 해서 바닥에 고정한 뒤 줄을 벽에 대고 늘인 다음 영점 쪽으로 꺾어보자. 줄자는 뻣뻣하기 때문에 영점에서 줄자를 '밀어 올리면' 줄자를 쉽게 멀리까지 늘일 수 있다. 꺾인 부분이 천장에 닿을 때까지 밀어 올린 다음 눈금을 읽는다.

롱 줄자

롱 줄자(long tape)는 일반적으로 측량사가 지면의 면적을 표시하거나 지으려는 구조물의 설치 면적을 측량하는 데 사용한다. 자동으로 말리는 금속 줄자와 달리 롱 줄자는 길이가 보통 100피트(30.48m) 이상이며, 잘 구부러지는 코팅된 천으로 만들어진다. 롱 줄자는 스풀에서 풀고, 수동으로 되감을 수 있다. 롱 줄자는 뻣뻣하지 않아서 울퉁불퉁한 지형을 측정하는 데 아주 유용하다. 예를 들어, 뒷마당에 세울 장난감집 토대를 측정할 때 롱 줄자를 사용할 수 있다.

눈금자

초등학교 준비물 목록에 눈금자가 처음 등장한 때부터 우리는 모두 눈금자(ruler, straightedge)를 사용해왔다. 눈금자는 나무, 금속, 플라스틱 등 갖가지 소재로 만들지만, 뒷면에 코르크를 덧댄 18인치(약 45.7cm)나 24인치(약 61cm) 길이의 금속 눈금자가 프로젝트에 관계없이 사용하기 좋다. 이런 눈금자는 특히 연필로 두 점을 이어 직선을 그리는 용도의 직선자로 사용하기 좋다. 만들기 프로젝트의 경우 뒷면에 코르크가 덧대어 있으면 자가 표면에서 미끄러지지 않는다. 또 18인치나 24인치 길이면 대부분 측정하기 충분하며 보관도 크게 어렵지 않다.

직각이 아닌 물체를 측정하거나 선을 그을 때는 줄자 대신 눈금자가 유용할 수 있다. 예를 들어, '나만의 공구함 만들기' 프로젝트(249쪽)에서 옆면 모서리를 대각선으로 자르는 과정이 있다. 이때 한쪽 가장자리에서 3인치(약 7.6cm), 다른 쪽 가장자리에서 6인치(약 15.2cm)를 측정한 뒤, 두 점을 잇는 선을 그어야 한다. 이런 작업은 줄자로 하기에는 상당히 까다롭지만, 납작한 금속 자를 사용하면 안성맞춤이다!

프로젝트를 만들 때 사용하는 눈금자는 대부분 가장자리에서 약 ⅛인치(약 3mm) 떨어진 곳에서 영점이 시작되기 때문에 눈금자의 끝과 영점 사이에 얼마간 간격이 생긴다. 따라서 눈금자로 측정할 때는 눈금자의 끝이 아니라 영점에서부터 길이를 재고 있는지 확인해야 한다! 이렇게 간격을 두면 눈금자의 끝부분이 손상되거나 깎여나가(나무 눈금자라면 자주 있는 일이다) 자

재미있는 사실!

16인치(약 40.6cm)마다 다른 색(주로 빨간색)으로 숫자를 표시한 줄자가 많은데, 이것은 목재 골조 주택과 건물의 표준 샛기둥 간격 때문이다. 특히 이런 줄자는 목수들에게 유용한데, 이런 식으로 숫자를 구별하면 샛기둥을 찾거나 샛기둥의 간격을 측정하기가 수월하기 때문이다.

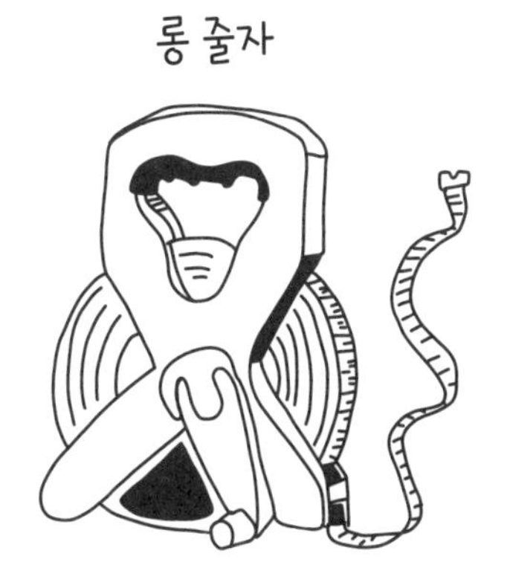

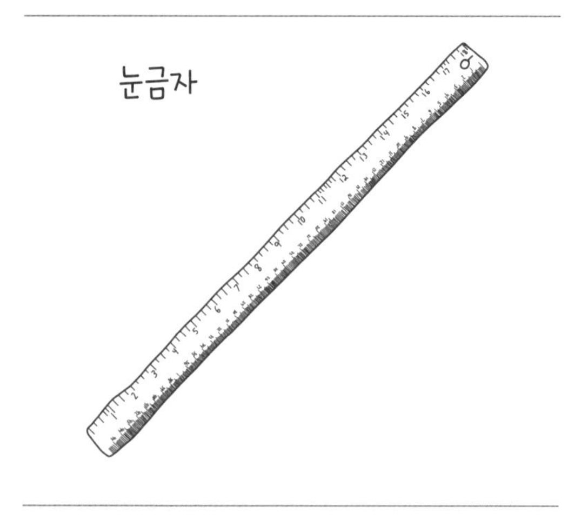

의 길이가 줄어드는 일을 막을 수 있다.

축척자

건물이나 프로젝트의 도면을 그릴 때 그 구조를 실물 크기로 그릴 수는 없다. 종이 한 장에 다 담을 수 없기 때문이다! 그래서 도면은 특정한 수학적 비율인 축척(scale)에 따라 축소해 그린다. 건축이나 건설 프로젝트는 대부분 실제 길이 1피트(약 30.5cm)에 해당하는 도면에서의 길이(인치)로 축척을 표시한다(한국의 경우 1/100, 1:100 등으로 표시한다). 축척자(architectural scale)는 도면 위 선을 재는 즉시 실제 치수를 알려주는 측정 공구이다. 축척자는 대부분 옆면이 삼각형이고 세 개의 면이 있으며, 가장자리마다 다른 축척이 표시되어 있다. 예를 들어 '$\frac{3}{16}$인치=1피트' 축척이라면 1인치가 아닌 $\frac{3}{16}$인치 간격으로 눈금이 있으므로 선의 길이를 재면 실제로 몇 피트인지 정확히 알 수 있다.
축척자에는 건축 도면에서 가장 흔히 사용하는 표준 축척에 맞춰 눈금이 그려 있어서 도면을 측정하면 실제 치수를 알 수 있다. 도면을 그릴 때도 축척자를 사용할 수 있다. 설계할 프로젝트의 도면을 그릴 때 실제 1피트를 $\frac{1}{2}$인치로 축소해 그리려면 축척자에서 $\frac{1}{2}$인치

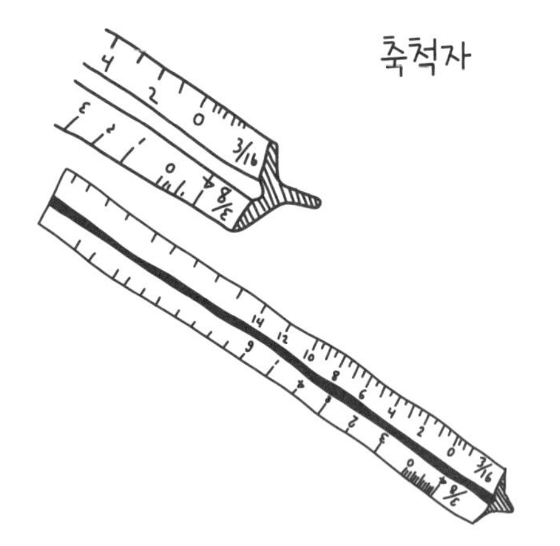

=1피트 축척에 해당하는 가장자리를 따라 눈금대로 정확하게 선을 그으면 된다(미터법 축척자의 축척은 1:20, 1:50, 1:100, 1:200 등이다).

접자

자동으로 말려 들어가는 줄자가 나타나기 전에는 접자(folding ruler, carpenter's ruler)가 가장 흔한 측정 장치였다. 모두 폈을 때 보통 6~8피트(약 1.83~2.44m)를 측정할 수 있으며(한국 접자는 보통 2m), 6인치(약 15.2cm) 길이의 나무판을 서로 연결해 만드는 것이 일반적이다(한국 접자는 보통 20cm 길이의 나무판을 사용한다). 이 6인치 구간이 회전하면서 기다란 지그재그 모양으로 펴진다. 고급 접자에는 보통 마지막 6인치 구간에 돌출이 가능한 놋쇠 자(extender)가 있어서 0~6인치(약 0~15.2cm) 길이를 더 측정할 수 있다. 접자는 지금은 많이 사용하지 않지만 여전히 장점이 있다. 접자는 줄자보다 단단하기 때문에 머리 위에 있는 물건을 측정하거나 눈금을 뒤집어서 재거나, 또는 좁은 공간에서 측정할 때 편리하다. 또 나무판이 회전하기 때문에 모서리나 그 외의 각진 공간에서 쉽게 구부려 사용할 수 있다.

캘리퍼스

캘리퍼스(calipers)는 아주 정밀한 측정이 가능한 장치로, 작은 물체의 내외부 치수(철물 조각이나 목재 두께)를 측정할 때 사용한다. 보통 측정 조(jaw)를 이루는 팔이 두 개 있으며, 물체 둘레를 집거나 내부 간격만큼 벌리면 물체의 수치를 디지털 또는 아날로그 값으로 정확히 알려준다. 예를 들어 육각 너트에 맞는 볼트나 기타 철물을 사고 싶은데 수치가 적혀 있던 원래의 상자를 잃어버릴지도 모른다. 이때 캘리퍼스를 사용하면 너트 구멍의 안지름뿐 아니라 너트 둘레의 바깥지름도 측정할 수 있다. 만드는 사람의 목적에 따라 측정 조가 두 쌍인 디지털 버니어 캘리퍼스(vernier calipers)가 이상적이다. 한 쌍은 구멍 또는 안쪽 치수를 잴 물체의 내부에 놓고 측정하고, 한 쌍은 물체 외부에서 바깥쪽 치수를 측정하는 것이다. 나는 보통 아날로그 공구를 선호하지만(아날로그 자가 달린 버니어 캘리퍼스도 있다), 디지털 방식의 공구를 사용하면 시간을 크게 절약하고 정확도를 높일 수 있다.

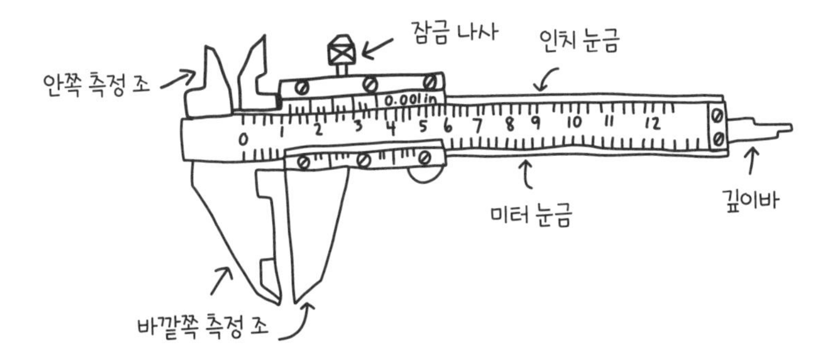

배치하기

정확한 측정법을 숙지했으니 이제 재료를 제대로 고정할 수 있도록 올바르게 배치해야 한다. 이 섹션에서 소개하는 공구는 각 재료를 정확한 각도로 배치하는 데 사용할 수도 있지만, 현재 사용 중인 공간이나 물건이 직각을 이루는지 확인하는 측정 장치로도 사용할 수 있다. 이러한 공구는 대부분 건축업자가 완벽하게 수직이거나 수평이도록 '직각으로'나 '정확하게', '똑바로' 조각을 두도록 돕는다. 건축 현장에서 "직각이 아니면 잘못된 거야!"라는 말을 자주 듣기 때문이다. 배치에 사용하는 공구는 정확도가 높아야 한다는 점에서 측정 공구와 유사하다. 그러나 보통 배치에 사용하는 공구는 조각을 하나씩 측정하기보다 여러 조각을 함께 맞추어 기하학적 구조를 확인하는 데 가장 유용하다.

스피드 스퀘어

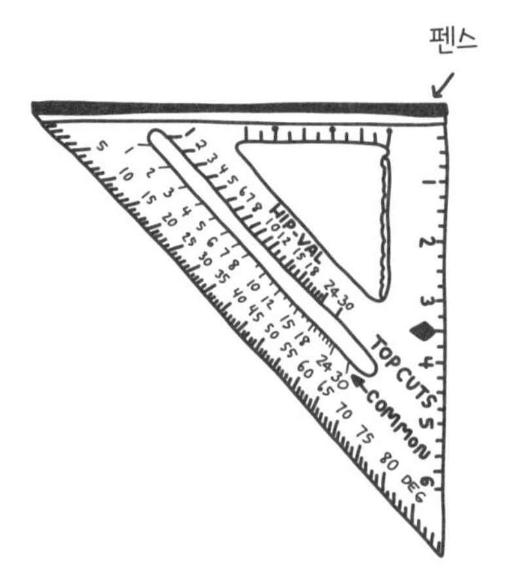

재미있는 사실!

스피드 스퀘어는 상표권이 등록된 공구다. 1925년 앨버트 J. 스완슨(Albert J. Swanson)이 발명한 스피드 스퀘어는 스완슨이 설립한 스완슨 툴 컴퍼니가 독점 생산했다. 스피드 스퀘어를 '스완슨'이나 '스완슨 스피드 스퀘어'로 알고 있는 사람들도 있다.

스피드 스퀘어

스피드 스퀘어(speed square)는 삼각형 모양의 공구로 물체를 정확히 직각으로 배치하거나, 톱으로 자르기 전에 재료의 재단선이 측면과 직각이 되도록 표시할 때 사용한다.

스피드 스퀘어는 목공 작업, 주택 골조 제작, 제재목이나 2x4 등의 목재에 정확한 재단선을 표시하기 위해 고안되었다. 게다가 작업 속도도 크게 높여준다!

스피드 스퀘어는 직각이등변삼각형(내각이 45, 45, 90도)이며, 길이가 같은 두 변과 빗변(직각과 마주 보는 변)으로 이루어진다. 등변 하나에 나무 조각 표면을 따라 스피드 스퀘어를 이동시키도록 고안된 펜스(fence, lip)가 붙어 있다. 펜스를 나무 조각 측면에 걸면 스피드 스퀘어의 다른 등변이 나무 조각 표면을 가로지르므로 톱질할 수직선을 그을 수 있다. 스피드 스퀘어는 또한 각이 직각인지, 또 여러 조각이 맞물려 직각이 되는지를 확인하는 데 매우 유용한 공구이다. 스피드 스퀘어는 보통 금속이나 단단한 플라스틱으로 만든다.

2x4 제재목을 36인치(약 91.4cm) 길이만큼 잘라야 한

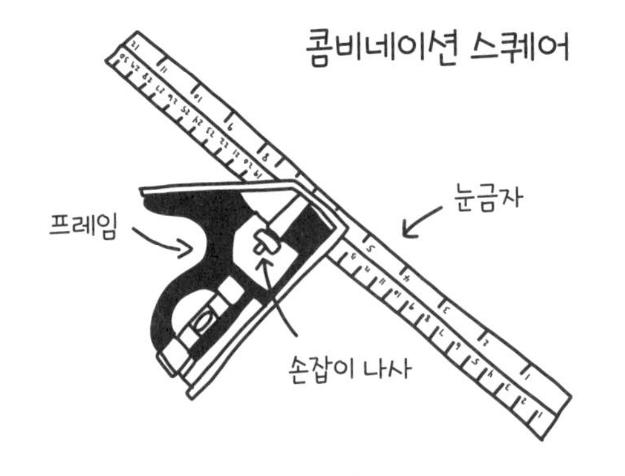

다고 해보자. 줄자로 한쪽 끝에서부터 36인치를 측정한 뒤 V 표시를 한다. 이제 정확한 지점을 확인했지만, 자를 곳 전체를 선으로 그어두면 톱날을 맞추기가 훨씬 더 수월하다. 2×4 제재목의 긴 측면을 따라 스피드 스퀘어의 펜스를 걸고 이와 수직을 이룬 변을 표시해 둔 곳까지 민다. 그런 다음 2×4 제재목의 폭을 가로질러 직선을 긋는다. 바로 여기를 자르면 된다.

스피드 스퀘어로 직각을 확인하려면(예를 들어, 상자를 만들 때 모서리로 모인 조각이 직각을 이루는지 확실하지 않은 경우) 모서리 안쪽에 스피드 스퀘어를 대본다. 스피드 스퀘어의 두 등변이 상자 틀과 틈 없이 맞물린다면 축하한다. 상자 모서리는 직각이다! 스피드 스퀘어와 상자 틀 사이에 틈이 있거나 스피드 스퀘어가 상자 모서리와 딱 맞지 않으면 상자 틀이 직각을 이루지 않는다는 뜻이므로 조정이 필요하다.

스피드 스퀘어에 표시된 것들이 무엇을 뜻하는지 궁금할 수 있다. 이것들은 목수가 주택 골조를 세울 때 지붕과 계단의 정확한 각도를 찾도록 도와준다. 스피드 스퀘어는 다음의 아주 한정된 목적으로만 사용하지만, 어떤 용도로 쓸 수 있는지 알아두는 건 멋진 일이다. 스피드 스퀘어에서 다음 표시를 확인할 수 있다.

- **Deg.(degree, 디그리, 각도):** 스피드 스퀘어의 한 등변을 기준으로 0~90도의 각도를 표시하고 배치하도록 도와준다.
- **Common(커먼):** 지붕 서까래나 계단의 수평 폭이 12인치(약 30.5cm)일 때 경사를 인치로 표시하도록 도와준다.
- **Hip/val(힙/밸):** 지붕 서까래나 계단의 수평 폭이 17인치(약 43.2cm)일 때 높이를 인치로 표시하도록 도와준다.

콤비네이션 스퀘어

스피드 스퀘어처럼 콤비네이션 스퀘어(combination square, combo square)는 직각을 확인하거나 수직으로 재단선을 그을 때 유용한 공구다. 그러나 콤비네이션 스퀘어는 눈금자의 좌우 이동이 가능해 조각들을 다양한 방향에서 유연하게 배치함과 동시에 측정도 가능하다.

콤비네이션 스퀘어는 금속 프레임과 프레임의 손잡이 나사(thumbscrew)로 움직이는 슬라이딩 눈금자로 구성된다. 프레임을 기준으로 90도와 45도 각도를 쉽게 확인할 수 있으며, 표면의 평평함을 확인하는 작은 수준기(level)가 달려 있는 것도 있다. 콤비네이션 스퀘어의 45도와 90도 가장자리 둘 다 펜스 기능을 하므로, 나무 조각의 가장자리에 쉽게 걸칠 수 있다. 그런 다음 눈금자로 치수를 표시하고 각도를 확인할 수 있다.

이미 만든 다음에 '직각'을 확인하려면, 눈금자의 가장자리가 프레임의 평평한 가장자리와 맞닿도록 프레임을 한쪽 끝까지 완전히 민다. 이렇게 만든 L자 모양을 이용해 직각을 확인할 수 있다.

스피드 스퀘어처럼 콤비네이션 스퀘어로 수직선을 그리려면 눈금자를 프레임의 중간쯤으로 민 뒤, 프레임의 평평한 가장자리를 펜스처럼 사용해서 눈금자를 따라 수직선을 그린다.

직각자

직각자(framing square, carpenter's square)는 목수가 건물의 지붕, 벽, 계단을 구성하는 목재의 배치를 확인하는 데 주로 사용한다. 크기가 큰 스피드 스퀘어 역할을 해서 연결한 여러 조각이 직각을 이루는지 확인할 수 있다.

직각자에는 유용한 수치가 표시되어 있기 때문에 목수가 각도를 측정하거나 계단과 경사진 장치 등에서의 높이와 밑변(rise and run)을 계산할 때 도움이 된다. 스피드 스퀘어를 사용할 때처럼 펜스를 걸 가장자리가 없을 경우 스피드 스퀘어 대신 직각자를 사용할 수도 있다.

대부분의 직각자는 내구성이 뛰어난 금속으로 만들며 긴 변의 길이는 1피트(약 30.5cm)에서 3피트(약 91.4cm) 사이이다(보통 한 변이 다른 변보다 짧다).

직각을 확인하려면 직각자를 모서리 위에 놓거나, 틀이나 상자의 모서리 안에 직각자를 놓아서 두 변이 90도를 이루는지 확인한다. 직각자는 모서리 꼭짓점에서 두 방향으로 길이를 측정할 수 있기 때문에 모서리를 잘라내는 사선을 표시할 때 사용할 수도 있다.

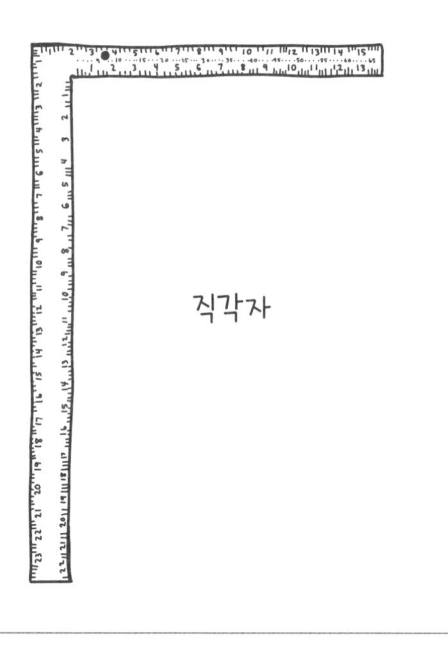

자유 각도자

자유 각도자(bevel square, sliding T-bevel angle finder, bevel gauge)는 한곳에서 다른 곳으로 특정 각도를 옮겨주는 마법의 공구다. 자유 각도자로 이미 완성한 프로젝트의 각도를 잰 뒤, 이 각도를 새로운 나무 조각에 그대로 옮겨 잘라낼 수 있다. 자유 각도자는 각도기를 사용하지 않거나 실제 각도의 크기가 얼마인지 알지 못하더라도 동일한 각도를 그릴 수 있어서 좋다.

자유 각도자는 보통 나무로 된 손잡이와 금속의 직선자 두 부분으로 이루어진다. 금속 날 부분은 손잡이에 조절 나사로 연결되어 있어 손잡이 각도를 변경할 수 있다. 자유 각도자 중에는 수준기나 각도기, 디지털 각도 표시기가 내장된 제품도 있다.

조절 나사(또는 나비 너트)로 금속 날을 고정하거나 푼다. 날을 회전하여 작업물의 각도에 맞춘 다음 손잡이 나사를 다시 죄어서 각도를 고정한다. 이제 고정한 각도를 다른 재료로 옮길 수 있다.

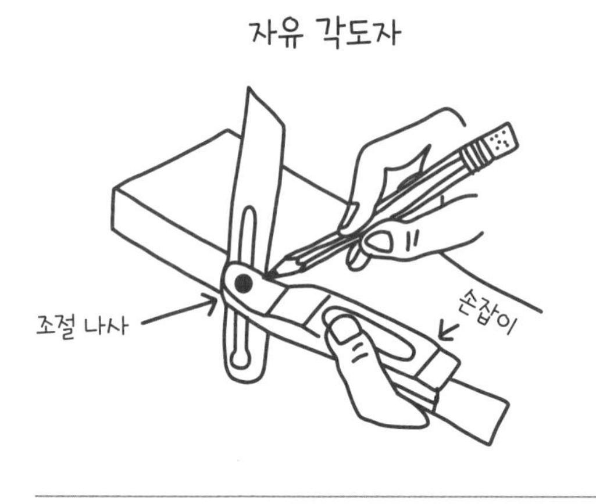

각도 톱대

각도 톱대(miter box)는 톱날이 목재를 정확한 각도로 절단하도록 유도한다. 각도 톱대의 제 위치에 나무를 고정하면 톱대의 홈이 정확한 각도로 톱이 지나가도록 유도한다. 각도 톱대는 액자처럼 90도 모서리를 만들기 위한 45도짜리 조각 두 개를 자를 때 아주 유용한 공구다.

철물점에서는 대부분 플라스틱 톱대를 판매한다. 이미 홈이 90도와 45도 등의 각도로 나 있다. 손톱(hand saw), 특히 칼등이 아주 단단한 등대기톱(backsaw)이 딸린 제품도 있다.

사용할 때는 먼저 탁자나 작업대에 톱대를 단단히 고정해야 한다. 그런 다음 톱대 안에 목재를 넣는다. 통에 딸린 고정 펙으로 나무 조각을 고정한다. 절단하려는 각도에 따라 톱을 적절한 홈에 위치시킨다. 톱을 홈에 밀어넣고 자르기 시작한다. 처음에는 톱을 짧게 왔다 갔다 하다가 점점 길게 왔다 갔다 히면서 완전히 잘라낸다.

수준기

기울어진 탁자를 좋아하는 사람은 없다! 무엇을 만들든 평평한 표면은 평평하게 만들고 싶다. 수준기(수평기)를 뜻하는 영어 단어 'level'에는 완전히 수평을 이룬다는 의미가 담겨 있다. 표면이 수평이면 구슬을 놓아도 구슬이 가만있는다. 구슬이 구른다면 표면이 수평이 아니라는 뜻이다.

수준기는 표면이 실제로 수평인지 측정하는 공구로, 수평이 아닐 때 어느 쪽이 높고 낮은지 알려준다.

다양한 유형의 제품이 판매되지만, 가장 흔하고 보기 편한 수준기는 기포관 수준기(spirit level)이다. 작은 유리관 안에 액체가 완전히 채워져 있지 않아서 조그만 기포가 표면이 수평인지 알려준다. 유리관은 가운데가 살짝 볼록 솟아 있기 때문에 표면이 완전히 수평이면 기포가 유리관의 작은 두 선 사이에 쏙 들어간다. 기포

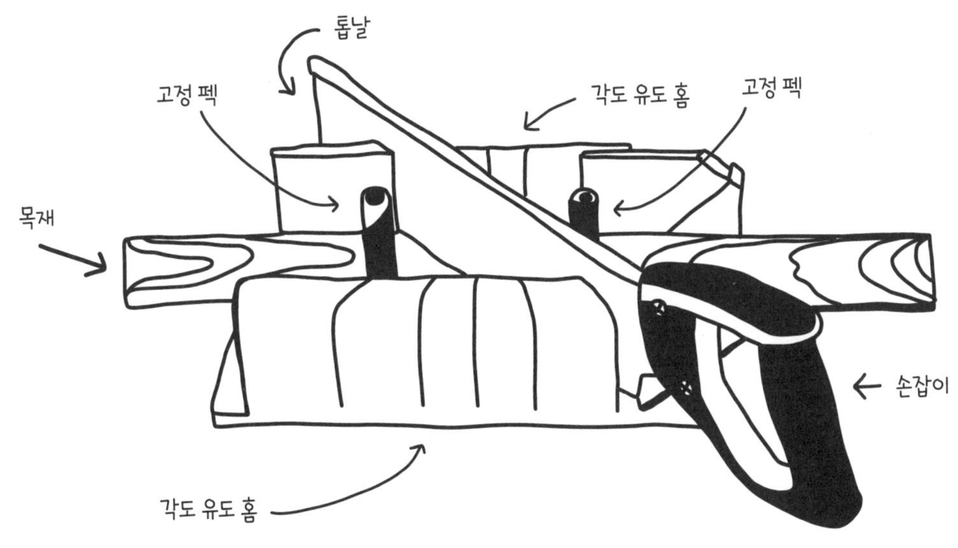

수준기

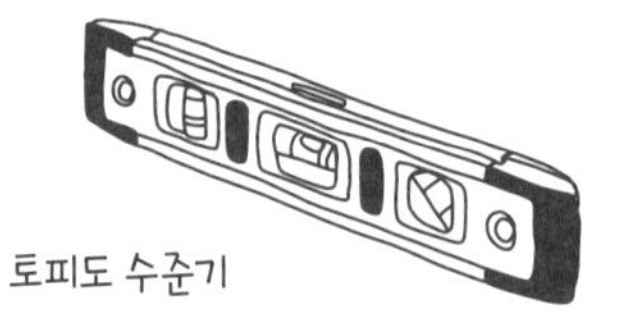

토피도 수준기

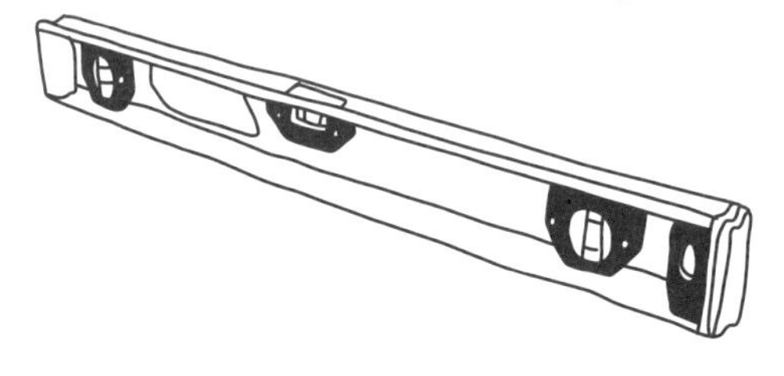

I빔 수준기

라인 수준기

재미있는 사실!

기포관 수준기(spirit level)의 이름은 아주 옛날 유리관에 물이 아닌 색이 있는 증류주(spirit)를 사용한 데서 유래한다.

관 수준기 중에는 유리관이 하나 이상이어서 하나는 물체의 수평 정도를, 다른 하나는 수직 정도를 알려주는 것도 있다. 45도 각도를 알려주는 유리관 제품도 있다. 멋지지 않은가!

기포관 수준기는 다음의 세 가지 유형이 있으며, 모두 성능이 뛰어나고 거의 모든 프로젝트에서 수평 정도를 확인하는 데 사용할 수 있다.

토피도 수준기(torpedo level): 소형(보통 8인치/약 20.3cm 길이)으로 세 가지 각도를 확인할 수 있다. 토피도 수준기를 사용하면 표면이 수평하거나 수직인지뿐 아니라 45도 경사의 정확도도 즉시 알 수 있다.

I빔 수준기(I-beam level): 토피도 수준기보다 더 길고(보통 2~6피트/약 0.61~1.83m 길이) 일반적으로 알루미늄이나 기타 금속으로 만들어진다. 더 긴 거리에서 평평한 정도를 정확히 판별할 때 사용한다.

라인 수준기(line level): 작은 기포관 수준기를 끈이나 줄에 매달아 먼 거리를 가로지르는 줄의 수평 정도를 확인할 수 있다. 예를 들어 울타리 기둥 두 개에 라인 수준기를 매달아 기둥 사이에 널빤지를 직선으로 설치할 수 있다. 벽돌공이 벽돌을 쌓을 때도 긴 벽을 따라 벽돌을 놓으면서 한 줄(한 '층course')의 수평을 확인하기 위해 라인 수준기를 사용한다.

재료 표면에 수준기를 놓고 유리관과 같은 높이에서 눈으로 기포 위치를 보면서 수평 정도를 확인한다. 바라건대, 기포가 정확히 두 선 사이에 있기를. 만약 그렇다면, "만세!" 표면은 평평하다. 기포가 선의 오른쪽에 있으면 표면의 오른쪽이 왼쪽보다 높은 것이다. 선의 왼쪽에 있으면 표면의 왼쪽이 더 높다. 그에 따라 조정해보자!

다림추

언제라도 신뢰할 수 있는 절대적인 기준이 있다면, 그것은 바로 중력이다. 다림추(plumb bob)는 긴 줄이나 끈에 매달 수 있는 총알이나 래디시 모양의 무거운 금속 추(보통 납이나 철로 만듦)이다. 중력 때문에 줄이 지표면과 완벽한 수직선을 이룬다. 이 줄을 수직을 판별하는 수준기처럼 사용할 수 있다. 커다란 그림 여러 개를 걸 때처럼 수직선을 따라 가장자리를 나란히 맞춰야 할 때 다림추를 사용할 수 있다. 목수가 목재 샛기둥이나 보가 완벽하게 수직인지 확인할 때도 사용한다. 다림추의 끝은 보통 뾰족해서, 지표면의 특정 지점을 위의 해당 지점 바로 아래에 표시하는 데 유용하다. 매단 줄에 다림추를 연결하려면 상단의 나사를 제거하자. 나사 윗부분 구멍에 줄을 끼운 다음 아래에서 매듭을 짓는다. 나사를 다시 끼우면 줄이 정확히 다림추 중앙에 오게 된다.

다림추를 걸 때는 망치와 못으로 벽이나 천장에 매달 지점을 만들어야 한다. 그런 다음 줄에 고리 매듭을 지어서 못에 건다. 다림추가 바닥까지 늘어지도록 줄의 길이를 조정한다. 추의 흔들림이 멈출 때까지 기다렸다가, 이 줄을 수직선으로 기준 삼거나 추 바로 아래에 위치를 표시한다.

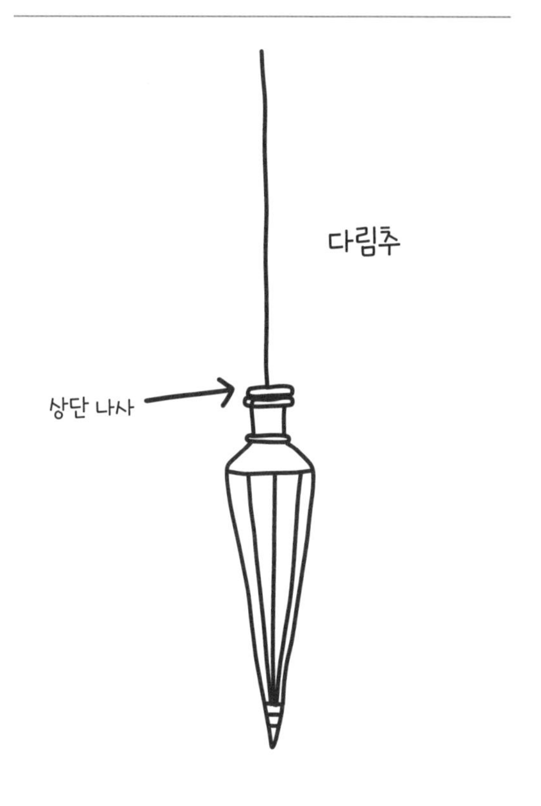

재미있는 사실!

수준기(level)에서 'level'이 '수평'을 뜻하듯이, 다림추(plumb bob)에서 'plumb'은 '수직'을 뜻한다. 또 'plumb'과 'plumber(배관공)'는 모두 납을 뜻하는 라틴어 'plumbum'에서 유래했다. 납의 원소 기호는 Pb이다!

미리엄 E. 지

건축가이자 코에브리싱(CoEverything)의 공동 설립자

매사추세츠주 보스턴

미리엄은 정말 괜찮은 사람이다. 건설 현장에서 사장처럼 걸어다니는데 왜냐면 정말 사장이기 때문이다. 또 빌드 라이틀리(Build Lightly)라는 자신 소유의 설계 및 건축 사무실을 운영한다. 미리엄은 몹시 존경스럽다. 미리엄은 어떤 일이 일어나기를 기다리지 않고 스스로 나서서 일을 만들기 때문이다. 미리엄은 또한 아름답고 믿을 수 없을 만큼 기능적인 구조물을 알아보는 눈을 가진 재능 있는 건축가다.

저는 건축가이고 건축 설계사이자 건축업자이며 건축과 설계를 가르치는 사람입니다. 비영리 단체를 위해 파빌리온, 자전거 카트, 공원 같은 효율이 아주 높은 건물과 프로젝트를 만들죠. 공구 벨트를 두르지 않을 때는 언제나 힙색을 차고 다녀요. 자유 각도자와 웜 드라이브 원형 톱(worm drive saw)을 사랑하고요.

목수 가정에서 자란 게 아니어서 건축을 처음 접한 건 열아홉 살 때 캘리포니아 폴리테크닉 주립대학교에서 기초 건축 기술 수업을 들었을 때였어요. 처음에는 '관성'이 저를 앞으로 나아가지 못하도록 막았죠. 그렇지만 저는 재빨리 극복했어요!

가장 자랑스러운 건 노스캐롤라이나주 애슈빌에 놓은 보행자 다리예요. 애슈빌에서 지역 녹지를 확대 조성하는 첫 사업이었거든요. 또 저의 처음 허가받은 구조물이고, 제 파트너 루크 페리와 함께 진행한 첫 프로젝트이기도 해요. 지역 사회의 아티스트, 건축업자, 학생, 자원봉사자, 어린이, 금속 공예자 모두가 나서서 다리 완공을 위해 힘을 모았어요. 힘을 모아 일하면 꿈이 이루어지죠.

여성이라면 남성과 소년만이 힘 쓰는 일에 관심을 갖거나 '가져야 한다'는 고정관념에 계속 의문을 제기하는 것이 아주 중요하다고 생각해요. 손을 써서 일을 하고 나면 몸과 마음에서 엄청난 만족감을 느끼거든요! 만들고 싶다면 나가서 한번 해보세요! 자신감과 깨달음을 얻도록 여러분에게 기초를 가르쳐줄 수업이나 자원을 지역 사회에서 찾아보세요. 일단 찾고 나면 그 다음은 모두 여러분이 얼마만큼 시간과 노력을 투자하는지에 달려 있습니다.

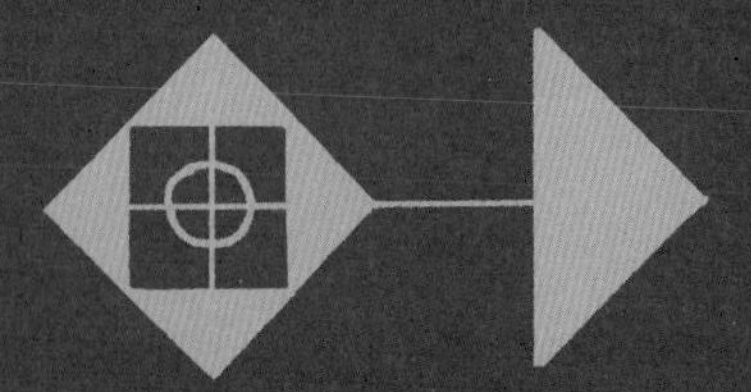

BUCKMASTERS

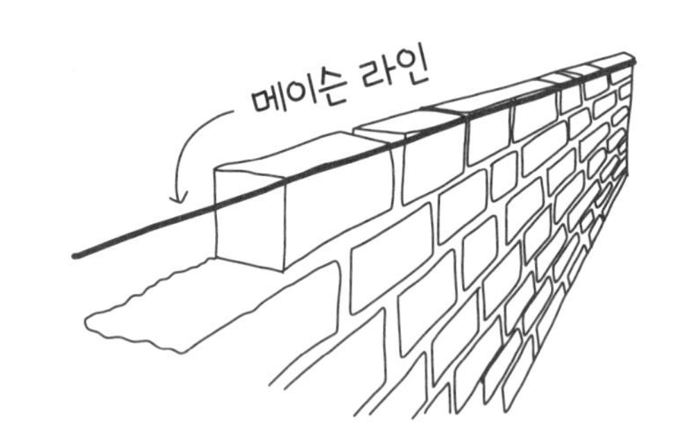

초크 라인

초크 라인(chalk line)은 밝은색 분필 가루를 입힌 끈을 감은 것으로, 긴 표면을 가로지르는 선을 표시하는 데 사용한다. 커다란 합판 조각에 직선을 긋고 자르거나 긴 길이를 가로지르는 직선 배치 라인이 필요할 때 초크 라인을 사용할 수 있다.

초크 라인은 통이나 용기, 그 안에 담긴 풀고 감는 용도의 실패로 이루어져 있다. 별도로 구입한 분필 가루를 직접 통에 부어 끈에 입힐 수 있다. 분필은 보통 빨간색과 파란색 등 밝은색이어서 여러분이 만든 선을 선명하게 보여준다.

초크 라인은 사용이 간단하다. 선을 표시해야 하는 표면 어디에서든 끈을 잡아당기기만 하면 된다. 친구의 도움을 받아보자. 한 명은 끈의 끝을 잡고 다른 한 명은 용기를 잡는다. 재료의 표면 바로 위에서 끈을 팽팽하게 잡아당긴다. 그런 다음 끈 가운데를 살짝 위로 끌어당겼다가 표면에 툭 닿도록 놓는다. 이렇게 하면 재료 위로 꽤 만족스러운 분필 선이 남는다(착! 하고 부딪히는 소리도 꽤 만족스럽다).

메이슨 라인

메이슨 라인(mason line)은 아주 유용한 선으로, 한 치의 오차도 없이 벽돌을 일직선으로 쌓아 벽을 올리는 벽돌공(mason)에서 이름을 따왔다. 울타리 기둥처럼 연결할 두 지점에 메이슨 라인을 묶으면 처음부터 끝까지 가지런한 선으로 완성하도록 도와준다. 뒷마당에 도랑을 파서 기준선을 표시할 때처럼 프로젝트 공간을 배치할 때 사용할 수도 있다.

메이슨 라인은 주로 형광 분홍색이나 주황색, 노란색을 사용하기 때문에 눈에 잘 띈다. 라인 수준기를 함께 사용해 수평을 맞춘 다음 메이슨 라인을 제 위치에 남기면 프로젝트 완성에 도움이 된다.

메이슨 라인을 매달 때는 한쪽에는 고정된 고리를 만들고(보라인 매듭 등, 210쪽 필수 기술 참고), 반대쪽은 스크래치 송곳 매듭(211쪽 참고)을 지으면, 팽팽해질 때까지 장력을 조정한 뒤 줄을 고정할 수 있다. 메이슨 라인 대신 레이저를 기준으로 삼아 작업할 수도 있다.

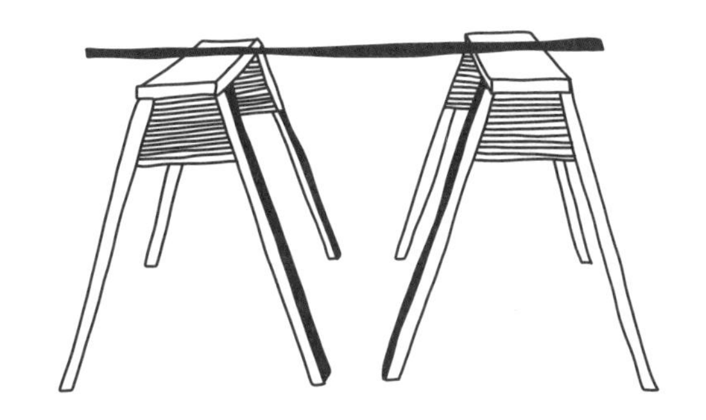

스크래치 송곳

나무를 긁거나 나무에 선을 긋는 데 사용한다. 스크래치 송곳(scratch awl)은 잉크나 연필 자국을 남기고 싶지 않을 때 유용한 표시 도구이다.

스크래치 송곳은 나무 손잡이에 날카로운 끝이 달린 단순한 금속 송곳이다. 스크래치 송곳으로 특정 지점을 표시하고 그곳에 못이나 나사를 박으면 작업이 수월해진다.

스크래치 송곳은 나뭇결을 따라 선을 그을 때 사용하면 가장 효과적이다. 나뭇결 방향과 직각으로도 사용할 수 있지만, 그렇게 하면 선을 매끈하게 긋지 못할 수도 있다.

톱질대

긴 재료를 절단할 때는 톱질대(sawhorse) 두 개를 지지대로 사용하면 좋다. 톱으로 10피트(약 3.05m) 길이 2×4 제재목을 반으로 자르려면 가운데를 절단할 수 있도록 양쪽 끝을 받쳐주어야 한다. 이 책의 '만들기 프로젝트' 섹션의 설명을 따라하면 나만의 톱질대를 만들 수 있다(254쪽 참고)!

톱질대는 보통 쌍으로 판매하지만 하나만 구입할 수도 있다. 나무나 플라스틱, 금속을 재료로 사용하며, 다리가 위쪽으로 접히는 제품도 있다.

톱질대를 사용할 때 톱질대 간 거리는 자르려는 목재 길이보다 약간 짧게 하는 편이 적당하다. 각각의 톱질대를 다리 삼아 목재의 양 끝을 톱질대 위에 놓는다. 나무는 클램프로 각 톱질대에 고정한 뒤 절단한다.

재미있는 사실!

가구 디자이너들은 톱질대를 탁자 다리로 활용하는 경우가 많다. 톱질대는 아주 튼튼해서 톱질대를 두 개 놓고 그 위에 큰 합판이나 재활용 문짝 같은 탁자 상판을 놓으면 즉시 작업대가 완성된다. 아주 값비싼 현대 가구 중에 톱질대 두 개와 상판만으로 이루어진 물건이 있는지 알아보자.

고정하기

나는 클램프(clamp)를 무척 사랑한다. 큰 클램프, 작은 클램프, 모양과 크기는 상관없다. 클램프는 말 그대로 혼란스러운 세상에 질서와 안정성을 가져다준다. 손이 필요한 프로젝트에서 걸스 개라지 여학생들과 함께 일할 때면 나는 "내가 너의 인간 클램프가 되어줄게!"라고 말한다.

어떤 프로젝트를 진행하든, 측정과 배치가 끝나면 재료를 붙이거나 끼울 수 있도록 단단히 고정해야 한다. 이것은 작업을 수월하게 하기 위해서이기도 하지만 안전을 위해서이기도 하다. 합판을 작업대에 고정하지 않은 채 직선으로 자른다고 상상해보자. 공구에 따라 다르겠지만 클램프와 바이스는 제곱인치당 파운드(psi, pound per square inch)로 측정되는 엄청난 크기의 고정 압력(clamping pressure)을 가할 수 있다. 어떤 대형 바이스(고정 공구)는 평방인치당 수천 파운드(수 톤)의 압력을 가할 수 있는 반면, 막대 클램프가 가하는 힘은 몇백 psi(평방인치당 몇백 킬로그램)에 불과하다. 이 섹션에서 소개하는 공구를 사용하면 모든 것을 작업물 표면이나 주변 부품에 고정해 작업 준비를 마무리할 수 있다.

막대 클램프

내 생각에 막대 클램프(bar clamp)는 클램프계의 올스타 MVP다. 작업할 조각을 작업물 표면에 고정시키거나(예를 들어 재단하려는 나무 조각을 작업대에 고정시킬 때) 여러 조각을 서로 고정하거나(하나의 프로젝트를 구성하는 조각 두 개를 나사로 서로 연결할 때), 접착제를 발라 접착제가 건조될 때까지 압력을 가해야 할 때 사용한다. 막대 클램프는 고정과 조절이 쉬워서 조각을 자주 움직이고 다시 조정해야 하는 프로젝트에 사용하기 적합하다.

막대 클램프는 수직 금속 막대에 평행한 턱(jaw) 두 개가 붙어 있으며, 턱 사이에 재료를 압착하여 조임력을 생성한다. 위에 달린 위턱(head jaw)은 움직이지 않도록 고정되어 있다. 사람의 위쪽 치열이라고 생각하면 된다. 아래턱은 고정해야 할 재료의 폭에 맞추어 막대 위아래로 미끄러진다.

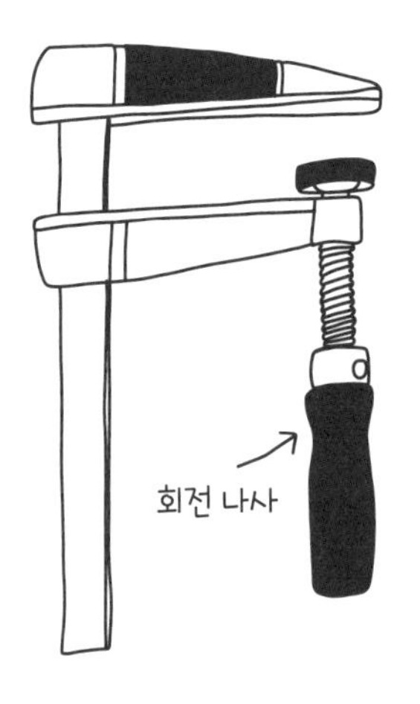

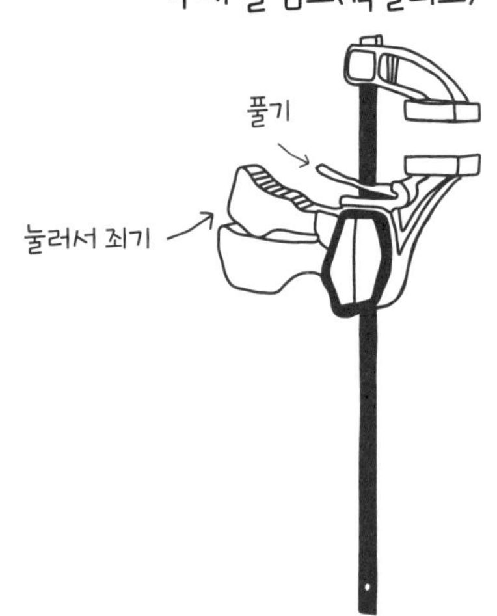

가장 흔히 사용하는 막대 클램프 유형 두 가지는 아래턱에 클램프를 조이는 회전 나사가 달린 F형 클램프와 한 손으로만 압착 손잡이와 레버를 사용하는 퀵릴리스 클램프(quick-release clamp)이다. 막대 길이가 12~24인치(약 30.5~61cm)인 클램프를 4~6개 정도 갖고 있으면 다양한 프로젝트에 사용할 수 있으며 상당한 고정력을 가할 수 있다. 클램프에서 한 가지 더 알아두어야 할 치수는 막대에서 위턱 끝까지의 길이인 '목 깊이(throat depth)'이다. 이 값에 따라 턱이 고정하려는 재료의 끝에서부터 어디까지 닿는지가 결정된다. 회전 나사가 달린 F형 클램프나 퀵릴리스 막대 클램프나 올바르게 사용하려면 다음 순서를 따라야 한다.

1/ 재료나 조각을 고정하려는 위치에 둔다. 여러분 대신 조각을 잡아줄 친구가 필요할 수도 있다.
2/ 재료(작업대에 고정하는 경우 재료와 작업대)의 폭에 맞춰 클램프의 턱을 연다.
3/ 위 턱에 재료를 맞춘다.
4/ 재료의 반대쪽 면에 닿을 때까지 아래 턱을 올린다.
5/ 이제 조이자! F형 클램프라면 단단히 죄일 때까지 회전 나사를 돌린다. 퀵릴리스 클램프라면 큰 손잡이를 꽉 쥐고 조인다(풀 때는 작은 레버를 사용한다). 나무에 홈이나 자국이 남을 수 있으니 너무 세게 조이지 않도록 주의한다.
6/ 분리할 때는 F형 클램프의 회전 나사를 반대 방향으로 돌려 푼다. 퀵릴리스 클램프라면 작은 레버를 꽉 눌러 푼다.

아주 부드러운 재료에 클램프를 사용하는 경우 클램프와 재료 사이에 얇은 나무 조각을 사용하면 압력이 분산되어서 클램프의 턱 때문에 재료 표면에 자국이 남는 일을 막을 수 있다.

재미있는 사실!

영국과 오스트레일리아에서는 목공 프로젝트에 사용하는 클램프를 종종 '크램프(cramp)'라고 부른다.

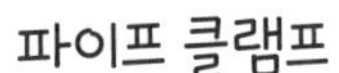

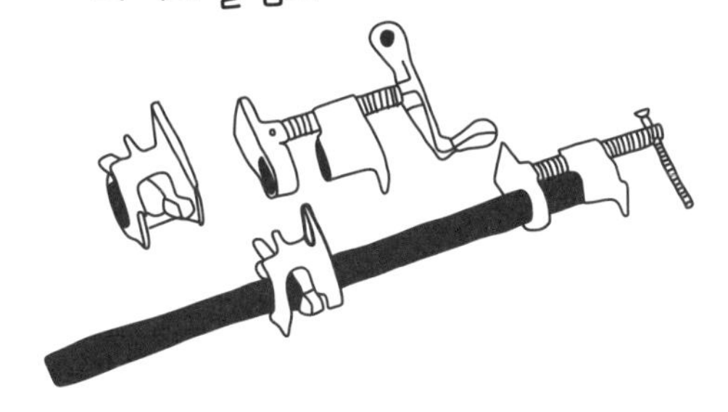

파이프 클램프

파이프 클램프(pipe clamp)의 작동 원리는 재료의 양쪽에서 턱을 죄는 막대 클램프와 같다. 그러나 막대 클램프와 달리 파이프 클램프는 턱이 기준 파이프를 따라 이동한다. 파이프 클램프의 장점은 위턱과 아래 턱을 파이프 어디에나 끼울 수 있다는 점이다. 원한다면 클램프 위턱을 10피트(약 3.05m) 파이프에 연결해서 작업대 전체에 고정할 수도 있다!

파이프 클램프에 사용하는 파이프는 보통 지름이 ½~¾인치(약 1.3~1.9cm)이며 양 끝에 나사산이 있어서 클램프 턱을 돌려 끼울 수 있다. 24인치(약 61cm) 등 정해진 길이의 파이프가 포함된 파이프 클램프를 구입하거나, 클램프 턱만 구입한 뒤 아연 도금 파이프에 끼워 사용할 수도 있다. 아연 도금 파이프는 보통 철물점의 배관 부속 코너에서 찾을 수 있다.

막대 클램프와 마찬가지로 클램프의 턱을 재료나 표

나무 손나사 클램프

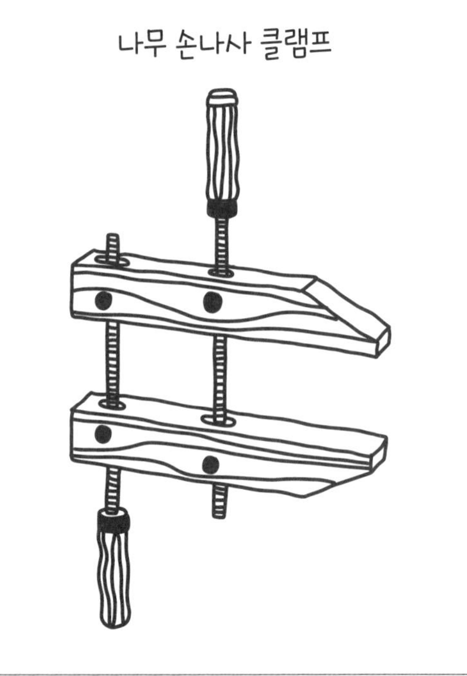

면의 양쪽에 놓는다. 재료를 고정할 때는 아래턱의 분리 레버를 누르면 턱을 파이프 위로 올려서 재료에 맞출 수 있다. 파이프 끝에 고정하는 위턱에는 나사가 내장되어 있으며, 파이프와 수직인 손잡이를 돌려 두 턱을 재료 표면에 단단히 고정시킬 수 있다.

나무 손나사 클램프

나무 손나사 클램프(wooden hand-screw clamp)는 클램프의 조상뻘이다. 목공과 공예가가 사용해온 가장 오래된 형태의 고정 장치의 하나다. 나무 손나사 클램프는 평행한 막대 두 개를 긴 나사 두 개로 연결한 간단한 장치로, 나사 두 개를 동시에 죄면 나무 턱이 가까워지면서 그 사이의 물체를 고정한다. 나무 턱의 표면적이 넓어서 고정 압력이 넓게 분산되기 때문에 무른 나무나 손상시키고 싶지 않은 재료를 사용하는 프로젝트에 적합하다.

나무 손나사 클램프는 크기가 다양하며, 턱은 보통 4~12인치(약 10.2~30.5cm) 열린다.

사용할 때는 나무 턱을 충분히 벌려서 물체 주변을 감싼다. 나사 두 개를 동시에 돌리면(둘 다 시계 방향으로 돌린다. '오른쪽 죄기'이다) 턱이 서로 평행을 유지하며 닫힌다. 원하는 만큼 손으로 나사를 조이면 된다!

C형 클램프

C형 클램프(C-clamp, 만력기)는 C자 모양이기 때문에 이름을 쉽게 기억할 수 있다! C형 클램프는 막대 클램프처럼 마주 보는 턱 두 개를 사용해 압력을 가한다. C형 클램프는 강도와 역학 면에서 막대 클램프와 유사하지만 C형 클램프만의 장점도 있다. C형 클램프는 금속 가공 작업에 적합하며, 단단한 강철 등 금속으로 만들기 때문에 용접 열도 견딜 수 있어서 용접에도 사

용할 수 있다. 또 C형 클램프는 막대 클램프의 긴 막대가 들어가지 않는 좁은 공간에서도 사용할 수 있다.
C형 클램프는 다양한 크기로 구입할 수 있으며, 턱 간격은 1~12인치(약 2.5~30.5cm) 범위이다. 크기가 큰 C형 클램프의 경우 막대 클램프보다 한 가지가 더 뛰어나다. C형 클램프는 막대 클램프와 비교했을 때 재료 가장자리에서 더 안으로 들어간 지점을 고정할 수 있다. 고정 압력은 막대 클램프와 비슷한 수준이다.
C형 클램프에서는 움직이는 부분이 한 곳밖에 없기 때문에 막대 클램프보다 사용이 훨씬 수월하다. 턱이 열린 상태에서 C형 클램프의 C자 모양으로 물체를 감싼다. 클램프의 수직 나사 부분에는 나사와 수직인 금속 막대가 있어서 나사를 쉽게 죌 수 있다. 나사를 죄면 나사가 물체 표면을 향해 위로 올라간다. 단단히 고정될 때까지 돌리자!

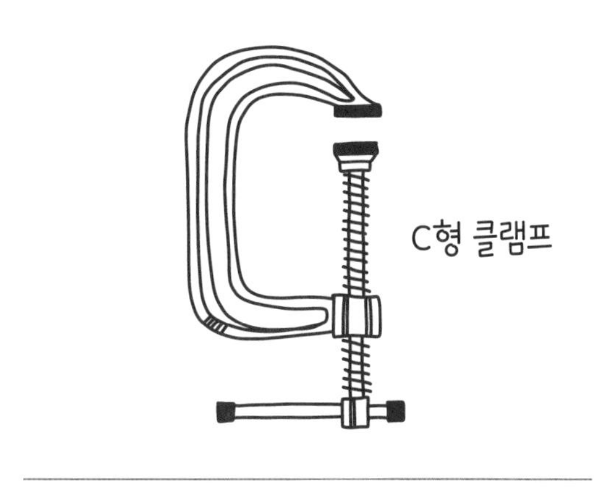

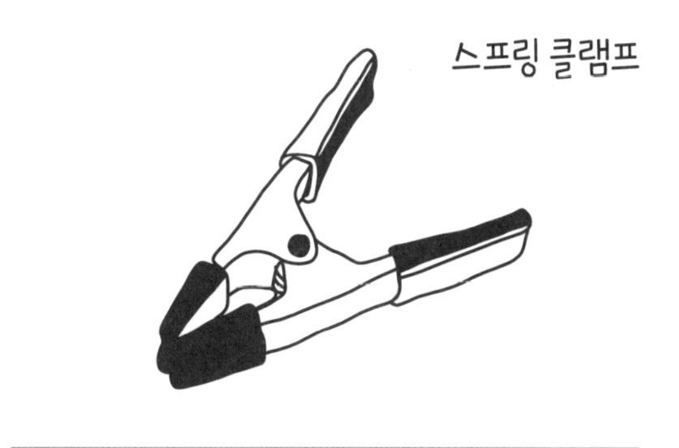

스프링 클램프

스프링 클램프(spring clamp)는 고정 압력이 비교적 낮지만 사용이 매우 편리하고 간편하다. 작동 원리는 종이 한 묶음을 한데 고정하는 문구용 집게와 같다. 스프링 클램프의 강도가 부족한 점은 편리함으로 상쇄된다. 스프링 클램프는 무언가를 잠시 고정해야 해서 여분의 '손'이 필요할 때 빠르게 고정하는 용도로 사용하기 좋다.
스프링 클램프는 플라스틱이나 금속으로 만들며, 턱은 재료를 손상시키지 않도록 고무로 덮여 있다. 또 아주 작은 크기(턱 간격이 1인치/약 2.5cm)부터 4인치(약 10.2cm)가 넘는 것까지 다양한 크기로 생산된다.
사용할 때는 단순히 손잡이를 꽉 쥐어서 턱을 연 다음, 그 사이에 재료를 놓고 힘을 풀어 고정시키면 된다.

잠금 플라이어(바이스 그립)

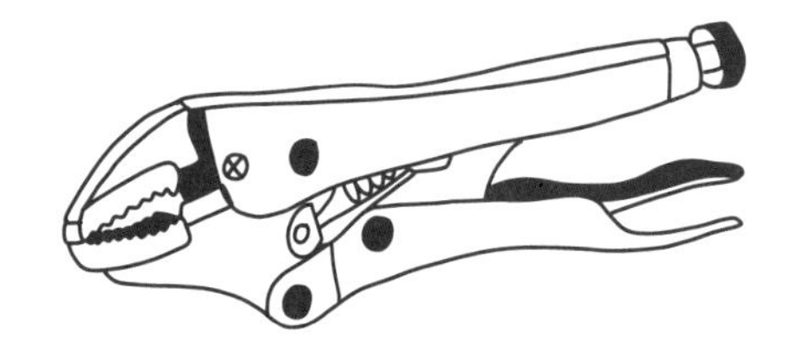

페이스 클램프

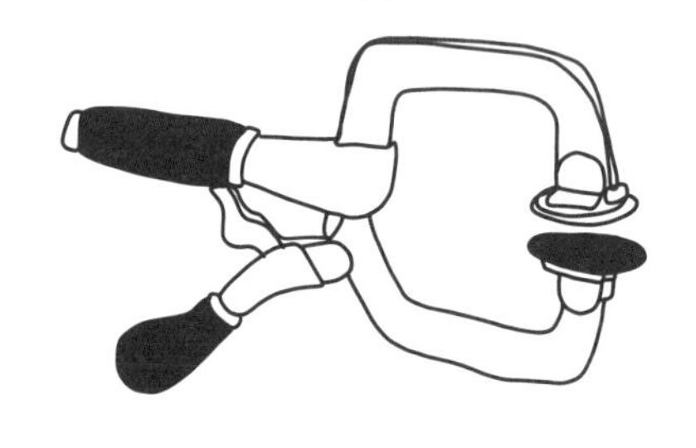

직각 클램프

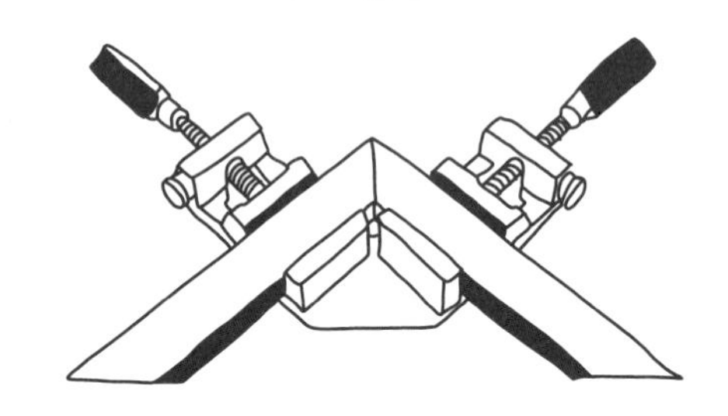

잠금 플라이어(바이스 그립)와 페이스 클램프

바이스 그립(vice-grip)이라고도 부르는 잠금 플라이어(locking plier)는 클램프와 플라이어의 교집합에 해당한다. 고정하는 데 더 큰 힘이 필요하거나 손을 쓰지 않고 무언가를 제자리에 고정시킬 때 효과적으로 사용할 수 있다. 잠금 플라이어는 이중 레버 방식을 사용해서 이미 죄어놓은 플라이어의 턱에 추가로 힘을 가해서 완전히 잠궈줄 수 있다. 잠금 플라이어의 가장 큰 장점은 플라이어로 무언가를 잡은 뒤 플라이어를 잠가주기만 하면 더 이상 손으로 잡고 있을 필요가 없다는 것이다. 잠금 플라이어는 잠금을 풀 때까지 그 상태를 유지한다. 드라이버나 렌치로 제거할 수 없는 손상된 나사나 못을 제거하는 데도 사용할 수 있다.

잠금 플라이어를 사용하려면 먼저 분리 레버를 눌러서 턱을 크게 벌린다. 그런 다음 재료나 철물에 턱을 맞추고 턱이 물체에 들어맞을 때까지 손잡이 끝에 달린 조절 나사를 돌린다. 너무 꽉 조이기 전에 턱을 빼낸 뒤 그 상태로 조절 나사를 반 바퀴 더 돌린다. 이제 다시 턱 사이에 물체를 끼우고 딸깍하고 맞물리는 소리가 날 때까지 손잡이를 꽉 죄어준다. 풀 때는 손잡이 안쪽의 분리 레버를 들어올린다. 잠금 플라이어의 턱은 톱니가 나 있고 아주 단단하기 때문에 금이 가거나 찌그러질 수 있는 부드러운 재료에는 사용하지 않도록 주의한다.

페이스 클램프도 작동 원리는 비슷하지만 턱이 평평한 판 모양이기 때문에 얇은 합판이나 판금과 같이 찌그러지기 쉬운 재료에 사용할 때 유용하다.

직각 클램프

직각 클램프(corner clamp, miter clamp)는 조각 두 개를 직각(90도)이 되도록 고정하거나 연결하는 데 사용한다. 우리가 지금까지 알아본 클램프도 모두 멋지지만, 모서리에 사용할 때는 그다지 도움이 되지 않는다. 직각 클램프를 사용하면 직각을 이루는 목재 조각 두 개를 접착제로 연결할 수 있도록 단단히 고정해준다.
직각 클램프는 직각을 이루는 목재 두 개를 L자 모양으로 연결하거나 끝을 45도로 잘라낸 두 조각을 90도가 되도록 연결하는 데 사용할 수 있다. 이렇게 45도로 잘라낸 상태를 빗각켜기(miter cut)라고 한다(각도톱대로 빗각켜기를 할 수 있다!). 대부분의 직각 클램프는 다양한 두께의 물체에 사용할 수 있도록 조절이 가능하다. 직각 클램프 중 T자형 이음에 사용할 수 있는 제품도 있어서 나무 조각 하나는 클램프를 통과하고 다른 조각은 클램프를 통과한 조각과 90도로 만나도록 끼운다.
직각 클램프를 사용할 때 조각에 접착제를 바르고 싶을 수도 있다. 이런 경우 접착제를 바른 조각 두 개를 클램프 홈에 넣은 뒤 나사 손잡이를 돌려 각 면을 조인다. 직각 클램프는 큰 힘으로 조각 두 개를 누르는 방식이 아니라 제자리에 고정시키는 방식이라는 점을 기억하자. 이렇게 고정한 채 접착제가 마르도록 두거나, 나사나 못을 박아 조각을 서로 연결할 수 있다. 작업이 끝나면 손잡이를 돌려 클램프를 풀고 조각을 빼낸다.

자동 바

자동 바(ratchet strap, tie-down)는 짐이나 많은 나무를 고정할 때, 또는 상점에서 물건을 대량으로 묶을 때 등 다양한 상황에서 사용할 수 있다. 자동 바는 정말 유용하다! 자동 바는 직물 소재를 사용하기 때문에 보통의 클램프와 모양이 비슷하지는 않지만, 믿을 수 없을 정도로 튼튼하고 고정하는 힘도 뛰어나다. 자동 바의 자매뻘로는 물체에 둥근 끈을 감아 조이는 스트랩 클램프(strap clamp)가 있다. 그래도 자동 바 쪽이 훨씬 쓸모가 많다고 생각한다.
자동 바에는 나일론 같은 직물로 직조한 튼튼한 끈이 한 개 혹은 두 개 달려 있고, 이 끈을 돌려서 조여주는 크랭크 장치가 있어서 짐에 끈을 단단히 감을 수 있다. 트럭 뒤에 끈으로 묶은 목재가 가득 실려 있는 모습을

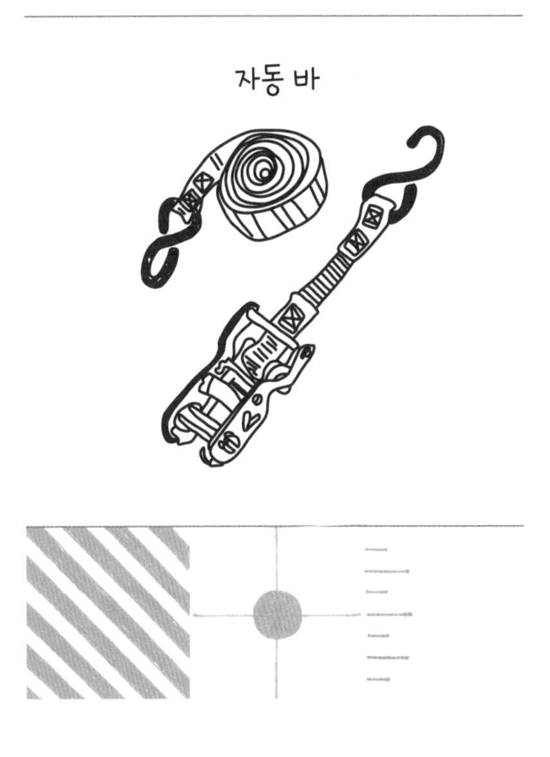

종종 볼 텐데 목재를 묶고 있는 형광 오렌지색이나 노란색 끈이 바로 자동 바의 끈이다.
자동 바는 끈이 한 개인 것과 두 개인 것이 있다. 예를 들어, 목재 다발을 묶는다면 감을 끈 한 개면 충분하다. 끈의 끝을 잡고 빙 둘러서 자동 바에 다시 연결하면 된다. 만일 끝에 고리가 달린 끈이 두 개인 자동 바라면, 서로 다른 두 지점에 고리를 걸어 끈을 팽팽히 고정할 수 있다. 래칫 장치는 한 방향으로만 회전하고 다른 방향으로 회전하지 않기 때문에 유용하다. 끈의 끝을 래칫 장치의 작은 틈을 통과시켜 걸고 재료에 걸린 끈이 늘어지지 않도록 잡아당긴다. 그런 다음 원하는 만큼 끈이 단단히 조여질 때까지 래칫 장치의 손잡이를 앞뒤로 움직인다. 이렇게 래칫 장치를 감아주면 아주 만족스러운 소리가 난다! 끈이 단단히 고정되면 손잡이를 내려 평평하게 둔다. 끈을 풀 때는 손잡이를

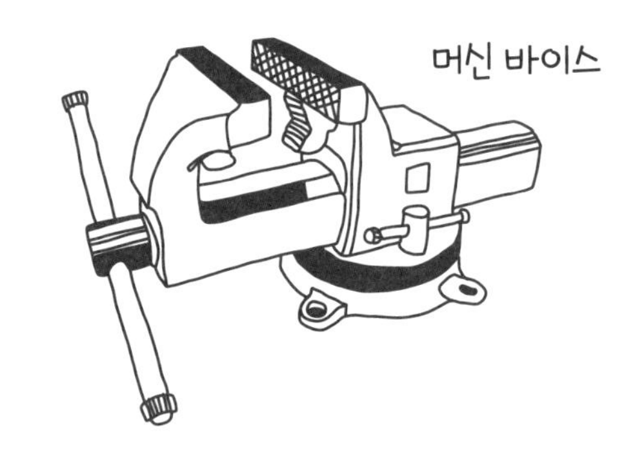

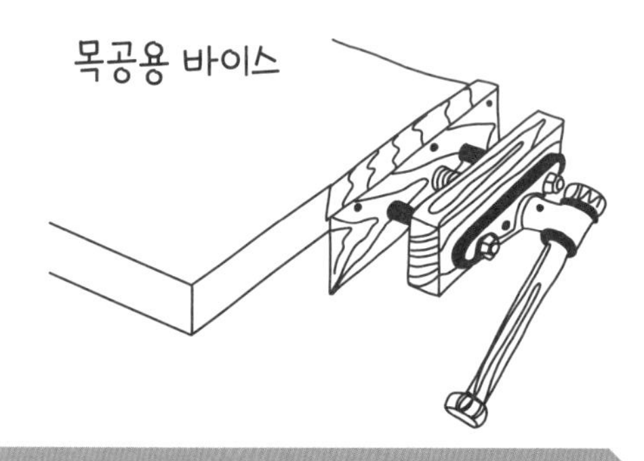

재미있는 사실!

바이스는 용도에 따라 유형이 아주 다양하다! 1700년대 뉴잉글랜드에서 셰이커 교도들은 품질이 뛰어난 둥근 빗자루(마녀가 타는 것 같은 빗자루)를 생산한 것으로 유명했다. 1700년대 말, 시어도어 베이츠(Theodore Bates)라는 남자가 빗자루 제작 전용 바이스를 고안해냈다. 이 바이스를 사용하면 빗자루의 옥수수 줄기를 눌러서 더 납작하게 쌓을 수 있었기 때문에 옥수수 줄기를 너비 방향으로 납작하게 꿰어 맬 수 있었다. 덕분에 셰이커 교도들은 빗자루를 훨씬 더 효율적으로 제작할 수 있었고, 그로 인해 수익성도 높아졌다. 오늘날 우리가 사용하는 사실상 모든 빗자루는 평평한 유형이다. 그러니 그 형태와 기능성에 기여한 셰이커 빗자루 바이스에게 감사하자!

열고 그 안의 분리 레버를 위로 올려서 손잡이 끝 쪽으로 당겨주면 된다.

바이스

바이스(vise)는 아주 강력한 고정식 클램프이다. 클램프와 마찬가지로 한 쌍의 턱이 있으며, 하나는 고정되어 있고 다른 하나는 나사산을 따라 움직이면서 턱을 죄거나 풀 수 있다. 턱의 접착 면은 서로 평행하며 클램프보다 표면적이 넓다. 가장 중요한 사실은 바이스는 작업 표면(일반적으로 작업대)에 부착해 사용한다는 점이다. 프로젝트를 만들 때 가장 유용한 바이스 유형 두 가지는 넓은 금속 턱이 있는 무쇠 장치인 머신 바이스(engineer's vice)와 나무 작업대에 고정해 사용하는 목공용 바이스(woodworker's vise)이다.

목공용 바이스는 보통 나무로 만들며 넓고 매끄러운 나무 턱이 긁힘이나 흠집 없이 나무를 고정해준다. 바이스와 작업대에 따라 목공용 바이스의 턱은 12인치(약 30.5cm) 이상 벌어지기도 한다. 머신 바이스는 기계공 바이스(machinist's vice), 금속공 바이스(metalworker's vice)라고도 하며, 금속을 고정하는 데 더욱 적합하다. 머신 바이스로 나무를 고정하면 턱의 톱니 자국이 나무 표면에 남을 수 있다. 머신 바이스는 놀랄 정도록 강력해서 수천 파운드(수 톤)의 압력을 가할 수 있다!

클램프의 작동 원리와 마찬가지로 바이스의 턱은 물체를 잡아 단단히 고정시켜야 한다. 턱 사이에 물체를 넣고 막대 레버를 시계 방향으로 돌려 단단히 조인다. 풀 때는 조각을 빼낼 수 있을 때까지 막대 레버를 시계 반대 방향으로 돌리면 된다.

벤치 도그와 홀드다운 클램프

벤치 도그(bench dog)는 사랑스러운 이름만큼 유용하다. 안타깝게도 목공용 바이스가 한쪽에 달려 있고 표면에 구멍이 있는 작업대가 있어야만 쓸 수 있다(강추

한다).

벤치 도그는 지름이 1인치(약 2.5cm) 정도이고 길이가 4~6인치(약 10.2~15.2cm)인 작은 플라스틱이나 나무, 금속 펙으로, 작업대 구멍과 바이스에 끼우면 기본적으로 클램프의 턱 접착 면이 된다. 벤치 도그는 하나를 작업대에 고정시키고 하나를 이동식 바이스에 끼우면 밀림 방지 장치 역할을 한다. 작업대 위로 튀어나와 있어서 물체를 제 위치에 고정할 수 있다. 조정 가능한 바이스를 사용하면 물체를 테이블 표면에 단단히 고정할 수 있다. 특히 끌질을 하거나 나무 조각을 깎거나 표면에 작업을 할 때 유용하다.

벤치 도그는 대부분 원통형으로, 한쪽 끝은 원기둥 절반이 잘려 있다. 이 덕분에 평평한 면이 생겨나고 작업대 표면 위로 튀어나와 나무 조각을 고정한다. 정사각형 모양의 벤치 도그도 있으며, 사람마다 플라스틱, 금속, 목재, 수제 등 선호하는 유형이 다르다. 작업대의 구멍은 표면에서 아래로 압력을 가하는 홀드다운(hold-down) 클램프 등 다른 도그 장치 유형에도 사용할 수 있다. 작업대 표면의 벤치 도그용 구멍은 보통 6~12인치(약 15.2~30.5cm) 간격으로 있으며, 바이스의 조정 능력과 결합해 어떤 길이, 어떤 폭의 프로젝트에도 사용이 가능해야 한다.

나무 조각 한쪽 끝이 작업대에서 벗어나 바이스 위로 놓이도록 작업대 위에 고정한다. 벤치 도그 하나를 바이스에 끼운 다음 벤치 도그가 나무 조각의 끝과 맞닿도록 바이스를 조정한다. 그런 다음 다른 벤치 도그를 나무 조각의 다른 쪽 끝과 가까운 작업대의 구멍에 끼운다. 나무 조각이 벤치 도그 두 개 사이에 단단히 고정될 때까지 바이스를 조인다.

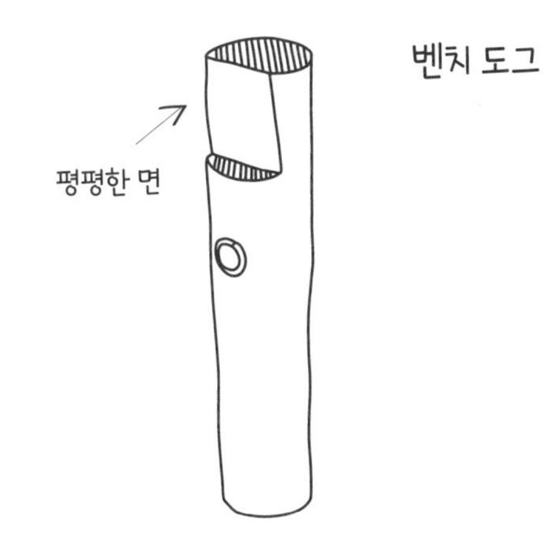

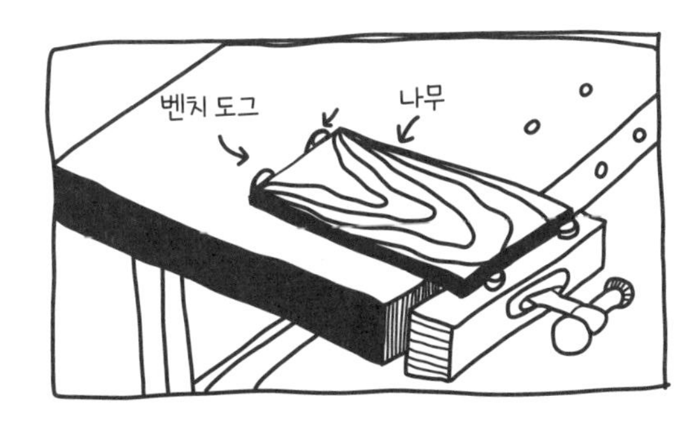

재미있는 사실!

보통 공학에서 '도그(dog)'라는 용어는 물리적으로 움직임을 방해하는 공구나 부품을 말한다. 이는 턱을 앙다문 개의 이미지에서 비롯된 것이 분명하지만, 어쩌면 내가 키우는 개처럼 소파에 편안히 늘어져서 전혀 움직일 생각이 없는 모습에서 비롯되었는지도 모른다.

수공구

지금까지 재료를 구입해 측정하고 배치한 뒤 고정까지 마무리했다. 이제 몸을 움직일 준비가 끝났다! 어떤 프로젝트든 다음 단계는 다양한 수공구나 전동 공구로 재료를 재단하고 다루는 것이다. 먼저 간단하고 다양한 용도로 사용하는 수공구부터 시작해보자. 사실 대체 왜 전기가 필요하겠나? 약간의 근육과 적절한 수공구만으로도 얼마나 많은 일을 해낼 수 있는지 안다면 깜짝 놀랄 것이다. 이 섹션에서는 어떤 작업에도 안성맞춤인 수공구를 '엄선'해 소개한다.

망치

약 260만 년 전, 우리 조상들은 큰 돌로 다른 돌을 부수어 견과류를 깨고, 음식을 자르고, 뼈를 부수었고, 그 이후에는 나무나 다른 돌을 깨서 더 많은 공구를 만들었다. 기원전 약 50만 년쯤(정확한 시기는 여전히 상당한 논란거리이다) 인간은 나무 조각이나 뼛조각을 돌에 연결해 손잡이로 사용하기 시작했다. 이것으로 상황이 크게 변화했다! 손잡이는 사실상 사람의 팔을 확장시켜서 타격 시 더 큰 힘을 가할 수 있도록 해준다. 그렇게 하여 우리가 지금도 사용하는 망치의 계보가 시작되었다!

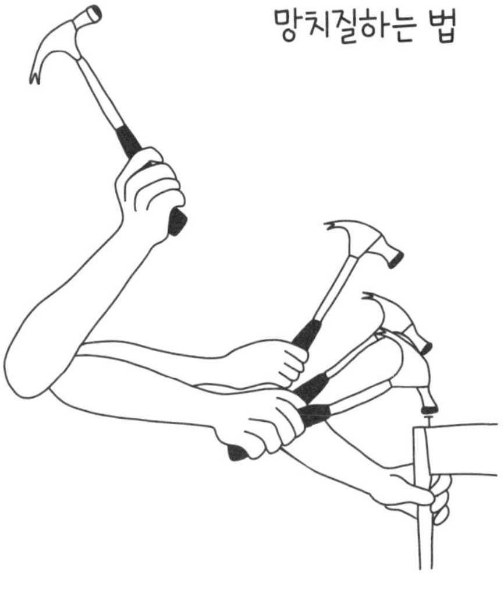

망치질하는 법

작업마다 적합한 망치 유형이 있지만 일반적으로 망치는 강력한 타격을 가하도록 설계된 공구일 뿐이다. 못을 박거나 금속을 성형하거나 차에서 움푹 꺼진 곳을 두드리려면 망치 하나쯤은 필요해질 것이다.

사용 요령

망치를 처음 사용한다면 손잡이 윗부분, 즉 망치 머리 가까이를 쥐고 권투 선수처럼 치고 싶을지도 모르겠다. 이렇게 하면, 기본적으로 망치가 갖는 '팔 길이를 늘리는 효과'가 상쇄되기 때문에 효과적이지 않다. 그보다는 다음 설명대로 망치를 올바르게 휘둘러보자.

1/ 망치를 사용할 때는 반드시 보안경을 착용해야 한다!
2/ 덜 사용하는 손으로 못을 잡아 박으려는 위치에 고정하고 못을 고정할 만큼만 망치로 못의 머리를 두드린다. 그런 다음 못에서 손을 뗀다.
3/ 망치 손잡이 끝을 잡자. 보통 고무 그립이 있거나 잡기가 좋도록 홈이 나 있다.
4/ 못 머리에서 눈을 떼지 말고 처음에는 팔꿈치, 다음에는 손목을 중심 삼아 휘두른다. 파리채를 사용할 때의 동작을 떠올리면 도움이 된다. 팔꿈치와 손목은 모두 회전 중심이기 때문에 이를 이용해 힘을 극대화하자!

망치 유형

다음은 아주 유용한 망치 유형 여섯 가지이다(당연한 이야기지만 망치 유형은 이보다 훨씬 많다).

노루발 장도리(claw hammer): 장도리라고도 한다. 집에 망치가 있다면 노루발 장도리일 가능성이 높다. 어디에나 사용할 수 있는 망치로, 못 박기와 뽑기, 그리고 일반적인 작업에 적합하다. 보통 목재를 다루는 목공에서 사용하지만 금속이나 플라스틱 등의 재료에도 사용할 수 있는 중간급 망치다.

노루발 장도리는 보통 나무 손잡이(자루)와 금속 머리 두 부분으로 구성된다. 머리의 한쪽에 평평하고 매끈한 '머리 면'이 있고 반대쪽에 '못뽑이'가 있다. 노루발 장도리는 다양하지만 보통은 무게가 300~600그램 정도다.

자주 사용하지 않는 손으로 박으려는 곳에 못을 갖다 댄 뒤 망치로 가볍게 두드려서 해당 위치에 고정시킨다. 이제 못을 쥐고 있던 손을 떼고 망치의 손잡이 끝을 쥐고 휘두른다. 이때 망치의 머리 면이 못의 머리에 정확하게 닿도록 한다. 못을 제거할 때는 머리 위를 중심점으로 삼고, 제거할 못을 못뽑이 홈에 끼운다. 못뽑이 아래 놓인 나무 조각을 지렛대 삼아 못을 잡아 당긴다.

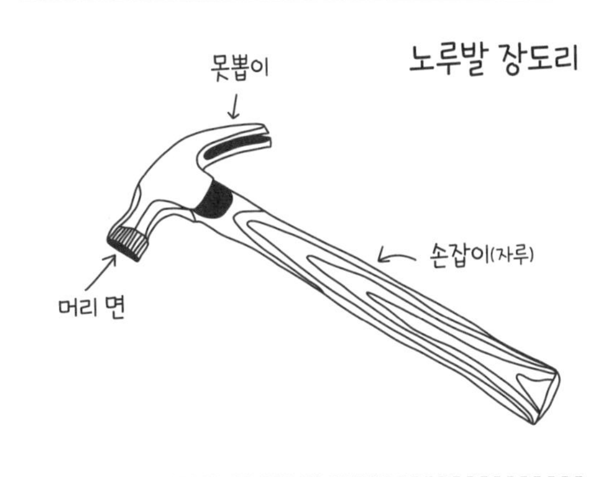

재미있는 사실!

캘리포니아주 유리카 지역의 철물점 피어슨 빌딩 센터(Pierson Building Center)의 주장에 따르면, 세상에서 가장 큰 노루발 장도리가 이곳에 있다. 높이가 26피트(약 7.92m)로, 본(Vaughan)사의 제품 번호 No.D020 노루발 장도리 모델을 정확한 비율로 확대해 만들었다.

목수 망치(framing hammer): 노루발 장도리와 비슷하지만, 보다 전문적인 용도로 고안되어서 목재 골조 제작에 사용하기 적합하다. 특히 목수는 2×4 제재목으로 골조를 짠 주택 벽에 못을 박을 때 목수 망치를 사용한다. 못을 많이 박아야 하는 프로젝트라면 목수 망치를 사용해보자!
노루발 장도리와 비교했을 때 목수 망치는 보통 조금 더 길고 무거우며, 머리 무게는 350~900그램 정도이다. 덕분에 못질 한 번에 실리는 힘이 커져서 못 하나를 박을 때의 못질 횟수가 줄어든다. 목수 망치는 또한 못뽑이가 일직선이고 비껴 쳐도 못을 똑바로 박을 수 있도록 머리에 와플 무늬가 있다.
노루발 장도리처럼 사용하면 된다(96쪽 참고). 그렇지만 목수 망치는 못뽑이가 일직선이기 때문에 못을 제거하기에는 썩 적합하지 않다.

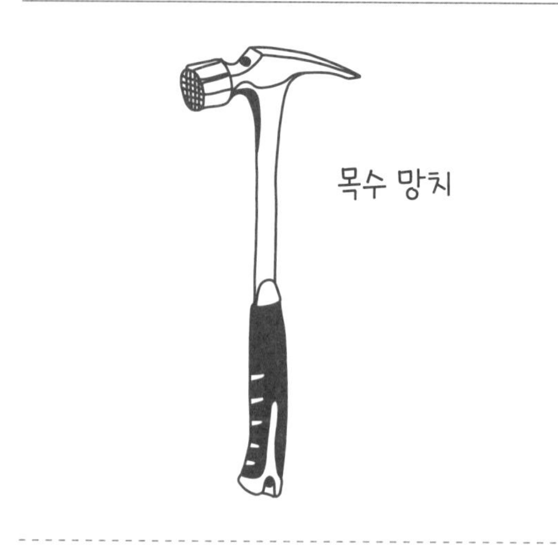

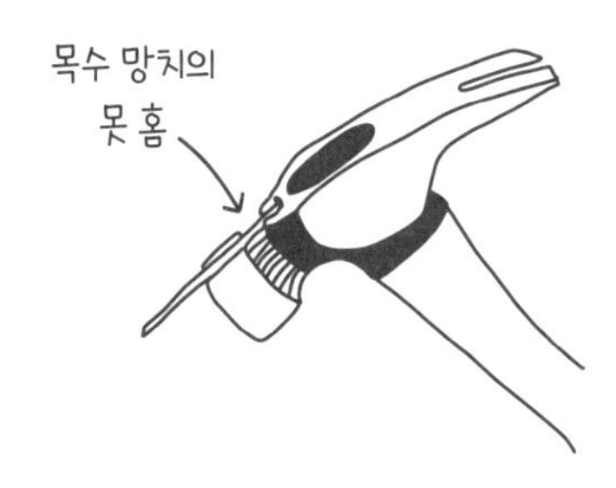

재미있는 사실!

목수 망치 중에는 자성을 띤 머리에 못 홈이 있어 못을 박을 위치에 고정하기 수월한 제품도 있다. 머리의 자성과 홈이 있으면 한 손으로도 못을 박을 수 있다!

둥근머리 망치, 볼 망치(ball-peen hammer, machinist's hammer): 둥근머리 망치는 주로 금속 가공에 사용한다. 양쪽이 모두 머리여서 금속 모서리를 둥글리거나 판금의 살짝 움푹한 부분을 두드려 펴는 작업에 유용하다. 작은 둥근머리 망치는 금속 와이어나 판금을 최종 형태로 가공하는 등 보석 제작에도 사용한다.
둥근머리 망치는 양쪽에 머리가 있는데, 하나는 면이 평평하고 다른 하나는 둥근 공 모양이다. 과거에 대장장이가 금속이 단단해질 때까지 반복해서 '망치 머리로 두드렸다(peen)'. 지금은 보통 이 작업을 더 이상 손으로 하지 않지만, 둥근머리 망치의 둥근머리는 금속을 성형하거나 선명한 자국을 남기고 싶지 않을 때 등 납작한 머리가 적합하지 않을 때 유용하다.

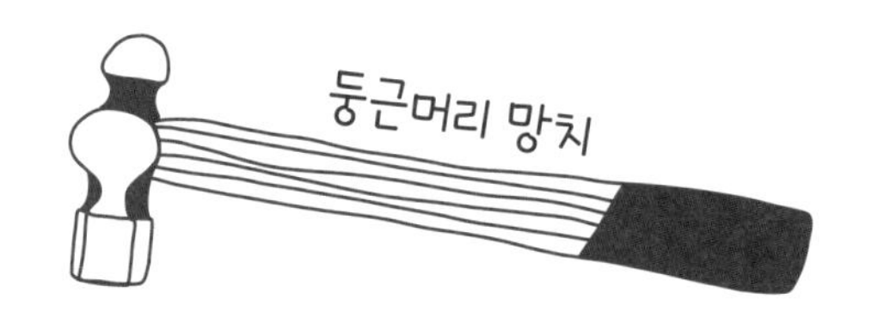

압정 망치(tack hammer): 압정 망치는 실내장식용 망치(upholstery hammer)라고도 하며, 작은 못, 압정 또는 브래드를 박을 때 사용한다.

가는 옆모습을 보면 알 수 있듯이 압정 망치는 가볍고 정확함이 중요한 공구다. 특히 천이나 가죽을 고정할 때나 못이나 압정을 많이 사용해야 하는 실내 장식을 할 때 유용하다. 압정 망치는 대부분 작은 못과 압정을 고정할 수 있도록 머리에 자성이 있다.

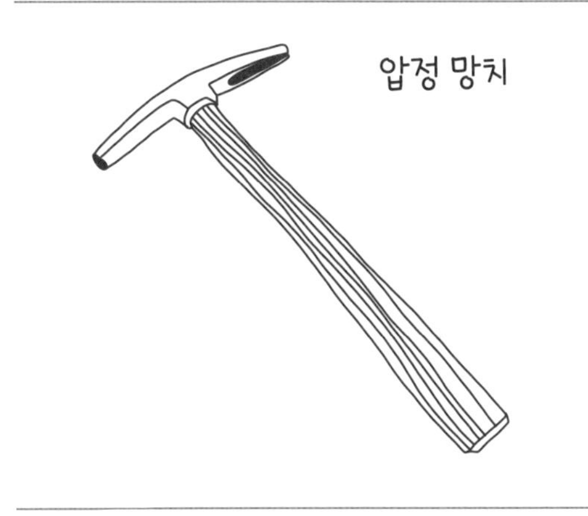

돌망치(sledgehammer): 손잡이가 길고 크고 무거운 금속 머리의 돌망치는 주로 벽을 무너뜨리거나 큰 벽돌을 부수는 등의 철거 작업에 사용한다. 우리는 철도 건설에도 큰 역할을 한 돌망치에게 감사해야 한다! 철도를 건설할 때 철도 레일과 침목을 제 위치에 고정시키기 위해 스파이크를 땅에 박는 일은 돌망치 담당이었다.

돌망치의 길다란 손잡이는 짧으면 20인치(50.8cm) 정도이고 길면 3피트(약 91.4cm)가 넘는다. 금속 머리의 무게는 무거우면 9킬로그램에 육박하기도 한다! 머리 양쪽에 커다란 면이 있는데 표면적이 넓어서 하중을 보다 균등하게 분산시킨다.

돌망치는 무게 때문에 들어올릴 때 반드시 양손을 사용해야 한다. 좋은 소식은 돌망치의 상당한 무게 탓에 대부분의 일은 중력이 한다는 점이다. 돌망치를 머리 위로 들어올렸다가 떨어뜨리거나, 허리 높이에서 아래로 휘두르는 식으로 사용한다.

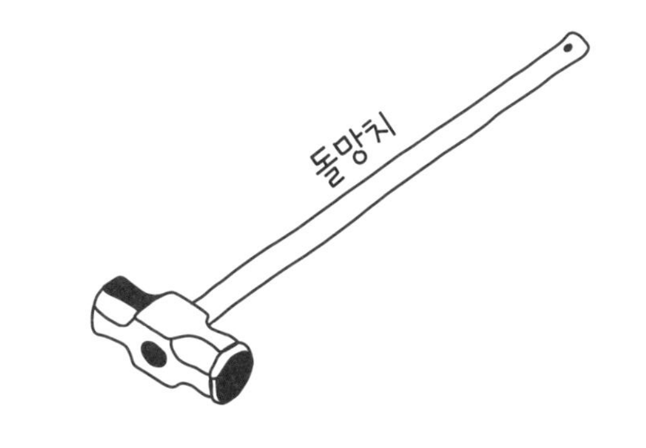

재미있는 사실!

1989년 가을 베를린 장벽 철거는 공산주의 붕괴와 냉전 종식을 의미하는 상징적인 행위였다. 수많은 독일 시민(과 관광객)이 돌망치, 채석망치, 벽돌용 망치를 휘두르며 벽을 부수는 모습을 담은 유명한 사진이 지금까지 남아 있다.

나무/고무 망치

재미있는 사실!

고무 망치는 만들기 외에도 여러 산업에서 사용한다! 실로폰 같은 타악기를 두드릴 때도 사용하고, 고기를 부드럽게 하거나 두더지 잡기 게임에도 사용한다. 또 <루니 툰스> 같은 만화에서 고무 망치는 변함없는 코미디의 소재로 사용된다.

고무 망치(mallet): 고무 망치는 머리가 크고 주로 고무로 만들지만 나무(쇠보다 약한 재료)로 만들어서 나무 망치라고도 한다. 만들기 프로젝트에서 고무 망치는 조각을 제 위치에 끼워 넣거나 재료에 흠을 내고 싶지 않을 때 일반 망치보다 부드럽게 두드려서 사용하기에 아주 유용하다. 나무를 조각할 때 고무 망치로 끌을 때리거나, 조립 시 나무 부품을 두드려서 제 위치에 끼워 넣거나, 찌그러짐이나 흠집을 내지 않고 마감된 금속을 두드릴 때 사용할 수 있다.

고무 망치는 대부분 무게가 225~900그램 정도이며 길이는 12~24인치(약 30.5~61cm) 사이이다. 고무 망치는 흰색이나 검은색이 많으며, 특히 흰색 고무는 연한 색 목재를 두드려도 자국이 남지 않기 때문에 많이 사용한다.

고무 망치는 일반 망치처럼 큰 호를 그리면서 휘두를 필요가 없다. 고무 망치는 보통 힘을 약하게 가할 용도이기 때문에 가볍게 두드려야 하며, 머리가 커서 정확성이 부족해도 된다.

드라이버

망치가 못을 두드려서 제 위치에 박는 것처럼, 드라이버는 나사를 뒤틀고 죄어서 제 위치에 고정한다. 이름에서 알 수 있듯이 드라이버(screwdriver)가 나사(screw)를 죄면(drive), 나사가 회전하면서 나사산을 따라 목재나 금속, 미리 뚫어놓은 구멍 속으로 들어간다. 드라이버는 전기를 사용하지 않으며 사람이 근육을 써야 하기 때문에, 보통 작은 기계 나사를 미리 뚫어놓은 구멍에 박거나 가구를 조립하는 등의 가벼운 작업에 유용하게 사용한다.

사용 요령

다음은 사용 중인 드라이버나 드라이버의 홈 유형에 관계 없이 유용한 사용 요령이다.

- 오른쪽으로 죄기, 왼쪽으로 풀기! 나사를 잠글 때는 드라이버를 시계 방향(오른쪽)으로, 풀 때는 시계 반대 방향(왼쪽)으로 돌린다.
- 돌릴 때는 재료를 누르면서 돌린다. 드라이버의 날끝(tip)이 나사의 머리 홈에 꼭 맞아야 한다. 나사와 재료에 압력을 가하면서 돌리자.
- 드라이버와 나사는 일직선을 이루어야 한다. 드라이버의 축(생크)과 나사를 완벽하게 일직선으로 유지하면서 나사와 드라이버 날끝이 잘 맞물렸는지, 나사가 올바른 각도로 재료에 들어가고 있는지 확인한다.
- 지나치게 세게 조이지 않는다. 일단 조이기 시작하면 슈퍼 히어로가 된 양 조이고 싶을 수도 있다. 보통 나사를 단단히 조이는 편이 좋지만, 풀기 힘들 정도로 지나치게 조이지는 말자. 특히 자전거 수리 등 특정 용도에서는 조인 나사를 제거하거나 다시 조정해야 할 수 있다. 나사를 조정할 때는 토크 드라이버를 쓰면 좋다!

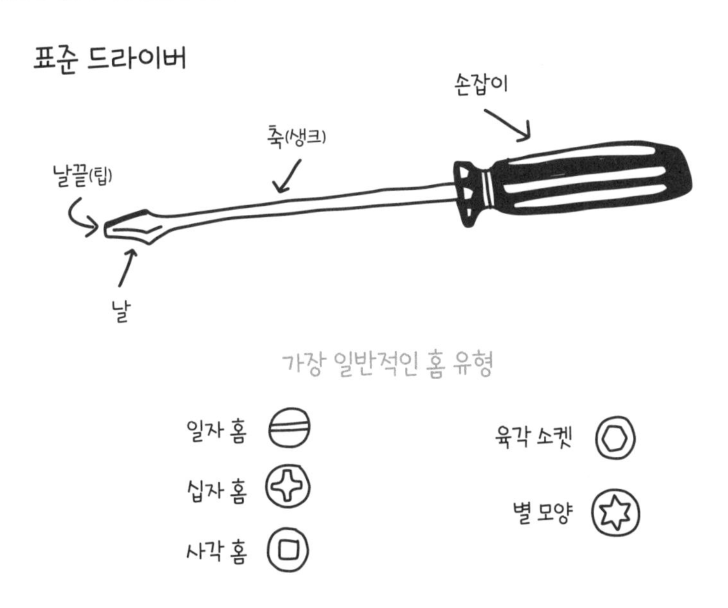

FEA
LESS.
BUILD
MORE.

에리카 추

걸스 개라지 '두려움 없는 메이커 소녀', 걸스 개라지 학생

캘리포니아주 버클리

에리카 추는 열 살 때인 2013년 우리가 최초로 개최한 캠프에 왔는데, 그 뒤로 우리는 에리카를 쫓아낼 수 없었다(농담이다!). 에리카는 어리지만 놀라운 여성이다. 4년 동안 걸스 개라지의 거의 모든 수업을 들은 에리카는 우리 프로그램에서 기술 배지 열 개를 모두 받고 최초로 '두려움 없는 메이커 소녀(Fearless Builder Girl)' 인증서를 받았다. 에리카는 또한 우수한 학생이자 배구 선수로, 현재는 만들기를 배우고자 하는 어린 소녀들을 가르치는 주니어 강사 겸 지도자로도 활약하고 있다.

건축가인 할아버지는 손재주가 아주 좋으셔서, 저는 고작 네 살 때 할아버지와 물건을 만들고 고치기 시작했습니다. 벽에 구멍을 뚫고 계단을 따라 난간도 새로 설치했죠. 전동 공구와 석고 반죽을 다루는 네 살배기였다니까요! 할아버지가 도면 읽는 법도 가르쳐주었죠. 우리는 무언가를 만들며 유대감을 쌓아나갔어요. 우리 집에서 그걸 아는 사람은 우리 둘밖에 없었죠.
운 좋게 걸스 개라지 프로그램에서 만들기를 계속해 나갈 수 있었어요. 열 살이었죠. 할아버지께 배우고 걸스 개라지에서 더 많은 기술을 배운 덕에 저는 두려움 없는 메이커 소녀가 될 수 있었어요. 제 열정은 저의 집에서 확인하실 수 있어요. 제 방이 온통 걸스 개라지에서 만든 가구와 프로젝트로 가득하거든요!

당장 사용할 줄 아는 온갖 공구 중에서(정말 많이 알아요!) 오랫동안 함께해온 망치를 가장 애정해요. 망치질 몇 번으로 못을 완벽하게 박고 나면 더할 나위 없이 만족스럽고 기분이 좋아집니다.
걸스 개라지 여름 캠프 때 설계하고 만든 침대 탁자를 제일 자랑하고 싶어요. 도안을 그리고 설계를 고민해서 처음부터 끝까지 전부 다 제 힘으로 완성했어요. 함께 캠프에 참가한 친구와 여성 강사님이 도와주시긴 했지만요. 구상한 대로 정확하게 만들어서 페인트도 칠했죠. 그 탁자를 아직도 제 침대 맡에 두어서 제가 처음으로 커다란 프로젝트를 만든 잊을 수 없는 기억을 실물로 매일 보고 있어요. 그 뒤로 걸스 개라지에서 기술 배지 열 개를 모두 받았고(열 개 다 받은 사람은 제가 처음이랍니다) 두려움 없는 메이커 소녀 인증도 받았어요. 여자아이들이 이런 경험을 하도록 돕는 게 즐겁고 주니어 강사로서 모든 면에서 응원해주려고 해요.

두려움 없는 메이커 소녀가 되면서 자신감을 얻고 더욱 밀어붙여서 저는 전보다 한층 더 강해졌어요. 만들기를 할 때 저는 저에게 여성을 둘러싼 고정관념에 맞설 힘이 있다는 사실을 떠올려요. 구조공학자가 되고 싶어요. 쉽지 않지만 저는 할 수 있다고 생각해요. 하고 싶은 일을 해야 하고, 문제가 생겨도 굴하지 않고 이겨내야죠. '만들기 전사'로서의 재능을 결코 포기하지 않을 거예요!
소녀들과 여성들에게 이렇게 이야기하고 싶어요. 새로운 것에 도전하기를 두려워하지 말고 어떤 문제라도 이겨낼 수 있도록 도와줄 불꽃을 찾으세요. 해보지 않으면 할 수 있는 일과 할 수 없는 일을 구별할 수 없어요. 할 수 있다고 믿으면 무엇이든 할 수 있어요.

재미있는 사실!

드라이버 중에는 단지 공구를 나사와 구별하기 쉽도록 시각적으로 대조 효과를 주기 위해 끝에 페인트를 칠한 제품도 있다.

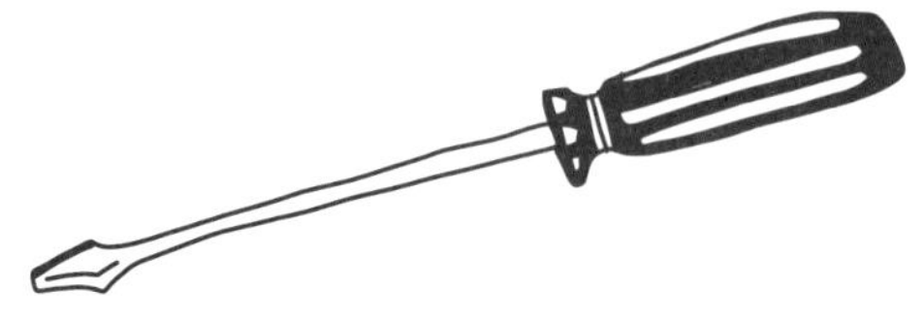

토크 드라이버

재미있는 사실!

자동차 정비소에서 자동차 바퀴를 고정하는 러그 너트(lug nut)를 조일 때 공압 방식의 토크 렌치를 사용한다. 러그 너트를 너무 느슨하게 조이면 바퀴가 회전하지 않는다. 그리고 너무 조이면 바퀴가 손상되거나 파손되거나 휠 수 있다.

드라이버 유형

드라이버의 날끝(tip)은 나사의 홈 유형과 일치해야 한다(자세한 내용은 51쪽 참고). 십자 홈 나사에는 십자 드라이버가 필요한 식이다. 이런 홈 유형은 전동 드릴과 전동 드라이버의 드릴 비트(drill bit)와도 일치해야 한다. 여러 프로젝트에서 가장 흔히 사용하는 드라이버를 소개한다.

표준 드라이버(standard screwdriver): 표준 드라이버는 나사를 조이고 푸는 데 사용한다. 드라이버에는 나사 머리의 홈이나 파인 부분과 일치하도록 설계된 날끝이 있기 때문에 나사의 홈 모양과 크기(예를 들어 십자 #2 또는 별 모양 홈 #25)가 다 일치하는지 확인해야 한다. 가구나 기계의 나사를 죄는 일처럼 회전력(토크torque)이 더 필요하지 않은 작거나 가벼운 작업에는 전동 임팩트 드라이버 대신 표준 드라이버를 사용한다.
드라이버는 나사 유형만큼 많은 날끝 유형을 사용할 수 있다. 나사와 마찬가지로 날끝이 일자(슬롯), 십자, 별 모양, 사각, 육각 소켓인 드라이버를 구입할 수 있다. 십자 드라이버만 해도 크기가 여러 가지이다. 드라이버 손잡이는 보통 고무나 플라스틱으로 만들며, 손잡이 윗부분에 육각형 칼라가 있어 렌치를 끼워 돌리면 더 큰 힘을 가할 수 있다.
주로 사용하는 손으로 손잡이를 잡아 드라이버를 돌리는 동안, 다른 손으로는 드라이버의 긴 금속 축이 나사와 일직선이 되도록 잡아준다.

토크 드라이버(torque screwdriver): 어떤 작업에서는 나사를 지나치게 꽉 조이는 것이 지나치게 느슨하게 조이는 것만큼이나 좋지 않다! 특히 자동차 정비나 자전거처럼 금속 부품을 다룰 때다. 나사를 과하게 조이면 나사를 체결한 부품이 손상되어 물건이나 구조 전체가 약해질 수 있으며, 파손되거나 구부러질 위험도 커진다. 심지어 나사 머리가 부러질 수도 있다. 토크 드라이버는 조임 정도를 특정 값으로 설정할 수 있어서 그 이상으로 나사를 조이는 것을 막아준다.
그렇다면 대체 토크는 무엇일까? 꽉 닫힌 피클 병을 열 때 필요한 팔의 힘을 생각해보자. 토크는 물체를 회전시키거나 돌리는 데 필요한 힘을 말한다. 토크 드라이버를 사용하면 나사를 돌릴 때 얼마나 힘을 가할지 조절할 수 있다. 수동 토크 드라이버라면 작은 눈금으로 최대 토크를 보통 2~40인치당파운드(0.23~4.52Nm, 0.02~0.46kgf·m) 범위에서 설정하면 된다. 설정한 조임 정도에 이르면 토크 드라이버가 제자리에서 겉돌면서 더 이상 조이지 않거나 멈추라는 신호로 드르륵 소리가 난다.
토크 드라이버는 표준 드라이버와 같은 방법으로 사용하면 된다. 특정 조임 상태를 유지하는 일이 중요한 응용 분야라면, 보통 제조사 혹은 설명서에서 권장하는 토크 값을 명시하기 때문에 고민할 필요는 없다.

육각 드라이버(hex-head screwdriver): 나사 중에 직결 나사나 기계 나사처럼 머리가 육각인 것이 있다. 육각머리 나사에는 대부분 일자나 십자 홈이 있어서 표준 드라이버를 사용할 수 있다. 그러나 육각 드라이버로 나사 머리를 겉에서 회전시킬 수도 있다. 경우에 따라서는 육각 드라이버가 나사를 돌릴 때 더 큰 힘을 가할 수 있다.
육각 드라이버는 표준 드라이버와 달리 나사 머리의 구멍이나 홈에 날끝을 끼우지 않고, 나사 머리의 바깥 가장자리에 고정해 나사를 바깥쪽에서 돌린다. 육각 드라이버는 시중에 나와 있는 모든 나사 머리 지름에 해당하는 치수대로 판매된다.
육각 드라이버는 표준 드라이버와 동일한 방법, 동일한 방향으로 사용한다. 육각머리 볼트를 조일 때도 사용할 수 있다!

육각 드라이버

재미있는 사실!

육각 드라이버를 육각키 드라이버(hex-key screwdriver)와 혼동해서는 안 된다. 육각키 드라이버는 날끝이 육각형 모양으로 나사 머리의 육각형 홈에 끼워 사용한다.

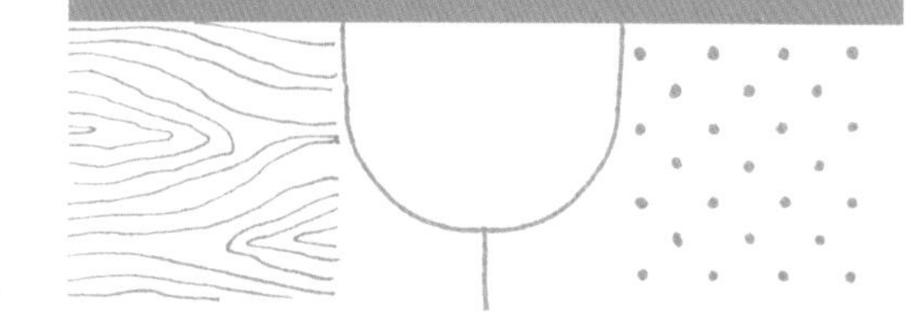

렌치

내 책장 선반에는 18인치(약 45.7cm) 크기의 오픈 렌치가 자랑스럽게 진열되어 있다. 렌치는 노스캐롤라이나의 작은 마을에 농산물 직판장 건물을 완성해 개관한 후 함께했던 학생 열 명이 서명을 해 선물한 것이다. 왜 렌치를 골랐냐고 물었더니 아이들은 "물건을 만들고 고정하는 것을 상징하잖아요. 게다가 우리가 볼트랑 너트를 얼마나 많이 죄었는데요!"라고 대답했다.

드라이버와 렌치는 철물(나사나 볼트)의 머리를 돌려서 제자리에 고정시키는 방식으로 사용한다. 그러나 드라이버를 사용하려면 보통 나사 머리 내부에 슬롯이나 홈이 있어야 하는 반면, 렌치는 볼트 머리 바깥쪽을 잡고 더 큰 토크(물체를 돌리는 데 필요한 힘)를 가해 볼트를 돌린다. 또 드라이버는 보통 나사 끝이 가리키는 방향과 동일한 방향으로 세워서 나사를 돌리지만, 렌치는 볼트 머리를 잡고 레버처럼 돌려서 조인다.

사용 요령

렌치를 사용할 때는 다음의 팁을 염두에 두면 좋다.

- 손잡이가 길수록 돌리는 힘이 커진다. 렌치 유형과 크기에 따라 손잡이 길이는 짧으면 5인치(12.7cm)에서 길면 2피트(약 61cm)에 달한다. 손잡이가 길면 손이 볼트나 너트로부터 멀어지기 때문에 토크를 더 많이 가할 수 있다.
- 크기 표시는 두 가지다! 렌치에 미터(mm)와 인치 두 가지로 표시된 걸 볼 것이다! '미국자동차기술회(Society of Automotive Engineers)'를 뜻하는 약어 'SAE'가 보이면 미국식(표준 인치) 표시 방법을 따랐다는 뜻이다. 어떤 제품을 선택하든 크기가 볼트 머리나 너트 크기와 일치하는지 확인해야 한다.

렌치 유형

아주 구체적인 작업용으로 고안된 렌치가 수없이 많다(소화전 렌치, 자동차 휠용 러그 너트 렌치 등). 다음에서는 가장 도움이 될 만한 렌치를 몇 가지 소개한다.

오픈 렌치(open-ended wrench): 오픈 렌치는 육각머리 볼트와 너트를 돌릴 때 사용한다. 특히 볼트나 너트의 한쪽에서만 작업할 수 있는 좁은 공간에서 사용하기 좋다. 오픈 렌치에는 U자 형태로 열려 있는 턱(jaw)이 하나인 단구 렌치와 더 흔한 형태로 턱이 양쪽에 있는 양구 렌치가 있다. 턱은 같은 크기의 볼트나 너트에 완벽하게 맞물린다. 양구 렌치는 두 턱의 크기가 서로 달라 유용하다.

렌치 손잡이가 턱과 완벽히 일직선을 이루지 않고 손잡이 축에서 15도 기울어져 있음을 알 수 있다. 오픈 렌치 중에는 턱이 손잡이와 90도(수직)를 이루는 제품도 있다. 둘 다 접근성을 높이고 움직임을 용이하게 해준다.

오픈 렌치는 턱을 조절할 수 없기 때문에 턱 크기가 약 ¼인치(약 0.6cm)에서 1인치(약 2.5cm) 사이의 표준 렌치 세트면 좋을 것이다. 렌치를 돌리기 전에 렌치가 볼트 머리나 너트와 꽉 맞물리는지 확인해야 한다. 또 볼트나 너트에 비해 지나치게 큰 렌치는 사용하지 말자! 이렇게 큰 렌치를 사용하면 볼트나 너트의 옆면이 마모되어 나중에 죄거나 풀 수 없게 된다. 렌치를 한 번에 조금씩 돌려 너트를 죄어보자. 한 번 돌린 다음 렌치를 빼냈다가 위치를 바꿔 끼워 다시 돌린다.

복스 렌치(box wrench): 오픈 렌치와 달리 복스 렌치는 끝이 완전히 닫혀 있어 볼트 머리나 너트 전체를 감싸도록 되어 있다. 오픈 렌치처럼 공간이 제한된 곳에서 사용하기 좋다. 복스 렌치 중 손잡이가 꺾여 있는 유형을 사용하면 손과 손가락 관절 부분이 표면에서 더 멀어지기 때문에 손이 긁힐 일이 줄어든다.

복스 렌치의 끝 원형 개구부에는 안쪽에 톱니가 여섯 개 또는 열두 개 있다. 이 톱니는 복스 렌치가 육각머리 볼트나 너트에서 미끄러지지 않도록 꼭 잡아준다. 복스 렌치는 양쪽으로 사용 가능하며 크기가 서로 다르다.

오픈 렌치와 마찬가지로 복스 렌치는 크기 조절이 안 되기 때문에 다양한 크기의 렌치를 세트로 갖추어야 한다. 필요에 따라 더 크거나 작은 크기의 렌치를 추가할 수 있다! 복스 렌치는 오픈 렌치와 마찬가지로 시계 방향으로 돌려 조이고 시계 반대 방향으로 돌려 풀며, 한 번 돌릴 때마다 빼내서 위치를 조정해주어야 한다.

콤비네이션 렌치(combination wrench): 이름에서 알 수 있듯이 오픈 렌치와 복스 렌치가 결합된 형태이다. 콤비네이션 렌치 하나에는 같은 크기의 볼트나 너트와 맞물리는 열린 끝과 닫힌 끝이 있다.

콤비네이션 렌치의 열린 입구는 보통 일반 오픈 렌치처럼 15도 기울어 있다. 약 ¼~1인치(약 0.6~2.5cm) 크기의 콤비네이션 렌치를 세트로 갖추어두면 좋다.

콤비네이션 렌치 사용법은 오픈 렌치나 복스 렌치의 사용법과 같다. 한 번 돌릴 때마다 빼서 위치를 조정해주어야 한다.

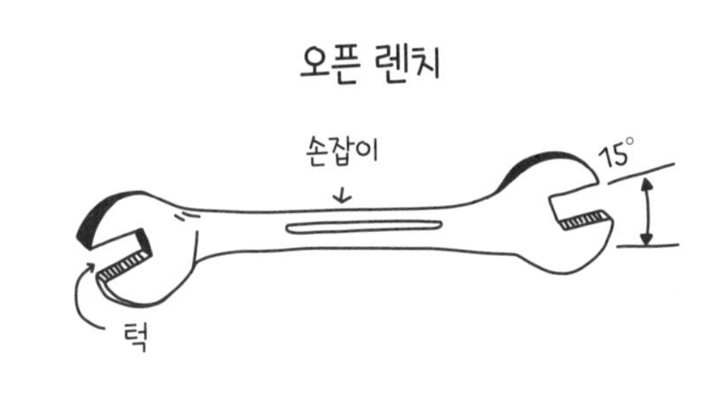

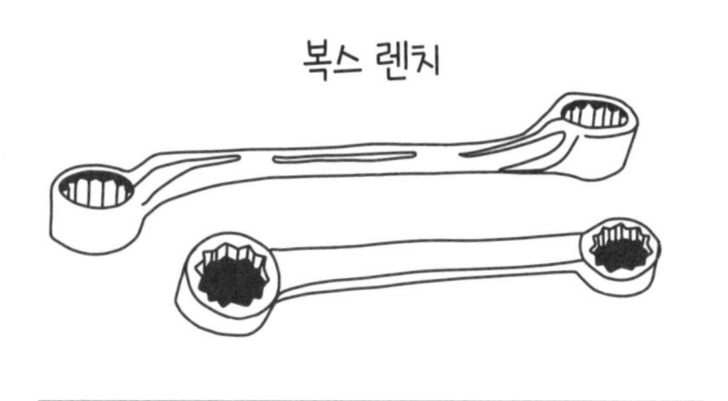

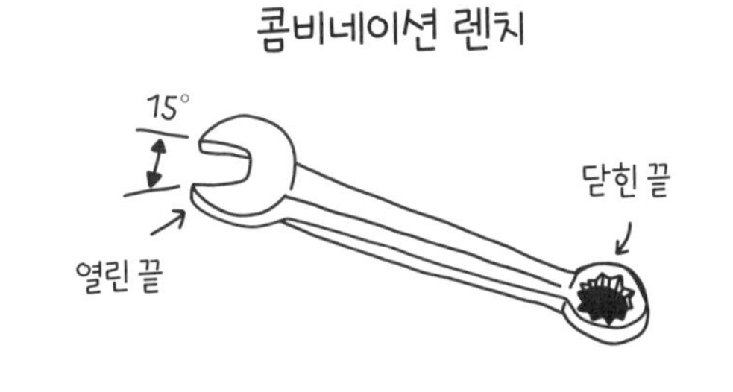

멍키 스패너

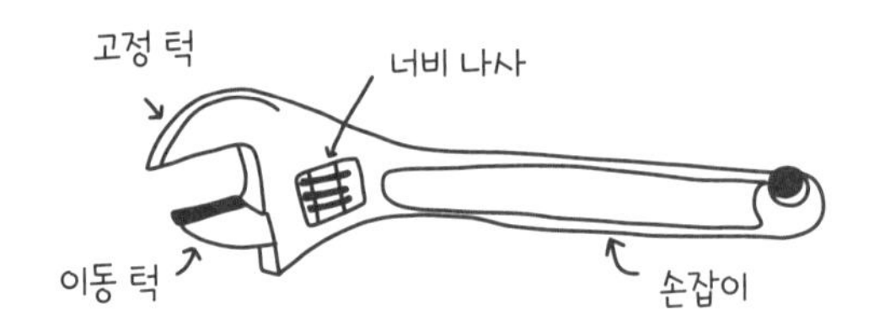

이동 턱 쪽으로 손잡이를 당긴다

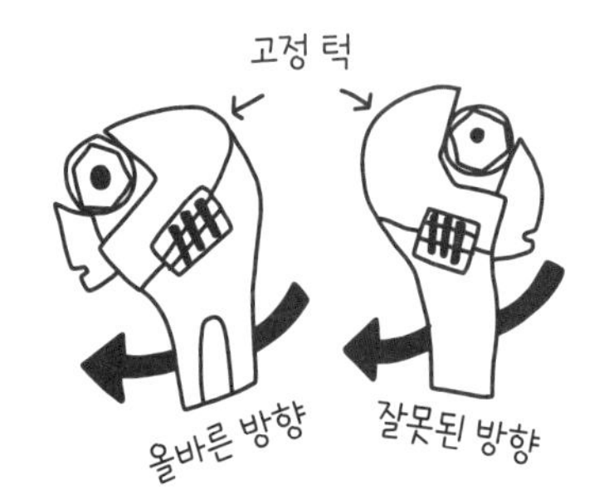

재미있는 사실!

아프리카계 미국인으로 세계 최초로 헤비급 권투 챔피언을 거머쥔 잭 존슨(Jack Johnson)은 발명가이기도 했다. 존슨은 감옥에 있는 동안(백인 아내와 주 경계를 넘어 여행했다는 이유로 체포되었다. 1912년 당시에는 불법이었다) 조절 가능한 멍키 스패너를 고안했으며, 나중에 미국에서 특허를 취득했다. 특허 번호는 1413121이다.

멍키 스패너(adjustable wrench): 다용도 렌치로, 렌치가 딱 하나 있어야 한다면 멍키 스패너가 가장 좋다. 멍키 스패너에는 고정 턱 한 개와 작은 '너비 나사'로 좁혔다 벌렸다 하는 이동 턱 한 개가 있다. 다양한 크기의 볼트나 너트를 사용해 프로젝트를 할 때 공구를 계속 바꾸는 게 싫다면 멍키 스패너를 사용해보자.

멍키 스패너는 다양한 크기로 판매한다(보통 손잡이 길이로 나타낸다). 렌치가 딱 두 개 있어야 한다면 턱이 최대 1¼인치(약 3.2cm) 벌어지는 8인치(약 20.3cm) 렌치와 1½인치(약 3.8cm) 벌어지는 12인치(약 30.5cm) 렌치가 좋다.

멍키 스패너의 장단점은 여러 가지가 있다. 부품을 움직여 턱을 조정할 수 있기 때문에 사용할 때 손에서 미끄러지기 쉽다. 정비공들은 멍키 스패너를 손에서 미끄러져 긁히기 쉽다는 이유로 '손 마디 파괴자(knuckle buster)'라고 부르기도 한다.

미끄러질 가능성을 줄이고 볼트 머리나 너트와 더 잘 맞물리도록 하기 위해서는 반드시 이동 턱이 아닌 고정 턱에 압력을 가하는 방향으로 멍키 스패너를 돌려야 한다. 턱이 볼트나 나사 주변을 단단히 감싸는 가장 좋은 방법은 렌치 턱이 볼트나 너트를 감싼 상태에서 너비 나사를 돌려 턱을 단단히 고정시키는 것이다. 그런 다음 너트나 볼트를 죄거나 풀어주면 된다.

래칫 렌치(ratchet wrench): 래칫 렌치는 시간이나 인내심이 부족할 때 콤비네이션 렌치나 복스 렌치 대신 사용할 수 있다. 래칫 렌치는 하나는 열려 있고(오픈 렌치), 다른 하나는 닫혀 있어(복스 렌치) 콤비네이션 렌치와 비슷해 보인다. 그러나 래칫 렌치의 닫힌 끝으로는 '잡기 및 놓기(grab-and-slip)' 동작이 가능해서, 철물을 죄려는 방향으로 렌치를 움직이면 철물을 꽉 잡아주지만 반대 방향으로 움직이면 철물을 잡지 않고 놓아버린다. 기본적으로 매번 렌치를 빼 위치를 바꾸지 않고도 손잡이를 앞뒤로 움직이면 철물을 조였다가 풀었다 할 수 있다. 래칫 렌치는 특히 너트나 볼트 여러 개를 연달아 체결하는 작업에 유용하다.
래칫은 한 방향으로만 움직이고 반대 방향으로는 움직이지 않는 여러 유용한 공구에 내장된 장치이다. 래칫 렌치에도 이 장치가 있어서 철물을 잡고 조이면서 렌치를 빼지 않고도 다시 조일 수 있다. 소켓 렌치나 자동 바에서도 같은 장치를 사용하는 것을 알 수 있다. 콤비네이션 렌치와 마찬가지로 래칫 렌치도 다양한 크기를 세트로 구비해둔다.
렌치를 빼내지 않고 손잡이를 앞뒤로 돌리는 것만으로 철물을 조였다 풀었다 할 수 있기 때문에 렌치를 힘들게 돌리지 않아도 된다. 그냥 앞뒤로 짧게 왔다 갔다 하는 게 요령이다.

소켓 렌치(socket wrench): 소켓 렌치 하나만 있으면 마치 래칫 렌치 전체 세트가 들어 있는 공구를 하나 가지는 것과 마찬가지이다. 볼트와 너트 크기별로 그에 맞는 크기가 필요한 래칫 렌치와 달리 소켓 렌치는 소켓 머리(육각 볼트나 육각 너트 모양)를 갈아 끼울 수 있기 때문이다.
소켓 렌치는 손잡이에 래칫 장치가 내장되어 있으며, 함께 사용할 철물의 크기에 따라 소켓을 갈아 끼울 수 있는 사각 드라이브가 있다. 소켓 렌치의 뒷면에는 래칫의 방향을 바꾸는 레버가 있어서 볼트를 조이거나

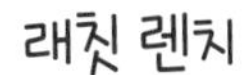

소켓 렌치

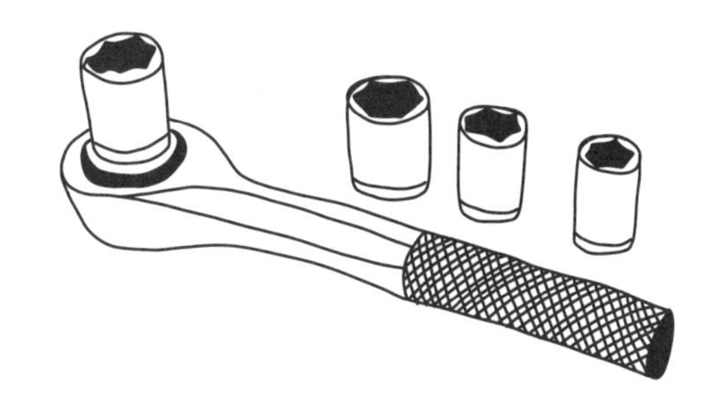

풀 수 있다. 소켓 렌치는 보통 래칫이 내장된 손잡이와 약 ¼~¾인치(약 0.6~1.9cm) 크기의 표준 소켓을 포함하여 세트로 판매한다. 소켓 렌치 세트를 구입할 때는 드라이브 크기에 주의해야 한다. ¼인치(약 0.6cm), ⅜인치(약 1cm), ½인치(약 1.3cm)가 일반적이다. 드라이브 크기는 손잡이에 소켓을 끼우는 사각형의 크기를 말한다.
소켓을 교체하려면 소켓 렌치 뒷면에 있는 분리 버튼을 누르면 된다. 버튼을 누르면 소켓이 사각형 드라이브에서 빠져나오므로 다른 소켓으로 교체할 수 있다.
소켓 렌치는 래칫 렌치와 같은 방식으로 사용하면 된다. 즉 렌치를 돌릴 때마다 렌치를 다시 뺐다 끼웠다 하지 않고 철물을 조일 수 있다.

육각 렌치(앨런 렌치)

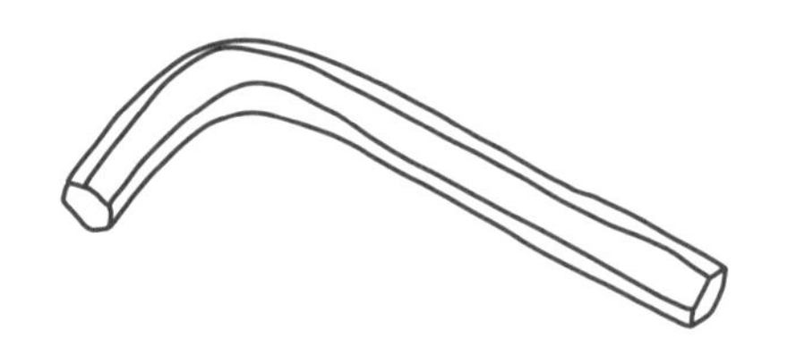

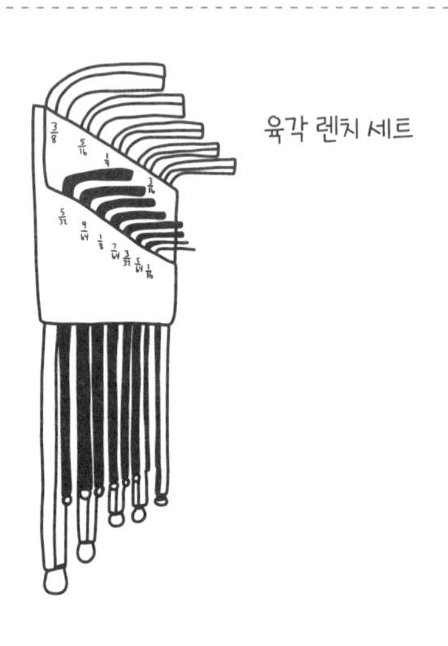

육각 렌치(Hex-key wrench, Allen wrench): 육각 렌치는 대개 L자 모양이며, 종단면은 육각형이다. 육각 렌치는 볼트 머리나 나사의 바깥쪽을 감싸는 대신, 볼트나 나사 윗부분의 육각형 구멍이나 홈에 끼워 사용한다. 육각 렌치는 자전거, 가구 조립품, 캐비닛에서 흔하게 볼 수 있는 육각형 홈이 있는 철물에 사용한다.

육각 렌치는 1⁄16~3⁄8인치(약 1.6~10mm) 사이 다양한 크기로 구성된 세트로 구입할 수 있다.

육각 렌치가 L자 모양인 데는 다 이유가 있다! L의 '다리' 하나를 나사나 볼트의 홈에 끼우면 남은 다리를 손잡이 삼아 돌려서 철물을 죄어줄 수 있다. 또 다리 하나가 다른 다리보다 짧기 때문에 좁은 공간에서 활용하기가 더 좋다.

재미있는 사실!

육각 렌치는 앨런키 렌치(Allen key) 또는 앨런 렌치(Allen wrench)라고도 부른다. 그렇다면 앨런은 대체 누구일까? 육각 렌치에 관한 최초의 특허는 1909년 W. G. 앨런이 출원했다. 앨런은 또한 같은 이름의 앨런 매뉴팩처링 컴퍼니(Allen Manufacturing Company)를 설립했다. 오늘날 사람들은 상표명인 '앨런 렌치'를 '육각 렌치'라는 뜻으로도 사용한다.

키아 웨더스푼

인테리어 디자이너, 디터민드 바이 디자인 설립자

워싱턴 D.C.

워싱턴 D.C.의 국립 여성 예술가 미술관에서 연설한 적이 있는데 그 행사에서 키아 웨더스푼을 만났다. 행사 후에 멋진 여성들을 여럿 만났다. 이들은 자신들이 내 일과 관련이 있다고 생각하고 있었다. 키아가 내게 자기 소개를 하고 이야기를 들려주었을 때, 나는 "제가 일 그만두고 당신을 위해 일해도 될까요?"라고 말할 뻔했다.

키아는 한때 무용수였다가 군인이 되었다가 다시 디자이너로 변신했는데(정말 이건 말도 안 되는 경력이다), 평생에 걸쳐 삶의 원동력이 되어준 건축업자로서의 그녀의 결의는 우리가 공통으로 가진 무언가였다. 디터민드 바이 디자인(Determined by Design, '디자인을 통한 결의'란 뜻)의 설립자인 키아는 평소 아름답고 품위 있는 공간을 쉽게 경험하지 못하는 공동체와 단체 사람들을 위한 공간을 창조한다. 키아는 디자인을 통한 사회적 평등을 믿으며 매일 이를 실천한다.

재미있는 게, 결코 디자이너가 되고 싶지는 않았어요. 그러나 이런 결단력을 타고났나 봐요. 여섯 살부터 열아홉 살까지 프로 발레리나 교육을 받았어요. 그런데 대학에서 무용을 전공하고 두 번째 해에 재정적 지원을 받지 못하게 되었죠. 결국 학비를 벌러 군대에 가기로 결정했어요. 이로 인해 저는 완전히 이례적인 길로 가게 되었고, 이 길은 결국 디자인으로 저를 이끌었죠! 미 공군에 복무하던 중 중동에 파견을 나갔어요. 911 테러 직후였죠. 그때 최소한의 거주 시설과 설비만 갖춘 부대에 배치되었어요. 우리 취침 구역은 15피트(약 4.57m) 길이의 텐트로 총 열네 명의 여성이 함께 지냈죠. 울고 싶었지만 혼자서 울 만한 데가 없었어요!

시트를 침대 위에 두는 대신, 줄을 살짝 쳐서 세 개의 벽을 만들었어요. 제가 난생처음 만든 공간이었죠. 물론 그러고도 여전히 아기처럼 울었지만, 그 공간을 만들었다는 사실이 제게 아주 강한 영향을 남겼습니다. 2001년부터 2004년까지 네 번 더 파견되었는데 안락함과 위안을 얻고자 계속 주변을 정비하고 가구를 만들었어요. 현역으로 제대했을 때 공간을 만들고 싶다는 욕구가 저한테 있다는 사실을 깨닫고는 인테리어 디자이너가 되었죠.

지금은 평소 멋지게 디자인된 공간을 가져보지 못한 사람들을 위해 설계하고 짓고 디자인하는 일을 합니다. 저렴한 주택이나 가정 폭력 대피소 같은 곳이요.

언젠가 이런 문구를 읽었어요. '한 번도 가져보지 못한 멘토가 되어라.' 저는 경력을 쌓는 그 수많은 과정 동안 끊임없이 멘토를 찾았어요. 디터민드 바이 디자인을 설립해 사업을 시작할 때는 특히 더 그랬죠. 디자인과 건축 분야의 저명한 여성들에게 도움을 구했지만 아무도 답해주지 않았어요. 그래서 저는 제 안으로 더 깊이 파고들어가서 저 스스로 저의 멘토가 되기로 결심했죠. 제 판단을 믿고 실수도 제 판단에 따른 것이라는 점을 배웠죠. 지금이야 제 주변에 존경하는 소중한 사람들이 있지만, 멘토 한 명이 나타나기까지는 아주 아주 오랜 시간이 걸렸어요. 그렇지만 이제 저는 그 보답으로 많은 이들의 멘토가 될 수 있습니다.

유색인이자 여성 메이커로서 제 역할은 다른 젊은 여성들에게 '여러분도 이걸 할 수 있어요!'라고 알려주는 거죠. 저의 목표는 어느 것 하나 제 개인이 치하를 받는 것이 아닙니다. 오히려 어린 여성들 누구라도 제 위치에 올 수 있다는 확신을 주는 것이죠. 어린 여성들은 자신의 환경을 꾸리고 결과를 만들어내고, 그리고 무엇보다 중요한 자신의 삶을 다듬어나갈 수 있습니다.

만들기는 우리의 상상을 현실에서 구현해줍니다. 그러려면 상상하고 계획하고 실행해야 하죠. 과거 여성의 업적을 살펴보면, 무언가를 만들고 변화를 일으키는데 필요한 모든 특징과 기술이 분명히 드러납니다. 저는 여성들이 조각을 결합하고 상황을 해결하는 법을 파악하는 능력을 타고났다고 생각해요. 그러니 무언가를 만드는 법을 배우는 것도 이미 우리 유전자 안에 새겨져 있습니다!

늘 자신을 먼저 신뢰하는 법을 배우세요. 그러면 무엇을 계획하든 이룰 수 있습니다.

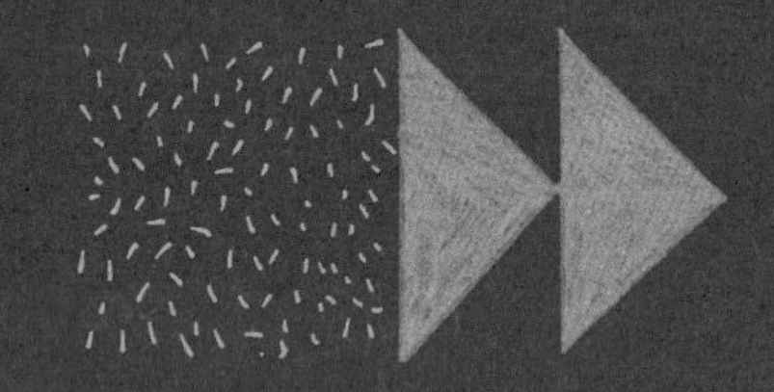

플라이어

플라이어(plier)는 무언가를 잡기 위한 공구다! 무언가가 빠져나가지 않도록 단단히 쥐거나 잡아야 할 상황이 너무나도 많은데 이때 플라이어가 도움이 된다. 플라이어 이야기를 계속하기 전에 간단한 물리학 내용을 다루고 넘어가자.

가장 기본적인 형태의 플라이어는 금속 조각 두 개가 X자 모양으로 교차하고 있다. 금속 조각 두 개가 교차하는 지점은 두 개가 회전하는 지렛대의 받침점이다. 받침점은 완벽하게 중앙에 있지 않아서 X자의 한쪽은 길이가 짧고(플라이어의 집게 턱이 있는 쪽) 다른 쪽은 길이가 더 길다(손잡이 쪽). 이런 플라이어를 사용하면 아래로 누를 때 손(과 손잡이) 쪽에 더 큰 힘이 실려서 집게 쪽에 최대한 힘을 가할 수 있다.

사용 요령

플라이어는 배관 수리나 자동차 정비나 렌치를 사용할 때 특히 유용하며, 너트를 돌리는 동안 볼트 머리를 고정하는 용도로도 사용할 수 있다. 무언가를 꽉 쥐거나 잡아야 할 때 사용할 수 있는 여분의 손이라고 생각하면 된다.

플라이어 유형

다양한 유형의 플라이어를 사용하면 고정하는 힘과 조정 방식을 달리할 수가 있기 때문에 다양한 철물을 사용해 작업하는 데 도움이 된다. 나중에 어떤 프로젝트에서도 유용하게 사용할 필수 플라이어 유형을 소개한다.

슬립조인트 플라이어(slip-joint pliers): 아마도 가장 많이 본 플라이어 유형일 것이다. 어릴 때 우리 집 차고에 있던 녹슨 슬립조인트 플라이어가 특히 기억에 남는다. 나는 혹시라도 무언가가 고장이 나면 고치겠답시고 이걸 맥가이버 칼처럼 여기저기 들고 다녔다. 슬립조인트 플라이어는 잡고 집고 접고 구부리고 돌리는, 훌륭한 다목적 공구다. 슬립조인트 플라이어는 받침점(회전 중심점) 조정이 가능한 것이 특징인데, 물체의 폭이 턱보다 클 때 턱을 넓힐 수 있다.

슬립조인트 플라이어는 두 가지 상태로 바뀔 수 있다. 하나는 턱이 완전히 다물린 상태이고, 다른 하나는 손잡이를 완전히 닫더라도 턱이 살짝 벌어진 채로 유지되는 상태이다. 이런 식으로 턱을 변형하면 판금처럼 얇은 재료나 육각 볼트만큼 폭이 넓은 철물도 이 공구 하나로 모두 잡을 수 있어서 유용하다. 슬립조인트 플라이어의 두 턱에는 톱니가 있으며, 안쪽으로 입구보다 넓게 뚫린 공간이 있다. 이 넓은 공간 덕분에 파이프와 같은 둥근 물체를 잡을 수 있다. 슬립조인트 플라이어는 다양한 크기로 판매되며, 가장 유용한 것은 6인치(약 15.2cm)나 8인치(약 20.3cm) 크기이다.

받침점을 조정해서 어떤 크기까지 잡을 수 있는지 확인해보자. 또 부드러운 고무 손잡이가 달린 제품을 구매하면 쥘 때의 힘을 극대화할 수 있다.

니퍼(diagonal cutting plier): 니퍼는 무언가를 잡는 공구가 아니므로 정확히 말하면 플라이어가 아니다. 사선으로 엇갈린 날카로운 턱은 실제로 사이에 재료를 끼우고 눌러 철사나 얇은 금속을 자르기 위한 용도이다. 비록 니퍼가 정식으로는 플라이어 범주에 못 든다 하더라도 상당히 유용한 공구이기는 하다. 또 금속 와이어, 판금, 기타 얇은 재료의 남는 부분을 잘라내거나 다듬는 데 사용할 수 있다. 니퍼는 빈번하게 전선을 자르고 다듬어야 하는 전기 작업에 흔히 사용한다.
나란히 놓인 금속 조각 두 개가 서로 스쳐 지나가면서 그 사이의 물체를 잘라내는 전단 작용(shearing action)을 하는 가위와 달리, 니퍼는 사선으로 날이 선 두 개의 턱 사이에 놓은 재료를 압착하여 절단한다.
니퍼는 직관적으로 사용할 수 있으며, 그다지 큰 악력이 필요하지 않다. 턱 사이에 재료를 끼운 뒤 꽉 쥐기만 하면 된다.

전기공 플라이어(combination plier, lineman's plier): 지금쯤 여러 공구가 가장 좋은 두 가지(또는 그 이상)의 특징을 결합한 형태로 판매된다는 사실을 깨달았을지도 모르겠다. 전기공 플라이어도 예외가 아니다. 이 공구는 슬립조인트 플라이어의 잡기 원리와 니퍼의 절단 원리를 결합해 만들었다. 전기 기사와 전선 보수 기사(lineman)가 전선과 케이블을 자르고, 잡고 꼬고 구부리는 데 보통 니퍼를 사용하기 때문에, 라인맨 플라이어(lineman's plier)라고도 불린다.
전기공 플라이어의 턱은 슬립조인트 플라이어처럼 잡는 힘을 높이기 위해 톱니로 되어 있다. 턱의 앞쪽에 톱니가 있는 반면, 뒤쪽에는 니퍼의 날이 결합되어 있다. 전기공 플라이어는 대부분 감전 방지를 위해 고무로 손잡이를 감싼다(사실 얇은 고무 피복이 대단한 역할을 하지 못하기 때문에 전기가 흐르는 활선에는 절대 플라이어를 사용해선 안 된다!) 전기공 플라이어의 크기는 다양하지만, 다른 플라이어와 마찬가지로 8인치(약 20.3cm) 크기면 대부분의 작업에 적당하다.
전기공 플라이어는 전기 기사가 가장 많이 사용하지만 집에서도 누구나 사용하기 좋은 공구이다. 다른 플라

전기공 플라이어

재미있는 사실!

전기공 플라이어는 흔히 엔지니어 플라이어(engineer's plier)라고도 한다. 엔지니어는 무언가를 자르고, 벗기고, 잡고, 당길 때 전기공 플라이어를 사용한다. 엔지니어 플라이어라고 판매하는 제품은 모양이 전기공 플라이어와 동일하지만, 손잡이를 감싸는 고무가 없는 경우가 많다.

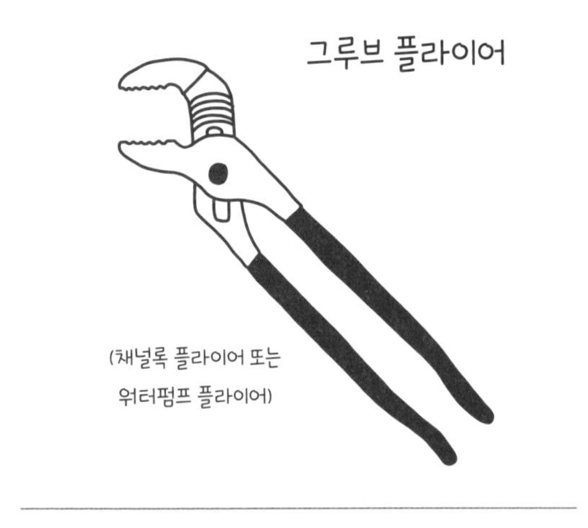

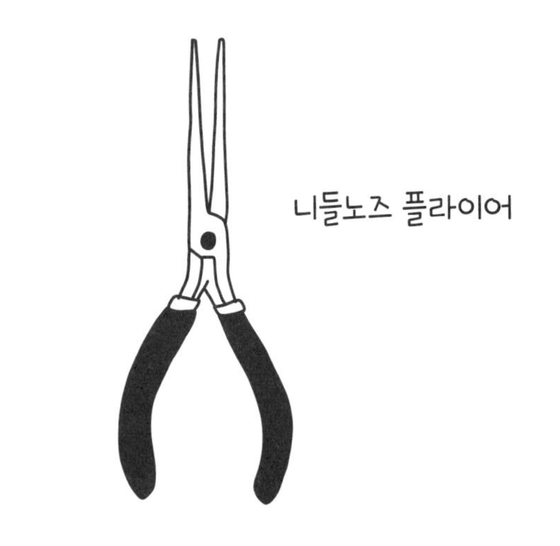

이어와 마찬가지로, 손잡이 끝을 단단히 잡으면 잡는 힘을 최대한으로 키울 수 있다.

그루브 플라이어(tongue-and-groove plier): 슬립조인트 플라이어의 일종인 그루브 플라이어도 조정 가능한 받침점이 있어서 턱의 폭을 조정할 수 있다. 그루브 플라이어는 제품 브랜드 이름을 따서 워터펌프 플라이어(water-pump plier)나 채널록 플라이어(channellock plier)라고도 부른다. 그루브 플라이어는 보통 표준 슬립조인트 플라이어보다 크기가 크며 턱이 각져 있어서 너트, 볼트, 파이프, 또는 이상한 모양의 물체도 가까이서 단단히 잡을 수 있다.
그루브 플라이어는 상부 턱에 레일이 달려 있어서 조정이 가능하다. 턱 전체 폭을 넓히거나 좁히려면 레일을 움직여서 원하는 홈에 고정하면 된다.
그루브 플라이어로 물체를 잡기 전에 그 물체가 원하는 위치에 고정되어 있는지 먼저 확인하자. 그런 다음 손잡이 끝을 꽉 쥐면 편안함과 무는 힘이 극대화된다.

니들노즈 플라이어(needle-nose plier): 턱이 가늘어서 손가락이 닿지 않는 곳에 사용하기 좋다. 니들노즈 플라이어의 턱은 애초에 더 섬세한 작업을 하기 위해 고안되었기 때문에 다른 플라이어 유형에 비교하면 무는 힘이 크지는 않지만, 작은 철물 조각을 고정하거나 조이는 등 보다 정밀한 작업에 유리하다.
니들노즈 플라이어 중에는 니퍼 날이 내장되어 있어서 보석 작업에 유용하거나 얇은 와이어를 절단할 수 있는 제품도 있다. 니들노즈 플라이어의 유형은 다양하며, 끝이 45도나 90도로 기울어져 있어서 크기가 작은 부품을 다루는 작업에 활용하기가 더 좋은 제품도 있다.
니들노즈 플라이어의 끄트머리는 다른 유형보다 작고 뾰족하기 때문에 끝이 구부러지지 않도록 주의해야 한다. 또 플라이어에 찔리거나 긁히지 않도록 조심하자.

기타 수공구

수공구 목록을 나열하면 끝이 없고 별의별 공구가 다 포함된다! 다음에 소개하는 수공구는 특정 카테고리에 집어넣기 힘들지만 나름 모두 유용한 것들이다.

멀티 툴

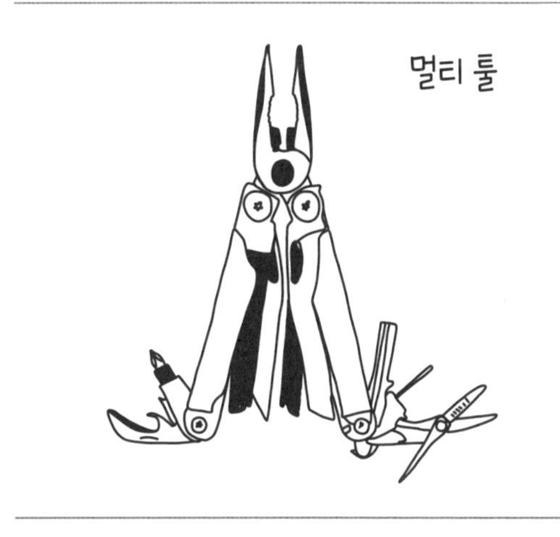

멀티 툴은 다양한 기능을 하나의 공구 안에 결합시킨 것이다. 다용도 주머니칼이 멀티 툴의 좋은 예이다! 목수나 건축업자는 대부분 레더맨(Leatherman) 브랜드의 멀티 툴을 선호한다.

레더맨 같은 멀티 툴은 보통 길이가 3~6인치(약 7.6~15.2cm)이며, 벨트에 자랑스럽게 착용할 편리한 주머니가 함께 따라온다. 멀티 툴에는 보통 플라이어, 여러 유형의 드라이버 비트, 다양한 칼이나 자르는 공구, 깡통 따개와 병따개, 절단 가위가 들어 있다. 또 특정 작업에 최적화된 멀티 툴도 있다. 예를 들어 전기 기사용 멀티 툴에는 전선 피복 벗기는 도구가 더 많다. 멀티 툴은 대부분 아주 직관적으로 사용이 가능한 사용자 친화적인 공구다. 멀티 툴을 사용할 때는 필요한 툴만 꺼내고 다른 툴은 모두 수납된 상태로 둔다.

절단 가위

금속 절단 가위(tin snips), 항공 가위(aviation snips), 사이드 커터(side cutter)라고도 부르는 절단 가위(snips)는 기본적으로 금속, 그중에서도 특히 판금에 사용하는 튼튼한 가위이다. 나는 일반 가위로 자르기에는 너무 두꺼운 닭장용 육각형 철조망(chicken wire)이나 재료를 여러 장 겹쳐 자를 때 절단 가위를 사용했다.

절단 가위는 오른쪽 자르기, 왼쪽 자르기, 직선 자르기의 세 가지 유형이 있다. 왼손잡이가 왼손잡이 가위를 선호하는 것처럼 자르는 방향에 따라 최적화된 유형이 존재한다. 오른쪽 자르기용 절단 가위는 오른쪽으로 휘어지는 곡선을 자를 때, 왼쪽 자르기용 절단 가위는 왼쪽으로 휘어지는 곡선을 자를 때 사용한다. 특히

> **재미있는 사실!**
>
> 절단 가위는 색으로 세 가지 유형을 구분하는 경우가 많다. 예를 들어 오른쪽 자르기는 녹색, 왼쪽 자르기는 빨간색, 직선 자르기는 노란색이다. 절단 가위의 색으로 어떤 유형인지 금세 알 수 있다.

끌

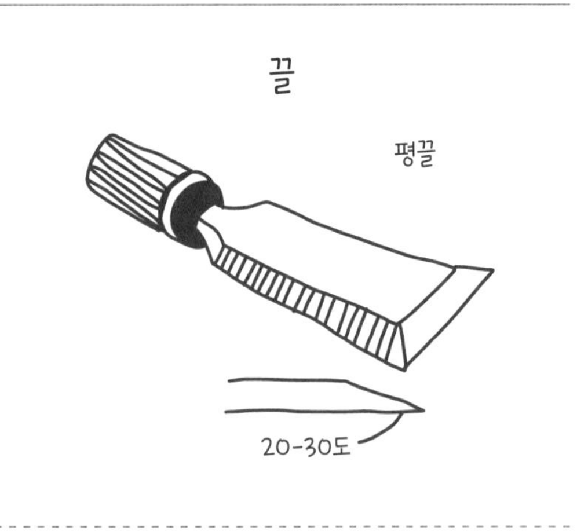

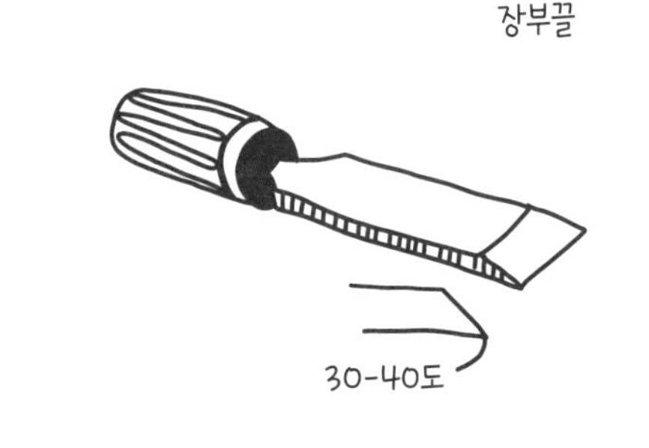

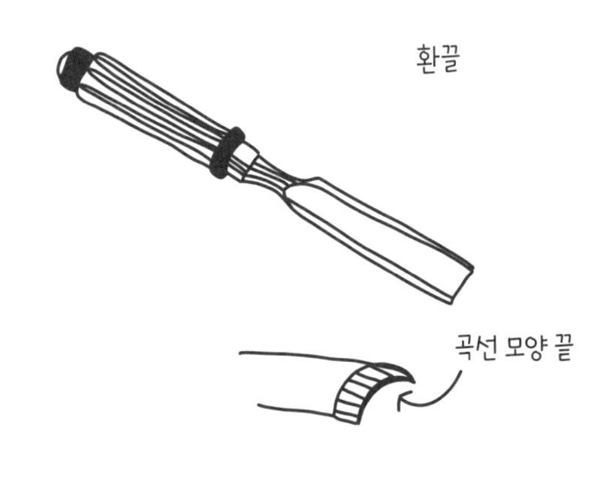

판금을 자를 때에는 정확한 절단 가위 유형을 사용하지 않으면 곡선을 자르기가 무척 어려울 수 있다.
절단 가위는 일반 가위처럼 사용하면 된다! 자르기 전에 재료 표면에 선을 그어놓으면 자르기가 수월하다.
판금이나 닭장용 철조망, 기타 날카로운 물질을 자를 때는 반드시 장갑을 끼도록 하자.

끌

끌(chisel)은 나무를 깎거나 모양을 다듬거나 조각내거나 자를 때 사용한다. 끌에는 나무 손잡이가 달려 있으며, 금속 날은 나무를 잘 잘라낼 수 있도록 끝이 경사져 있다. 끌은 대부분 고무 망치와 함께 사용한다. 한 손으로 끌을 쥐고 날끝을 목재 표면에 비스듬히 놓은 뒤 끌 끝을 고무 망치로 타격한다. 목공에 심취한 사람이 아니라면 끌이 여러 개 필요하지 않지만, 두 개쯤 갖고 다닌다면 평끌(bevel chisel)과 환끌(gouge chisel)을 추천한다.
평끌은 날이 직사각형 모양으로, 앞날의 모서리에 경사가 있고, 뒷날의 모서리는 평평하다. 평끌은 다용도인데, 날의 경사면을 아래로 해서 얕게 홈을 깎거나 경사면을 위로 해서 깊게 홈을 깎을 수 있다. 평끌은 또한 섬세한 연결부 작업을 위해 목재를 수직으로 잘라낼 때도 사용할 수 있다. 장부끌은 평끌과 비슷하게 생겼지만, 날 가장자리가 더 날카롭고, 더 단단한 재료로 작업할 때 사용한다. 환끌은 날끝이 둥글며(샐러리 대와 조금 비슷해 보인다) 나무를 둥글게 파낼 때 사용하면 좋다. 나는 나무 숟가락을 만들 때 환끌을 사용해서 숟가락의 움푹 팬 부분을 깎는다.
끌은 보기에는 다루기 쉬워 보이지만, 사용법을 완전히 익히기가 가장 어려운 공구 중 하나이다. 목공이라 해도 기술을 완벽히 연마하는 데 수년(심지어 수십 년)이 걸린다. 끌은 날 끝이 아주 날카로우므로 특별히 주의해서 다루어야 한다. 항상 끌 끝을 몸 바깥쪽으로 향하게 하고, 날카로운 칼 다루듯이 해야 한다. 끌로 나무를 깎을 때는 각도가 중요하다! 잘 사용하지 않는 손으로 끌을 잡고 날이 몸 쪽을 향하지 않도록 한다(주먹 쥔 손의 새끼손까락이 날 쪽을 향한다). 날을 적절한 각도로 세워 목재 표면에 댄다. 날이 목재 표면과 평행해질수록 나무를 더 얇게 깎아낼 수 있다. 끌을 수직으로 세울수록 깊게 깎아낼 수 있다. 고무 망치나 나무 망치로 손잡이 뒷부분을 타격해보자. 끌이 움직이면서 끌밥이 튀어나오거나 밀려 나오는 모습을 볼 수 있다!

손대패

손대패(hand plane)는 목재 표면을 반반하게 혹은 '평평하게' 다듬을 때 사용한다. 손대패는 썰매 모양의 공구로, 바닥에는 칼날이 부착되어 있어서 거친 나무 표면을 따라 움직이면서 표면을 매끈하게 다듬어준다.

벤치 대패(bench plane)와 블록 대패(block plane) 외에도 막대패(jack plane), 접합 대패(jointer plane), 다듬질 대패(smoothing plane) 등 거칠기에 따라 다양한 대패를 사용할 수 있다. 그럼에도 대패는 대부분 동일한 원리와 부품으로 작동한다. 대패는 신발 밑창 같은 평평한 바닥(sole)과 이를 가로지르는 슬롯이 있다. 면도날 같이 비스듬한 날이 슬롯에 장착되어 있어서 나무 조각 위로 대패를 한 번 미끄러트릴 때마다 나무를 얇게 한 겹씩 벗겨낸다. 대패 앞뒤의 나무 손잡이 두 개를 각각 잡고 나무 길이 방향을 따라 표면이 평평해질 때까지 반복해서 움직인다.

끌과 마찬가지로 대패는 기술을 완벽히 익히기가 어렵다. 또 날이 매우 날카롭다. 주의해서 사용해야 하며, 사용하지 않을 때는 항상 대패 바닥이 작업대에 평평하게 놓이도록 해야 한다. 막대패처럼 사용하기 쉬운 대패부터 시작해서 거친 나무의 가장 겉의 면을 벗겨내는 기분을 먼저 느껴보자. 사용할 때는 양쪽 나무 손잡이를 단단히 잡아야 한다. 조절기로 날의 기울기(와 깎을 깊이)를 조정할 수 있다. 대패는 나뭇결 방향대로 나무 표면을 따라 움직이면 된다.

끌 사용법

재미있는 사실!

끌은 석재와 금속 가공에도 사용한다. 미켈란젤로의 유명한 다비드 조각상뿐 아니라 이탈리아의 유명한 대리석 조각 상당수는 끌을 사용해서 만들었다. 미켈란젤로는 겨우 스물여섯 살에 다비드상 조각을 시작해서, 2년간 끌로 섬세하게 대리석 덩어리를 다듬어서 우리가 오늘날 알고 있는 그 유명한 석상을 완성했다.

손대패

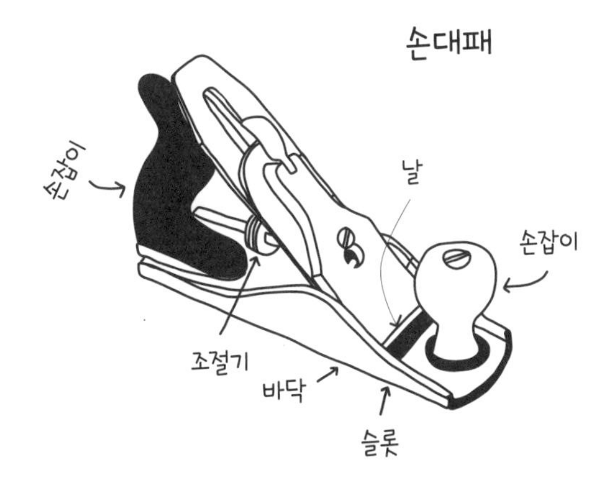

남경 대패

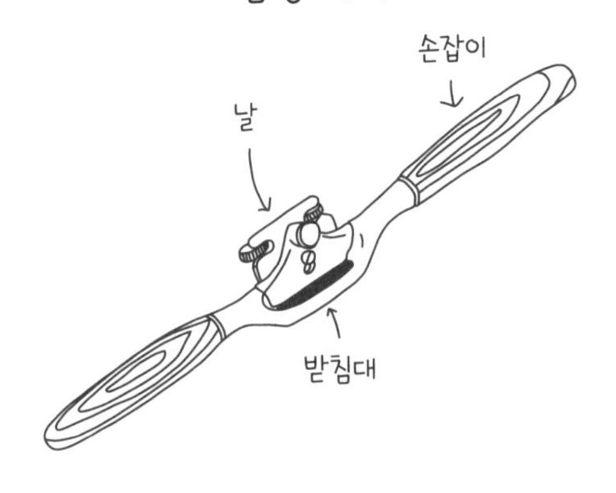

쇠지레

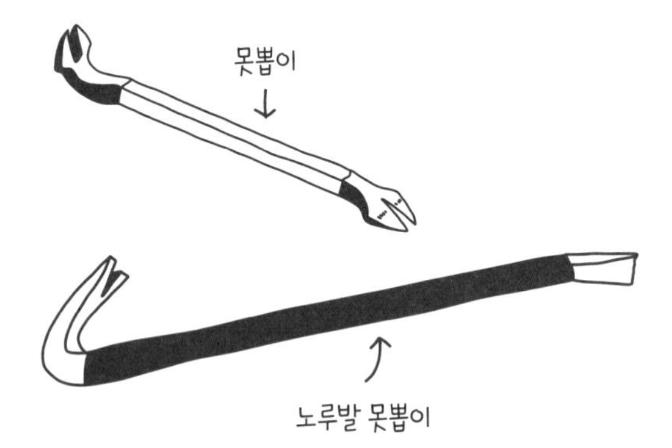

남경 대패

남경 대패(spokeshave)는 목재에 사용하는 감자칼이라고 생각하면 된다. 남경 대패는 사각 막대기를 둥근 손잡이로 만들고 싶을 때처럼 나무 표면을 한 층씩 천천히 벗겨낼 때 사용한다(266쪽의 '나무 숟가락 만들기' 프로젝트 참고). 손대패가 목재의 넓은 표면을 매끈하게 다듬는 데 사용하기 좋다면, 남경 대패는 막대나 의자 다리처럼 길고 얇은 목재를 다듬을 때 유용하다.

남경 대패는 작은 자전거 핸들처럼 생겼으며 한가운데에 칼날이 있다. 손대패와 마찬가지로 남경 대패도 날이 아주 날카롭다. 사용할 때는 주의를 기울이고, 사용하지 않을 때는 날이 아래로 향하도록 두자. 사용할 때는 양쪽 손잡이를 양손으로 잡고 나뭇결 방향으로 대패를 밀거나 당긴다. 중앙의 날이 대패가 움직이는 대로 얇게 나무를 깎아낸다. 남경 대패는 직선 날, 살짝 곡선인 날, 오목 날, 볼록 날 등 다양한 날을 부착해 사용한다.

쇠지레

쇠지레(pry bar, crowbar)는 두 물체 사이를 벌리거나 못을 제거할 때 사용한다. 쇠지레라고 하면 영화 <나 홀로 집에>에 등장하는 우스꽝스러운 두 명의 나쁜 도둑같은 이들이 사용하는 공구라는 고정관념이 있을지도 모르겠다. 그러나 쇠지레는 갖고 있으면 다용도로 사용할 수 있는 아주 유용한 공구이다. 쇠지레는 보통 강철로 만든 긴 막대로 끝이 휘어져 있다. 쇠지레는 대부분 끝에 작게 V자나 홈이 있어 못을 걸어 뽑아낼 수 있다.

표준 쇠지레는 구부러진 끝을 작은 틈에 끼워서 틈새를 벌리거나 막대의 꺾인 지점을 회전 중심점(받침점) 삼아 두 물체의 사이를 벌리는 방식으로 사용한다. 작은 쇠지레인 못뽑이(cat's paw)는 길이가 약 12~16인치(약 30.5~40.6cm)로 일반 쇠지레보다 짧으며, 끝이 둥글게 휘어 못을 제거할 때 효과적이다.

재미있는 사실!

쇠지레는 아주 오래전부터 사용되었다! 윌리엄 셰익스피어가 살던 당시 쇠지레는 영어로 쇠까마귀(iron crow)라고 불렸다. 셰익스피어는 가장 유명한 작품들에서 쇠지레를 언급했다. 예를 들어 《로미오와 줄리엣》 5막 2장에서는 로렌스 수사가 존 수사에게 "쇠지레를 구해서 내 방으로 가져다주시오"라고 말한다.

사용할 때는 먼저 쇠지레의 구부러진 끝을 원하는 위치에 둔다(벌리려는 두 물체 사이 틈이나 빼내려는 못 머리에 끼운다). 막대의 꺾이는 지점을 중심점 삼아 지렛대를 뒤로 당긴다. 이렇게 하면 구부러진 끝부분이 들리면서 물체가 서로 벌어진다(또는 못이 끌어올려진다).

해머 태커

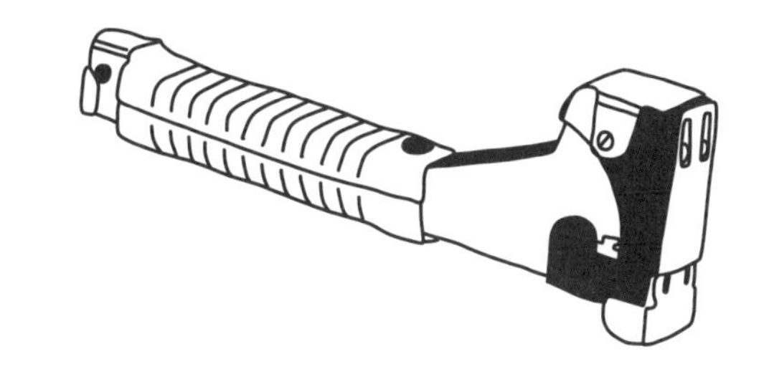

해머 태커와 스테이플 건

해머 태커(hammer tacker)와 스테이플 건(staple gun)은 모두 스테이플을 빠르게 박는 공구다. 이들 공구는 스프링 작용을 통해 문구용 스테플러보다 큰 힘으로 무거운 스테이플을 발사하며, 얇은 재료를 목재에 부착할 때 사용하기 좋다(게시판에 붙여 놓은 그 수많은 전단지를 생각해보자!).

스테이플 건

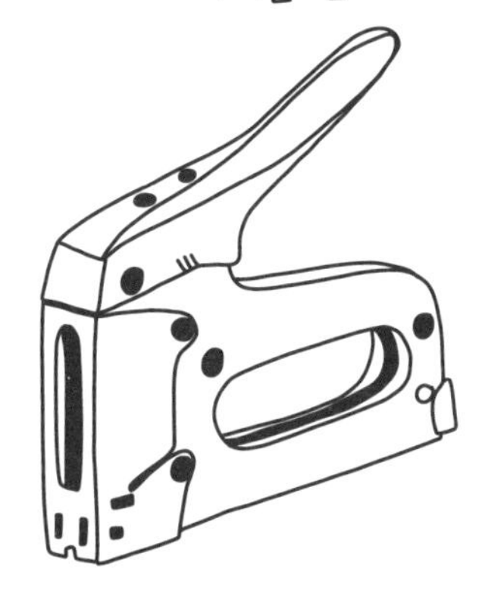

표준 스테이플 건에서 스프링 작용과 압착을 해주는 방아쇠(trigger)를 당기면 일렬로 붙어 있는 스테이플에서 하나만 분리해 표면에 박아 넣는다. 해머 태커도 비슷하게 작동하지만, 망치처럼 휘둘러서 사용한다는 차이가 있다. 해머 태커가 표면을 치면 스테이플이 자동으로 발사된다. 해머 태커는 스테이플을 정확한 위치에 박을 필요가 없을 때나 스테이플을 여러 개 연속으로 박아야 할 때 사용하면 좋다.

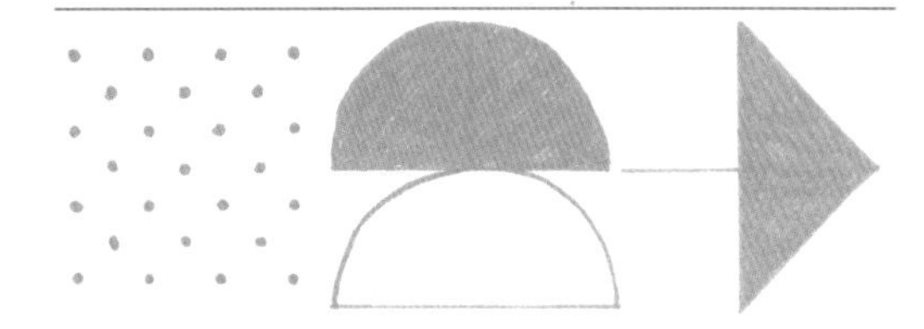

두 공구 모두 표준 너비의 산업용 스테이플을 사용하지만, 작업에 따라 스테이플의 길이는 달리할 수 있다. 사무실용 스테이플러처럼 스테이플 한 줄을 통째로 안에 끼운다. 두 공구 모두 제대로 위치를 잡고 올바른 방법으로 박지 않으면 위험할 수 있다. 눈 보호구를 착용하고, 스테이플을 제대로 끼웠는지, 공구를 단단히 잡았는지 확인해야 한다. 원하는 곳에 스테이플 건을 대고 방아쇠를 당기자. 해머 태커는 스테이플이 올바른 각도로 박히도록, 망치를 휘두를 때처럼 표면을 정확하게 때려야 한다.

통나무 그루터기나 아주 긴 2x4 목재, 엄청난 길이의 강철을 통으로 사용해 만들 게 아니면, 무엇을 만들든 톱이 필요하다. 내 생각에 톱으로 재료를 재단하는 일은 정밀함과 인내가 필요하지만 가장 만족스러운 작업의 하나이다.

이 섹션에서는 손톱과 전기 톱을 모두 포함하여 광범위한 톱의 세계를 그려낼 것이다. 다른 모든 유형의 공구와 마찬가지로 수십 가지 유형의 톱을 파고들어 살펴볼 수도 있겠지만, 여기서는 목재(와 일부 금속) 프로젝트 대부분에서 초심자가 사용하기 아주 좋은 톱만 소개한다. 작은 쥐꼬리톱(keyhole saw)이든 육중한 각도 절단기(miter saw)든 사용하는 유형에 상관없이 중요한 용어와 사용 요령을 몇 가지 수록했다(그리고 톱을 사용하기 전에 반드시 기억하자. 반드시 적절한 안전 장비를 모두 착용하고 지켜봐줄 성인이 옆에 있는지 확인하자. 자세한 사항은 21쪽 '안전과 장비' 섹션을 참고한다).

절단 유형

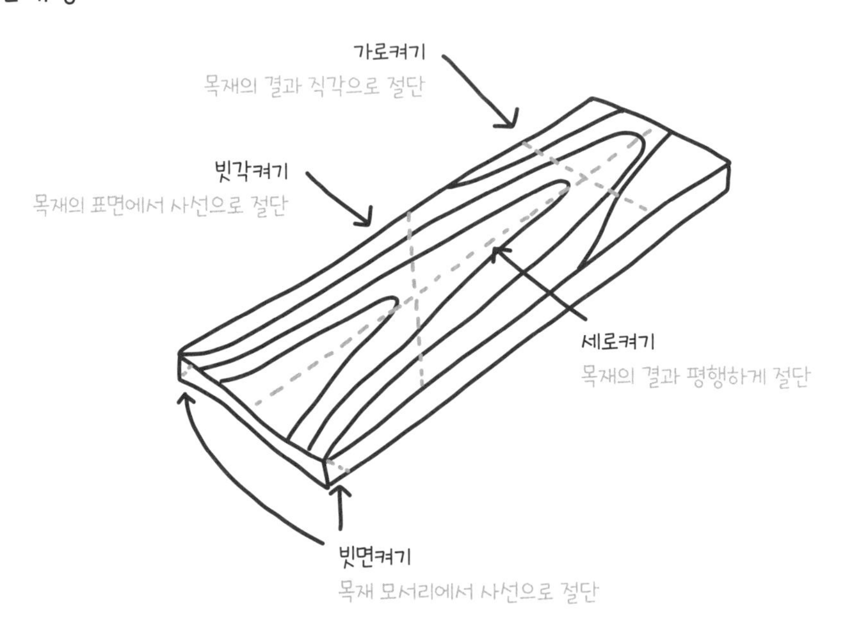

사용 요령과 안전!

톱은 반드시 숙련되고 경험 많은 성인의 감독 아래 사용해야 하며, 사용 시 언제든 도움을 받을 수 있어야 한다.

언제나 보안경을 착용하자. 전기 톱(power saw)이든 손톱(hand saw)이든 작업을 시작하기 전에 먼저 보안경을 착용하고 절단 작업이 완전히 끝날 때까지 벗지 않는다. 보안경은 파편이나 톱밥으로부터, 또 최악의 경우 튀어오르는 나무 조각이나 부러진 톱날로부터(이크!) 눈을 보호해준다.

설명서를 읽자. 톱은 제품 모델과 유형이 아주 다양하기 때문에 톱마다 소소한 부분이나 버튼 등이 서로 다를 수 있다. 제조업체의 설명서를 읽고 특정 공구의 사양을 파악하는 일이 중요하다.

나뭇결과 절단 유형을 숙지한다. 나무에는 나이테 무늬의 '결'이 존재한다(목재와 결에 관한 자세한 내용은 35쪽 '만들기 재료'를 참고한다!). 나뭇결과 절단 방향에 따라 절단 유형과 필요한 톱 유형을 결정해야 한다.

- **가로켜기**(crosscut)는 결 방향과 직각이 되도록 목재를 길게 자르는 것이다.
- **세로켜기**(rip cut)는 결 방향과 나란하도록 목재를 길게 자르는 것이다.

어떤 톱을 사용해야 할까?

절단 유형	손톱	전기 톱
가로켜기	가로켜기 손톱	각도 절단기, 원형 톱
세로켜기	세로켜기 손톱	테이블 톱, 원형 톱
빗각켜기	등대기 톱과 각도 톱대	연귀 눈금이 있는 각도 절단기
빗면켜기	등대기 톱과 각도 톱대	연귀 눈금이 있는 각도 절단기, 또는 자유 각도자가 달린 테이블 톱(자유 각도자를 결 방향으로 움직이는 경우)
곡선켜기	실톱	지그소, 띠톱, 또는 섬세한 절삭 작업이라면 스크롤 톱
거친 면 절삭	활톱	왕복 톱, 기계 톱
금속 절삭	쇠톱	왕복 톱, 금속 띠톱, 연마 톱

자를 곳에 표시한다

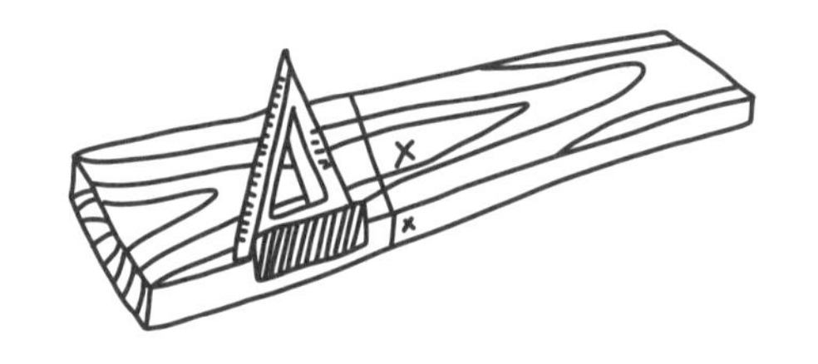

단단히 고정한다

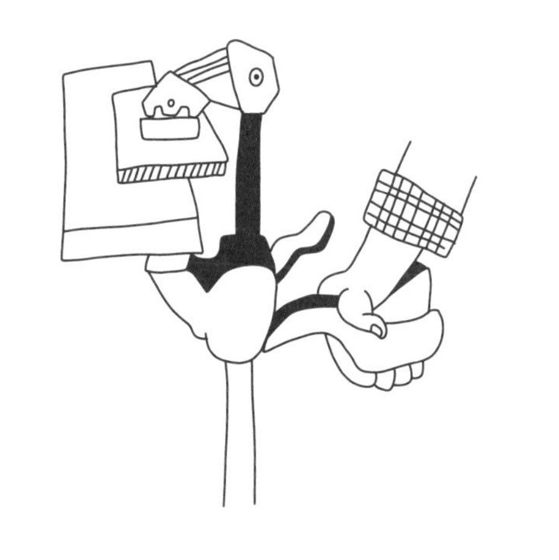

날어김(톱날이 지나가는 전체 너비)

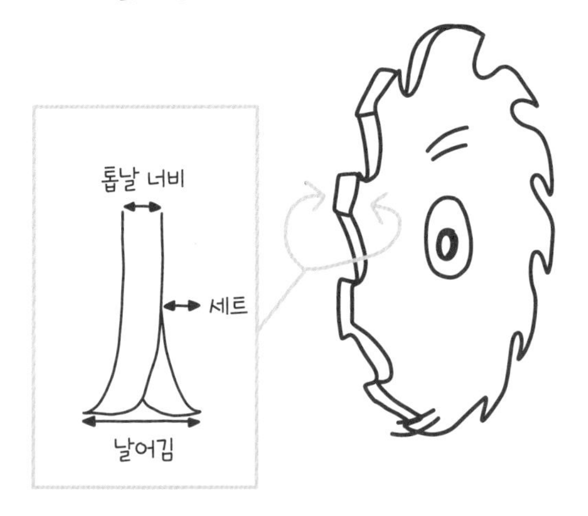

◆ 비스듬히 자르는 절단 유형은 두 가지이다. 먼저 **빗각켜기(miter cut)**는 목재의 윗면을 사선으로 절단하는 것이며, **빗면켜기(bevel cut)**는 목재 모서리를 사선으로 절단하는 것이다.

일단 나뭇결과 절단 유형을 알고 나면 어떤 톱을 사용할지 결정하기가 쉬워진다.

자를 곳에 표시한다. 절단하기 전에 스크래치 송곳이나 스피드 스퀘어와 연필로 재단할 곳에 정확히 표시를 한다. 특히 지그소나 활톱, D자형 실톱, 띠톱을 사용해서 곡선으로 절단하는 경우 이 재단선이 큰 도움이 된다. 당장 74, 78쪽으로 돌아가 기호(V)로 치수를 표시하고 스피드 스퀘어 사용법을 다시 확인해두면 좋을 것이다!

단단히 고정한다. 테이블 톱이나 금속 띠톱 같은 전기톱을 사용할 때는 톱날을 고정하고 목재를 움직여 절단한다. 그러나 각도 절단기나 원형 톱 같은 경우는 날이 움직이는 동안 재료가 절대 움직여서는 안 된다! 이를 위해서 목재를 절단할 때 클램프나 바이스, 도그를 사용한다. 각 절단 작업에 가장 적합한 고정용 공구를 찾으려면 '측정하고 배치하고 고정하기' 섹션(73쪽)을 참고한다!

날어김에 주의한다! '날어김(kerf)'은 내가 가장 좋아하는 단어 중 하나이다. 절단 또는 절단하다라는 뜻의 고대 영어 단어 'cyrf'에서 유래했다. 톱날이 지나가는 전체 너비를 뜻하며, 약간 바깥쪽으로 향해 있는 경우가 많다. 날어김이 중요한 이유는 절단했을 때 물리적으로 제거되는 부분이기 때문이다. 재단으로 길이가 줄어드는 일을 막으려면 날어김을 기억했다가 반영해 주어야 한다.

자를 때마다 측정한다. 12인치(약 30.5cm)로 자른 나무 조각이 네 개 필요하다고 가정해보자. 나무에 12인치 간격으로 네 번 표시하면 된다고 생각할 수도 있다. 그러나 날어김을 고려해야 한다! 날어김이 ⅛인치(약 3mm)인 각도 절단기를 사용하고, 한 번에 네 조각으로 자른다고 하면, 자를 때마다 길이가 12인치에서 ⅛인치씩 부족해져 마지막에는 길이가 ⅜인치(약 1cm) 짧아질 것이다! 이를 피하려면 치수를 재고 자를 곳을 표시해 재단한 뒤, 또 재단하기 위해 치수를 다시 측정해야 한다. 그래야 언제나 새로운 끝에서부터 치수를 잴 수 있다.

TPI(teeth per inch, 인치당 톱니 수)가 작을수록 절단면이 거칠다. TPI는 톱니의 밀도를 나타낸다. TPI가 클수록 나무에 작용하는 톱니 수가 많아져서 절단면이 더 깨끗하고 고와진다. TPI가 적은 톱날은 목재를 조잡하게 파먹기 때문에 목재를 거칠게 절단할 때 좋다. 목공 프로젝트를 보기 좋게 만들려면 TPI가 큰 '마감용 톱날'을 사용한다.

톱이 할 일을 하도록 둔다. 그렇다, 몇 시간 톱을 사용하면 팔운동에 좋을지는 모르지만, 실제로 톱을 올바르게 사용하면 힘을 크게 들이지 않아도 공구가 일을 대부분 대신해준다. 예를 들어, D자형 실톱의 경우 몸쪽으로 당기면서 자르기 때문에 밀면서 지나치게 힘쓸 필요가 없다. 사실 어떤 톱은 세게 밀수록 톱이 말을 안 듣거나 위험한 상황이 생기는 경우가 더 많다.

자를 때마다 측정한다

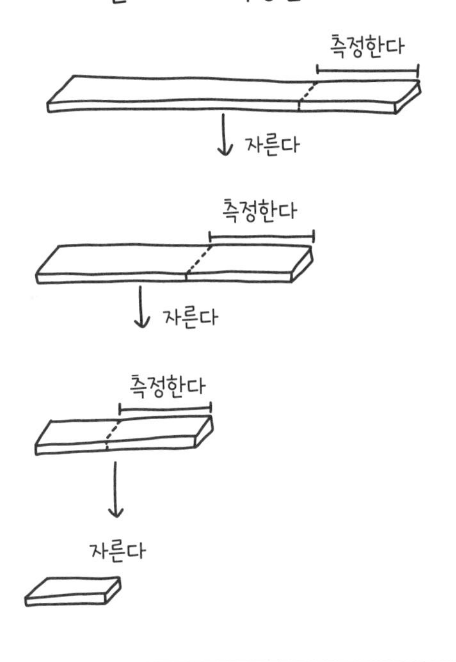

TPI가 작을수록 절단면이 거칠다

톱니가 적다(낮은 TPI), 절단면이 거칠다

톱니가 많다(중간 TPI), 절단면의 거칠기가 중간이다

톱니가 아주 많다(높은 TPI), 절단면이 곱다

가로켜기 손톱

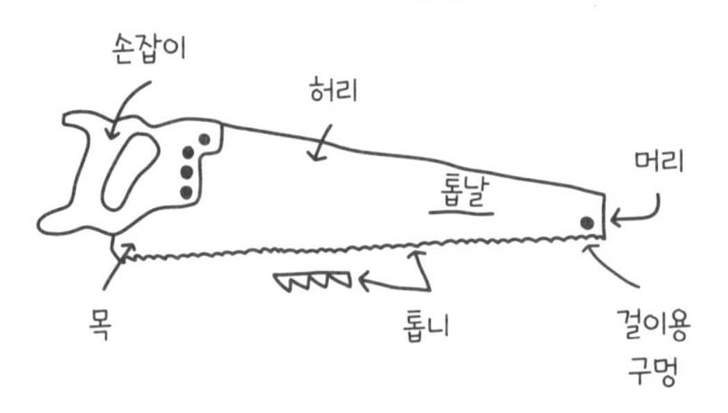

손톱 사용법

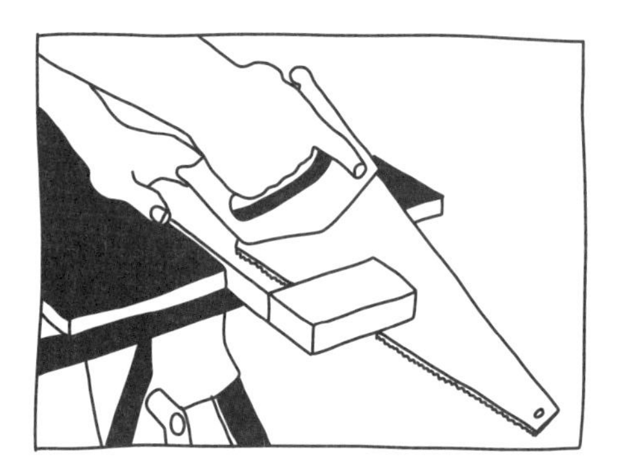

재미있는 사실!

가로켜기 손톱은 대부분 편리한 기능 두 가지가 있다. 먼저 톱날 끝의 한쪽 모서리가 90도여서 직각 절단선을 그릴 때 삼각자로 사용할 수 있다. 가로켜기 손톱 중에는 칼날 끝에 작은 구멍이 있어서 벽에 박힌 못에 걸 수 있어서 손잡이를 걸어두는 것보다 훨씬 안전하다.

손톱

오로지 근육으로 움직이는 손톱(handsaw)은 목재를 대충 절단하거나 목공용으로 정밀하게 절단할 때, 또 전기를 사용할 수 없을 때 사용한다.

손톱 부위 명칭

손톱은 손잡이(보통 나무)와 긴 금속 날로 이루어진 단순한 공구다. 톱날의 아래쪽 가장자리에는 절단하기 쉽도록 톱니가 한 방향으로 나란히 나 있다.

손톱 유형

손톱의 톱니는 한쪽(외날톱)이나 양쪽 가장자리(양날톱)에 있고, 앞뒤 한 방향으로 나 있다. 이 톱니 방향 때문에 밀어서 자르는 톱(push-cut saw)이 있는가 하면 몸쪽으로 당겨서 자르는 톱(pull-cut saw)이 있다. 다음은 절단 작업 대부분에 흔히 사용하는 톱이다.

가로켜기 손톱(crosscut handsaw): 손톱을 그린다면 아마도 대부분 가로켜기 손톱을 상상할 것이다. 가로켜기 손톱은 나무 조각을 결과 직각으로 거칠게 자르기 위해 고안된 공구다. 각도 절단기나 전기를 쓸 수 없고 2×4 구조목 등의 목재를 특정 길이로 잘라야 할 때 가로켜기 손톱을 사용할 수 있다.

가로켜기 손톱은 손잡이와 톱날로 이루어져 있으며 전체 길이가 약 2피트(약 61cm)이고, 톱니는 왼쪽, 오른쪽 번갈아 나 있다. 길이와 톱니 수가 다양한 제품을 구입할 수 있지만, 26인치(약 66cm) 길이에 인치당 톱니 수가 12개(12TPI)인 제품이면 프로젝트 대부분에 사용하기 적당하다.

가로켜기 톱과 유사한 세로켜기 톱(ripsaw)도 있는데, 가로켜기 톱과 비슷해 보이지만 톱니의 각도가 조금 다르고 작은 끌을 줄지어 세워놓은 듯하여 나뭇결과 나란한 방향으로 켤 수 있다. 그러나 실제로는 TPI가 12인 가로켜기 톱이 세로켜기에도 사용하기 좋다.

두 명이 함께 사용하는 가로켜기 톱(거대한 통나무를 벌목할 때 쓰는 것 같은)도 있다. 이런 톱에는 손잡이가 반대쪽에도 달려 친구와 함께 톱을 켤 수 있다.
가로켜기 톱은 밀어 자르거나 밀고 당겨 자르는 방식을 사용한다. 이는 톱니 방향이 어디를 향해 있는지로 알 수 있다. 톱니가 톱날 끝을 향해 있다면 몸에서 멀리 톱을 밀 때 대부분 절단된다. 반면에 톱니가 똑바로 아래를 향해 있다면 밀고 당겨 자르기 톱이므로 밀고 당길 때마다 절단된다. 어느 경우든 톱을 아래로 기울이고, 몸에서 가장 먼 나무 모서리부터 시작하여 몸 쪽으로 자를 때 가장 쉽다. 톱을 약 45도 기울이고 톱의 끝이 손과 손잡이보다 낮게 한다. 완전히 잘릴 때까지 톱을 부드럽고 빠르게 앞뒤로 움직인다. 또 떨어지지 않도록 톱질대를 사용하거나 친구에게 끝을 잡아달라고 부탁한다.

등대기 톱(backsaw): 등대기 톱은 톱날 상단 모서리에 단단한 등(허리)이 덧대어져 있어서 톱날이 휘지 않도록 막아줘 곧고 세밀한 절단이 가능하다. 등대기 톱은 소목이 만드는 물건처럼 작고 섬세한 절단에 적합하다. 등대기 톱은 날이 얇고 날어김도 작기 때문에 목재의 손실이 크지 않다.
등대기 톱은 보통 톱날을 몸 쪽으로 당겨 자르며, 톱니가 잘며 인치당 톱니 수(TPI)가 많다. 유형이 다양하고, 처음 사용하기 좋은 등대기 톱은 직사각형 톱날과 나무 손잡이가 달린 12인치(약 30.5cm)나 14인치(약 35.6cm) 제품이다.
아래로 기울인 각도로 켜는 커다란 가로켜기 톱과 달리, 등대기 톱은 톱날을 나무 표면 위로 평평하게 움직일 때 가장 잘 잘린다. 절단이 수월하도록 각도 톱대를 가이드로 사용할 수 있다. 이때 톱은 자를 물건과 직각으로, 수평하게 앞뒤로 움직여야 한다.

등대기 톱

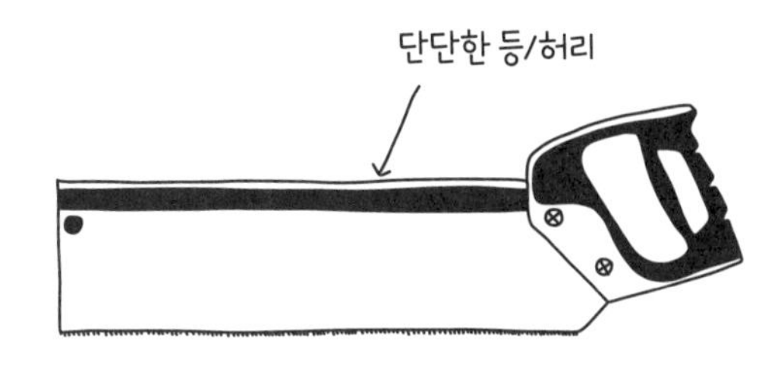

일본 도츠키 등대기 톱

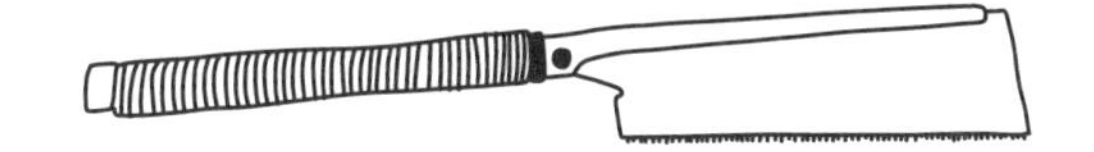

재미있는 사실!

일본은 '도츠키(dozuki)'라 불리는 품질이 뛰어난 목공용 등대기 톱으로 유명하다. 도츠키 등대기 톱은 당겨 자르는 톱으로, 전통적으로 일본 목공과 목공예에 사용되어왔다. 도츠키 등대기 톱은 사무라이 검 손잡이를 가죽으로 감싸듯이 손잡이를 감싼 경우가 많다.

활톱

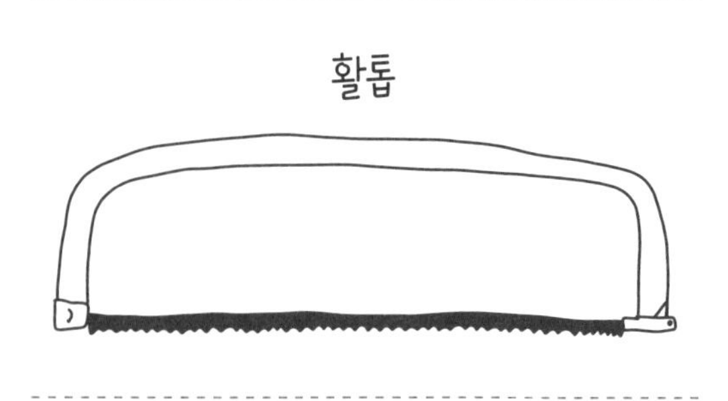

활톱 사용법

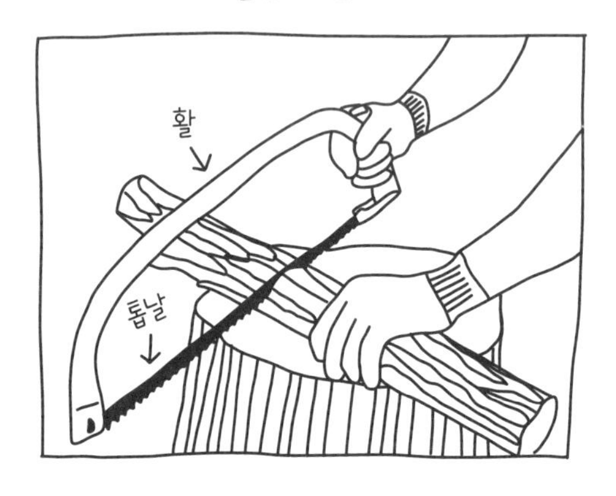

활톱(bow saw): 활톱에는 얇은 날과 날을 고정하는 커다란 금속 '활'이 있다(양궁의 활을 떠올려보자. 활시위가 톱날에 해당한다). 활톱은 가볍고 전통적으로 잔가지를 자르거나 장작이나 불쏘시개 등을 자르는 데 사용했다. 얇은 톱날은 나뭇가지처럼 이상한 각도나 이상한 모양의 나무를 자를 때 유용하다.

활톱의 톱날은 활 양 끝에서 팽팽하게 잡아주며, 톱날은 손쉽게 빼고 교체할 수 있다. 톱날은 보통 상당히 조악한 편이다(인치당 톱니 수가 4~16개에 불과해 정밀도를 생각한다면 아주 좋은 선택은 아니지만, 야생 상태나 작업실에서 빠르게 재단하는 데 매우 유용하다). 톱니가 바깥쪽이나 뒤쪽, 앞쪽이 아닌 아래를 향해 있기 때문에 활톱은 당길 때나 밀 때나 모두 절단된다.

구식 활톱 중에 손잡이가 따로 없는 제품도 있는데, 활을 잡고 톱질을 해야 한다. 요즘 나오는 최신 제품에는 활 뒤쪽 끝에 손잡이가 달려 있다. 활톱은 이인용 가로켜기 톱처럼 두 명이서 사용할 수도 있다. 두 사람이 활톱의 양 끝을 각각 잡고 앞뒤로 톱을 켜면 된다.

쇠톱

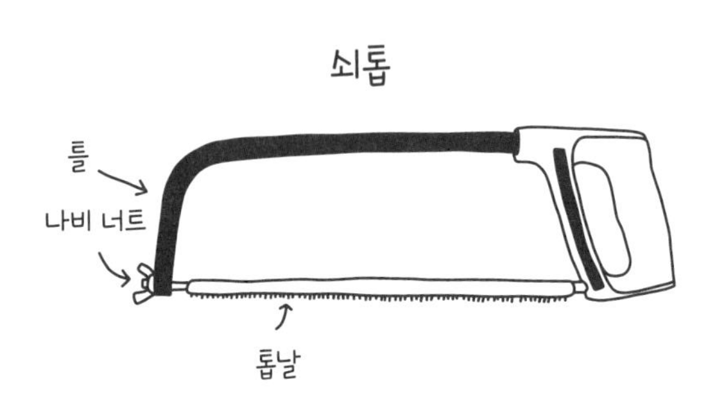

쇠톱(hacksaw): 활톱과 비슷하지만, 쇠톱은 원래 금속 절단용으로 고안되었다. 톱니가 촘촘한 톱날은 금속 절단에 이상적이지만, 나무나 플라스틱에도 사용할 수 있다(배관공이 플라스틱 PVC 파이프를 쇠톱으로 절단하듯이).

쇠톱은 활톱과 마찬가지로 12인치(약 30.5cm) 길이의 교체 가능한 톱날을 사용하며 인치당 톱니 수가 18~32개이다. 6인치(약 15.2cm) 정도 길이의 작은 쇠톱을 구입할 수도 있지만, 내 생각에 이렇게 작은 쇠톱은 대개 여러 작업에 다목적으로 사용하기 어렵다.

금속을 절단할 때는 쇠톱을 기울여야 가장 효율이 좋다. 날이 부러지기 쉽고, 비틀면 특히 잘 부러지기 때문에 날이 어느 한쪽으로 휘지 않도록 똑바로 유지해야 한다.

실톱(coping saw): 실톱은 사용하기 쉽고 곡선 절단에 사용하는 다목적 공구다. 얇은 나무판에서 곡선 형태를 잘라내거나(262쪽 '원하는 모양으로 벽시계 만들기' 프로젝트 참고), 날을 풀어 구멍에 끼운 뒤 바깥쪽으로 잘라낼 수 있다.

실톱은 D자 모양의 나무 틀과 매우 얇은 날로 구성된다. 날의 양끝에 달린 작은 핀을 나무 손잡이의 구멍에 끼운 뒤 장력을 조정해 톱날을 틀에 고정한다. 톱날은 저렴하고 쉽게 교체가 가능하다. 톱날과 틀의 등 사이에 넓은 공간(D자 모양)이 있어서 나무 가장자리에서 먼 데까지 깊게 자를 수 있다. 날의 방향을 뒤집어 톱니가 틀 쪽으로 향하게 할 수 있어서 나무를 특이한 각도로 자르거나 아래에서 위로도 자를 수 있다.

프로젝트를 진행하다 보면, 나무에 미리 뚫어놓은 구멍에서부터 시작해 잘라야 할 때가 있다(알파벳 O의 안쪽 원을 잘라낸다고 생각해보자). 다른 톱이라면 구멍에 갖다대기조차 어려울 것이다. 실톱이라면 아무런 문제가 없다! 날을 틀에서 빼서 구멍에 끼운 다음 다시 틀에 연결해서 톱질을 시작하면 된다. 실톱의 톱날은 가장자리에 세워서 한 방향으로 켤 때 재료를 가장 잘 자를 수 있다. 톱날이 손잡이 쪽을 향하도록 해서(번개 표시에서 지그재그의 끝이 아래를 향하는 것처럼) 당겨 자르는 방식이 가장 흔하며 바람직하다. 톱날을 교체할 때는 틀을 양쪽에서 꽉 눌러 날의 양 끝을 빼낸 다음 새 날의 핀을 틀의 핀 구멍에 끼우면 된다.

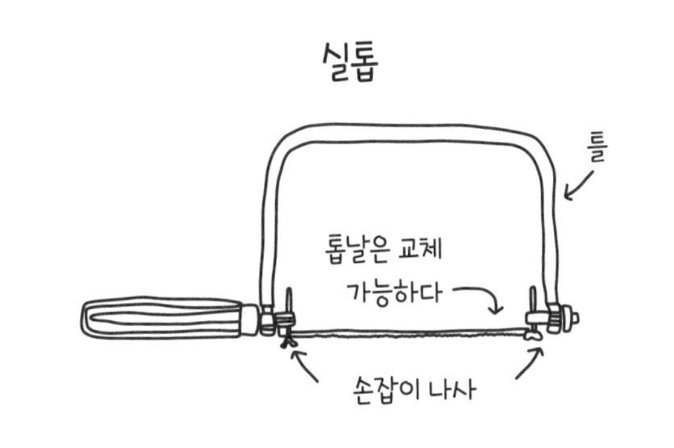

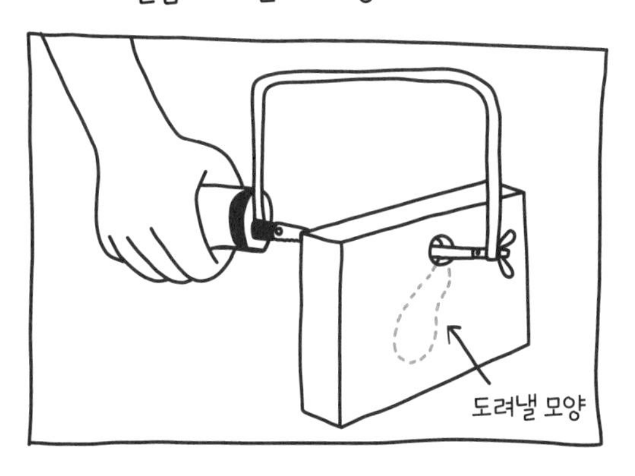

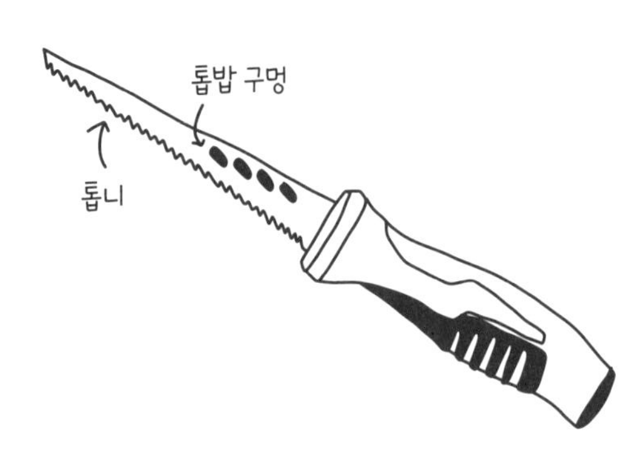

쥐꼬리톱(keyhole saw): 찌르기톱(jab saw)이나 악어톱(allegator saw)으로도 알려진 쥐꼬리톱은 아주 뾰족한 공구다. 쥐꼬리톱은 다른 톱을 댈 수 없는 곳에 사용한다. 작은 공간을 자르고 재료의 표면을 찌르거나, 구멍 안에서 자를 때 사용한다. 보통 벽을 세울 때 석고 보드에 구멍을 내는 용도로 사용한다.

쥐꼬리톱은 두 가지 유형이 있다. 하나는 손잡이에 톱날이 고정된 것이고, 또 하나는 주머니칼처럼 접는 것이다. 쥐꼬리톱 중에는 날 끝이 날카롭게 서 있어서 재료를 뚫는 데 사용할 수 있는 제품도 있다. 톱밥 제거 쥐꼬리톱(rasping keyhole saw)에는 치즈 강판처럼 작은 톱밥용 구멍이 있어서 재료를 절단할 때 표면을 매끄럽게 해준다.

쥐꼬리톱을 사용할 때는 너무 힘을 세게 가하지 않도록 한다. 힘을 세게 가하면 톱이 재료에 걸리거나 가뜩이나 좁은 공간에서의 작업이 더욱 어려워질 수 있다.

비비 아미나

목공 장인, 치콤관리위원회(Ciqam Management Committee) 회원

파키스탄 길기트-발티스탄주 훈자, 알티트 포트

비비 아미나는 파키스탄 최초의 여성 목수의 한 명이자 치콤이라는 여성 장인 단체의 회원이다. 비비의 이야기는 내가 들은 가장 용감한 이야기 중 하나였다. 비비가 자신의 삶과 가족, 지역 사회를 발전시키기 위해 만들기를 선택했기 때문이다. 비록 직접 비비를 만난 적은 없지만, 나는 종종 지구 반대편에서 손톱을 들고 열심히 일하고 있는 비비나 비비와 함께 일하는 여성들을 떠올리곤 한다. 모든 어린 여성 청소년 메이커들이 우리 모두에게 귀감이 되는 비비의 투지와 의지를 배우기를 바란다.

저는 파키스탄의 작은 마을에서 태어나 좁은 땅이 전부인 가난한 소작농 가정에서 자랐어요. 열두 살이 된 1996년에 아버지와 삼촌이 도로에서 사고로 돌아가셨는데, 가족 중 아버지만 유일하게 돈을 버셨기 때문에 우리 가족은 금전적으로 아주 어려워졌죠. 어머니는 중국 국경 근처 마을 출신으로 도와줄 친척이 아무도 없었거든요. 저는 가족과 떨어져 외할머니와 함께 살면서 기초 교육을 받고 대학에 들어갔지만, 가정 형편이 너무 안 좋아서 결국 학업을 포기해야만 했어요.

어머니와 가족이 가난에서 벗어나도록 직장을 구하려고 애쓰던 중 파키스탄 아가칸 문화청에서 목공 훈련생으로 일해보지 않겠냐는 제의가 왔어요. 당시 아가칸 문화청은 알티트 포트의 복원 작업을 진행 중이어서 저는 기꺼이 그 제의를 받아들였죠. 공학자, 건축가, 석공, 목수, 전기 기사 등 다양한 분야의 전문가들이 알티트 포트 복원팀에서 일하고 있었는데 훈련생 중에 여성은 극히 소수에 불과했어요. 처음에는 육체적으로 너무 힘들었지만, 저는 역사적 의의가 깊은 목재 구조물에 대한 지식을 빠르게 쌓아나갔어요. 너무나 흥미로웠어요! 이 경험을 통해 기술 지식을 습득한 저는 숙련공으로서 자신감도 키울 수 있었죠. 6개월간의 훈련이 끝난 후, 저는 어머니를 돕기 위해 집 주변 물건을 수리하기 시작했는데, 매달 들어오는 수입 외에도 수입이 생기자 어머니는 상당히 만족하셨고 여유도 생겼죠.

2008년에 공식 목공 교육을 받기 시작했어요. 당시에는 농사 말고 다른 일을 하는 여성은 거의 없었어요. 매일 일하러 걸어가야 했는데, 이 자체가 위험해서 엄청나게 무서웠어요. 저의 가장 큰 어려움 중 하나였죠. 직장에는 남자 목수가 여섯 명, 여자 훈련생이 두 명 있었어요. 저는 커리큘럼을 따르는 대신 도제가 되어 목공을 배웠어요.

일터에서 가장 큰 어려움 중 하나가 엄격한 전통 복장 규정을 지켜야 하는 거였어요. 신체적으로나 정서적으로나 어려웠어요. 일터 밖에서, 지역 사회 차원에서,

우리 같은 여성은 빈곤에서 벗어나겠다고 사회적 규범에 반하는 행동을 하는 정상적이지 않은 개인으로 여겨졌죠. 부정적인 이야기도 많이 들었어요. 훈련 첫해에는 인근 도시의 눈에 띄는 작은 건물에서 일했어요. 전통 건축 기법으로 단 6개월 만에 지었죠. 저는 이 일이 가장 자랑스러워요.

제가 배운 공구 중에 가장 애정이 가는 건 목재를 다듬고 그 목재로 공간을 만들 수 있는 손톱입니다.

저에게 건축은 사회와 물리적인 환경에 필요한 변화를 가져다주는 수단이자 엄청난 잠재력을 가진 도구예요. 건축에 종사하는 여성으로서 저는 제 직업을 통해 물리적 공간에서 육체를 움직여 일하고 재료를 활용해 여러 사람들을 위한 공간과 제품을 만들 수 있는 능력을 함양할 수 있었어요. 제 삶의 질 향상은 물론 다른 사람에게도 더 나은 물리적 환경을 제공하죠.

극심한 빈곤을 겪어본 저는 에너지 효율이 좋은 소규모 주택을 개발해 취약 계층을 돕는 데 관심이 많아요. 여성 목수이자 건축업 종사자로서 파키스탄 농촌 지역의 젊은 여성들을 위해 더 많은 기회를 창출해서 이들이 경제적 능력을 갖추고 가부장적인 사회에 긍정적인 변화를 가져올 수 있도록 돕고 싶어요.

전기 톱

집중력과 인내심이 필요해서 나는 손톱을 좋아하지만, 가끔 엄청난 힘이 필요할 때가 있다. 특히 잘라낼 조각이 많거나 더 정밀하게 재단해야 하는 경우 전기 톱을 사용하는 게 좋다. 신경 써서 톱날을 왔다 갔다 하는 것이 주된 일인 손톱과 달리, 전기 톱은 톱날이 알아서 회전하거나 움직인다. 따라서 정확히 자르려면 잠시도 긴장을 늦추지 않고 안전하게 톱날의 움직임을 제어해야 한다. 전기 톱 중에는 회전 날을 사용하는 톱과 재봉틀 바늘처럼 앞뒤로 움직이는 날을 사용하는 톱이 있다. 그 외에 크고 얇은 날이 고리 형태로 정해진 선을 따라 도는 톱도 있다.

전기 톱 유형

어떤 전기 톱을 선택할지는 주로 절단 유형(가로켜기, 세로켜기 등)에 따라 결정된다. 123쪽의 표를 참고하자.
선택한 전기 톱 유형에 관계없이 톱밥이 생기니 마음의 준비를 하자!

안전 확인!

어떤 전기 톱을 사용하든 다음 안전 장비를 갖추어야 한다.

- ♦ 숙련되고 경험 많은 성인 메이커 동료
- ♦ 보안경(상시 착용!)
- ♦ 귀마개
- ♦ 방진 마스크
- ♦ 앞이 막힌 신발이나 안전화
- ♦ 긴 바지
- ♦ 머리 뒤로 묶기
- ♦ 헐렁한 옷, 끈 달린 후드티, 액세서리 피하기
- ♦ 반팔, 또는 팔꿈치까지 소매 접어 올리기

각도 절단기(miter saw): 각도 절단기는 고정된 바닥과, 그와 직각을 이루는 원판 톱날로 구성되어 있다. 이 톱날을 아래로 내려서 2×4 구조목 등 폭이 좁은 목재를 자를 수 있다. 각도 절단기는 나뭇결과 직각으로 자르는 가로켜기에 사용한다. 절단기(chop saw)의 평평한 테이블은 너비가 보통 6~12인치(약 15.2~30.5cm)이기 때문에 긴 목재를 빠르게 자르기에 적합하다. 단, 각도 절단기는 테이블 너비보다 폭이 넓은 조각은 절단할 수 없다는 점에 주의한다. 따라서 각도 절단기는 2×4나 2×6와 같은 구조목을 절단하는 데 가장 많이 사용한다. 2×4로 주택 골조를 세우는 경우, 각도 절단기는 작업 현장에 없어서는 안 될 공구다!
각도 절단기는 나무 절단에만 사용한다. 금속이나 플라스틱 등 나무가 아닌 재료는 자르지 않는다.
각도 절단기는 몇 가지 다른 구성으로 판매된다.

- ♦ 표준 각도 절단기에는 톱날과 좌우로 움직이는 테이블이 있어서 나무 표면을 사선으로 자를 수 있다(빗각켜기).
- ♦ 복합식 각도 절단기(compound miter saw)는 빗각켜기와 빗면켜기를 할 수 있다. 톱날은 보통 바닥과 수직을 이루지만, 목재를 비스듬히 절단하기 위해 최대 45도까지 기울일 수 있다. 빗각켜기와 빗면켜기는 122쪽을 보자!
- ♦ 각도 절단기 중에는 슬라이드가 장착된 유형도 있어서 목재를 자르기 전에 톱날을 몸 쪽으로 당길 수 있다. 슬라이드 각도 절단기(slide meter saw)를 사용하면 2×12와 같이 너비가 더 넓은 목재 조각도 자를 수 있다.

각도 절단기에는 안내대(fence)와 톱날 덮개(guard)라는 중요한 안전 장치 두 가지가 있다. 안내대는 절단할 때마다 뒷면 받침으로 사용한다! 톱날 덮개는 톱날 위를 덮는 플라스틱 덮개로 회전하는 톱날로부터 사용

각도 절단기

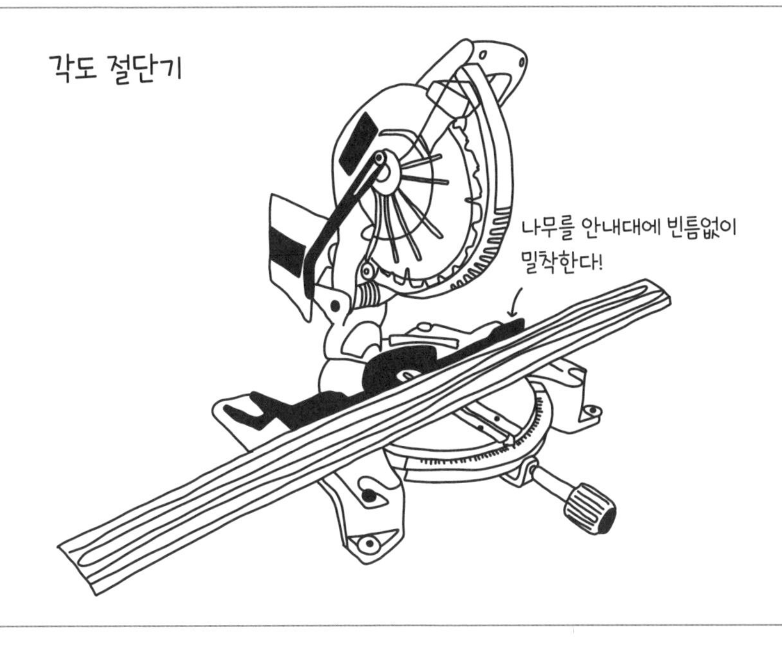

복합식 각도 절단기

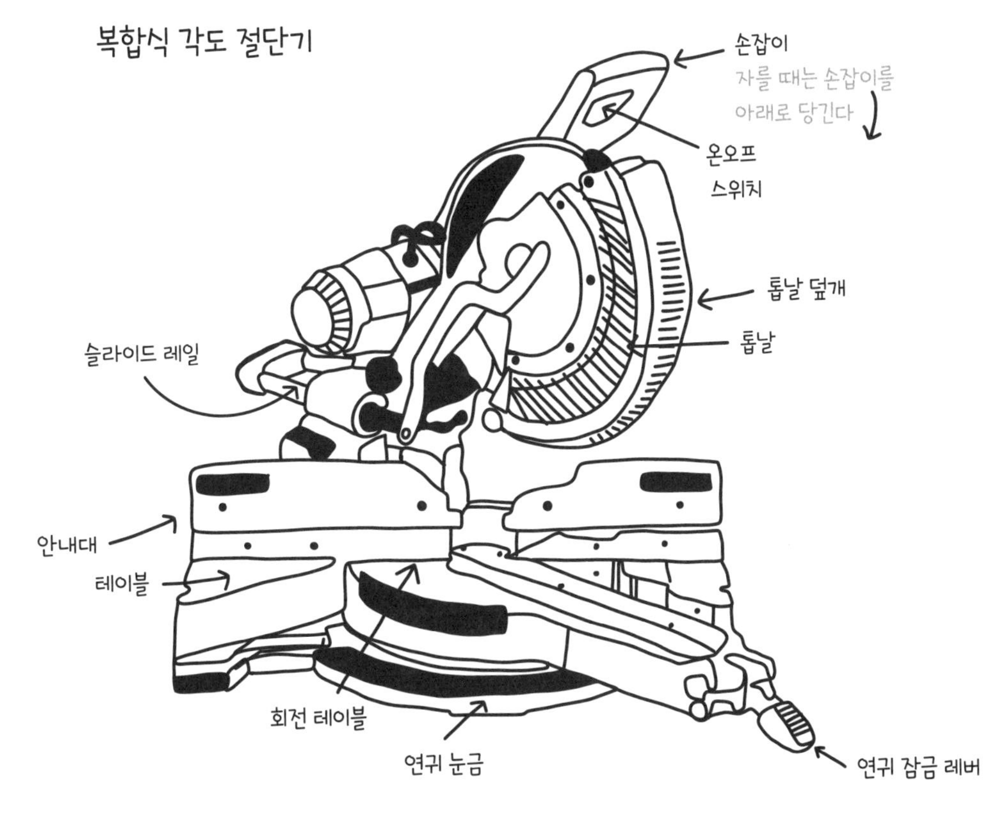

각도 절단기로 자른 빗각켜기

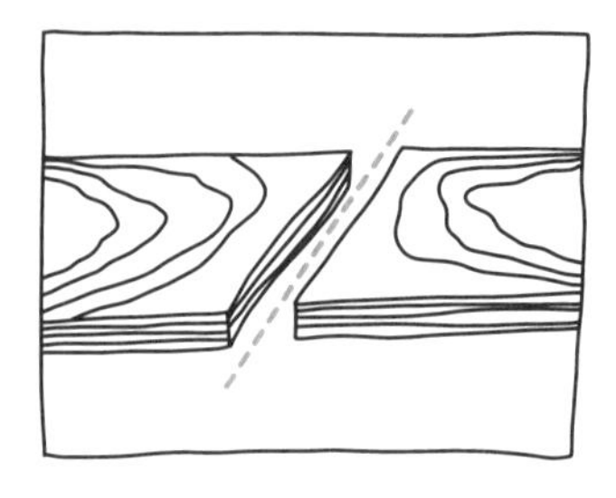

각도 절단기로 자른 빗면켜기

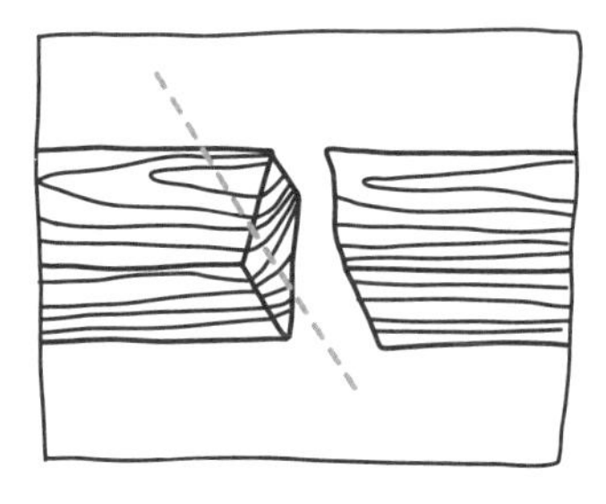

자를 보호해준다. 톱날을 내려서 절단할 때는 톱날 덮개가 살짝 위로 올라가기 때문에 무리 없이 자를 수 있다. 절단기 날은 종류별로 구입할 수 있지만, 표준 톱날보다 톱니 수가 많아서 매끄러운 절단이 가능한 나무 마감용 날을 추천한다.

각도 절단기는 반드시 숙련되고 경험 많은 성인의 감독 아래 사용해야 하며, 사용 시 언제든 도움을 받을 수 있어야 한다. 반드시 사용할 제품의 설명서를 읽고 따른다. 또 사용자와 곁에서 지켜보는 사람 모두 상시 보안경을 착용해야 한다!

나무의 치수를 측정하고 표시하는 작업이 끝났다면 각도 절단기를 사용할 준비가 된 것이다.

각도 절단기를 사용할 때 가장 중요한 규칙은 다음과 같다. 안내대는 가장 좋은 친구이다! 나무를 각도 절단기 테이블 위에 올려놓을 때 언제나 가장 먼저 해야 할 일은 안내대에 대고 밀어서 나무가 안내대와 빈틈없이 닿으면서도 각도 절단기의 테이블 위에 평평하게 놓였는지 확인하는 것이다. 나무 전체가 안내대와 테이블 표면에 잘 밀착되어 있는지 확인하자.

자주 사용하지 않는 손으로 나무를 제자리에 고정하되, 손을 각도 절단기의 '손을 갖다대지 마시오' 표시가 있는 구역에 두지는 않았는지 확인한다. 각도 절단기에 이 표시가 없다면 목재를 고정할 손이 톱날에서 최대한 멀리 떨어질 수 있도록 손을 톱 테이블 가장 바깥쪽 가장자리에 둔다. 이제 목재를 테이블과 안내대에 밀착하도록 단단히 고정한다. 엄지손가락이 튀어나오지 않도록 집어넣는다! 이렇게 손으로 목재를 고정하는 일은 너무나 중요하다. 자르는 동안에도 안내대에 밀착하도록 단단히 잡고 있어야 한다.

자르기 전에 보안경을 착용했는지 다시 한 번 확인하자! 전원 버튼은 주로 사용하는 손으로 누르면 된다. 보통 각도 절단기 손잡이에 달려 있다. 톱날이 목재에 닿지 않은 상태에서 각도 절단기의 전원 버튼을 눌러서 절단을 시작한다.

- 표준 각도 절단기는 톱날이 목재에 닿지 않은 상태에서 전원을 켜 톱날이 최대 속도로 회전하도록 해야 한다. 톱날을 아래로 당겨 나무를 완전히 지나가도록 부드럽게 절단한다. 절단이 끝나면 전원을 끄고 톱날이 회전을 멈출 때까지 기다렸다가 톱날을 위로 올린다.
- 슬라이드가 달린 각도 절단기의 경우, 팔을 몸 쪽으로 당겨 톱날이 자르려는 목재의 앞쪽 가장자리 바로 위에 오도록 한다. 톱날이 나무에 닿지 않은 상태에서 전원을 켜 똑바로 아래로 내린 뒤 안내대 쪽으로 민다(팔이 L자를 그리도록 움직인다). 절단이 끝나면 전원을 꺼 날이 회전을 멈출 때까지 기다렸다가 톱날을 다시 위로 올린다.

각도 절단기로 목재를 자를 때는, 톱날이 완전히 회전을 멈추기 전까지는 목재를 움직이거나 목재에 손을 대어서는 안 된다.

원형 톱(circular saw): 목재를 길고 곧게 자르는 편리하고 휴대가 가능한 전기 톱이다. 합판에 가장 많이 사용한다. 대표적인 브랜드명을 따서 스킬소(Skilsaw)라고도 부른다. 원판 모양의 톱날이 케이스 안에 수직으로 장착되어 있다. 일자 베이스(shoe)는 목재 위에 평평하게 놓인 채로 톱날이 회전하며 재료 표면을 따라 이동함으로써 절단선을 따라 자른다.

각도 절단기는 2×4와 같은 목재를 자르기에 좋지만, 합판 같은 더 넓은 목재를 가로질러 움직이는 데는 평평한 베이스가 있는 원형 톱이 더 적당하다. 긴 길이를 절단해야 하지만 테이블 톱을 사용하기는 힘든 상황일 때 원형 톱을 사용하면 좋다. 나는 코드가 없는 무선 원형 톱을 선호하는데, 절단하는 동안 코드에 걸리거나 코드에 방해를 받을 일이 없기 때문이다.

원형 톱의 톱날은 자르려는 재료에 따라 인치당 톱니 수와 톱니 유형도 다양하다. 나무 절단(가로켜기 및 세로켜기)용 톱날이나 금속용 톱날도 있으며, 스테이플이나 못 등이 있을지도 모를 목재 절단 용도의 '못 절단' 톱날도 있다. 구입할 때는 원형 톱의 크기에 맞는 직경의 톱날을 고르면 된다. 일반적으로 사용하는 원형 톱 크기는 7¼인치(약 18.4cm)이며, 이 경우 직경 7¼인치의 톱날을 구입하면 된다.

원형 톱은 반드시 숙련되고 경험 많은 성인의 감독 아래 사용해야 하며, 사용 시 언제든 도움을 받을 수 있어야 한다. 사용할 제품의 설명서를 반드시 읽고 따른다. 또 사용자와 곁에서 지켜보는 사람 모두 상시 보안경을 착용해야 한다!

원형 톱을 사용할 때 무엇보다 중요한 팁은 절단하는 동안 베이스를 재료 표면과 밀착한 상태로 유지해야 한다는 것이다. 클램프로 재료를 작업대에 고정하거

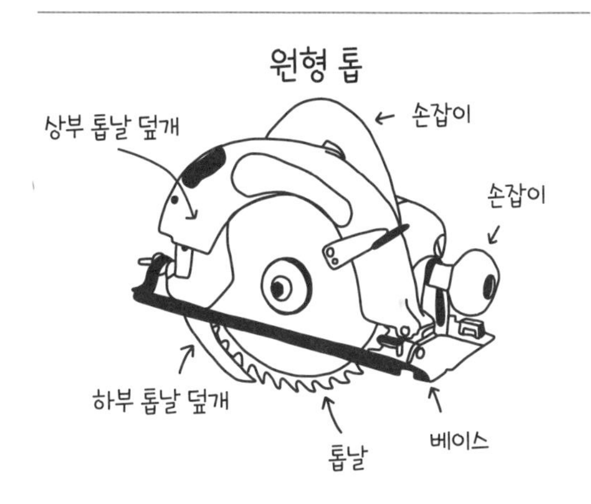

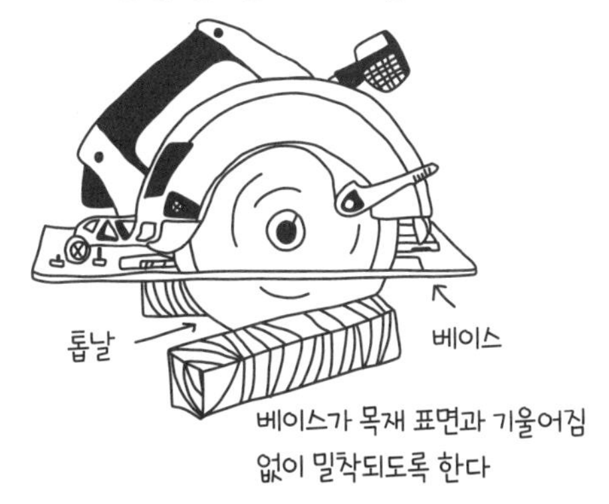

재미있는 사실!

각도 절단기는 '절단기'라고도 많이 부른다. 목공소에서 '절단기'라는 단어가 들리면, 아마도 각도 절단기를 가리키는 것일 가능성이 높다. 그러나 엄밀히 말해 절단기는 금속 절단용 전기 톱으로, 절단기의 연마용 원판은 좌우로 돌릴 수 없어서 사선으로 목재를 자르는 빗각켜기는 불가능하다. 실제로 각도 절단기와 절단기를 서로 혼동해서 사용한다. 걸스 개라지에서도 목재 절단용 각도 절단기를 말할 때 '절단기'라는 이름으로 자주 부른다!

나 조각이 크다면 톱질대를 사용하자. 먼저 긴 직선자나 초크 라인을 사용해 절단선을 전부 표시한다. 톱날이 재료에서 날이 닿지 않고 떨어져 있는 상태로 원형 톱을 구동해야 한다. 톱은 항상 양손으로 잡도록 하자. 원형 톱에는 대부분 자주 쓰는 손으로 쥐는 커다란 손잡이가 있고, 그 앞쪽으로 자주 쓰지 않는 손으로 잡는 손잡이가 추가로 있어서 안정성이 높다. 톱이 움직이도록 두고, 억지로 힘을 줄 필요가 없다. 2×4 등의 나무 조각을 임시 안내대나 가이드 레일로 사용하는 습관을 들이면 좋다. 이럴 경우 원형 톱 베이스의 너비에 맞춰서 2×4를 절단선과 평행하게 자르려는 길이만큼 떨어지도록 고정하고, 이렇게 2×4로 만든 안내대를 따라 톱을 밀면 자르기가 쉽다.

테이블 톱(table saw): 합판이나 목재를 길게 자를 때 사용한다. 제재목을 이렇게 나뭇결과 나란한 방향으로 길게 자르는 절단 유형을 세로켜기라고 한다. 나뭇결이 어긋나도록 여러 층이 겹쳐진 합판을 테이블 톱으로 자르는 경우 합판 조각의 긴 쪽(세로 방향)을 따라 절단한다. 테이블 톱은 이처럼 합판이나 제재목의 너비를 줄일 때처럼 톱날을 나뭇결 방향대로 움직여 길게 절단할 때 사용하기 적당하다. 테이블 톱에도 각도 절단기처럼 수직으로 부착된 회전 원판 톱날이 있지만, 날은 커다란 테이블 표면 한쪽에 고정되어 있다. 각도 절단기처럼 톱날을 움직이는 대신, 목재의 가장 긴 모서리를 안내대에 붙인 상태로 테이블 표면 위로 밀어서 목재가 톱날 위를 지나가도록 한다.

목공장에서는 테이블 톱이 중앙을 차지하는 경우가 보통이다. 테이블 톱은 상당한 공간을 차지하며 자를 크기 때문에 주변이 넓어야 한다. 그러나 휴대용 테이블 톱이라는 좋은 선택지도 있다. 휴대용 테이블 톱은 접이식 의자처럼 접어서 차고에서 뒤뜰로 쉽게 옮길 수 있다.

테이블 톱에는 가장 중요한 안전 장치인 안내대와 톱날을 덮는 톱날 덮개가 있다. 테이블 톱으로 목재를 자르는 경우, 재료의 옆면을 안내대에 빈틈없이 밀착시

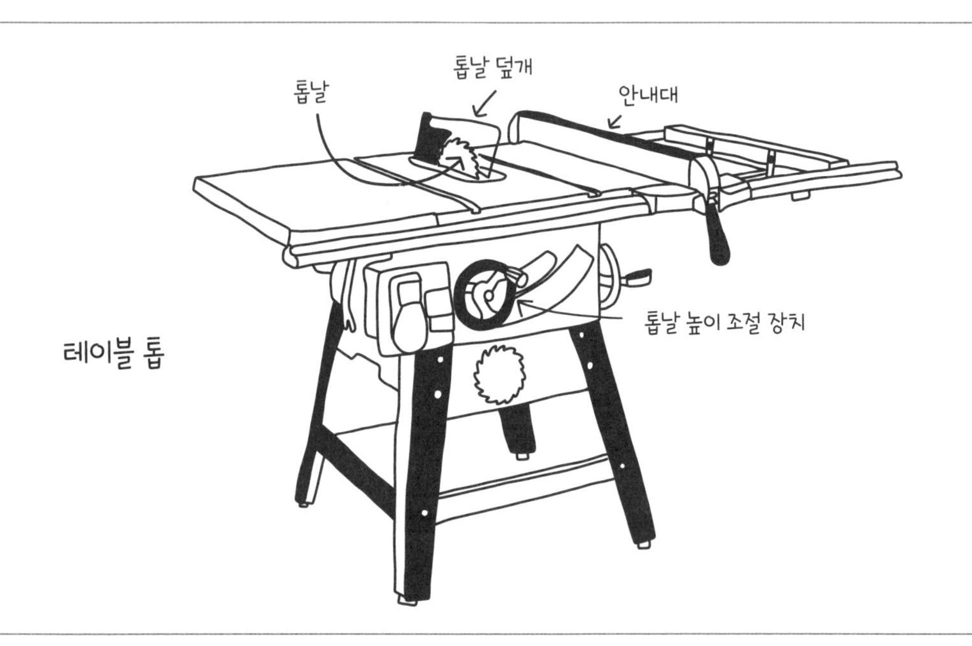

켜 재료를 안전하고 곧게 절단해야 한다. 재료가 안내대와 톱날 사이에서 움직이도록 두면 안 된다. 안내대를 사용하면 목재를 곧게 자르면서도 나무 조각이 테이블 톱에 잘못 물려 튀어오를 가능성을 줄여준다. 목재를 곧게 자르지 않고, 톱날이 우스꽝스러울 정도로 절단선에서 벗어나거나 톱날에 비틀리는 힘이 가해지면 이런 무서운 일이 일어날 수 있다. 테이블 톱을 올바르고 안전하게 사용하기만 하면 나무 조각이 튀어오를 일은 잘 일어나지 않지만, 그래도 이런 일이 일어날 수 있다는 사실을 알아두면 언젠가 분명 도움이 된다.

톱날 덮개는 톱날로부터 손을 보호해주는 플라스틱 덮개로, 제품에 따라 절단할 때 톱밥을 빨아들이는 집진기가 내장된 경우도 있다. 테이블 톱의 톱날은 표준 절단 톱날이나 나무에 홈을 파거나 자국을 낼 수 있도록 여러 개의 날이 평행하게 겹쳐져 있는 홈파기용 톱날(dado set, rabbet set) 등 다양한 유형이 있어서 여러 형태로 절단이 가능하다. 톱날 높이도 위아래로 조정이 가능하며, 비스듬히 날을 기울일 수 있는 연귀 조정 기능을 내장한 제품도 있다.

전기 톱 중에서도 테이블 톱은 가장 강력하고 튼튼하기 때문에, 테이블 톱을 사용하려면 지식도, 안전을 위한 주의력도, 자신감도 가장 많이 필요하다. 테이블 톱은 경험 많은 성인 사용자가 아니라면 사용해서는 안 된다. 18세 미만이라면 테이블 톱은 사용하지 않는다. 사용할 때도 사용할 바로 그 제품의 설명서를 반드시 읽고 따라야 한다(다음에 소개하는 요령은 일반적인 지침일 뿐이다). 또 사용자와 곁에서 지켜보는 사람 모두 상시 보안경을 착용해야 한다! 그리고 반드시 다른 사람이 있는 상태에서 사용하자. 테이블 톱은 두 명이서 사용하는 기계이다! 항상 경험 많은 성인과 함께 사용하자. 재료, 그중에서도 특히 커다란 합판을 자를 경우, 재료를 한쪽에서 잡고 자른 재료가 테이블 반대쪽으로 벗어나면 받아줄 사람이 있어야 한다. 이런 만들기 동료는 또 하나의 눈이 되어 여러분이 안전하게 작업

테이블 톱으로 자르기

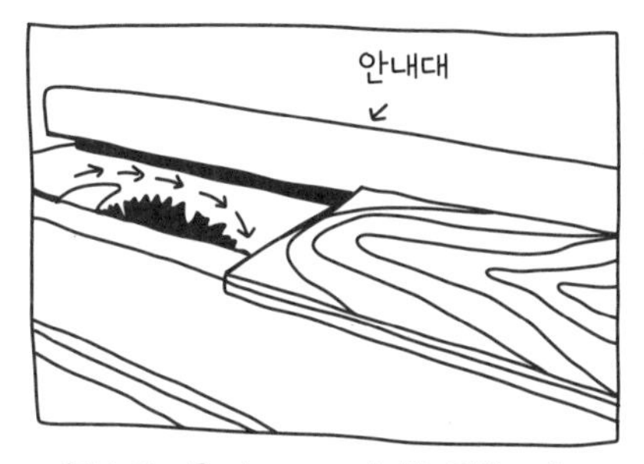

항상 목재를 안내대에 단단히 밀착시킨다

재미있는 사실!

테이블 톱 제조 업체인 소스톱(SawStop)은 안전 기능이 뛰어난 제품으로 목공장과 학교 공방에서 인기가 높다(걸스 개라지에서도 소스톱 제품을 사용한다). 소스톱 테이블 톱의 톱날에는 전기를 전달하는 도체(금속 스테이플이나, 무엇보다 중요한 인간의 손가락)를 감지하는 기능이 내장되어 있다. 나무는 전기를 전달하지 않는다. 톱날이 전류를 감지하면 몇 밀리초도 지나지 않아 톱날이 테이블 표면 아래로 내려가면서 사용자가 손가락을 잃을 위험을 막아준다. 소스톱은 핫도그로 도체 감지 안전 기능을 시연해 보이는 굉장한 동영상을 만들었다. 그렇다고는 해도 절대 집에서 시도해보지는 말자.

하는지 확인하는 역할도 한다.

재료를 자를 때는 재료의 모서리가 안내대에 빈틈없이 밀착하도록 테이블 위에 올려놓은 뒤 치수를 측정하고 적절하게 배치한다. 톱니의 가장 낮은 부분이 재료 표면에서 약 ¼인치(약 0.6cm) 위까지 오도록 톱날을 테이블 위로 올린다.

테이블 톱은 목재 결을 따라 길게 세로켜기를 하기에 가장 좋은 공구라는 점을 기억하자. 수평 안내대 역할을 하는 연귀 눈금을 사용하면 가로보다 세로가 더 긴 조각을 안전하게 밀어서 결 방향대로 잘라줄 수 있다(가로켜기). 이러한 장치 중 하나라도 없다면 테이블 톱으로 가로켜기는 하지 않도록 한다.

목재를 자를 때는 언제나 안내대와 날 사이에 남기려는 부분이, 반대쪽에 잘라낼 부분이 오도록 해야 한다. '남기는 부분'의 폭이 항상 '잘라내는 부분'보다 넓은 편이 목재를 테이블 위에서 움직일 때 더 안정적이다. 폭이 좁은 목재를 자를 때는 반드시 별도의 나무 막대로 자르려는 목재가 테이블 톱을 완전히 지나갈 때까지 밀어준다.

테이블 톱은 아주 위험하니 경험 많은 성인 사용자가 아니라면 사용해서는 안 된다는 사실을 잊지 말자. 또 사용할 제품의 설명서를 반드시 읽고 따르지 않으려면 처음부터 테이블 톱을 사용하지 않는다! 목재를 자를 때는 톱날이 절단을 시작하는 지점에 닿지 않도록 재료에서 떨어져 있는 상태로 테이블 톱을 구동시켜야 한다. 만들기 동지가 톱 반대편에서 자른 나무 조각을 '받을' 준비가 되었는지 확인하자. 톱의 스위치를 켜고 재료가 테이블 표면 위로 곧게 이동하도록 조금씩 천천히 밀어준다. 이때 양손으로는 나무의 뒤쪽 가장자리를 잡고 밀면서 긴 쪽 모서리가 펜스와 빈틈없이

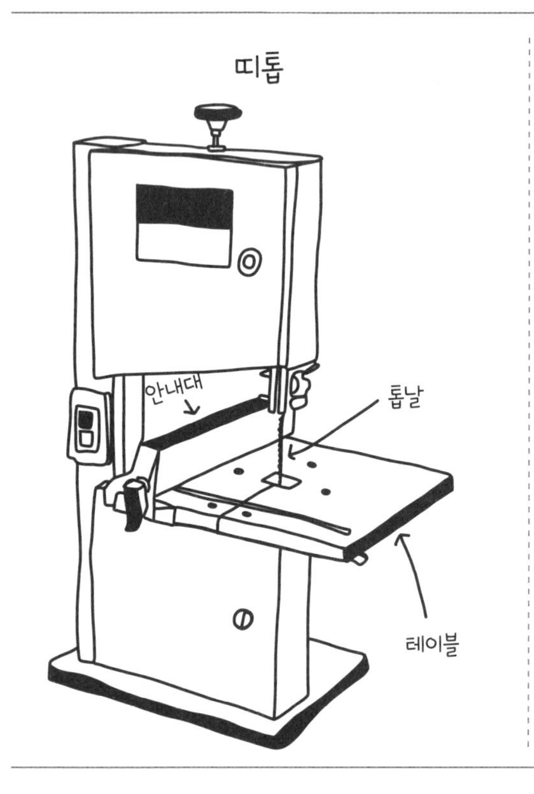

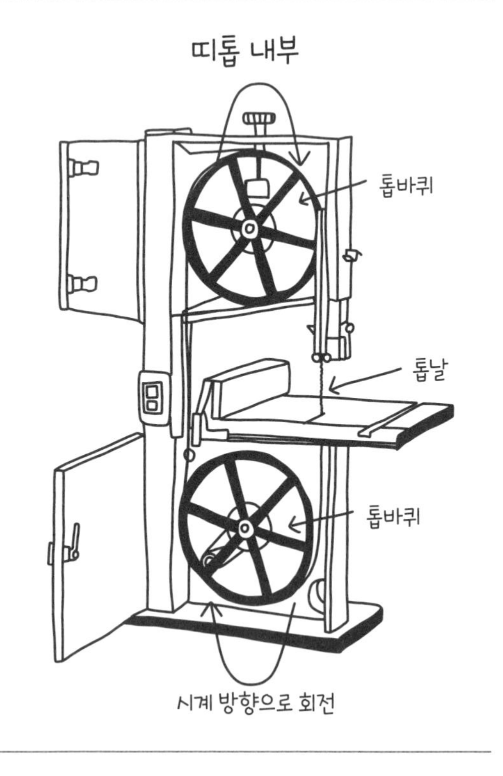

밀착했는지 계속 확인한다. 절단을 마무리할 때는 오른손을 안내대에 최대한 가깝게 붙인 채로 목재가 날을 지나 완전히 벗어날 때까지 밀어준다. 단, 자르려는 조각이 12인치(약 30.5cm)보다 짧은 경우라면 손 대신 막대로 밀어준다. 절대로 칼날 위로 몸을 기대거나 칼날 위로 손을 뻗어서는 안 된다.

절단 작업이 끝나면 기계를 끄고 톱날이 완전히 회전을 멈출 때까지 기다렸다가 목재를 만진다.

자르는 동안 조각이 튀어오를 수도 있으니 조각이 튀지 않을 위치에 선다. 안내대가 톱날의 오른쪽에 있으면 톱날의 왼쪽에 서야 한다. 반대로, 안내대가 톱날의 왼쪽에 있으면, 톱날 오른쪽에 선다.

띠톱(band saw): 두 개의 톱바퀴 주위를 길게 이어진 강철 띠가 끊임없이 돌면서 재료를 정밀하게 절단한다. 띠 한쪽 면에 톱니가 나 있으며, 톱바퀴가 빠르게 회전하면 톱니가 테이블 쪽으로 내려가며 목재를 절단한다. 수직형 띠톱은 얇은 재료를 보다 정밀하게 절단할 때, 그중에서도 특히 곡선을 절단할 때 사용한다. 수직형 띠톱에는 바닥과 수직을 이루는 띠 모양의 톱날이 있어서 상단 톱바퀴와 하단 톱바퀴 둘레를 고리 모양으로 감싸고 돈다. 일반적인 띠톱의 톱날은 전체 길이가 6~12피트(약 1.83~3.66m)이며 고리 형태로 용접한다. 상단 톱바퀴와 하단 톱바퀴 중간쯤에서 톱날이 외부로 나와 재료가 놓인 테이블 중앙을 통과해 지나간다. 테이블 톱과 마찬가지로 띠톱은 고정된 톱날이 있고 톱날을 따라 재료를 이동시켜 잘라낸다. 테이블 톱과 달리 안내대나 연귀 눈금의 도움 없이 재료를 자를 수 있으며, 곡선 모양으로도 절단이 가능하다.

띠톱의 톱날은 테이블 표면을 향해 아래로 회전한다. 즉 테이블 톱처럼 재료가 가끔씩 튀어오르는 일은 거의 일어나지 않아 안전하다. 수직형 띠톱이 가장 일반적이지만(그리고 내가 여러 작업에 우선적으로 사용하는 가장 좋아하는 공구 중 하나이지만) 이동식 소형 띠톱도 있다.

띠톱은 반드시 숙련되고 경험 많은 성인의 감독 아래 사용해야 하며, 사용 시 언제든 도움을 받을 수 있어야 한다. 반드시 사용할 제품의 설명서를 읽고 따른다. 또 사용자와 곁에서 지켜보는 사람 모두 상시 보안경을 착용해야 한다!

띠톱은 톱날이 외부로 드러나 있어서 절단하기 전에 톱날 덮개를 올리거나 내려서 실제로 드러날 톱날의 길이를 제한해주는 작업이 중요하다. 톱날은 목재의 전체 높이를 절단할 수 있을 만큼만 필요하며, 그보다 더 많이 드러나면 위험만 커진다. 띠톱의 톱바퀴나 조절 다이얼을 사용해서 톱날 덮개의 높이를 재료 위 1인치(약 2.5cm) 정도로 맞추어서 재료와 톱날을 잘 볼 수 있는 시야를 확보하자.

어떤 띠톱을 사용하든 두 손은 언제나 띠톱을 기준으로 양 옆(오른쪽과 왼쪽)에 두어야 하며, 엄지손가락은 손 안쪽으로 밀어 넣는다. 손가락을 절대 톱날 바로 앞이나 톱날과 나란히 두지 않는다! 반드시 손가락이 톱날로부터 4인치(약 10.2cm) 이상 떨어져 있어야 하

재미있는 사실!

띠톱의 긴 진화 과정에서 모든 성취를 이루어 낸 사람은 여성이었다. 1809년 띠톱의 특허를 처음 취득한 사람은 영국인 남성이었지만, 띠톱은 처음에 그다지 큰 성공을 거두지 못했다. 생산된 띠 모양의 금속 톱니가 정확성도 떨어지고 쉽게 부러졌기 때문이다. 그러나 1846년 안 폴린 크리팽(Anne Pauline Crepin)이라는 프랑스 여성이 톱니의 연결 지점을 매끄럽게 용접하는 훨씬 좋은 방법을 발견했다. 이 혁신적인 기술과 그와 동시에 개발된 새로운 강철 합금 덕분에 띠톱은 유럽 전역과 그 밖의 여러 지역에서 널리 사용되게 되었다.

지그소

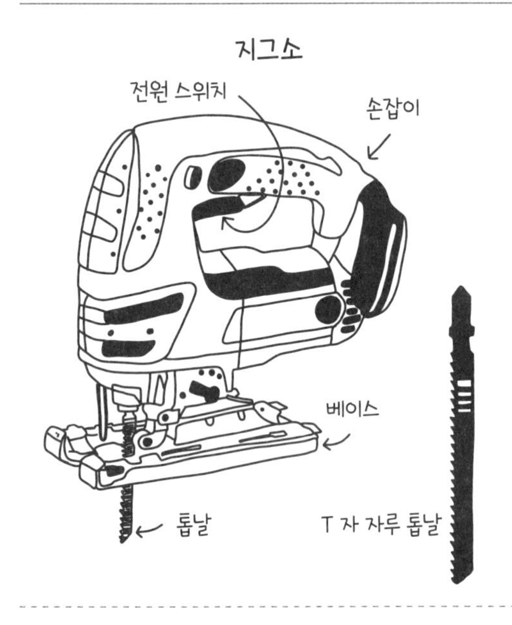

사용 중인 지그소의 모습

재미있는 사실!

지그소를 보고 재봉틀을 떠올리는 것도 무리는 아니다! 지그소는 1940년대 말 알베르트 카우프만(Albert Kaufmann)이 처음 발명했다. 카우프만이 아내의 재봉틀을 이리저리 건드려 본 후에 바늘을 빼내고 대신 짧은 톱날을 끼운 것이 시작이었다.

며, 재료가 날 쪽으로 움직일수록 손가락을 조금씩 뒤로 물린다.

- 톱날이 재료에 닿지 않은 상태에서 전원을 켜고 톱날 회전 속도가 최고로 오를 때까지 기다린다.
- 직선 절단의 경우 조정 가능한 안내대를 가이드로 삼아 목재를 똑바로 밀어넣는다.
- 곡선 절단의 경우 힘을 지나치게 가해 톱날이 비틀리는 일이 없도록 조심하면서 곡선의 재단선을 따라 목재를 천천히 돌린다. 칼날 소리에 귀 기울인다. 끼긱거리는 소리가 나면 칼날에 가해지는 압력이 지나치게 크다는 뜻으로, 칼날이 비틀려서 부러질 수 있다.

지그소(jigsaw): 지그소는 얇은 수직 왕복 톱날을 사용하는 휴대용 공구다. 여기서 '왕복'이란 앞뒤로 빠르게 움직인다는 뜻이다. 지그소는 띠톱을 사용할 수 없지만 얇은 재료를 곡선이나 사선으로 절단할 때 사용하기 좋다.

오늘날 지그소는 대부분 T자 자루 톱날(T-shank blade)을 사용한다. 윗부분이 T자 모양을 하고 있어 별다른 고정 장치 없이도 톱에 끼울 수 있다. 톱날은 다양한 재료와 재료의 경도에 따라 인치당 톱니 수와 톱니 방향이 다양하다. 원형 톱과 마찬가지로 지그소는 휴대성이 좋아서 많이 사용한다. 지그소의 스위치는 대부분 '속도 조절용(variable speed)'이어서 스위치를 세게 누를수록 톱날의 왕복 속도도 빨라진다. 지그소는 반드시 숙련되고 경험 많은 성인의 감독 아래 사용해야 하며, 사용 시 언제든 도움을 받을 수 있어야 한다. 반드시 사용할 제품의 설명서를 읽고 따른다. 또 사용자와 곁에서 지켜보는 사람 모두 상시 보안경을 착용해야 한다!

지그소는 다른 톱에 비해 사용이 쉽지만 정확도는 떨어진다. 항상 클램프를 두 개 이상 사용해서 재료를 테이블 표면에 단단히 고정하자. 단, 절단선이 테이블 위로 오지 않도록 주의해야 한다(그러지 않으면 테이블에 흠집이 나거나 심지어 테이블을 자를 수도 있다!). 자르기 전에 지그소의 톱날을 재단선의 시작 부분과 나란히 맞추되, 목재에는 닿지 않도록 주의한다. 가장 염두에 둘 점은 지그소의 베이스 전체가 옆이나 앞뒤로 기울어지지 않고 재료의 표면과 한 치의 틈도 없이 단단히 밀착되어야 한다는 것이다. 자주 사용하지 않는 손으로 지그소의 상단을 흔들리지 않도록 잡고 목재 안으로 밀어내리면 안정적으로 자르는 데 도움이 된다. 자주 쓰는 손으로는 스위치를 누른다. 작동 중에는 항상 양손으로 지그소를 잡아야 한다. 스위치를 누른 상태에서 재단선을 따라 지그소를 천천히 움직여서 톱날이 나무를 절단하도록 한다. 지그소로 재단선을 따라가기가 버거울 수 있으며, 특히 톱밥 때문에 재단선이 가려질 수 있으므로 연습이 필요하다. 내 경우는 목재를 자르는 동안 생기는 톱밥을 날려서 재단선을 놓치지 않도록 한다. 지그소는 곡선 절단에 아주 뛰어난 공구이지만 톱날을 부러뜨리지 않도록 칼날의 방향을 천천히 돌려야 한다.

괜찮은 요령을 하나 알려주자면, 대문자 P를 만들 때처럼 안쪽을 뚫어야 하는 경우, 먼저 지그소 톱날로 구멍을 뚫은 다음 거기서부터 시작해서 바깥쪽으로 잘라나가며 모양을 만들면 된다.

왕복 톱(reciprocating saw): 대표적인 상표명인 소즈올(Sawzall)로도 불리는 왕복 톱은 드러나 있는 톱날을 밀고 당기기를 반복하며, 이에 따라 톱날이 앞뒤로 빠르게 왕복하면서 거칠기는 해도 어떤 재료든 잘라버린다. 왕복 톱은 철거 작업에 사용하며, 경찰관이나 소방관이 벽이나 잔해를 빠르게 절단할 때도 사용한다.

왕복 톱을 보면 칠면조 전기 해체칼이 떠오를지도 모른다! 왕복 톱은 작업에 따라 다양한 톱날을 구입할 수 있으며, 지그소와 마찬가지로 속도 조절용 스위치

왕복 톱(소즈올)

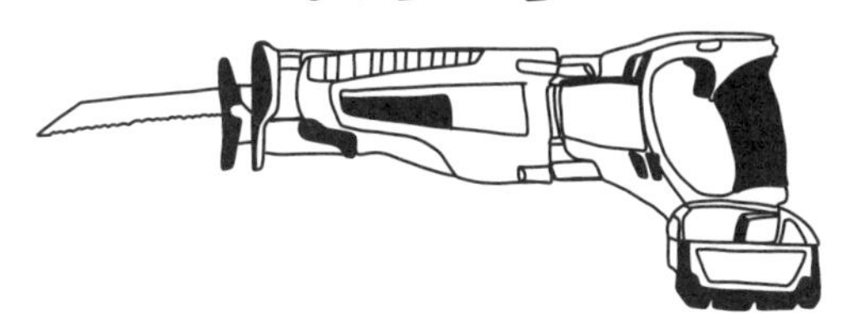

가 있어서 당기는 정도에 따라 속도가 달라진다.

왕복 톱은 정밀한 작업에 사용하는 공구는 분명 아니지만, 다양한 용도로 사용할 수 있고 강력하다는 장점이 정밀함 부족이라는 단점을 상쇄하고도 남는다. 왕복 톱을 수평 방향으로 사용하여 석고 보드나 나무 등의 재료를 자를 수 있다. 지그소와 마찬가지로 대부분 작은 베이스가 달려 있어서 베이스를 재료 위에 올린 상태에서 수직으로 사용할 수 있다. 왕복 톱은 반드시 숙련되고 경험 많은 성인의 감독 아래 사용해야 하며, 사용 시 언제든 도움을 받을 수 있어야 한다. 반드시 사용할 제품의 설명서를 읽고 따른다. 또 사용자와 곁에서 지켜보는 사람 모두 상시 보안경을 착용해야 한다! 톱날이 겉으로 드러나 있기 때문에 왕복 톱을 사용할 때에는 특히 주의해야 한다. 또 방아쇠 고정 장치가 있는 제품이라면 준비가 되기 전에 실수로 톱이 켜지지 않도록 반드시 주의한다.

스크롤 톱(scroll saw): 스크롤 톱은 작은 띠톱 같지만, 톱날이 완전한 고리 모양이 아니며 재봉틀처럼 위아래로 왕복한다. 스크롤 톱은 톱날이 작아서 급격한 곡선이나 섬세한 모양을 따라 자르는 데 적합하다. 스크롤 톱은 실톱 대신 사용하기 좋지만, 정확성은 스크롤 톱이 더 뛰어나다.

스크롤 톱의 작은 톱날은 실톱과 마찬가지로 두 지점에서 고정한다. 또 재료의 구멍 내부에서 절단을 시작

스크롤 톱

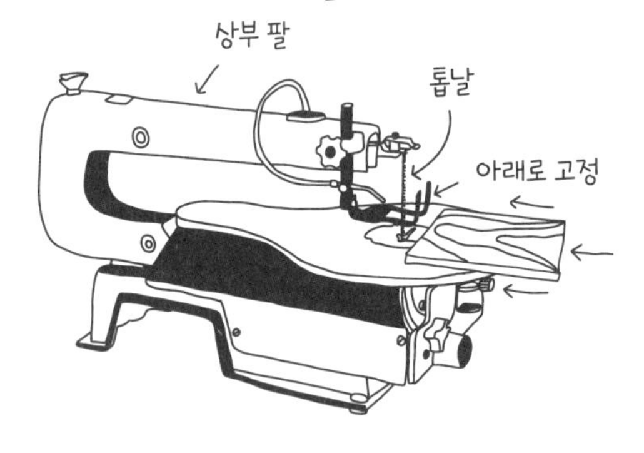

기계 톱

재미있는 사실!

기계 톱의 절단면이 아주 거칠다고 생각할 수도 있겠지만, 기계 톱은 의외로 예술가들이 사용한다! 얼음 조각이나 거대한 나무 둥치를 잘라 만든 사랑스러운 곰 조각을 본 적이 있다면 기계 톱에 감사해야 할 것이다. 기계 톱 아티스트와 얼음 조각가는 조각 작품을 대부분 기계 톱으로 만든다.

하는 경우 역시 실톱과 마찬가지로 톱날의 한쪽을 빼서 구멍에 끼운 뒤 사용할 수 있다.
스크롤 톱은 반드시 숙련되고 경험 많은 성인의 감독 아래 사용해야 하며, 사용 시 언제든 도움을 받을 수 있어야 한다. 반드시 사용할 제품의 설명서를 읽고 따른다. 또 사용자와 곁에서 지켜보는 사람 모두 상시 보안경을 착용해야 한다!
띠톱과 비슷한 방식으로 재료를 먼저 테이블 위에 올려놓은 뒤 톱날 쪽으로 움직여 절단한다. 또 띠톱을 사용할 때와 마찬가지로 안전하게 손가락을 톱날로부터 충분히 떨어뜨려 놓아야 하며, 나무가 톱날 쪽으로 이동하면 손가락을 조금씩 뒤로 물려야 한다.

기계 톱(chain saw): 기계 톱이라고 하면 가장 먼저 공포 영화 장면이 떠오를지 모르지만, 기계 톱은 벌목과 장작 자르기 등에 흔하게 사용하는 공구다. 금속판 주위를 회전하는 체인에 붙은 날카로운 톱니가 목재를 자른다.
자전거 체인과 마찬가지로 기계 톱의 체인도 금속 막대 주위를 고리 모양으로 감고 있으며 빠르게 회전한다. 기계 톱에는 대부분 가스를 사용하는 소형 엔진이 내장되어 있으며, 잔디 깎기를 구동할 때 사용하는 것과 비슷한 끈이 달려 있다. 기계 톱은 경험 많은 성인 사용자 외에는 사용해서는 안 된다. 18세 미만이라면 기계 톱은 사용하지 않는다. 사용할 제품의 설명서를 반드시 읽고 따른다(다음에 소개할 요령은 일반적인 지침일 뿐이다). 또 사용자와 곁에서 지켜보는 사람 모두 상시 보안경을 착용해야 한다!
기계 톱은 아주 무겁기 때문에 반드시 두 손으로 들어야 한다. 한 손은 뒤쪽 손잡이를, 다른 손은 톱 몸체 상단을 잡는다. 자를 때는 언제나 아래쪽으로 움직여서 가급적 중력의 도움을 받는다. 테이블 톱과 마찬가지로 기계 톱은 가장 위험한 톱 중 하나이기 때문에 성인만 사용하도록 한다.

케트잘리 페리아 갈리시아

걸스 개라지 학생

캘리포니아주 이스트베이 지역

케트잘리는 몇 년간 걸스 개라지에서 내 수업을 들은 학생으로, 말 그대로 희망의 빛이자 햇살이다. 케트잘리는 우리의 '저항+프린트(Protest+Print)' 수업의 참가자로서 열한 명의 다른 십 대 여자 친구들과 함께 활동가들의 모습을 담은 포스터를 손으로 직접 그리고 스크린 인쇄를 했다. 이들 포스터에는 우리 시대의 시급한 사회 및 정치 문제에 대한 분노, 사랑, 호기심과 낙관론을 표현했다. 첫 수업 이후에는 지역 유치원의 육각형 놀이용 모래통을 제작하는 등 지역 사회 프로젝트를 만드는 십 대 소녀 단체에 가입했다. 케트잘리는 걸스 개라지의 모든 수업에서 조용하고 사려 깊은 모습을 보이는 동시에 열성적인 메이커이기도 하다.

제 이름은 케트잘리이고 동물을 '아주' 좋아합니다. 개를 정말 좋아하고, 개들이 더 나은 삶을 살도록 하는 데서 행복을 느껴요.

저는 치카나(멕시코계 미국 여성)예요. 저희 가족은 멕시코 출신이지만 저는 미국 일리노이주에서 태어났어요. 저에게 치카나는 다른 범주의 사람이 경험할 수 없는 일을 경험하고, 동시에 다른 사람이 경험한 일을 제가 경험하지 않았다는 의미예요. 치카나로서 소속감도 느낄 수 있죠. 저는 저처럼 치카나라는 꼬리표를 달고 있고 이렇게 자신을 인식하는, 그래서 이런 식으로 저와 연관이 있는 사람들과 평생 함께해왔어요.

어려서부터 어린 소녀가 목소리 높여 자기 의견을 남에게 전하는 일이 얼마나 어려운지 알고 있었어요. 그래서 전 정말 오랫동안 침묵을 지킬 수밖에 없었어요. 그런데 여자 중학교에 갔더니, 그곳은 제 생각을 말해도 되는 아주 안전한 환경이었어요. 난생처음 저는 저와 비슷한 꿈을 가진 이들에게 둘러싸이게 되었죠. 서로 의견이 달랐는데도요. 모두 여자인 환경에서 저는 또 다른 소속감을 느낄 수 있었어요. 덕분에 '우리는 모두 여자아이고, 우리는 어떤 면에서 소수자이며, 그렇기에 우리는 힘을 모아 고정관념에 저항하고 함께 이 일에 관해 이야기하고, 서로에게 이해를 구해야 한다'고 느낄 수 있었죠.

게다가 학교에서 걸스 개라지를 알게 되었어요! 저는 '저항+프린트' 수업을 들었고 여기에 푹 빠져들었죠. 이곳은 소녀들만을 위해 실재하는 장소였고, 세상에서 걸스 개라지 같은 곳을 찾기는 쉽지 않아요. 저 스스로 집짓기나 만들기를 직업으로 삼고 싶은지는 잘 모르겠지만, 제가 살아가는 동안 하고 싶은 일인 건 맞아요. 왜냐하면 집짓기나 만들기를 하다 보면 정말로 일을 함께하는 사람들이 모인 공동체의 일원이 될 수 있기 때문이죠.

걸스 개라지에서 처음 참여한 대규모 프로젝트는 베이 지역의 다른 십 대 여자아이들이랑 근처 유치원에 육각형 놀이용 모래통을 만드는 일이었어요. 우리 중에 서로 아는 사람은 아무도 없었고, 우리는 경험 수준도 모두 다 달랐어요. 실은 공구를 사용하거나 무언가를 만들어본 사람이 거의 없더라고요! 그렇지만 우리는 서로 도왔고, 그렇게 어려움과 두려움을 이겨냈어요. 도움이 필요할 때 서로에게 도움을 요청한 거죠.

놀이용 모래통을 만들 때는 먼저 나무 조각을 모두 잘랐어요. 어마어마하게 계산을 해서 각도와 치수를 알아낸 다음에야 각도 절단기를 쓸 수 있었어요. 저는 각도 절단기가 너무 좋아요! 절단면이 매끈하고 부드럽거든요. 지그소도 좋아요. 작은 실수조차 두려워했지만, 나중에는 실수를 이겨냈고, 그때마다 점점 더 나아졌어요. 마치 자전거를 타는 것처럼요. 다음으로 우리는 설치할 장소로 가서 드릴과 드라이버로 모래통의 벽이 될 조각을 조립했어요. 조각을 육각형 모양이 되도록 연결한 거죠. 또 나무 막대에 희망이나 격려가 될 짧은 글을 쓰고 다음에 누군가가 나중에 찾을 수 있도록 모래 속에 숨겼어요. 유치원 아이들에게 모래통을 공개하자 모두 그 안으로 뛰어들었어요! 실재할 무언가를 만들고 나의 작은 흔적을 세상에 남기는 경험은 정말로 특별했어요.

만들기에 도전하고 싶은 여자아이들에게 망설이지 말고 하라고 말해주고 싶어요! 두 번 생각해볼 필요는 없다고요. 또 '넌 못할 거야'라고 말하는 사람이 있다면, 그 때문에라도 꼭 해서 그 사람이 틀렸음을 증명해 보이세요. 자신의 미래를 위해, 저는 사람들이 더 공감하고 서로의 이야기를 듣고, 진실로 서로를 들여다볼 수 있으면 좋겠어요. 공감과 친절함이 있어 우리 모두 미래에 대한 희망을 품을 수 있을 거라 믿어요.

전동 공구

대놓고 얘기하지는 않지만 내 슬로건 중 하나가 '여성의 힘과 전동 공구(Girl Power and Power Tools)!'이다. 다양한 톱으로 모든 조각을 잘랐으니 이제 조립을 도와줄 다른 공구가 필요하다. 렌치와 드라이버와 여타의 수공구도 도움되겠지만, 여러분의 힘을 확장해주고 만들기 작업을 보다 효율적이고 즐겁게 만들 수 있는 멋진 전동 공구도 있다.

비록 우리 주변에 널려 있는 수많은 이미지 때문에 전동 공구가 가장 남자다운 남자들을 위한 액세서리같이 보이지만, 장담컨대 전동 공구는 사용자가 남자인지 여자인지 가리지 않는다. 내 경험에 따르면, 내 수업을 듣는 어린 여자아이들(과 그들의 어머니, 자매들, 친구들)은 전동 공구를 능숙하고 정확하고 용감하게 다룬다. 신체 능력을 자동으로 향상시켜줄 기계를 가진다는 것은 놀라운 경험이며 이를 통해 변화를 경험할 수 있다. 이제 보안경을 착용하고 전원을 켜자!

안전 확인!

어떤 전기 톱을 사용하든 다음의 안전 장비를 갖추어야 한다.

- 숙련되고 경험 많은 성인 메이커 동료
- 보안경(상시 착용!)
- 귀마개
- 방진 마스크
- 앞이 막힌 신발이나 안전화
- 긴 바지
- 머리 뒤로 묶기
- 헐렁한 옷, 끈 달린 후드티, 액세서리 피하기
- 반팔, 또는 팔꿈치까지 소매 접어 올리기

전동 공구 유형

재료를 자르는 데 사용하는 모든 종류의 전기 톱(134쪽 참고)을 소개했으니, 이제 프로젝트를 조립하고 완성하기 위해 작업장에서 우선적으로 찾아서 사용할 전동 공구를 소개한다.

드릴

드릴(drill)은 집이나 목공소에서 가장 흔하게 사용하는 전동 공구다. 그러나 이 책에서 배울 교훈이 하나 있다면(사실 아주 많지만), 바로 이것이다. 드릴의 첫 번째이자 가장 중요한 용도는 나무나 금속, 벽돌 같은 재료에 구멍을 뚫는 것이다. 드릴로 나사를 박을 수도 있지만, 임팩트 드라이버가 훨씬 안전하게 나사를 박을 수 있다. 임팩트 드라이버의 내부 매커니즘 덕분에 지나치게 커진 회전력(토크)이 쓸데없이 나사 머리 홈이 망가질 일도, 여러분이 팔을 비틀 일도 없다(임팩트 드라이버에 관한 자세한 내용은 뒤에서 다룬다!). 다시 말해 구멍을 뚫을 때는 드릴을, 나사를 조일 때는 드라이버를 사용하라는 것이다. 드릴은 대부분 드릴과 드라이버 모두 사용할 수 있는 다목적 공구로 광고하지만, 드릴과 드라이버는 따로 사용하는 것이 가장 좋다. 편리하게 드릴과 드라이버를 세트로 판매하는 경우도 많다.
전동 드릴은 그 모양과 방아쇠 형태의 전원 스위치 때문에 영어로 권총형 공구(pistol-grip tool)라고도 부른다(드릴을 총이나 장난감으로 사용해서는 절대로 안 된다). 드릴은 손잡이, 교체와 충전이 가능한 배터리, 방아쇠, 척(chuck)으로 이루어져 있다. 척은 드릴의 턱에 해당하며, 드릴 비트를 잡아준다. 토크 조정링(torque collar)을 사용하면 수동으로 토크를 조정할 수 있어서 드릴이 드릴 비트 회전에 가하는 힘을 바꿀 수 있다. 또 드릴에는 비트 회전 방향을 바꾸는 순방향/역방향 스위치도 있다(구멍 뚫을 때는 순방향 회전). 순방향 버튼은 보통 손잡이의 오른쪽에, 역방향 버튼은 왼쪽에 있다. 오른쪽 정방향 버튼을 누르면 왼쪽의 역방향 버튼이 튀어나오기 때문에 손가락으로 드릴의 회전 방향을 언제나 확인할 수 있다. 순방향/역방향 버튼은 보통 화살표로 방향을 표시한다. 하나는 드릴 척 쪽인 앞쪽을, 다른 하나는 뒤쪽을 가리킨다.

순방향/역방향 버튼은 잠금 장치의 역할도 한다. 이 버튼이 중립, 즉 가운데에 있으면(순방향 또는 역방향 위치로 밀지 않으면) 드릴이 잠겨서 스위치가 눌리지 않는다. 드릴을 사용하지 않을 때는 이 버튼을 중립 위치에 고정해두는 습관을 들이는 게 좋다.
드릴은 반드시 숙련되고 경험 많은 성인의 감독 아래 사용해야 하며, 사용 시 언제든 도움을 받을 수 있어야 한다. 반드시 사용할 바로 그 제품의 설명서를 읽고 따른다. 또 사용자와 곁에서 지켜보는 사람 모두 상시 보안경을 착용해야 한다!
드릴을 안전하고 효율적으로 사용하기 위해서는 다음의 중요한 요령을 익혀야 한다.

♦ **비트 끼우고 빼기:** 드릴의 척은 드릴 비트를 고정하는 금속 턱과 회전식 플라스틱 척(보통 검은색)으로 구성된다. 정면에서 보았을 때 척을 시계 반대 방향으로 돌려 금속 턱을 풀면(오른쪽 죄기는 시계 방향, 왼손 풀기는 시계 반대 방향이다!) 금속 턱이

드릴

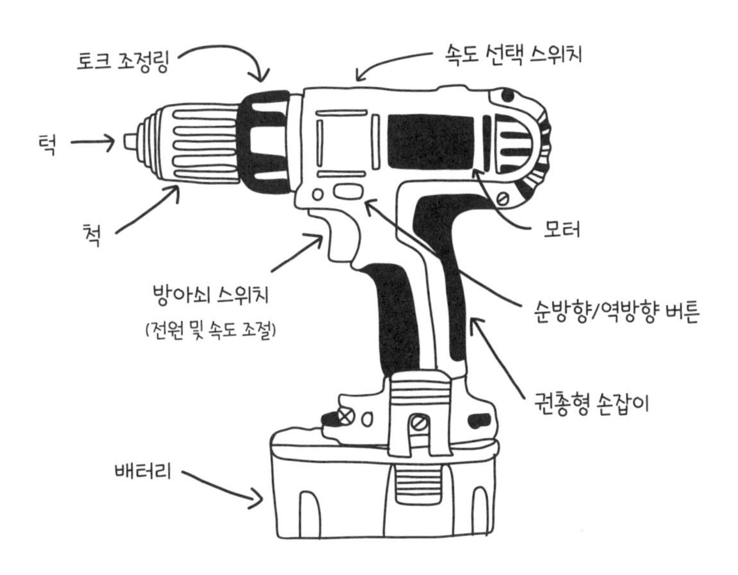

벌어진다. 이제 드릴 비트의 홈이 없는 매끄러운 쪽을 삽입한다.

- **고정 방법 두 가지:** 드릴 비트를 고정하는 방법은 두 가지가 있다. 먼저 한 손으로 비트를 잡은 상태에서 금속 턱이 비트를 꽉 조일 때까지 척을 시계 방향으로 돌린다(오른쪽 죄기!). 아니면, 연습이 많이 필요한 방법이 있는데, 먼저 드릴을 몸과 먼 쪽으로 돌리고 엄지와 검지로 비트를, 나머지 손가락과 손바닥으로 척을 단단히 잡아서 움직이지 않도록 한다. 그런 다음 다른 손으로 방아쇠를 천천히 누르면 금속 턱이 회전하면서 비트 주위를 조인다. 두 가지 방법 모두 연습해보고 어느 방법이 더 편한지 알아보자.
- **받쳐 들고 뚫기:** 드릴을 사용할 때 가장 중요시할 점은 드릴 비트가 작업 표면과 수직을 유지하는 것이다(예를 들어 수평으로 놓인 목재 조각에 구멍을 뚫을 때 드릴 비트는 목재 표면과 완벽히 수직을 이루어야 한다). 손잡이는 주로 쓰는 손으로 잡는다. 검지손가락이 방아쇠에 여유 있게 닿아야 한다. 순방향 스위치가 눌린 상태인지 확인하는 데에도 검지손가락을 사용할 수 있다. 방아쇠는 처음에는 천천히 눌렀다가 점점 더 세게 누른다(누를수록 드릴이 더 빨리 돌아간다). 자주 쓰지 않는 손으로는 드릴을 받친다. 손을 드릴 모터의 뒤쪽 끝(엉덩이) 부분에 놓고 드릴이 가리키는 방향으로 민다. 구멍을 뚫고 나면 비트의 회전 방향을 바꿔야겠다고 생각할 수도 있다. 그러나 순방향 회전을 유지하면서 방아쇠를 눌러 간단히 비트를 다시 빼내는 것이 가장 쉽다.
- **토크 조정하기:** 토크 조정링은 드릴을 사용하여 나사를 박을 때 유용하다(그러나 드라이버가 더 낫다는 점을 잊지 말자!). 나사를 지나치게 조이지 않으려면 토크(드릴이 회전할 때 가하는 힘)를 조정할 수 있어야 하기 때문이다. 토크 조정링에는 눈금이 1~20 등으로 표시되어 있으며, 숫자가 낮을수록 토크가 낮다. 토크 눈금을 가장 낮게 설정하고 나사를 충분히 죄면 딸깍 소리가 나면서 드릴이 더 이상 회전하지 않는다.
- **뚫기:** 나무 조각을 반대편까지 완전히 뚫을 때는 구멍을 뚫으려는 조각 아래에 다른 나무 조각을 놓는다. 이렇게 하면 비트가 첫 번째 나무 조각을 뚫을 때 뒷면이 지저분하지 않고 깔끔하게 뚫린다. 또 작업대에 구멍을 뚫을 일도 없다!

재미있는 사실!

1990년대 초, 록 스타 에디 반 헤일런(Eddie Van Halen)은 드릴을 악기로 사용하기 시작했다. 헤일런은 전동 드릴을 켠 뒤 회전하는 척을 일렉트릭 기타의 줄에 대고 곡의 멜로디에 맞추어 끼긱거리는 소리로 흥을 돋우었다. 헤일런은 기타에 그려진 그림에 어울리도록 드릴에도 색칠을 했다. 헤일런이 라이브 공연에서 노래한 '파운드케이크(Poundcake)'는 드릴을 사용한 기타 연주 방식으로 가장 유명하다.

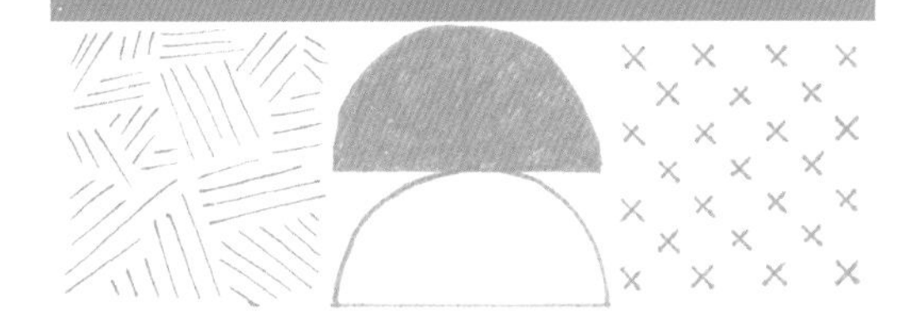

드릴 비트

철물과 마찬가지로, 드릴 비트도 재료와 구멍 유형에 따라 비트 유형이 다양하다. 구멍 크기와 재료마다 경도가 다양하기 때문에 다음의 드릴 비트 유형을 모두 갖추고 있으면 매우 유용하다.

고속도강(HSS, high speed steel) **트위스트 비트**(twist bit): 가장 일반적인 비트 유형이며 대부분의 드릴 비트 세트에 들어 있다. 트위스트 비트는 나무에 구멍을 뚫을 때 사용한다. 세트의 비트는 크기가 약 1⁄16인치(약 0.2cm)에서 ½인치(약 1.3cm)까지 다양하지만, 필요한 크기의 비트를 낱개로 구입할 수도 있다. 파일럿 홀을 뚫을 때도 트위스트 비트를 사용한다(올바른 크기 찾는 법은 49쪽의 표를 참고한다).

스페이드 비트(spade bit): 끝이 뾰족하게 튀어나와 있는 납작한 사각형 모양의 비트로, 트위스트 비트보다 더 넓은 구멍을 뚫는 데 사용한다. 끝이 뾰족해서 뚫으려는 구멍의 중심에 위치시키기 쉽고, 뒤에 노 모양의 사각형이 붙어 있어서 더 넓은 구멍을 뚫기에 좋다. 스페이드 비트는 반드시 나무에만 사용한다.

목공용 비트(wood-spur bit): 브래드포인트 비트(brad-point bit)나 립 앤드 스퍼 비트(lip and spur bit)라고도 한다. 스페이드 비트와 트위스트 비트를 섞어 놓은 듯한 비트이다. 목공용 비트는 트위스트 비트와 비슷하게 생겼지만, 스페이드 비트처럼 구멍을 뚫을 시작점에 비트를 갖다댈 수 있도록 끝이 뾰족하다.

콘크리트 비트(masonry bit): 콘크리트 비트는 콘크리트 블록, 벽돌, 석재에 작은 구멍을 뚫는 데 사용한다. 보통 넓은 끝이 탄화텅스텐(tungsten carbide)으로 만들어져 있어서 아주 튼튼하며, 비트가 부서질 일 없이 단단한 콘크리트에 구멍을 뚫을 수 있다. 콘크리트 비트는 느린 속도로 사용해야 하며, 5~10초마다 비트를 구멍 밖으로 빼내서 먼지와 부스러기를 제거하고 과열을 방지해야 한다.

이중 트위스트 드릴 비트(countersink bit): 카운터싱크용 나사에 사용하는 비트로, 일반 트위스트 비트의 몸통 중간쯤에 각진 칼라가 있다. 칼라의 모양은 카운터싱크용 나사의 머리 부분 모양과 일치해야 한다. 이

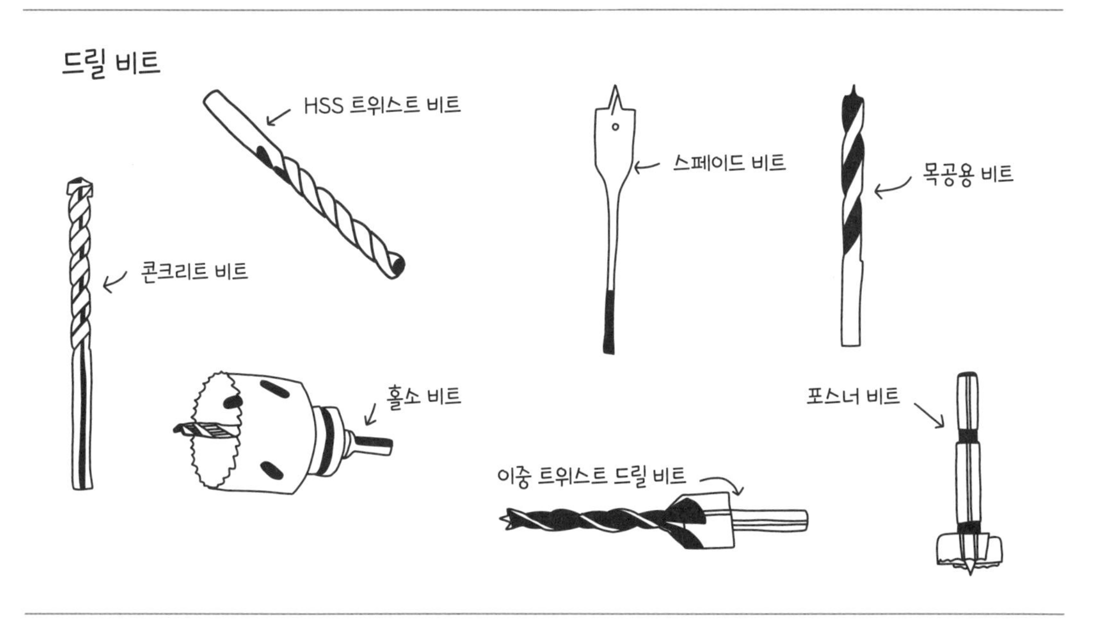

중 트위스트 드릴 비트는 나무 표면 위로 나사가 튀어 나오지 않도록 박을 때 필요한 파일럿 홀을 뚫는 데 사용한다.

포스너 비트(Forstner bit): 스페이드 비트와 달리 평평한 바닥의 넓은 구멍을 뚫을 때 사용한다. 포스너 비트는 원의 원주를 따라 회전하는 절삭 날이 있어서 두꺼운 재료에 효율적으로 구멍을 뚫을 수 있다. 포스너 비트는 소형 드릴보다는 드릴 프레스와 사용할 때 더 효과적이다(자세한 내용은 154쪽 참고).

홀소(hole saw) **비트**: 나무나 플라스틱에 큰 구멍을 뚫는 데 사용한다. 원의 원주를 따라 톱니가 나 있으며, 원의 중심에 드릴 비트가 있어서 시작점을 확인하는 데 도움이 된다. 포스너 비트와 마찬가지로 홀소 비트는 드릴 프레스와 사용할 때 가장 잘 작동한다.

임팩트 드라이버

임팩트 드라이버는 드릴의 가장 친한 친구로 나사를 안전하고 효율적으로 설치하는 역할을 담당한다. 임팩트 드라이버는 크기와 드라이버 홈 유형(십자 홈, 사각 홈, 별 모양 홈 등)에 관계없이 모든 나사(와 일부 볼트!)를 조이는 데 사용한다. 드릴과 드라이버는 쌍으로 있을 때 가장 잘 사용할 수 있다. 드릴로 파일럿 홀을 만들고 그 위치에 드라이버로 나사를 설치하자.

드라이버는 일반 드릴과 혼동하기 쉽지만, 그 나름의 이점이 있다. 드릴은 척만 회전하지만, 임팩트 드라이버는 그 자체가 회전하면서 나사 머리에 추가로 힘을 가하기 때문에 나사를 박기가 수월하다. 임팩트 드라이버로 나사를 박을 때는 망치 두드리는 소리(딱따구리의 전동 공구 버전)가 분명하게 들린다. 망치질에 지나치게 큰 힘을 가해서 나사 머리 홈이 깎여나갈 일을 방지하고 격렬한 움직임으로부터 팔도 보호해준다.

임팩트 드라이버

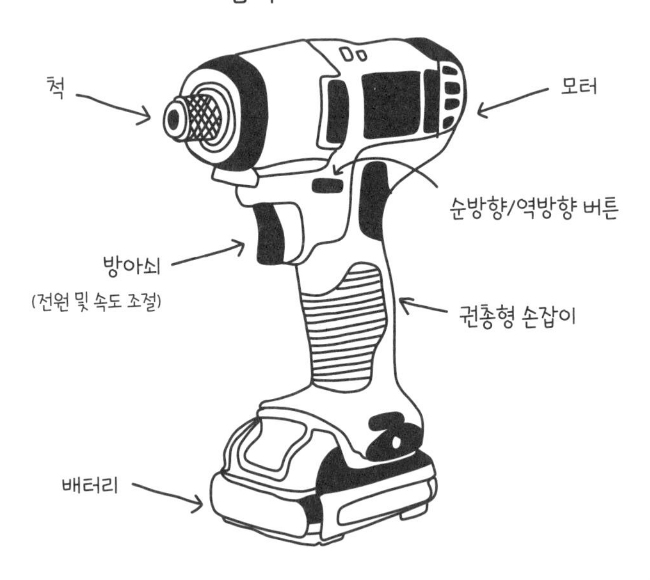

눈으로 보았을 때 드릴과 드라이버의 가장 큰 차이는 척이다. 드라이버의 척에는 비트를 고정하기 위해 너비를 조정하는 금속 턱이 없다. 대신 원통 모양의 작은 금속 슬리브('콜레트collet'라고도 한다)가 있다. 슬리브는 잡아당기면 벗겨지기 때문에 드릴보다는 비트를 더 쉽게 끼웠다 뺄 수 있다.

임팩트 드라이버는 반드시 숙련되고 경험 많은 성인의 감독 아래 사용해야 하며, 사용 시 언제든 도움을 받을 수 있어야 한다. 반드시 사용할 바로 그 제품의 설명서를 읽고 따른다. 또 사용자와 곁에서 지켜보는 사람 모두 상시 보안경을 착용해야 한다!

나사를 박을 때는 드릴을 사용할 때처럼 자주 쓰는 손으로 손잡이와 방아쇠를 잡고, 자주 쓰지 않는 손으로 안정감 있게 드라이버의 엉덩이를 받쳐 든다.

자주 사용하지 않는 손으로 나사를 쥐고 드라이버를 켜서 나사가 나무에 물릴 만큼만 박는다. 그런 다음 손을 드라이버로 옮겨서 나사를 끝까지 박아 넣는 데 힘을 보탠다. 드라이버는 드릴과 마찬가지로 방아쇠로 속도 조절이 가능하기 때문에 방아쇠를 누를수록 비트의 회전 속도가 빨라진다는 사실을 기억하자. 나사를 거의 끝까지 박으면 임팩트 드라이버에서 선명한 '망치' 소리가 난다. 나사를 제거할 때는 순방향/역방향 스위치로 회전 방향을 바꾼다. 얼핏 들으면 납득이 안 될 수도 있지만, 나사를 제거하려면 방아쇠를 눌러서 나사 머리에 압력을 가해야 한다. 이 압력이 있어야 비트와 나사 머리가 떨어지지 않는다.

드라이버 비트

드릴 비트는 몸통이 둥글지만 드라이버 비트는 육각형이다. 거의 모든 드라이버에는 ¼인치(약 6mm) 육각 몸통의 비트만 사용한다. 나사 섹션에서 배웠듯이 홈 유형은 십자 홈, 일자 홈, 별 모양 홈 등 다양하다. 사

드라이버 비트

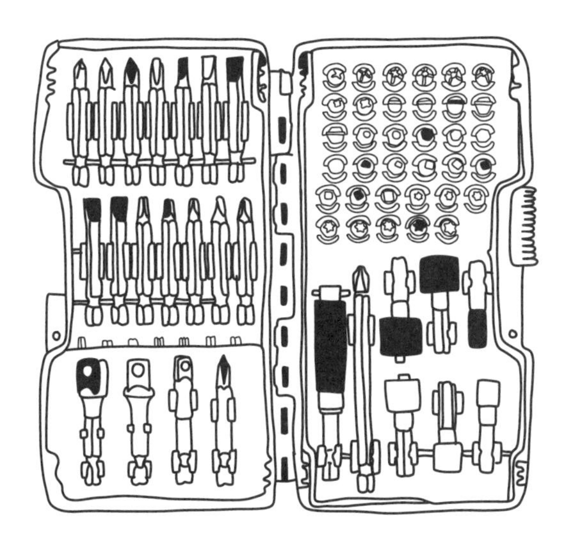

용할 때는 나사 홈의 모양과 크기에 모두 맞는 드라이버 비트가 필요하다. 십자 홈 #2 나사에는 십자 홈 #2(PH2) 비트가 필요하고 별 모양 홈에 크기 25인 나사에는 T25 비트가 필요하다. 대부분의 드라이버 비트 세트 옆면에 비트 유형과 크기가 표시되어 있다.
또 드라이버 비트는 긴 것과 약간 짤막한 것이 있다. 긴 비트는 척에 직접 끼워 사용하지만, 짧은 비트는 자석 비트 홀더에 끼운 뒤 이 홀더를 다시 긴 비트처럼 드라이버에 끼워 사용한다. 다양한 나사를 사용해서 비트를 자주 교체해야 하는 경우, 드라이버에 비트 홀더를 그대로 고정해두고 필요에 따라 짧은 비트만 넣었다 뺐다 하는 식으로 사용할 수 있어서 유용하다.
드라이버 비트를 제거할 때는 그냥 척의 금속 슬리브를 바깥쪽으로 당겨서 비트를 빼면 된다. 교체 시에는 금속 슬리브를 밖으로 당긴 상태에서 새 비트를 넣고 슬리브를 놓으면 바로 비트가 제자리에 고정된다! 비트 홀더와 짧은 비트를 사용하는 경우에는 짧은 비트를 그냥 당겨서 빼내고 교체한다.

드릴 프레스

드릴 프레스(drill press)는 고정식 드릴일 뿐으로, 단지 구멍을 수직으로 아주 정밀하고 안전하게 뚫을 수 있다는 점만 다르다. 비트의 방향과 움직임을 수동으로 제어하는 소형 드릴과 달리, 드릴 프레스를 사용할 때는 척이 움직이지 않기 때문에 비트를 완벽히 수직으로 고정할 수 있다. 일단 고정이 끝나면 비트가 수직을 이루는지 고민할 필요 없이 높이를 위아래로 조정하면 된다. 또 드릴 프레스는 구멍을 연속으로 많이 뚫을 때 편리하다.
드릴 프레스에는 고정 척과 공작대가 있으며, 공작대에는 재료 높이에 따라 높낮이를 조절할 수 있는 크랭크가 달려 있다. 또 측면의 손잡이는 보통 끝에 공이 달린 막대 세 개로 이루어져 있으며 바퀴처럼 돌릴 수 있다. 드릴 프레스의 척에 비트를 고정하는 방법은 소형 드릴과 완전히 같아서 금속 턱이 비트를 단단히 잡아준다. 그러나 드릴 프레스에는 대부분 '척 키(chuck key)'가 따로 있다. 척을 조이거나 풀 때 일종의 열쇠 역할을 하는 이 조그마한 금속 장치를 사용해야 하기 때문에, 이 작업을 손으로도 할 수 있는 드릴과는 차이가 있다. 척 키는 척에 난 구멍에 끼우고 키의 홈과 척의 수평 방향 톱니가 맞물리도록 맞춘 뒤, 척 키의 막대 부분을 돌려서 척을 조이거나 푼다. 척 키는 드릴 프레스를 작동하기 전에 빼낸 뒤 안전하게 보관해둔다.
드릴 프레스는 반드시 숙련되고 경험 많은 성인의 감독 아래 사용해야 하며, 사용 시 언제든 도움을 받을 수 있어야 한다. 반드시 사용할 바로 그 제품의 설명서를 읽고 따른다. 또 사용자와 곁에서 지켜보는 사람 모두 상시 보안경을 착용해야 한다!
드릴 프레스는 사용하기 전에 재료를 공작대 표면에 단단히 고정해야 한다. 이렇게 해야 비트를 내리는 데 집중할 수 있고 재료가 흔들리거나 빙글빙글 돌지 않는다. 드릴 비트가 재료의 표면 바로 위에서 시작해 재료 전체를 뚫고 들어갈 수 있을 정도가 되도록 재료에 따라 공작대 높이도 조정한다. 재료를 통과해 구멍을 뚫을 때는 공작대를 중앙에 놓아서 드릴 비트가 공작대 중앙에 난 구멍을 지나도록 한다. 또 자투리 나무 조각을 재료 밑면에 대주어야 드릴이 뚫고 나온 부분이 우둘투둘하지 않고 깨끗하다. 공작대에 나 있는 구멍보다 넓게 구멍을 뚫는 경우에도 재료 아래에 나무 조각을 대주어야 재료를 끝까지 통과하더라도 비트가 공작대와 닿지 않는다. 재료를 고정했다면 이제 척 키를 사용해서 척에 선택한 비트를 끼우고 조인다. 그런 다음 드릴 프레스를 켜고 비트의 회전 속도를 최고로 높인다. 손잡이의 둥근 부분을 잡고 몸 쪽으로 당기면 비트가 내려가면서 구멍을 뚫는다. 구멍을 다 뚫었다면 손잡이를 반대 방향으로 돌려 다시 비트를 올린다!

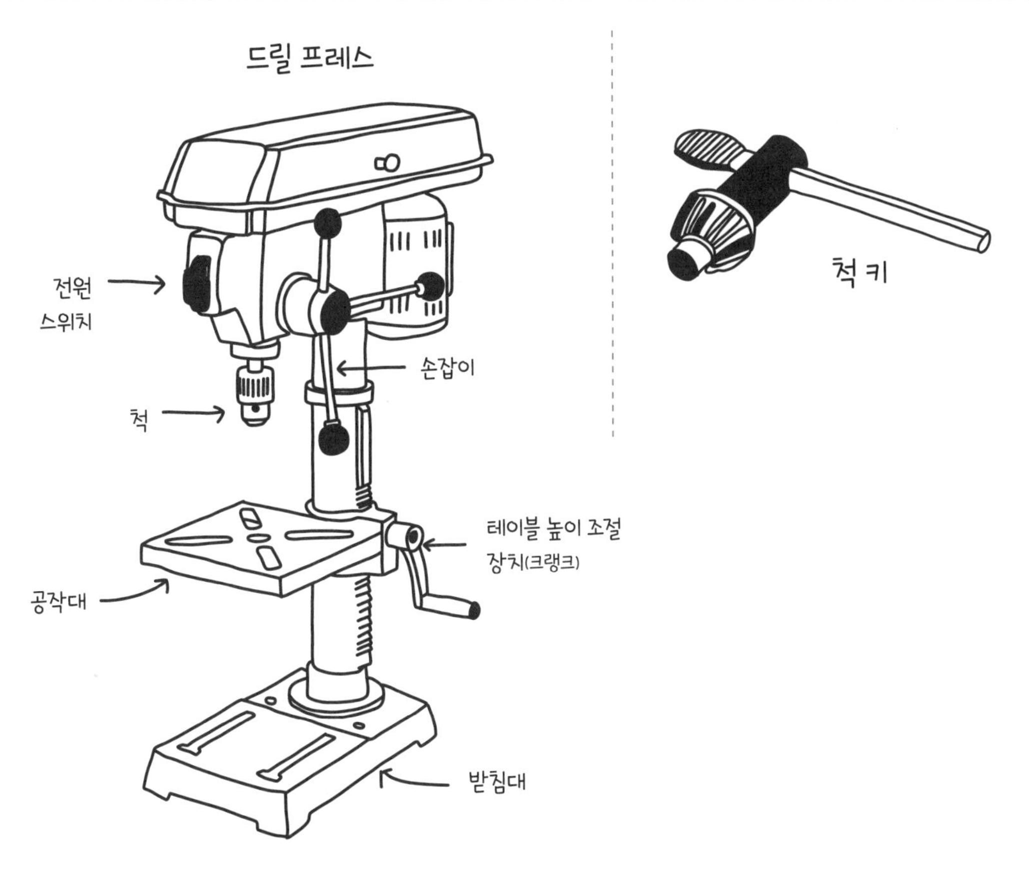
드릴 프레스
전원
스위치
손잡이
척
테이블 높이 조절
장치(크랭크)
공작대
받침대
척 키

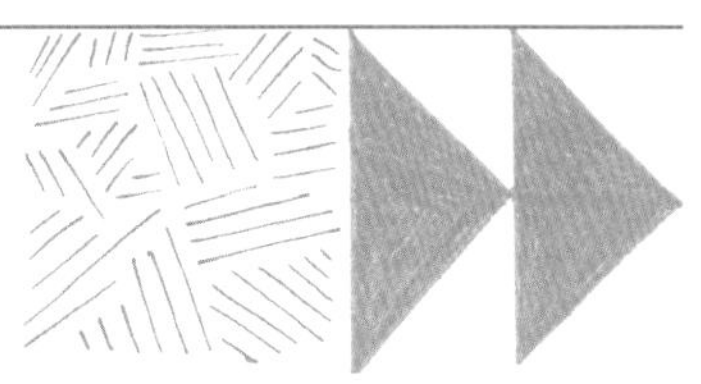

앨리슨 오르팔로

공학 기술 교사

캘리포니아주 페탈루마

앨리슨은 내 소중한 친구이자 영웅이며, 걸스 개라지에서 목공예와 목공을 가르치는 강사이고 고등학교 기술 교사이기도 하다. 또 아주 재미있는 사람이고 오빈이라는 이름의 개를 키우며 대학 시절에는 아이스하키 선수였다. 앨리슨은 염소들에게 놀이 기구를 만들어주는 것에서부터 즉흥적인 주방 수리에 이르기까지 언제나 아주 까다로운 문제에 적극적으로 뛰어든다. 또 젊은 세대에게 불가능해 보이는 일을 해결하는 법을 가르치는 자신의 일을 사랑한다.

제 손으로 무언가를 만든 것은 여섯 살 때가 처음이었어요. 아버지가 도와주셔서 나무 돼지 저금통을 만들었죠. 아버지는 곧이어 차고에 제 작업대를 만들어주셨는데 아버지 옆에서 함께 작업할 수 있어서 너무 좋았어요. 아주 위험하거나 어렵거나 복잡한 작업도 할 수 있었죠. 아버지는 어린 여자아이라고 저를 다르게 대하지 않으셨고, 그 덕에 저는 제가 무엇이든 할 수 있고, 무엇이든 만들 수 있다는 것을 늘 알고 있었어요.

중학교 때 기술 과목을 담당한 제프 소바 선생님 덕분에 고등학교에서 공학과 건축과 목공을 가르치는 교사가 되어야겠다고 마음을 먹었어요. 선생님은 큰 기계 사용법을 가르쳐주셨고, 제도와 목공을 알려주셨죠. 대학을 졸업한 뒤 선생님의 건축팀 소속으로 일하기도 했고요.

이제 교육자이자 메이커로서 저의 목표는 여자아이들이 무엇이든 만들 수 있다는 사실을 증명해 보이는 것이에요. 제가 모범을 보여서 끌어주려고 해요. 어린 남자아이들이 여성 메이커로부터 무언가를 만드는 법을 배우는 것도 마찬가지로 중요한데, 남자아이들의 생각이 바뀌기 때문이에요.

어느 여름, 예전에 가르친 학생 하나랑 북부 캘리포니아에서 나무 위에 육각형 모양의 집을 지었어요. 나무집을 지면에서 약 9미터 위에 지었는데, 제가 지은 건물 중 가장 어려웠어요. 우리는 매일같이 모든 공구와 자재를 들고 나무 위의 집으로 올라가야 했죠. 육체적으로도 정신적으로도 어려운 방법으로 집을 짓는다는 것은 너무나 엄청난 경험이었어요.

무언가를 만들고 싶어 하는 여자아이들에게 해줄 말이요? 힘들더라도 무엇이든 해보세요. 만드는 법을 알고, 결정을 내릴 때 필요한 독립심을 키우고, 아이디어를 실현시키는 과정은 언제나 자신과 자신이 생활하는 지역 사회에 도움이 될 수 있거든요.

그리고 한마디 덧붙이자면, 저는 임팩트 드라이버를 제일 좋아해요. 모든 작업에 사용하는데 절대 저를 실망시키지 않죠. 모두가 하나는 꼭 가지고 있어야 해요!

TS3000
GRAVITY RISE

루터기

루터기(router)는 드릴처럼 비트를 회전시켜 사용하지만, 루터기의 비트는 목재에서 특정 형태를 잘라내는 톱 역할을 한다. 루터기는 나무 내부를 파내는(rout out) 데 사용하지만, 테이블이나 캐비닛 모서리를 둥글리거나 특정 모양이나 윤곽으로 잘라내는 데 더욱 흔하게 사용한다. 스핀들(spindle) 비트는 모양과 옆면이 다양하다. 스핀들 비트가 회전하면서 비트 옆면 모양대로 나무를 잘라낸다. 테이블 모서리와 몰딩, 수납장 모서리의 상당수는 루터기로 다듬은 것이다.

루터기는 반드시 숙련되고 경험 많은 성인의 감독 아래 사용해야 하며, 사용 시 언제든 도움을 받을 수 있어야 한다. 반드시 사용할 바로 그 제품의 설명서를 읽고 따른다. 또 사용자와 곁에서 지켜보는 사람 모두 상시 보안경을 착용해야 한다!

루터기는 날카로운 회전 비트가 밖으로 튀어나와 있기 때문에 위험할 수 있다. 루터기를 사용할 때는 회전하는 비트는 톱날처럼 다루고, 절단은 루터기의 비트가 목재와 닿지 않은 상태에서 시작한다. 절단하는 동안 직선 경로를 유지하고 루터기의 베이스를 재료 표면과 수평으로 유지한다. 절단이 끝나면 비트가 회전을 멈출 때까지 베이스가 재료와 떨어지지 않게 한다. 목공에 가장 많이 쓰이는 루터기는 소형 스핀들 루터기로, 재료 표면에 대고 사용하는 평평한 베이스가 달렸고, 스핀들 비트가 더 길게 내려와 있다. 루터기는 보통 양쪽에 손잡이가 있어 안정적으로 잡을 수 있다.

루터기 비트

루터기 비트는 여러 모양으로 용도도 다양해서 둥근 비트, 직선 비트, V자 비트 등이 있다. 다양한 직경의

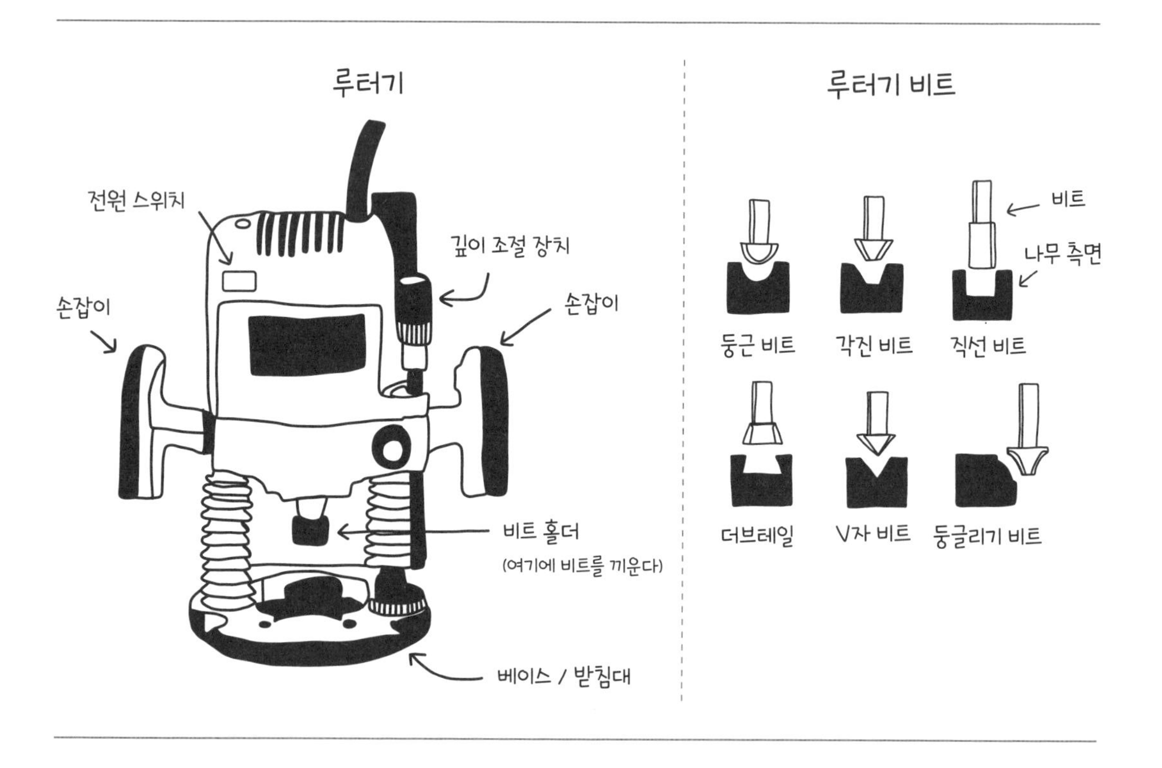

둥글리기(round-over) 비트는 목재의 모서리를 둥글게 다듬어주며, 로만 오기(Roman ogee) 등의 비트는 수납장과 크라운 몰딩(crown molding) 모서리에 장식을 새기는 데 사용한다.

다용도 조각기

다용도 조각기(rotary tool)는 가장 일반적인 브랜드명 드레멜(Dremel)로 부른다. 다용도 조각기는 샌딩 비트(sanding bit), 버프 마감 비트(buffing bit), 음각 비트(engraving bit) 등 온갖 비트의 세트여서 다양하게 활용할 수 있다. 이 작지만 강력한 공구는 최대 3만 5,000rpm(revolutions per minute, 분당 회전 수)의 속도로 비트를 회전한다.

다용도 조각기는 드릴보다 회전 속도가 빠르지만 회전력은 낮다. 크기가 작은 척은 드릴이나 드라이버와 비슷하게 작동하며, 렌치 키를 사용해서 비트를 쉽게 제거하고 교체할 수 있다.

내가 가장 애용하는 용도는 다이아몬드 비트(diamond-tip bit)를 끼워 무늬를 새기는 것이다. 샌딩 비트, 연삭 가공 비트(grinding bit), 버프 마감 비트를 끼워 금속 마감을 하는 데 쓰는 사람도 많다. 원판 절단 비트(disk-cutting bit)는 얇은 판금을 절단할 수도 있다. 다용도 조각기를 사용할 때는 반드시 보안경을 착용해야 하며 작업물을 표면에 단단히 고정해야 한다. 다용도 조각기는 두꺼운 펜이나 연필처럼 잡으면 다루기 쉽다.

네일 건과 브래드 건

못이나 브래드를 수백 개(또는 수천 개!) 박아야 하는 작업이라면 네일 건(nail gun)이나 브래드 건(brad gun)을 사용하자! 시중에 판매하는 네일 건이나 브래드 건은 대부분 공압식(pneumatic)으로, 공기 압축기(air compressor)에서 빠르게 분사한 압축 공기가 브래드나 못을 밖으로 쏘아서 재료에 박는다. 네일 건과 브래

다용도 조각기

재미있는 사실!

드레멜은 현재 호박 조각과 애완 동물 미용 세트 등 특수 회전 비트도 제작한다.

네일 건

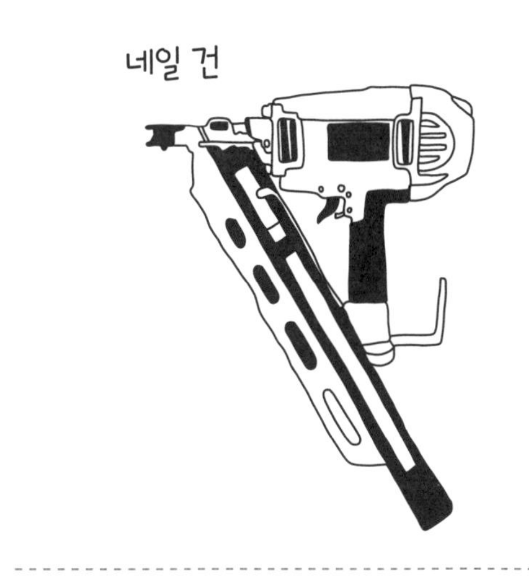

네일 건 못

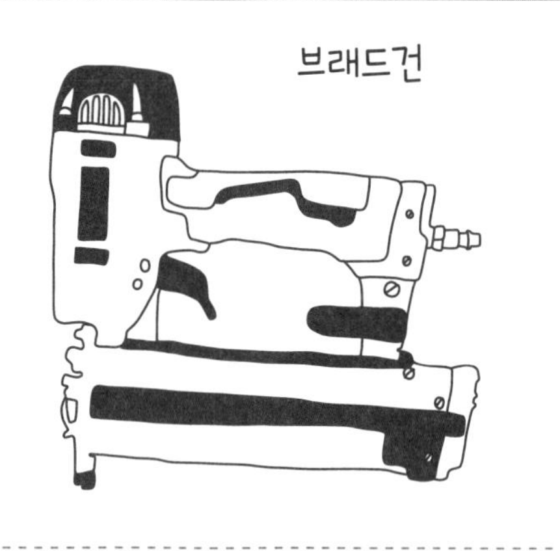

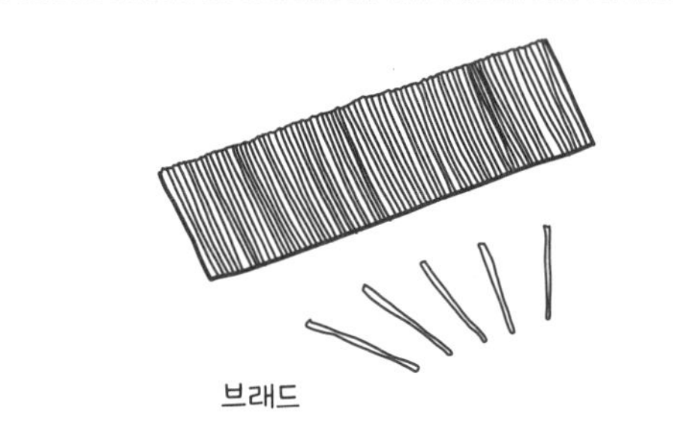

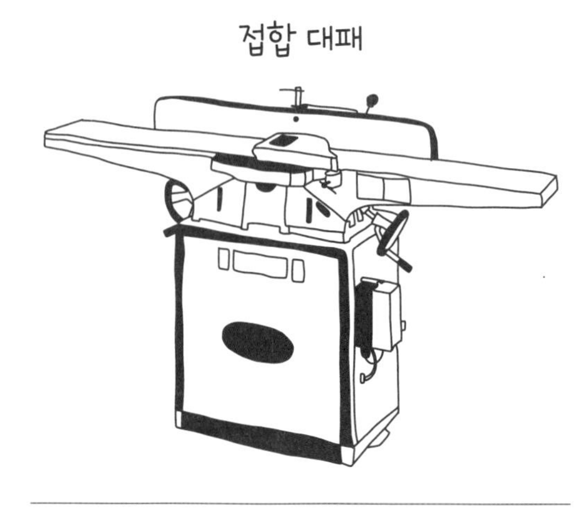

드 건은 스테이플 건처럼 빠르게 작동해서 순식간에 박기 때문에 빠르고 효율적이다.

골조용 못을 박는 네일 건도 있어서 주택의 골조 벽을 만들거나 2×4 여러 개를 연결할 때 많이 사용한다. 네일 건은 띠처럼 연결된 여러 개의 못을 한 번에 하나씩 발사하는 방식으로 작동한다. 브래드 건도 같은 방식으로 작동하지만, 못 대신 훨씬 작은 브래드(보통 약 2.5cm 이하)를 사용한다. 브래드 건은 얇은 재료를 다른 구조물에 빠르게 고정할 때 사용할 수 있다.

네일 건과 브래드 건은 둘 다 아주 위험하다. 대부분 제품 끝에 안전 장치가 있어서 공구를 목재 표면에 밀착시키고 눌러야 브래드나 못이 발사된다. 부딪치거나 떨어뜨리지 않도록 각별히 조심하자. 이 안전 장치가 작동해 못이나 브래드를 쏠 수 있다. 네일 건과 브래드 건은 경험 많은 성인 사용자가 아니라면 사용해서는 안 된다. 18세 미만이라면 사용하지 않는다. 사용할 제품의 설명서를 반드시 읽고 따른다(다음에 소개할 요령은 일반적인 지침일 뿐이다). 또 사용자와 곁에서 지켜보는 사람 모두 상시 보안경을 착용해야 한다!

사용하기 전에 작업 공간이 정돈되어 있고 네일 건이나 브래드 건이 공기 압축기의 호스와 연결되어 있는지 확인한다. 공구의 권장 공기압을 확인해서 그에 맞추어 공기 압축기의 압력을 설정한다.

네일 건이나 브래드 건을 사용할 때는 끝부분의 정가운데 화살표가 못 박을 지점을 향하도록 맞추고 정사각형 끝부분을 재료 표면에 밀착시킨다. 이렇게 하면 못이나 브래드가 이상한 각도가 아닌 완벽하게 직선으로 재료에 들어간다. 네일 건이나 브래드 건은 효율적이지만, 못이나 브래드를 설치할 때는 시간을 들이고 주의를 기울여서 잘못 발사되거나 각도가 빗나가는 일이 없도록 한다. 사용하는 동안에는 다른 메이커의 손은 물론이고 자주 쓰지 않는 손도 작업 공간에 두지 않도록 조심하자!

접합 대패

제재목의 긴 면을 평평하게 다듬거나 가구 프로젝트 같은 정밀함이 필요한 작업에서 모서리를 직각으로 만드는 데 접합 대패(jointer)를 사용한다. 제재목은 동그랗게 말리거나 뒤틀리는 경우가 있는데, 이때 접합 대패를 사용하면 곡선을 평평하게 다듬을 수 있다. 접합 대패는 길이가 12인치(약 30.5cm) 이상인 제재목에만 사용하며 합판 등의 재료에 사용하면 안 된다.

접합 대패는 경험 많은 성인 사용자가 아니라면 사용해서는 안 된다. 18세 미만이라면 사용하지 않는다. 언제나 사용할 바로 그 제품의 설명서를 읽는다. 또 사용자와 곁에서 지켜보는 사람 모두 상시 보안경을 착용해야 한다!

접합 대패에는 길고 평평한 테이블과, 테이블 톱처럼 안내대가 부착되어 있다. 안내대를 따라 제재목을 회전하고 있는 '커터 헤드(cutter head)' 위로 민다. 커터 헤드의 높이를 설정하면 목재를 얼마만큼 자를지 결정할 수 있다.

테이블 톱과 마찬가지로 접합 대패도 회전 커터 헤드가 외부로 노출되어 있다. 재료를 커터 헤드 위로 밀 때는 언제나 안전 밀대(push stick, push block)를 사용해야 하며, 절대 맨손으로 밀어넣어서는 안 된다. 테이블 톱처럼 작업하는 동안 재료는 반드시 안내대와 완전히 밀착한 상태로 움직인다.

전동 대패

일반적으로 가구 프로젝트에 쓸 목재를 준비할 때에는 먼저 접합 대패로 나무 표면을 평평하게 다듬은 다음 전동 대패로 목재의 전체 두께를 특정 치수로 맞춰준다. 예를 들어 아름다운 견목재로 책장을 만들려고 옆면과 선반 두께를 ¾인치(약 1.9cm)로 설계했다고 해보자. 이때 두께 1인치(약 2.5cm) 판자를 구입했다면, 접합 대패로 다듬고 전동 대패로 두께를 정확히 ¾인치로 맞출 수 있다. 미리 다듬어놓으면 모든 목재가 평평하고 곧으며, 치수도 같아진다.

전동 대패는 '두께 대패(thickness planer)'라고도 하며, 평평한 테이블과 그 위로 원하는 목재 두께만큼 높이를 설정할 수 있는 커팅 헤드로 구성되어 있다. 목재를 전동 대패에 통과시키면 위에서 커팅 헤드가 재료를 잘라낸다. 롤러는 목재가 기계를 통과하도록 돕는다.

전동 대패는 경험 많은 성인 사용자가 아니라면 사용해서는 안 된다. 18세 미만이라면 사용하지 않는다. 언제나 사용할 바로 그 제품의 설명서를 읽는다. 또 사용자와 곁에서 지켜보는 사람 모두 상시 보안경을 착용해야 한다! 접합 대패와 마찬가지로 전동 대패는 무겁기 때문에 경험 많은 메이커의 도움을 받는 것이 좋다. 목재는 커팅 헤드가 절단하는 방향으로 밀어 넣어야 하며 나뭇결도 이 방향과 일치해야 한다.

선반

선반(lathe)은 재료를 양 끝에서 고정하고 회전시켜 조각하거나 성형하거나 샌딩할 수 있다. 선반은 목재용과 금속용이 있지만, 작동 방식은 동일하다. 나무 그릇, 촛대, 야구 방망이는 모두 선반으로 만들 수 있다. 선반이 회전하는 동안 조각 공구를 사용해서 나무를 깎아내면 된다.

선반에는 주축대(headstock)와 심압대(tailstock)가 있다. 이 둘 사이에 목재나 다른 재료를 고정하고 장축을 따라 회전시킨다. 공구 받침대(tool rest)는 조각 공구 날을 회전하는 목재에 천천히 갖다대 깎아내도록 받쳐준다. 도자기 물레로 점토를 빚어본 적이 있다면 선반도 비슷하게 작동한다는 걸 알 수 있다. 단, 선반의 경우 목재가 옆으로 누운 상태로 회전하며, 목재를 깎아서 모양을 만든다는 차이점이 있다.

선반은 경험 많은 성인 사용자가 아니라면 사용해서는 안 된다. 18세 미만이라면 사용하지 않는다. 언제나 사용할 바로 그 제품의 설명서를 읽는다. 또 사용자와 곁에서 지켜보는 사람 모두 상시 보안경을 착용해야 한다!

선반에는 회전하는 부분이 외부로 노출되어 있기 때문에 스웨터 끈이나 머리카락처럼 길게 늘어진 물체가 선반에 말려들어갈 수 있으니 주의한다. 언제나 선반의 측면에서 작업해야 한다. 몸 쪽을 기준으로 재료가 바닥을 향해 회전하도록 해야 한다.

목재를 주축대와 심압대의 뾰족한 끝에 꽂고(뾰족한 끝이 잘 박히도록 망치로 쳐주어야 한다) 선반을 켠 상태로 조각 공구를 공구 받침대에 놓고 날을 천천히 재료에 갖다대면 한 번에 조금씩 목재를 깎아내며 원하는 옆모습이 만들어진다. 사용하기 전에 시간을 들여서 제품의 기능과 권장 사용법을 읽고 숙지한다. 선반을 사용할 때는 나무에서 깎여나온 소용돌이 부스러기가 사방에 날리므로 안면 보호구를 착용해야 한다!

비스킷 접합기

눈에 띄는 철물 말고 나무 조각을 결합해야 하는 목재 프로젝트라면 비스킷(biscuit)과 비스킷 접합기(biscuit joiner)를 사용할 수 있다. 비스킷은 나무로 된 작은 연결 조각으로, 럭비공을 납작하게 누른 웨이퍼처럼 생겼다. 비스킷 접합기는 각각의 목재 조각에서 럭비공

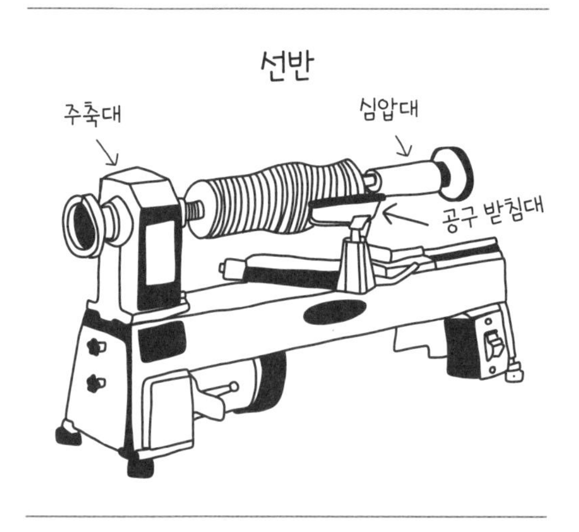

재미있는 사실!

선반은 '공작 기계(machine tool)의 어머니'라고도 불리는데, 산업혁명 이전과 산업혁명 동안 사람들이 선반을 이용해 다른 공구를 만들었기 때문이다.

절반 모양만큼 홈을 깎아내주기 때문에, 이 틈에 비스킷을 삽입하면 두 조각을 연결할 수 있다.
비스킷 접합기는 앞쪽의 평평한 플레이트와 사용 중 플레이트에서 튀어나오는 작은 원형 톱날로 이루어진다. 나무 조각 두 개를 연결해야 할 때, 비스킷 결합기의 톱날은 각각의 조각에 반달 모양의 가느다란 홈을 옆면에 뚫는다. 그 홈에 접착제를 바른 비스킷을 끼운다. 럭비공 모양 비스킷의 절반이 각 조각의 홈에 끼워지므로 모두 끼우면 두 조각이 연결된다.
비스킷 접합기는 반드시 숙련되고 경험 많은 성인의 감독 아래 사용해야 하며, 사용 시 언제든 도움을 받을 수 있어야 한다. 반드시 사용할 바로 그 제품의 설명서를 읽고 따른다. 또 사용자와 곁에서 지켜보는 사람 모두 상시 보안경을 착용해야 한다!
비스킷 접합기의 핵심은 정렬이다! 럭비공 절반 모양이 각 나무 조각의 동일한 위치에 있어야 두 조각을 한 치의 어긋남 없이 맞붙일 수 있다. 먼저 두 나무 조각을 연결할 형태로 배치한다. 두 나무 조각이 만나는 지점을 가로질러 비스킷의 중앙(비스킷에서 가장 볼록한 부분)이 올 위치를 연필로 작게 표시한다. 이제 비스킷 접합기를 잡고 접합기의 중앙 표시를 연필 표시 부분과 일치시킨다. 재료의 두께에 맞춰 비스킷 접합기의 두께 플레이트를 조정한다(이렇게 해야 목재 두께의 가운데에 홈을 팔 수 있다). 비스킷 접합기의 정면을 목재의 모서리에 대고 기계를 켠다. 원형 톱이 정면에서 나와 홈을 뚫고 다시 안으로 들어간다. 다른 나무 조각에도 같은 홈을 뚫은 다음 비스킷에 접착제를 발라 끼운다. 서로 단단하게 결합하도록 클램프로 고정한다(추가 팁: 접착제가 덜 마른 채로 끼우면 마르면서 비스킷을 확장시켜서 홈에 더 단단히 맞물린다!).

히트 건

기본적으로 히트 건은 뜨거운 바람을 약하게 보내는 고출력 헤어 드라이어라고 볼 수 있다. 오래된 페인트를 벗겨내거나 특정 밀폐제(sealant)를 건조하는 데 유용하다.
히트 건에서 나오는 바람의 온도는 대개 90~540℃ 범위이다. 히트 건은 방아쇠 스위치가 달린 드릴 모양이며, 헤어 드라이어만큼 바람의 세기가 세지 않지만 작동 원리는 같다.
히트 건 앞부분의 둥근 금속 입구 부분은 만지지 않도록 특별히 주의한다. 정말로 뜨겁기 때문이다. 히트 건

비스킷 접합기

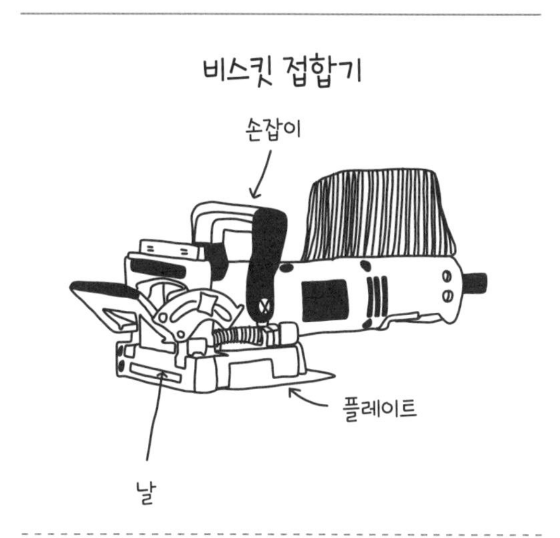

비스킷 맞춤을 사용하는 그림 액자 모서리

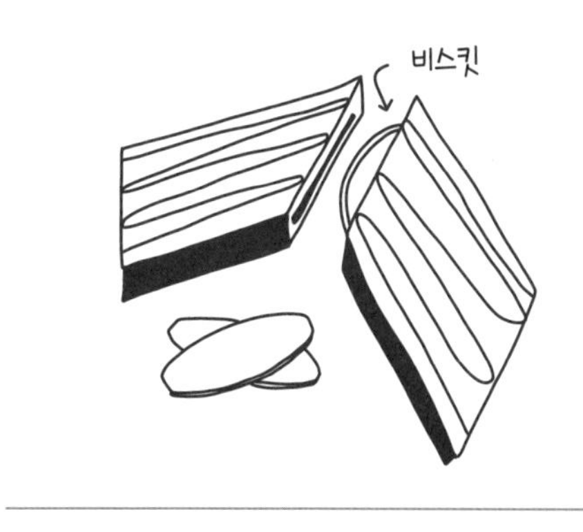

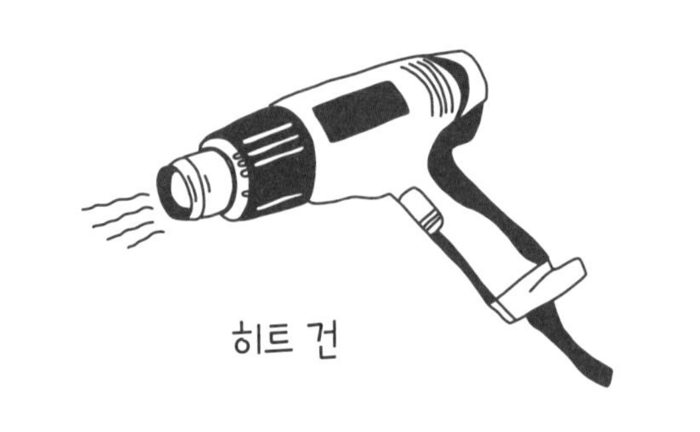

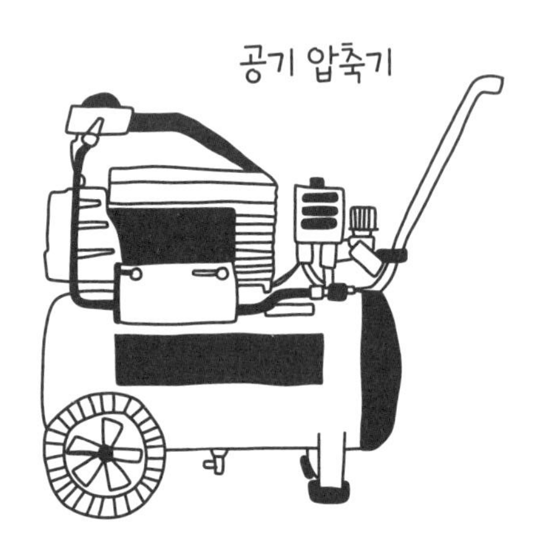

으로 문이나 가구 등의 표면에서 오래된 페인트를 벗겨내면, 다시 손질하거나 페인트를 칠할 수 있다. 히트 건을 켜고 30센티미터 이상 떨어져 표면 위를 앞뒤로 천천히 움직이되, 한곳에 너무 오래 바람을 쏘이지 않는다. 페인트가 표면에서 분리되어 금속 주걱이나 스크레이퍼(scraper)로 쉽게 긁어낼 수 있다. 히트 건은 특정 페인트나 밀폐제(스크린 인쇄용 잉크처럼)를 빠르게 건조하는 데도 사용할 수 있다.

공기 압축기

이 소형 공구는 저장해둔 압축 공기를 호스를 통해 분출시키는 방식으로 네일 건이나 브래드 건 등의 공구에 동력을 공급한다. 공기 압축기로 표면의 먼지나 이물질을 제거할 수도 있다. 공기로 구동되는 것을 '공압식(pneumatic)'이라고 하는데, 공기 압축기는 본질적으로 공압식 공구이다!

전동 공구용 공기 압축기에서 사용하는 기압은 보통 90~100제곱인치당 파운드(psi) 범위로, 산업용 대형 공기 압축기에 비해 상대적으로 분출하는 공기의 압력이 낮다. 전기를 사용하는 휴대용 공기 압축기와 가스로 구동하는 공기 압축기가 있는데, 둘 다 상대적으로 크기가 작으며 호스를 이용해 다른 공압식 공구에 쉽게 연결할 수 있다.

공기 압축기에는 보통 다이얼이 두 개 있다. 하나는 공구의 압력을, 다른 하나는 탱크의 압력을 표시해 공구의 요건에 따라 psi를 설정할 수 있다. 공기 압축기의 호스를 공구(네일 건 등)에 연결하고 공기 압축기의 밸브가 열려 있는지 확인한 다음 작업을 시작한다. 사용하는 공구와 공기 압축기의 설명서를 모두 읽는다. 제품에 따라 사용하지 않을 때는 녹이 생기지 않도록 호스의 공기를 제거해야 할 수도 있다.

재미있는 사실!

걸스 개라지에서 진행한 프로젝트 중에서 우리 마음에 들었던 프로젝트는 동료 강사인 앨리슨 오로팔로(156쪽)가 제안한 것으로, 공압식 드래그 레이스 경주용 차량을 설계하고 만들어서 경주한 것이다. 우리는 공기역학 원리를 활용해서 나무 쐐기를 자동차 모양으로 만들어 장식하고 차축과 바퀴를 단 다음 공기 압축기와 경주용 트랙에 연결했다. 공기 압축기가 차량의 뒤에서 공기를 분사하면 차량은 그 힘을 받아 속도를 높여 실내를 가로지른다! 이 프로젝트와 관련해 가장 좋았던 이벤트는 엄마와 딸이 함께한 드래그 레이스 경주였다.

샌딩하고 마무리하기

분류하자면 만들기는 상당히 만족스러운 활동이지만, 샌딩(sanding)에는 뭔가 특별한 만족감이 있다. 금속 등의 재료에도 샌딩과 줄다듬질(filing)을 하지만, 여기서는 우리의 목표를 위해 주로 목재를 다룬다('금속 공구' 섹션이 이다음에 오는 이유이기도 하다). 나무를 만졌을 때 거칠고 까끌한 것 같다고 느꼈다면, 적절한 거칠기의 사포와 약간의 사랑으로 나무 표면을 토끼털처럼 부드럽게 마무리할 수 있다. 나는 아주 멋진 상점에서 완벽하게 나무를 샌딩한 아기 딸랑이를 본 적이 있다. 딸랑이를 벨벳으로 만들었을지도 모른다고 진심으로 생각했다. 또 표면을 샌딩해서 페인트나 밀폐제 층을 제거하면, 표면을 다시 마감하거나, 깨끗이 하거나, 또는 그 위에 다른 작업을 할 수 있다.

보통 샌딩을 만들기 과정의 마지막 단계로 생각하지만, 프로젝트를 하다 보면 이외에도 샌딩이 유용한 순간이 있다. 예를 들어, 드릴과 드라이버로 나무 조각 두 개를 연결하기 전에 모서리를 가볍게 샌딩해줄 수 있다. 또 조립 전에 드릴로 뚫은 구멍의 거친 가장자리를 샌딩해야 할 수도 있다.

사용 요령과 안전!

다음은 가장 기본적인 샌딩 규칙을 정리한 것이다.

항상 결대로 샌딩한다. 나무를 자를 때와 마찬가지로 결이 어떤지 아는 것이 중요하다. 결 방향대로 샌딩하면 흠집이나 자국 없이 일정하고 매끈하게 표면을 다듬을 수 있다. 강의 흐름을 따라 수영하는 것과 흐름을 거슬러 수영하는 것을 비교하면 이해하기가 쉽다. 흐름을 따라 그냥 떠 있는 것이 훨씬 수월하다.

그릿이 낮을수록 사포가 거칠다. 사포의 그릿(grit) 범위는 보통 40~600이다(그러나 대부분 80~300이다). 이 숫자를 사포의 실제 입자 수라고 생각하면 이해하기 쉽다. 입자가 몇 개밖에 없다면 사포가 할퀴는 듯이 느껴질 것이다. 입자가 작고 아주 많다면 사포 전체가 훨씬 더 부드럽게 느껴질 것이다. 디지털 사진가라면 그릿을 픽셀이나 해상도라고 생각할 수도 있다. 이미지 해상도가 높거나 픽셀 수가 많을수록 이미지는 더 부드럽고 깨끗해진다. 픽셀 수가 적으면 이미지가 선명하지 않고 거칠다.

거친 사포에서 시작해 매끄러운 사포로 바꿔나간다. 샌딩할 때 가장 좋은 방법은 먼저 거친 사포로 시작해 중간 거칠기의 사포를 거쳐 부드러운 사포로 마무리하는 것이다. 재료가 유난히 거칠거나 고르지 않을 때는 줄과 굵은줄을 먼저 사용하면 좋다. 어느 쪽이든, 숫자가 낮은 그릿에서 시작해 200그릿, 300그릿 사포 순으로 작업한다.

방진 마스크와 보안경을 착용한다. 전동 샌더에 대부분 먼지주머니가 부착되어 있지만, 샌딩하면 먼지가 엄청나게 발생하므로 호흡기 보호 장비를 착용해야 한다. 콧물과 재채기는 꽃가루가 날리는 계절을 위해 아껴두자. 보안경은 샌딩 과정에서 날리는 먼지 입자와 여러 목재 조각으로부터 눈을 보호해주니 반드시 착용한다.

계속 움직이자! 샌딩 작업, 특히 전동 샌더를 사용하는 경우 한곳을 지나치게 오래 샌딩하지 않는다. 샌딩이란 표면에서 재료를 제거하는 작업임을 기억하자. 너무 많이 제거해서 표면이 평평하지 않게 되는 일은 원치 않을 것이다(머리 깎을 때와 마찬가지로, 언제나 깎아내기는 쉽지만 일단 깎고 나면 되돌릴 수 없다. 그러니 천천히 하자!). 전동 샌더를 사용할 때 한곳을 오래 샌딩하면 뚜렷하게 샌딩 자국이 남을 수 있으며 되돌리기 어려울 수 있다.

샌더에게 샌딩을 맡기자! 줄이나 사포, 전동 샌더, 무엇을 사용하든 샌딩할 때 지나치게 힘을 많이 쓸 필요 없다. 실제로 압력을 지나치게 가하면 재료를 너무 많이 깎아내거나 나무에 흠집이나 긁힌 자국이 생길 수 있다. 샌딩 공구가 제 역할을 못하는 것 같다면 샌딩 표면(임의 궤도 샌더의 원판이나 벨트 샌더의 벨트)을 교체해야 할 시기일 수도 있다.

샌딩 공구의 유형

만들어놓은 사랑스러운 프로젝트를 완벽하게 매끈하게 다듬으려면 가장 흔한 유형인 다음의 샌딩 공구(수공구와 전동 공구 모두)를 사용한다.

줄과 굵은줄

샌딩을 처음 할 때, 특히 가장자리나 모서리를 샌딩할 때의 손 공구로는 줄(file)이나 굵은줄(rasp)이 좋다. 금속 프로젝트에서 날카롭거나 우둘투둘한 가장자리를 매끄럽게 다듬을 때도 줄을 사용한다. 경화강(hardened steel)으로 만든 긴 금속 막대 모양의 줄에는 보통 플라스틱이나 나무 손잡이가 달려 있다. 원하는 연마 수준에 따라 줄의 무늬뿐 아니라 평줄(flat),

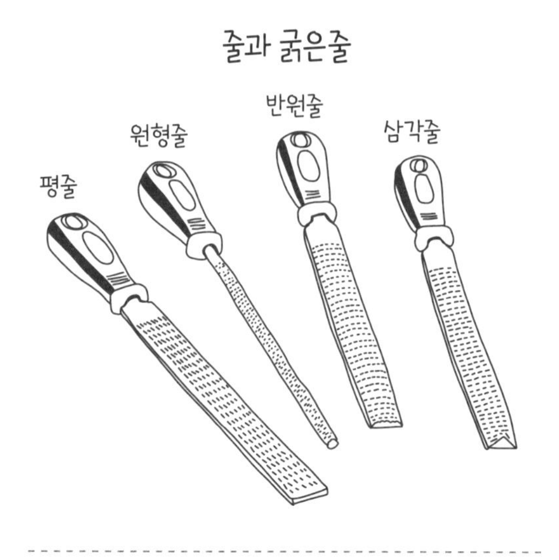

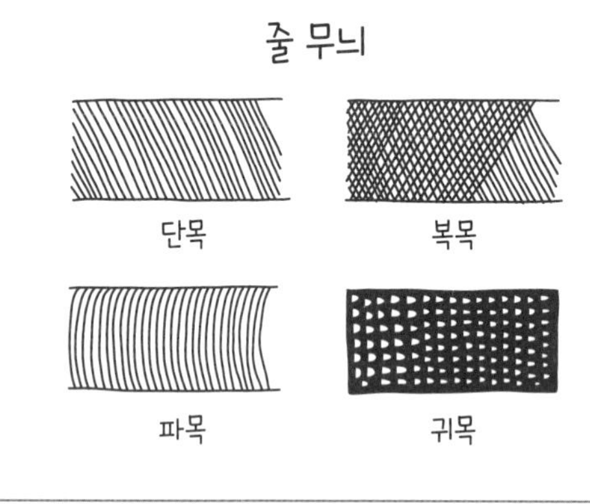

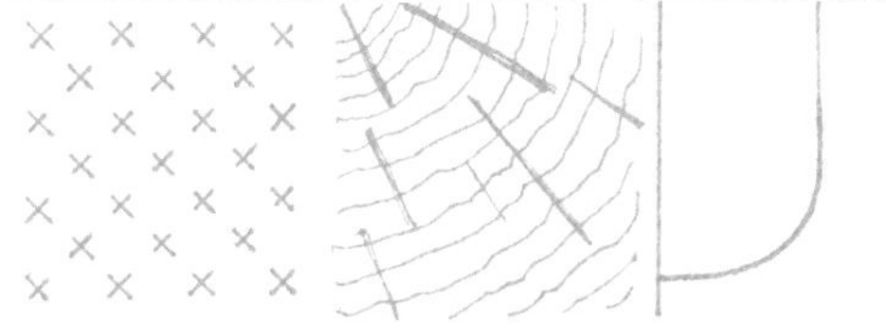

원형줄(round, rat tail), 반원줄, 삼각줄 등 모양도 다양하다.
굵은줄은 특정한 용도의 줄로, 치즈 강판처럼 몸통에 구멍이 나 있으며 보통 줄 중에 가장 거친 편이다.
줄을 여러 개 세트로 가지고 있으면 아주 유용하며, 나무 종류나 원하는 부드러움의 정도에 따라 줄의 모양이나 무늬를 바꿔 사용하면 된다.

사포(종이)

스포일러 주의! 사포(sandpaper)는 모래(sand)로 만들지 않는다! 다양한 크기로 판매하는 사포는 종이에 작은 연마 입자(보통 산화알루미늄이나 탄화규소)를 접착한 것이다. 입자의 크기와 밀도가 사포의 거친 정도를 나타내는 그릿을 결정한다.
나무 프로젝트의 경우, 그릿 범위는 약 80(거친 입자)에서 220(고운 입자)까지가 적당하다. 작업할 때의 거칠기는 먼저 거친 사포부터 시작해 점점 더 고운 사포로 옮겨가야 한다는 점을 기억하자. 일부 페인트 작업에서 덧칠 전 샌딩하는 경우라면 320그릿 이상의 아주 고운 사포를, 가장 거친 표면에는 80그릿 이하의 아주 거친 사포를 사용한다. 아주 작게 잘라 좁은 곳에도 사용할 수 있다. 표준 규격인 9x11인치(약 22.9x28cm) 크기의 사포는 4등분해 자르면 고무 샌딩 블록 크기와 완벽히 일치하기 때문에 특히 유용하다!

고무 샌딩 블록

걸스 개라지에는 고무 샌딩 블록(rubber sanding block)이 스물다섯 개쯤 있다. 손에 쏙 들어오는 크기인 데다 원하는 거칠기의 사포를 끼울 수도 있다. 블록은 한쪽(사포를 끼우는 면)이 평평하고 다른 쪽(손으로 잡는 쪽)이 볼록한 모양이다. 양 끝에는 사포를 끼워 넣는 슬롯이 있다. 슬롯 내부에 이빨처럼 종이를 잡아주는 작은 못이 튀어나와 있다.
샌딩 블록에 사포를 끼우려면 먼저 9x11인치(약 22.9x

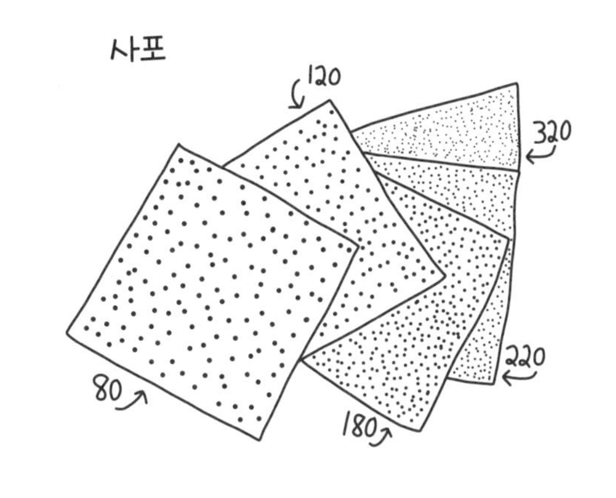

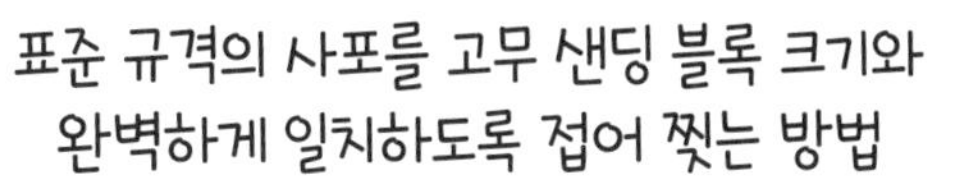

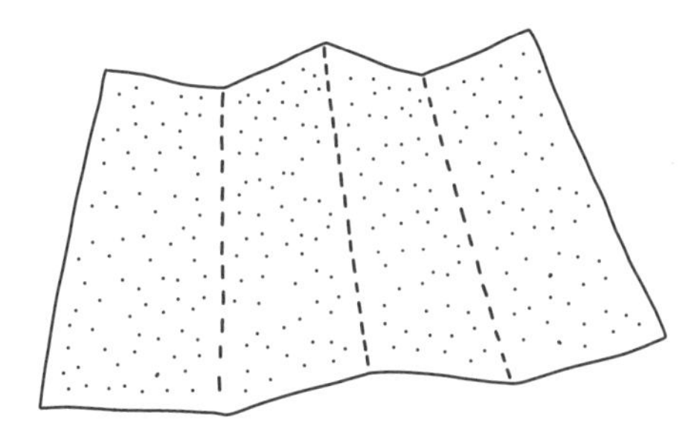

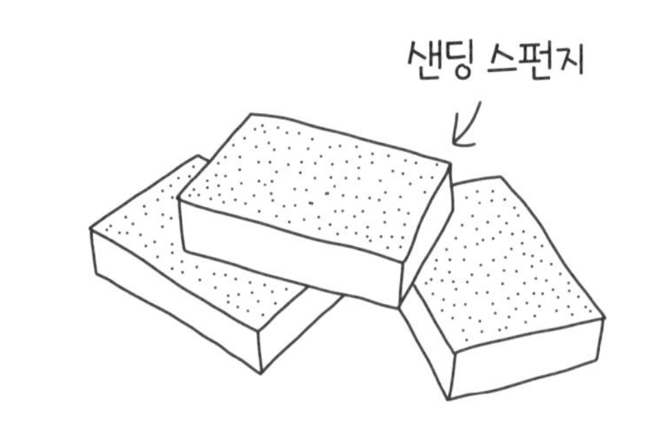

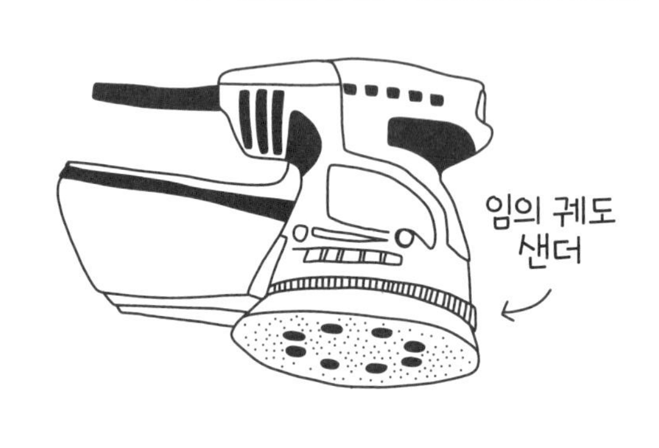

28cm) 사포를 4등분으로 접어 찢어서 가로 2인치(약 5.1cm), 세로 9인치(약 22.9cm) 조각 4개를 만든다. 샌딩 블록 한쪽의 슬릿을 벌려 사포의 한쪽 끝을 끼운 뒤 못이 사포를 물도록 슬릿을 닫는다. 사포를 블록 바닥에 밀착시킨 다음 반대쪽 슬릿을 벌려 사포의 다른 쪽 끝을 끼운 뒤 못이 사포를 물도록 슬릿을 닫는다. 사포가 찢어지면 빼내고 새것으로 갈아넣기만 하면 된다!
샌딩 블록의 샌딩 표면이 평평해서 평평한 표면을 샌딩할 때 가장 효과적이지만, 가장자리와 모서리를 둥글리는 데도 사용할 수 있다.

샌딩 스펀지

좁은 공간이나 액체 밀폐제를 사용해 프로젝트를 하는 경우 샌딩 블록 대신 샌딩 스펀지(sanding sponge)를 쓰면 좋다. 스펀지 형태여서 좁은 공간에도 쓸 수 있으며 이상한 모양의 표면에도 사용이 가능하다. 또 헹궈서 먼지를 씻어내면 다시 사용할 수 있다. 샌딩 블록과 달리 샌딩 스펀지의 사포는 교체할 수 없으므로 표면이 손상되면 새것이 필요하다. 사포와 마찬가지로 다양한 거칠기의 샌딩 스펀지를 구입할 수 있으며, 모서리가 비스듬히 잘려 있어서 비좁은 모서리에 사용할 수 있는 제품도 있다.

임의 궤도 샌더

임의 궤도 샌더(random orbittal sander)에서 어떤 부분이 '임의성(random)'을 가질까? 손바닥만 한 크기의 사각형 모양 샌더와 달리 임의 궤도 샌더에는 원 모양의 샌딩 원판이 있는데, 이 원판이 조그만 원을 그리며(즉, 임의 궤도로) 진동한다. 이 임의 동작 덕분에 벨트 샌더나 원형 샌더같이 방향성 있게 움직이는 공구보다 표면을 더 골고루 샌딩할 수 있다.
게다가 임의 궤도 샌더는 작아서 휴대도 가능하다. 페인트나 마감재를 벗겨낼 때뿐 아니라 나무 표면에 마감 작업을 할 때도 유용한 공구이다. 임의 궤도 샌더는 대부분 5인치(약 12.7cm)나 6인치(약 15.2cm) 크기의 샌딩 원판을 사용하며, 원판에는 벨크로(Velcro)가 붙어 있어 교체가 가능하다.
샌딩 원판에 있는 구멍이 먼지를 빨아들여 딸려 있는 먼지 봉투로 모은다. 집진 성능을 높이기 위해 임의 궤도 샌더를 업소용 진공 청소기에 연결할 수도 있다!
방진 마스크와 보안경을 끼고 성인 메이커와 함께 해야 한다는 점을 잊지 말자.

벨트 샌더

벨트 샌더(belt sander)는 휴대용, 입식, 소형, 대형 제품이 있지만 모두 사포 벨트가 돌아간다는 공통점이 있다. 고정식 벨트 샌더는 작업장에서 가장 흔히 사용하는 유형이다. 러닝 머신처럼 두 개의 평행한 원기둥 위를 계속해서 빠르게 돈다. 벨트는 교체가 쉽고 상당히 저렴하며 거칠기 정도도 다양하게 선택할 수 있다. 벨트 샌더는 샌딩 표면이 길고 평평하며 샌딩 작업이 한 방향으로 진행된다는 장점이 있어서 목재의 긴 가장자리를 샌딩하는 데 좋다. 이러한 고정식 벨트 샌더 중에는 작은 원형 샌더를 장착한 제품도 많다.

벨트 샌더는 반드시 숙련되고 경험 많은 성인의 감독 아래 사용해야 하며, 사용 시 언제든 도움을 받을 수 있어야 한다. 반드시 사용할 바로 그 제품의 설명서를 읽고 따른다. 또 사용자와 곁에서 지켜보는 사람 모두 상시 보안경을 착용해야 한다!

고정식 벨트 샌더를 사용할 때는 안내대를 활용한다. 샌딩하는 동안 재료를 안내대에 대고 있으면 재료가 빠르게 움직이는 벨트에 딸려 올라가거나 작업장을 가로질러 날아가는 일을 막을 수 있다. 기억할 점은 벨트가 샌딩하도록 두자는 것이다. 다시 말해, 재료를 벨트에 지나치게 세게 밀지 않는다!

원형 샌더

원형 샌더(disk sander)는 회전하는 커다란 원 모양의 샌딩 표면과 원의 절반 아래에 위치한 테이블 표면(반쯤 진 해를 떠올려보자)으로 되어 있다. 임의 궤도 샌더가 나무의 넓은 표면을 샌딩하는 데 적합하다면, 더 작게 절단한 조각(옆면의 나뭇결)을 샌딩할 때는 원형 샌더가 훨씬 더 유용하다.

원형 샌더는 반드시 숙련되고 경험 많은 성인의 감독 아래 사용해야 하며, 사용 시 언제든 도움을 받을 수 있어야 한다. 반드시 사용할 바로 그 제품의 설명서를 읽고 따른다. 또 사용자와 곁에서 지켜보는 사람 모두 상시 보안경을 착용해야 한다!

각도 절단기로 액자에 사용할 짧은 1×4 나무 조각을 자른다고 해보자. 방금 자른 가장자리가 약간 거칠고 까슬까슬하다. 이 조각을 갖고 원형 샌더에 가서 절단면을 회전 원판에 대면 가장자리가 버터를 바른 것처럼 매끄러워진다. 테이블에 표시된 연귀 눈금을 빗각 켜기에 맞추고 샌딩할 수도 있다.

한 가지, 원형 샌더는 한 방향(시계 방향 또는 시계 반대 방향)으로만 회전하므로 원판이 '아래로' 향하는 쪽에서만 샌딩을 해야 한다. 이는 원판이 하늘 쪽이 아닌

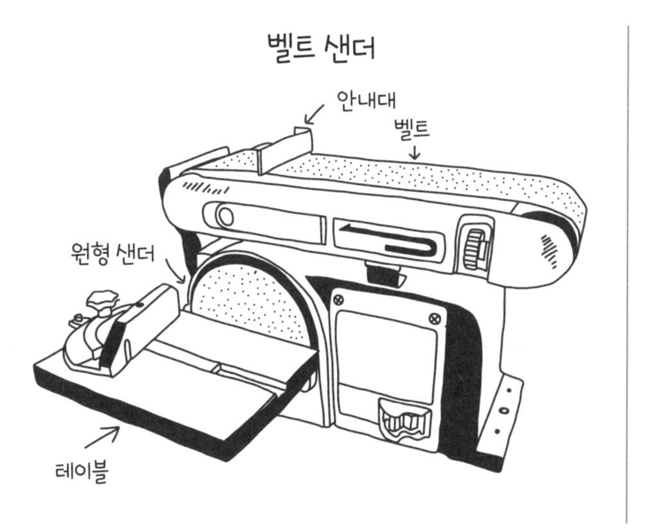

테이블로 내려가는 방향을 말한다. 원판이 위로 올라가는 쪽에서 샌딩을 하면 자칫 조각이 원판에 밀려 허공으로 튀어오를 수 있다. 아래로 내려가는 쪽에서 샌딩하면 원판의 회전 방향 덕분에 조각을 테이블에 대고 누르는 효과가 생긴다. 원판이 시계 방향으로 회전한다면 원판의 오른쪽에서 샌딩해야 한다는 뜻이다. 원판이 시계 반대 방향으로 회전한다면 왼쪽을 사용하자.

스핀들 샌더

지그소로 합판에서 문자 C를 잘라낸다고 생각해보자. 정확하게는 잘랐지만 지그소의 거친 절단 방식 때문에 절단면이 상당히 우둘투둘하다. 샌딩 표면이 내부 곡선에 닿지 않기 때문에 벨트 샌더는 도움이 되지 않는다. 곡선이나 호처럼 흔하지 않은 모양을 샌딩할 때는 스핀들 샌더(spindle sander)가 가장 좋다. 원통형의 스핀들(축)이 회전하면서 위아래로도 진동한다.

스핀들 샌더는 반드시 숙련되고 경험 많은 성인의 감독 아래 사용해야 하며, 사용 시 언제든 도움을 받을 수 있어야 한다. 반드시 사용할 바로 그 제품의 설명서를 읽고 따른다. 또 사용자와 곁에서 지켜보는 사람 모두 상시 보안경을 착용해야 한다!

항상 작업물을 작업대에 평평하게 놓은 다음 샌딩 작업을 한다. 스핀들의 회전 방향과 반대로 움직여야 한다. 회전 방향으로 움직이면 작업물이 스핀들에 밀려 손에서 튀어나갈 수 있다. 특이하게 휘어진 곡선 부분을 스핀들에 대고 스핀들의 표면을 따라 부드럽게 움직여서 곡선의 가장자리를 깔끔하게 마감할 수 있다. 스핀들 샌더에는 대부분 스핀들에 끼우는 다양한 크기의 드럼도 함께 제공되므로 다양한 크기와 모양의 곡선과 호를 샌딩할 수 있다.

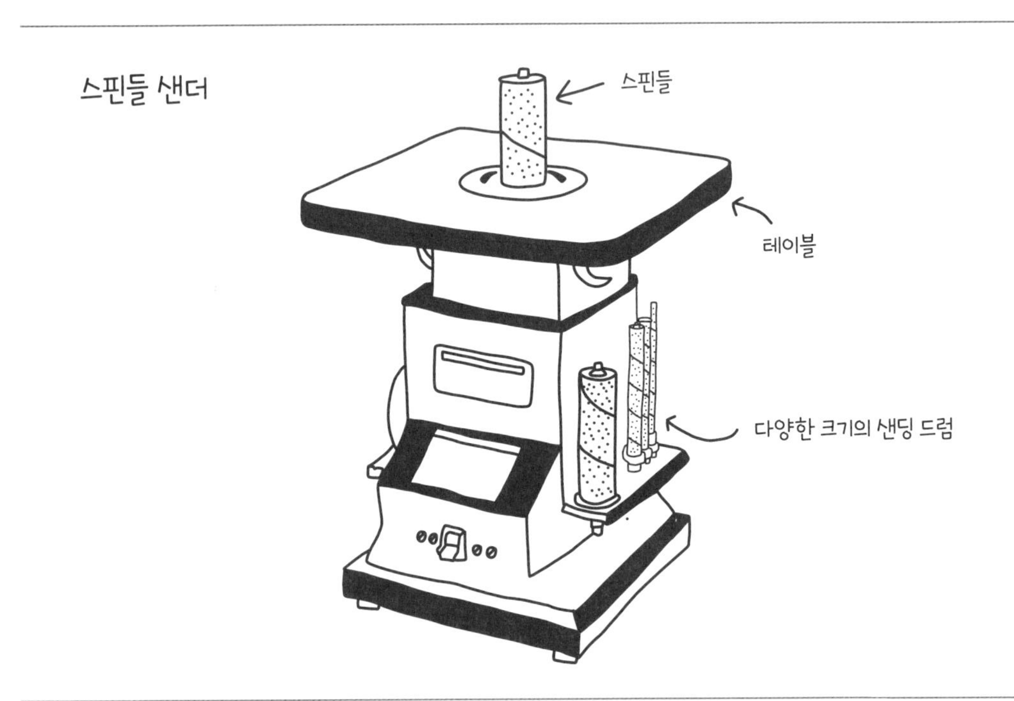

금속 공구

금속은 어떤 것으로도 뚫을 수 없어 보이는 멋진 재료이지만, 놀랄 만큼 작업하기 쉽다. 금속과 금속 공구는 프로젝트에서 나무와 함께 사용하지만 금속의 물리적 특성이 나무와 상당히 다르기 때문에 따로 섹션을 마련했다.

용접하기

용접(welding)은 초능력과 같아서 마치 내가 원더우먼이 된 것처럼 느껴진다(금속을 용접할 수 있다니!). 나는 시카고 아트 인스티튜트 스쿨 대학원에서 용접을 배웠고, 덕분에 아주 많은 것이 변했다. 용접 강의가 수많은 책과 오랜 세월에 걸친 연구의 주제라는 점도 주목할 만하다. 이 책에서는 용접 유형 한 가지의 원리와 몇 가지 기본 개념을 소개할 뿐 단계별 용접 강의를 하진 않는다. 이 내용을 바탕으로 더 자세히 조사하고 시도해보기 바란다!

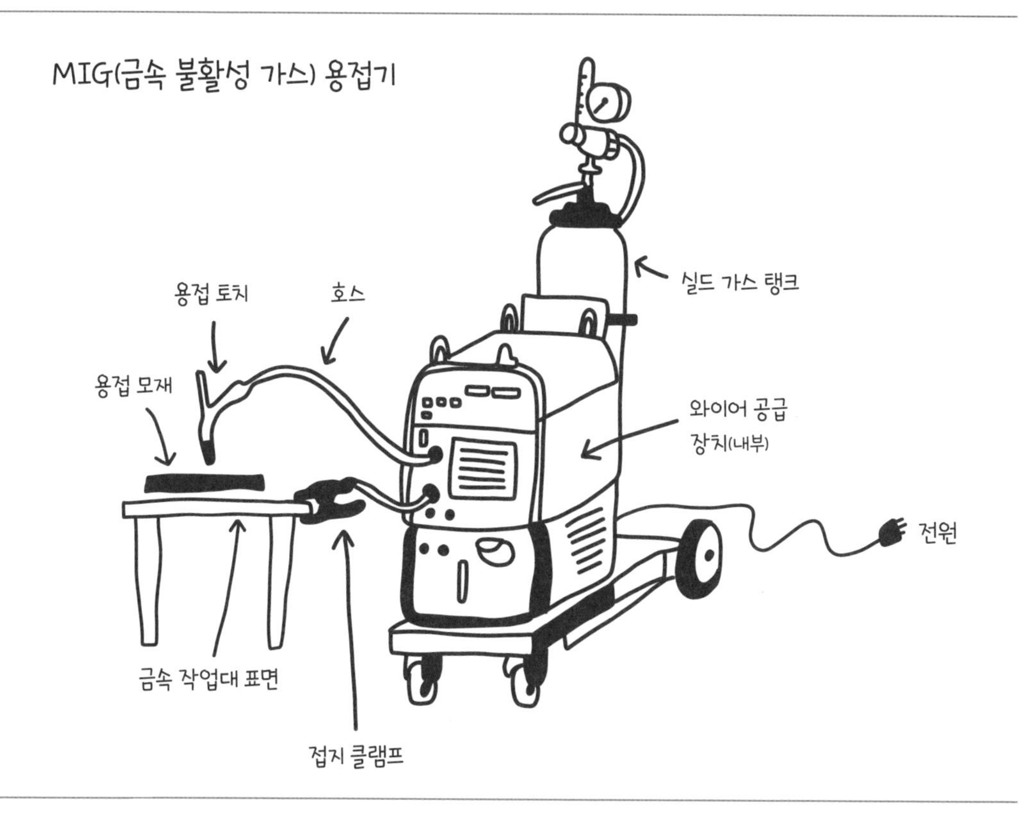

용접이란 무엇이며 어떤 원리로 이루어지는가?

용접은 매우 높은 온도로 금속을 녹여서 결합하는 방법이다. 열원은 다양하지만 가장 일반적인 방법은 전류를 사용하는 것이다. 이를 '아크 용접(arc welding)'이라고 한다. 아크 용접을 하려면 세 가지 요소가 꼭 필요하다. 열을 발생시키는 전류, 두 금속 조각의 연결을 돕는 충전재(filler), 용접되어 식을 때 보호해주는 실드 가스(shielding gas)다.

아크 용접은 전기 회로를 사용한다(회로는 전기가 순환하는 닫힌 경로라고 생각하면 된다). 이런 닫힌 회로를 만들기 위해 용접기에는 서로 다른 역할을 하는 '팔(arm)'이 두 개 있으며, 이 두 팔은 모두 금속 작업대에 연결되어 있어야 한다. 금속 작업대에 고정된 첫 번째 팔은 접지 클램프(ground clamp)로 첫 번째 회로 연결을 만든다. 두 번째 팔은 용접 토치(welding gun)로, 사용자가 원하는 방향으로 용접 토치를 움직여 필러 재료를 퍼뜨린다. 용접을 시작하면 필러 재료가 금속 작업대 위에 놓여 있는 작업할 금속에 닿아 회로가 닫힌다! 이렇게 회로가 닫히면 전기 충격과 높은 열이 발생해 금속을 녹이고 결합시킨다. 이렇게 생각할지도 모르겠다. '용접하다가 감전되는 거 아냐?' 걱정할 필요 없다. 흐르는 전류는 '최소 저항 경로'를 찾는다. 다시 말해 전기는 사용자인 여러분보다 전도성이 높은 금속을 통과해 흐르는 쪽을 더 선호한다. 그러니 전류가 가까이서 흐르므로 통풍이 잘되는 곳에서 작업하고, 용접할 공간에 가연성 물질을 두지 말고, 올바른 장비를 착용(여기에 관해서는 다음에 더 자세히 설명한다!)해야 한다는 사실을 잊지 말고 기억하자.

아크 용접기 중에는 용접봉을 다른 손으로 잡아야 하는 제품이 있는 반면, 내장된 와이어가 용접 토치 끝에서 공급되는 제품도 있다.

어느 쪽이든, 충전재 금속은 녹아서 표면에 금속 '비드(bead)'로 남는다. 이 비드가 매우 중요한 역할을 한다. 비드에 전류가 흐르면 그 밑의 두 금속 조각이 녹아 서로 섞이고, 결국 결합한다. 용융된 금속이 접착제 역할을 하는 납땜과 달리, 용접 비드는 훨씬 강력한 구조적 융합이 일어났다는 증거이다. 실제로, 비드를 전부 갈아내도 그 밑의 금속 조각은 여전히 결합된 상태를 유지한다! 고급 금속 용접 가구를 보면 앵글 그라인더로 비드를 갈아서 그 아래의 매끈한 용접 부위가 드러나 있다. 다시 말해, 납땜은 금속을 녹여 접착제로 사용하지만 용접은 실제로 금속을 융용시켜 두 조각을 하나로 결합한다.

아크 용접에는 또한 녹은 뜨거운 금속을 보호해 빠르고 단단하게 냉각해주는 실드 가스가 필요하다. 이 실드 가스는 용접 모재가 제대로 융용될 수 있도록 도와주는 보호 기포를 생성해서, 용접한 부분이 냉각될 때 거품이나 부식을 일으킬 수도 있는 산소, 질소, 수소에 노출되지 않도록 보호해준다. 용접기 중에는 연결된 가스 탱크에서 실드 가스를 공급받는 제품도 있고, 가스가 내부의 빈 공간에 충진되어 있는 '플럭스 코어(flux core)' 와이어를 사용하는 제품도 있다.

케이 모리슨

제2차 세계대전 당시(1943~1945년) 베테랑 용접 기사

캘리포니아주 리치몬드

매주 금요일, 캘리포니아주 리치몬드의 샌프란시스코 베이에 있는 작은 건물에서 한 무리의 여성이 만난다. 이들은 모두 90대 중반에서 후반으로 자녀와 손주, 심지어 증손주도 있다. 다들 자신의 공훈을 기념하는 배지가 수두룩하게 달린 조끼를 입고 있다. 이들은 제2차 세계대전 당시 용접 기사, 전기 기사, 제도사, 노동자로 일한 리벳공 로지(Rosie the Riveter) 중 생존해 있는 분들이다. 어느 금요일 나는 이곳에서 케이 모리슨을 만났다. 아주 에너지 넘치고 진취적인 여성으로, 전쟁 동안 용접 기사로 일한 경험을 들려주었다.

케이는 1923년 캘리포니아주 치코에서 태어났다. 오빠가 징집되어 전장으로 떠난 뒤 케이도 군에 입대해야 한다는 압박감을 느꼈다. 리벳공 로지로 일하기 위해 리치몬드의 조선소에서 처음 일자리를 구했을 때 직업 소개소에는 '여성과 흑인 고용 안 함'이라고 쓰인 커다란 안내판이 있었다. 굳게 결심한 케이는 2년 뒤 이곳에 다시 찾아와 용접 기사 일을 배정받았다. 정부에서 실시한 해군 용접 시험을 치렀고 사실상 1등을 차지했다. 오후 11시부터 오전 7시까지 매일 야간 근무에 배정받아 리치몬드 조선소에 건설 중인 선박 용접을 맡았다. 바닥의 연결 부위, 수직한 연결 부위, 머리 위의 연결 부위를 용접했으며, 때로는 눕거나 좁은 공간에서 용접하기도 했다. 케이는 용접하다가 반다나와 셔츠 칼라 사이에 불똥이 떨어지는 바람에 가슴에 상처를 입고 고향으로 돌아왔다. 케이와 동료 리벳공 로지들은 국가의 보물이자, 오늘날 많은 여성 메이커가 좇는 유산을 남겼음은 의심할 여지가 없다.

전쟁 동안 그치들은 최대한 여성들 도움을 받아야 했어요. 남자들이 멀리서 싸우는 동안 여자들이 국내에서 일하길 바랐죠. 그래서 샌프란시스코에 있는 노동조합 직업 소개소에 갔는데 '용접 기사 일을 하게 될 거야'라는 말을 들었어요. '용접 기사가 대체 뭐하는 사람이에요?'라고 물었죠. 그 일이 뭔지는 몰랐지만 할 수 있다는 건 알았거든요. 여자는 하려고만 하면 무엇이든 할 수 있잖아요.

용접 교육을 받으러 가서는 바보가 된 기분이 들었어요. 열흘 동안 그랬어요. 그때까지 경험한 어떤 것하고도 완전히 다르더군요. 고등학교 때 소다수 판매점에서 일한 적이 있어요. 졸업하고는 JC 페니 백화점에서 일했고요. 용접은 완전히 달랐어요! 옷도 아주 달랐지요. 소가죽 재킷과 위아래 붙은 작업복에 앞코에 쇠가 달린 무거운 부츠. 게다가 불 옆에서 일하는 느낌은 정말 이상하더군요. 그렇지만 나는 그 일이 무척 마음에 들었어요! 일을 하다 보면 내가 직접 전쟁에 나간 듯했고 이길 것 같은 기분이 들었어요. 로지들 모두가 그렇게 느꼈을 거라 생각해요.

우리 때는 여자는 용접 일을 못 하게 하려는 사람들이 있었어요. 사람들은 변화를 두려워하잖아요. 그렇지만 남편은 여성의 권리를 적극 지지하는 사람이었어요. 동등한 권리, 동일 임금, 이 덕에 나는 지원과 인센티브를 받을 수 있었죠. 또 나는 언제나 내가 원하는 일이라면 무엇이든 할 수 있다고 알고 있는, 그런 사람이었고요. 사람들이 나를 막아서거나 방해하도록 두지 않았죠.

요즘도 어린 여성들에게 원하는 일은 무엇이든 할 수 있다고 말해줍니다. 목표에서 눈을 돌리지 말고, 누구도 방해하도록 두지 말라고요. 그냥 하고 싶은 일을 하세요. 무언가를 정말로 절실히 원할 줄 알아야 해요. 그런 다음 그냥 가서 그 일을 하세요.

MORRISON
ROSIE THE RIVETER
WORLD WAR II HOME FRONT
NATIONAL HISTORICAL PARK

용접 유형

아크 용접에는 여러 종류가 있으며, 저마다 장점과 용도가 따로 있다. MIG 용접을 가장 처음 접할 텐데 초보자에게 쉽고 여러 분야에서 사용되기 때문이다. 플럭스 코어 용접은 커다란 가스 탱크 없이도 할 수 있어 특히 초보자가 다루기 좋다. TIG 용접은 더 정밀한 작업에 사용하며, 손과 눈의 협력(과 인내심)이 필요하다. 피복 아크 용접은 산업 응용 분야에서 가장 많이 사용한다. 일단 한 가지 유형의 용접을 배우고 나면 나머지 다른 유형도 배우고 싶어질 것이다! 이러한 용접 유형은 주로 전류(와 열), 충전재 금속, 실드 가스의 세 가지 요소를 어떻게 전달하는지에 따라 달라진다.

MIG(metal inert gas, 금속 불활성 가스) 용접은 흔히 GMAW(gas metal arc welding, 가스 금속 아크 용접)라고도 하며 가장 쉽고 빠르게 배울 수 있는 용접 기술 중 하나이다. MIG 용접기에는 용접 토치와 '와이어 공급 장치(wire feed)'가 있어서 실패 같은 스풀(spool)에 감긴 충전재 와이어가 용접 토치 끝으로 끊기지 않고 공급된다. 용접기는 실드 가스(일반적으로 이산화탄소나 아르곤 또는 이 둘을 혼합한 기체)를 공급하는 가스 탱크와 연결되어 있다. MIG 용접은 강철을 용접하는 데 적합하며(그러나 알루미늄도 할 수 있다) 비교적 빠르고 튼튼하게 용접하며, 두꺼운 금속 조각도 가능하다.

TIG(tungsten inert gas, 텅스텐 불활성 가스) 용접은 GTAW(gas tungsten arc welding, 가스 텅스텐 아크 용접)라고도 하며, 얇은 재료에 더 작고 섬세하게 용접하는 데 적합하다. 자전거의 모든 용접부에는 보통 TIG 용접을 한다. TIG 용접기는 한 손으로 용접 토치를 사용하는 동안 다른 손으로 용접봉을 들고 있어야 한다. 용접 토치는 용접 모재와 용접봉을 모두 녹여 만든 비드로 전기 회로를 닫는다. TIG 용접에는 주로 100퍼센트 아르곤 가스로 채운 실드 가스 탱크가 필요하다. TIG 용접은 찌꺼기가 많이 생성되지 않아 아주 깨끗하다. TIG 용접은 강철, 알루미늄뿐 아니라 티타늄에도 사용할 수 있다!

플럭스 코어 용접(flux-core welding)은 가스 탱크가 없어도 된다. 물론 전류와 충전재 금속을 사용하지만 가스 탱크 대신 특수 플럭스 코어 용접 와이어를 사용하는데 이 와이어가 녹으면서 자체적으로 실드 가스를 방출한다! 취미용으로 가장 많이 찾는 플럭스 코어 용접기는 얇은 플럭스 코어 와이어를 사용한다. 이 와이어는 MIG 용접기에도 사용할 수 있다. 플럭스 코어 용접은 야외에서 하는 편이 좋은데, 와이어가 녹으면 용접부를 보호하기 위해 실드 가스가 비드 용접부 주변에 맴돈다. 만약 가스 탱크를 사용하면 실드 가스는 야외에서 바람이 살짝만 불어도 금방 사라진다. 플럭스 코어 용접의 단점은 용접부가 깨끗하지 않고 찌꺼기와 먼지가 많이 발생해 와이어 브러시(wire brush)로 청소해야 한다는 것이다.

피복 아크 용접(stick welding)은 SMAW(stick metal arc welding, 스틱 금속 아크 용접)라고도 하며, 용접봉(전극electrode이라고 한다)을 클립 형태의 전극 홀더에 고정해 사용한다. 다양한 용도로 사용되는 전극은 충전재로, 용접 모재 위에 녹아 비드를 생성하고 회로를 닫는다. 또 전극에는 실드 가스가 내장되어 있다(플럭스 코어 용접과 비슷하지만 피복 아크 용접에는 가스 탱크가 필요 없다). 전극은 다양한 종류를 판매하지만 보통 용접할 금속과 같은 유형의 금속을 사용한다. 피복 아크 용접은 빠르고 용접부가 매끈해서 교량과 고층 빌딩 같은 대규모 건설 프로젝트에 사용한다. 또 제2차 세계대전 당시 케이 모리슨(173쪽) 같은 '용접공 로지'들이 사용한 방식이기도 하다.

MIG 용접기 자세히 알아보기

내가 배운 대로라면, 용접 수업을 받거나 용접을 가르쳐줄 사람을 찾으면 MIG 용접기를 사용하게 될 것이다. MIG 용접기는 초보자가 사용하기 좋다. 실수가 어느 정도 허용되고 빠르게 작업할 수 있고 용접부가 크고 넓어서 실수로부터 빠르게 배울 수 있기 때문이다. 이제 MIG 용접기를 자세히 살펴보자!

와이어 스풀(spool)**과 공급 장치**(feed): MIG 용접기는 거대한 토스터처럼 생겼으며, 보통 측면에 문이 달려 있어서 내부를 들여다볼 수 있다. 이 문 뒤에 와이어 스풀을 돌리는 축이 있다. 와이어는 정해진 경로를 따라 용접기 앞을 지나 호스로 들어간다. 용접기를 사용하는 동안 와이어는 용접기 호스를 지나 용접 토치 끝까지 이동한다. 방금 설명한 것처럼, 와이어는 용접 모재에 닿는 순간 녹으면서 전기 회로를 닫는다.

용접 토치(welding gun): 손에 쥘 수 있도록 휘어 있어서 정확한 각도로 용접 모재에 갖다댈 수 있다. 또한 충전재 와이어와 실드 가스를 동시에 공급할 수 있는 방아쇠도 있다. 용접 토치에는 와이어가 나오는 구리로 된 작은 끝과 그걸 감싸고 있는 외부 덮개(플라스틱 또는 금속)가 있다. 구리로 된 끝에는 와이어의 두께(0.03인치/약 0.8mm나 0.035인치/0.9mm가 대부분)와 같은 크기의 구멍이 있다. 이 끝은 잔여물이 묻지 않도록 깨끗하게 유지하고 자주 교체해야 한다.

전압과 속도 설정(voltage and speed settings): 용접기 앞에 속도와 전압을 조정하는 중요한 다이얼 두 개가 있다. 속도 다이얼은 토치로 공급하는 와이어의 속도를, 전압 다이얼은 전달할 전하의 양을 제어한다. 사용할 와이어의 두께와 용접할 금속의 두께를 바탕으로 두 가지를 적절히 조정하면 용접 조건을 최상으로 맞출 수 있다.

다행히도 이 설정을 스스로 파악하지 않아도 된다. 용접기 문 안쪽에 제조업체가 마련한 설정표가 있으니 재료와 와이어에 적합한 설정을 금세 확인할 수 있다!

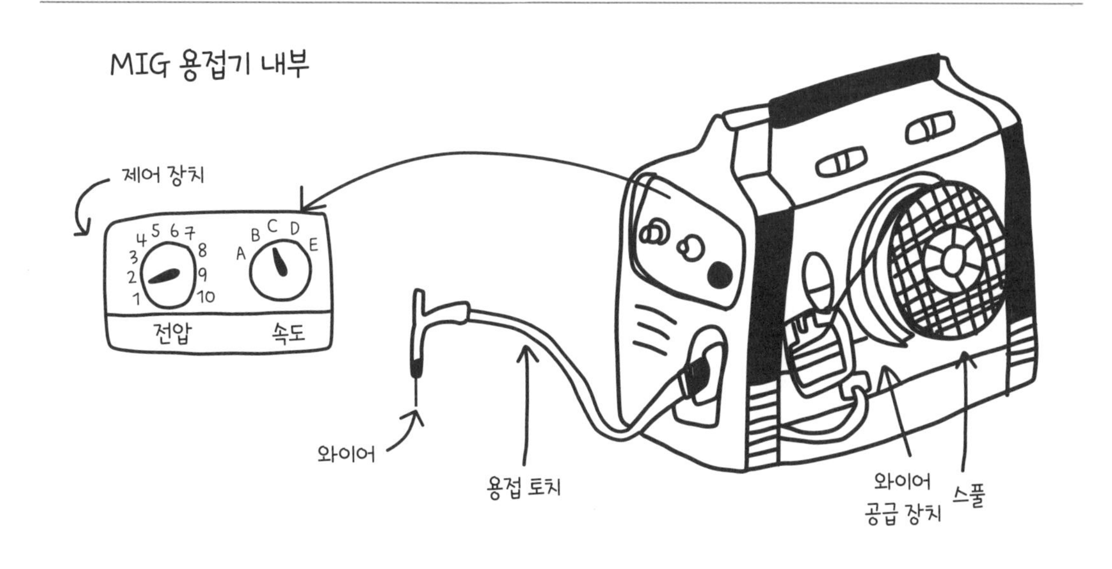

안전 용접

무엇보다 용접기는 반드시 숙련되고 경험 많은 성인의 감독 아래 사용해야 하며, 사용 시 언제든 도움을 받을 수 있어야 한다. 반드시 사용할 바로 그 제품의 설명서를 읽고 따른다. 또 사용자와 옆에서 지켜보는 사람 모두 상시 보안경을 쓰고 머리부터 발끝까지 불연성 보호 장비를 착용해야 한다!

처음 용접을 하면 불똥이 무서울 수 있다. 아, 그리고 열기와 자외선(UV)! 그렇다. 용접은 위험할 수 있으며 유해할지도 모르는 여러 부산물을 배출한다. 그렇지만 권장 보호복과 보안경을 착용하면 괜찮다.

용접은 자외선을 엄청나게 방출한다(일식을 맨눈으로 볼 때와 비슷한데 그걸 맨눈으로 보는 사람은 없지 않은가?). 그러니 이 빛으로부터 보호해주면서도 용접부를 보게 해주는 보안경과 자동 차광 용접 헬멧이나 후드를 착용해야 한다(자세한 내용은 180쪽 참고). 자외선과 튀는 불똥으로부터 몸을 보호하도록 긴 바지와 앞이 막힌 작업화, 가죽 용접 장갑, 용접 재킷을 착용해 몸 전체를 덮어야 한다. 플리스나 폴리에스테르와 같은 합성 물질은 절대 착용해서는 안 된다! 데님이나 면 같은 천연 섬유가 가장 좋다. 불똥이 피부에 닿더라도 크게 걱정할 필요는 없다. 작은 벌레에게 물린 것처럼 따끔하고 만다. 마지막으로, 용융된 금속의 열로부터 손을 보호하고 싶을 것이다. 충분히 두툼하고 용접 재킷 소매를 덮을 만큼 팔뚝 위까지 올라오면서도 자유자재로 움직일 수 있도록 신축성 있는 가죽 용접 장갑을 끼자. 또 용접을 막 끝낸 금속은 주의해서 다뤄야 한다. 아름답게 완성된 용접 비드를 만지고 싶을 수도 있다! 그러나 용접하는 동안 온도가 수백, 수천 도까지 올라갈 수 있으므로 손대기 전에 충분히 식혀야 한다.

안전 확인!

- 용접 경험이 많은 숙련된 성인 메이커
- 보안경(상시 착용!)
- 용접 마스크(자동 차광 마스크면 더 좋다)
- 앞이 막힌 신발이나 작업화
- 긴 바지와 합성 섬유가 아닌 의류
- 용접 재킷
- 용접 장갑
- 머리 뒤로 묶기
- 헐렁한 옷, 끈이 달린 후드티, 달랑거리는 액세서리 피하기

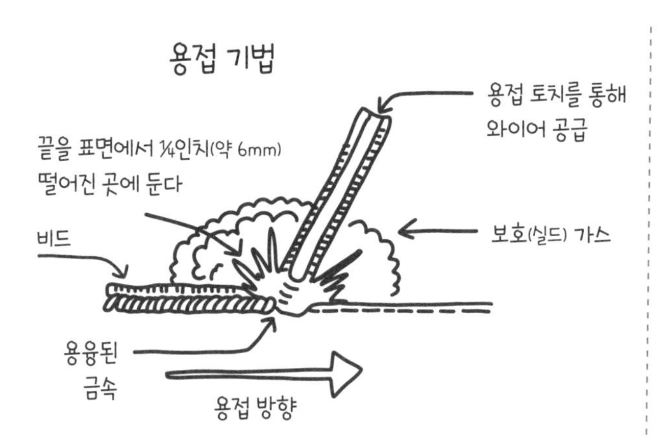

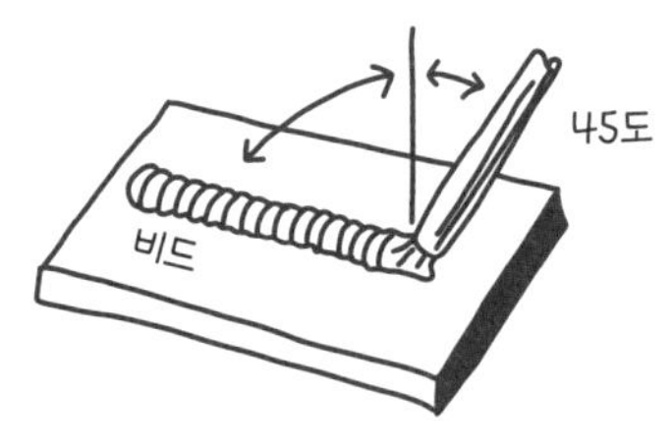

비드 모양:
돼지 꼬리 또는 말 편자 모양

용접 기술

용접기는 재료, 두께, 와이어에 따라 용접 방식을 바꾸어야 할 수 있다. 그러나 어떤 용접이든 고려해야 할 중요한 사항 몇 가지가 있다.

- **거리:** 용접 토치의 끝이 용접 모재와 너무 멀면 전기 흐름이 일정하게 유지되지 않는다. 반면 너무 가까우면 구리로 된 끝이 작업대에 달라붙어서 와이어가 나오지 못하고 막힌다. MIG 용접기의 경우 나는 구리 끝을 용접 모재 표면과 ¼인치(약 6mm) 정도 유지한다. 이 거리를 쉽게 확인하려면 용접 시작 전에 와이어가 ¼인치만큼 나오도록 자른다. 와이어 끝을 표면에 댄 채 용접하는 동안 이 거리를 유지하면 된다. 와이어가 계속 공급되므로 표면에 닿아도 잘 느껴지지 않는다(녹고 있다!). 그러니 거리를 잘 유지한다. 나는 여자아이들에게 잡초를 일정한 높이로 깎을 때의 예초기와 비슷하다고 설명한다. 와이어가 녹아 금속과 물리적으로 접촉한 것 같지 않아도 표면에서부터 적당한 거리를 유지하는 것이 중요하다.
- **각도:** 나는 작업 표면과 용접 토치의 각도를 45도로 유지하려고 노력한다. 토치를 완전히 수직으로 세우면 잔여물과 불똥이 금세 토치 입구를 막아 실드 가스가 제 역할을 못 한다. 반면에 토치를 지나치게 수평으로 누이면 용접 팁(contact tip)이 표면에 닿아 달라붙을 위험이 크다.
- **운봉 방식(welding motion, weave pattern):** 사람마다 선호하는 운봉 방식이 있다. 운봉 방식은 손글씨와 같다. 가끔 걸스 개라지에서 완성한 프로젝트를 보면 누가 만들었는지 알 때가 있다. 용접부 모양과 운봉 방식에 고유한 '표식'이 보이기 때문이다! 나는 작은 소용돌이가 되도록 고리 일부를 겹쳐 그리는 돼지 꼬리(pigtail) 모양을 좋아한다. 돼지 꼬리 모양의 운봉 방식은 같은 크기의 비드를 깔끔하게 만들어주며, 제대로 작업하면 돼지 꼬리의 원 하나하나를 지문처럼 확인할 수 있다. 반면에 말 편자를 반쯤 겹치도록 이어 그리는 운봉 방식을 선호하는 용접 기사도 있다. 걸스 개라지를 연 첫해에는 말 편자 방식을 가르쳤지만, 그 이후로 수년간 돼지 꼬리 방식으로 바꿨다. 그래서 첫해에 가르친 소녀들(103쪽에서 소개한 에리카 추 포함)은 아직도 말 편자 방식이 최고라고 생각한다! 둘 중 어느 쪽이더라도 같은 모양으로 겹쳐가며 견고한 비드를 만들 수 있다. 두 가지를 모두 시도해보고 더 마음에 드는 걸 찾자! 이외에도 전문 용접 기사가 특정 목적이나 특정 용접부 위치에 사용하기 위해 배울지도 모를 삼각형 모양 등 다양한 운봉 방식이 있다. 용접 토치를 앞쪽으로 '밀기'나 토치 잡은 손이 있는 뒤쪽으로 '당기기' 등 방향에 따른 운봉 방식도 있다. '당기기' 방식은 보통 용접하는 동안 용접부가 잘 보이는 반면, '밀기' 방식으로 하면 더 튼튼하고 날카롭다.
- **속도:** 와이어는 설정한 속도대로 공급될 테지만, 손으로 돼지 꼬리나 말 편자를 만들 때도 적절한 속도가 필요하다. 용접 속도는 딱 적당해야 한다.

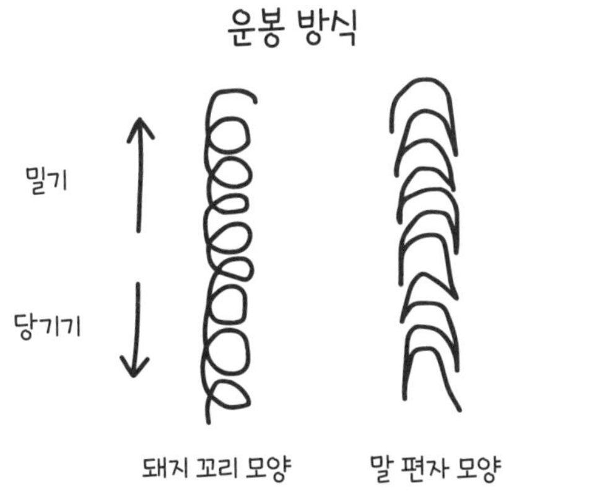

운봉 방식

밀기

당기기

돼지 꼬리 모양

말 편자 모양

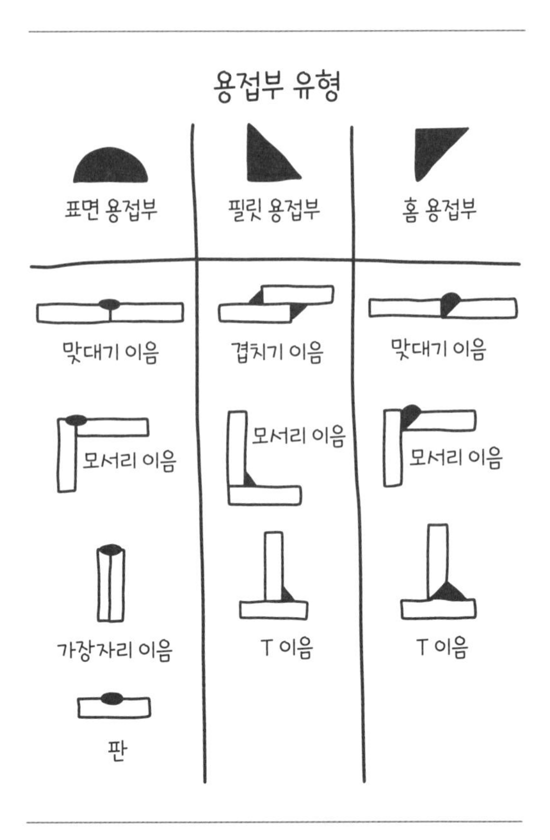

너무 느려서도, 너무 빨라서도 안 된다. 용접 속도가 적절한지 확인하려면 용접 토치로 충전재 금속을 녹여 만든 자취가 얼마나 일정한지 보면 된다. 단단한 용접부를 만들려면 비드가 끊기지 않고 일정하도록 천천히 만들어야 하지만, 반대로 적당히 빨라야 얇은 금속에 구멍이 나지 않는다. 용접 속도는 와이어 공급 속도와 전압 설정에 맞춰 어느 정도 조정해야 하지만, 공급 속도가 보통이나 느리게 맞춰진 용접기의 경우 대부분 '돼지 꼬리 하나당 1초'가 필요하다고 생각하면 된다. 돼지 꼬리를 하나 그릴 때마다 입으로 '1초'씩 세자.

용접부 유형

조각을 어떻게 결합할지에 따라 용접부 유형을 달리 해야 한다! 용접부는 표면 위에 용접하는 **표면 용접부**(surface weld), 조각을 직각으로 잇기 위해 귀퉁이에 용접하는 **필릿 용접부**(fillet weld), 연결할 조각 하나에 미리 홈을 파 채우는 **홈 용접부**(groove weld)의 세 가지 기본 범주가 있다. 각 범주 내에서도 표면 용접부, 필릿 용접부, 홈 용접부의 유형이 다양하다.

예를 들어, 필릿 T 이음은 평평한 판에 수직 조각을 용접할 때 사용한다. 표면 판 이음은 평평한 조각 위에 단지 비드만 두는 유형이다(상하수도 회사는 판 이음으로 맨홀 덮개 위에 단어나 숫자를 표시한다). 홈 용접부는 두꺼운 금속 조각에 많이 사용한다. 조각 하나의 끝에 사선으로 이런 홈을 깎아주면 용접 표면이 늘어나서 두 조각을 결합하는 데 도움이 된다.

용접 공구

이 섹션에서 소개하는 공구는 모두 금속을 안전하게 다루고, 절단하고, 결합하고, 마무리 손질하기 위해 특별히 고안된 것으로, 공구함에 넣어두면 쓸모가 많을 것이다!

자동 차광 렌즈가 부착된 용접 헬멧(welding helmet): 아크 용접을 할 때는 자외선(UV) 섬광이 발생하므로 자외선 보호 기능이 있는 자동 차광 자외선 차단 용접 헬멧을 반드시 갖추어야 한다! 쓰면 다스베이더가 된 기분도 느낄 수 있다. 용접 기사 중에 용접 헬멧에 자랑스럽게 스티커를 붙인 사람이 많은데, 두개골과 불꽃 모양 같은 게 가장 흔하다. 자동 차광 용접 헬멧에는 조절 가능한 헬멧 끈과 차광 및 보호 기능이 있는 커다란 직사각형 유리 렌즈가 부착되어 있다. 렌즈는 사용하지 않을 때 녹색을 띠지만 용접을 시작해 렌즈가 자외선을 감지하면 선글라스처럼 검은색에 가까울 만큼 어두워진다. 걱정할 필요 없다. 렌즈가 어두워져도 용접을 시작하는 즉시 불꽃이 촛불처럼 타오르기 때문에 용접부와 용접 영역을 보는 데는 큰 어려움이 없다. 용접 헬멧에는 차광 정도와 용접 후 차광 기능 유지 시간을 조절하는 제어 장치가 있다. 대부분 배터리로 구동되며 렌즈는 교체가 가능하다. 자외선으로부터 더욱 눈을 잘 보호하도록 폴리카보네이트 렌즈를 착용하는 습관을 들이는 것도 좋다.

용접 와이어(welding wire)와 용접봉(welding rod): 금속 용접 와이어는 두께와 유형이 다양하니 용접기에 적합한 것으로 구입한다. 걸스 개라지에서는 용접기에 지름 0.03인치(약 0.8mm)의 플럭스 코어 와이어를 사용한다. 용접 와이어는 스풀에 감아 판매하며, 용접기의 회전축에 쉽게 걸 수 있다. 나는 와이어를 공급하는 용접 방식을 선호하지만 와이어 대신 용접봉이 필요한 경우도 있다.

용접 플라이어(welding plier): 웰딩 헬퍼(welding helper, '용접 도우미')를 줄여 웰퍼(welper)라고도 한다. 용접 플라이어는 용접에 필요한 네 기능을 하나로 합친 공구다! 플라이어 끝으로 용접 와이어를 잡아 조정하고, 용접 시작 전에 절단 턱으로 와이어를 적절한 길이로 자르며, 둥근 고정부가 두 개 있어 용접 팁과 외부 노즐을 잡고 돌리는 데 사용할 수 있다.

동석(soapstone): 금속용 초크와 비슷하다! 긴 직사각형 막대나 원통형 막대 유형으로 판매하며 금속 펜에 끼워 사용할 수 있다. 용접 전에 금속에 자국을 남기거나 선을 그릴 때 사용한다. 전기가 통하지 않고 고온에 견딜 수 있어서 용접하는 동안 자국이나 선이 타서 사라지는 일이 없다.

와이어 브러시(wire brush): 용접에서 가장 만족스러운 순간은 용접 후에 솔질할 때이다. 와이어 브러시는 금속용 칫솔과 같아서 찌꺼기와 끈적끈적한 것을 닦아내주기 때문에 용접한 비드가 깨끗해진다. 솔질 후 페인트나 코팅제를 바를 수도 있다. 와이어 브러시는 나무나 플라스틱 손잡이와 짧고 뻣뻣한 금속 모로 이루어져 있다. 머리 부분 크기가 1인치(약 2.5cm)인 것부터 8~10인치(약 20.3~25.4cm)인 대형까지 다양하다.

리사 파인

용접 기사, 용접 강사, 공인 용접 검사원

캘리포니아주 오클랜드

걸스 개라지의 첫 여름 강좌 때, 리사가 찾아와 전문 용접 기사라는 직업에 대해 들려주었다. 리사는 용접 모자를 쓰고 먼지를 뒤집어쓴 채로 걸어 들어와서는 그때까지 만들어온 금속 결과물이 가득 찬 상자를 내려놓았다. 우리는 모두 경이로운 눈빛으로 바라보았다. 리사는 오클랜드의 커뮤니티 칼리지에서 용접 강사로 일하고 있으며, 직업 교육 커뮤니티에 영감을 주는 여성 리더이다. 또 걸스 개라지에서 용접 장비에 문제가 생겨 해결할 수 없을 때마다 가장 먼저 전화하는 사람이다!

아무것도 만들지 않은 게 언제였는지조차 기억나지 않아요. 처음에는 인형한테 집과 옷을 만들어주었고, 그 후 로봇과 건물, 거대한 물 미끄럼틀, 심지어 전대미문의 제트기 자동차까지 만들었죠. 저는 고도의 기술이 필요하고 아주 크고 복잡해서 혼자 할 수 없는 작업이 좋아요. 재료가 급격한 상변화를 거치도록 하는 작업이 좋죠. 용접해서 경강(hard steel)을 녹였다가 다시 경강으로 되돌리는 그런 거요. 저는 그런 힘을 가지는 게 좋아요. 마법 같거든요.

사실 재료와 장비는 제가 남자인지 여자인지 상관하지 않잖아요. 저는 그 점이 좋아요. 만들기를 하다 보면 성별 같은 건 잊곤 하죠. 한편으론 여성 용접 기사는 여전히 소수여서 제가 관심받을 때마다 저 자신보다 더 많은 것을 대표하게 된다는 점도 알고 있어요. 책임이 크죠. 현재 위치에 오기까지 얼마나 노력했는지 생각하면 정말 대단한 힘이 있다고 느껴요.

저의 평범한 일상은 결코 평범하지 않아요. 커뮤니티 칼리지에서 용접을 가르치고, 정기적으로 사용하는 용접 용품의 재고를 확인하고, 재료를 사려고 몇 군데서 견적을 받고, 공구실 조교와 협력해 모든 용품과 장비가 수업에 사용할 수 있는 상태인지 점검하고, 학장실에 가서 프로그램 진행 상황을 논의해요. 용접 과학과 이론에서 용접 실습실에서의 수많은 실습 수업에 이르기까지 여러 과목을 가르쳐요. 가르친다는 건 대단한 일이고, 용접은 정말 재미있어요. 하지만 이 둘을 함께해내려면 해야 할 일이 아주 많답니다!

저는 지역 사회의 문제를 해결하는 데 무엇보다 관심이 많아요. 또 사람들이 직접 해보면서 배우는 순간도 좋아해요. 모여서 얼굴을 맞대고 일해야 해요. 아이디어를 공유하고 문제를 해결해야 하죠. 그렇게 함께 일하면서 우리 자신보다 더 큰 무언가를 성취하려고 노력할 때 아주 많은 것을 배우게 됩니다.

가장 하고 싶은 조언은 친구를 사귀라는 거예요! 하고 싶은 일을 하고 있는 사람들을 만나고, 그들에게 자신을 소개하고 질문을 하세요. 수업을 듣고 다른 이들과 함께 무언가를 만들어보세요. 관계를 맺는 일은 만들기의 큰 부분을 차지하며, 여러분의 원대한 꿈을 넘어서는 무언가를 성취하는 기회로 이어질 수 있어요.

기타 금속 공구

용접은 언제나 내 마음속에서 특별한 자리를 차지하지만 금속 프로젝트에서는 하나의 과정에 불과한 경우가 많다. 금속 조각을 다듬질하고 연삭 가공하고 표면을 매끄럽게 만들려면 다른 공구도 필요하다. 금속을 다루는 방법은 용접 외에도 존재한다. 이제 용접 외에 일반적으로 사용하는 금속 공구를 살펴보자.

산소 용접기(oxyacetylene torch): 어떤 사람들은 용접이나 경납 땜(brazing)에 산소 용접기를 사용하지만, 나는 두꺼운 금속을 대충 잘라낼 때 가장 쓸모가 있다고 생각한다. 고등학생들과 함께 선적 컨테이너의 옆면을 잘라낼 때 산소 용접기를 사용했다. 산소 용접기의 절삭 능력을 대충 짐작할 수 있을 것이다!

산소 용접기는 산소 탱크와 아세틸렌 탱크, 두 개의 가스 탱크를 사용한다. 각각의 가스 탱크에서 흘러나온 두 기체가 만나 공통의 목표를 위해 작용하지만, 그 방식은 서로 다르다. 먼저 아세틸렌과 산소를 용접기 끝으로 흘려 불을 붙이면 아주 뜨거운 불꽃이 발생하는데, 이 불꽃을 금속에 갖다대서 달군다. 다음으로, 용접기의 방아쇠를 누르면 산소를 더 배출한다. 산소를 폭발적으로 배출하면 금속을 절단할 수 있다. 빠른 속도로 녹이 스는 화학 공정과 비슷하다. 금속을 빠르게 부식시키고 태워서 금속을 절단하는 것이다.

산소 용접기
아세틸렌
산소

산소 용접기는 경험 많은 성인 사용자가 아니라면 사용해서는 안 된다. 18세 미만이라면 사용하지 않는다. 사용할 제품의 설명서를 반드시 읽고 따른다(다음 팁은 일반적 지침일 뿐이다). 또 사용자와 옆에서 지켜보는 사람 모두 용접용(차광도 5) 보안경과 개인 보호 장비를 상시 착용해야 한다!

산소 용접기의 핵심은 가스 탱크와 용접기 손잡이에 달린 조절 다이얼을 이용해 기체가 나오는 속도를 적절하게 유지하는 것이다. 이는 방아쇠를 눌러 산소를 분사할 때 특히 중요하다. 재료를 절단할 충분한 산소가 필요하지만, 필요한 양보다 많이 분사하면 원하는 것보다 금속을 더 많이 태워버릴 수 있다. 권장 밸브 설정을 확인하려면 제조 업체의 설명서나 사용 지침을 읽는다. 권장 밸브 설정에서 단위는 psig(프사이그, 1제곱인치에 1파운드가 가하는 힘의 크기)를 사용한다.

산소 용접기에 불을 붙일 때는 먼저 아세틸렌을 흘려보내야 한다. 그러면 검은 연기가 나면서 주황색 불꽃이 피어오른다. 그 뒤 산소 용접기의 산소 밸브를 천천히 열면 한가운데는 희고, 짧고 뾰족한 푸른 불꽃으로 바뀐다. 먼저 금속을 가열한 다음 용접기의 방아쇠로 산소 분사량을 조절해 금속을 절단한다. 산소 용접기를 사용할 때는 용접용(차광도 5) 보안경을 쓰고 머리부터 발끝까지 불연성 보호 장비를 착용해야 한다!

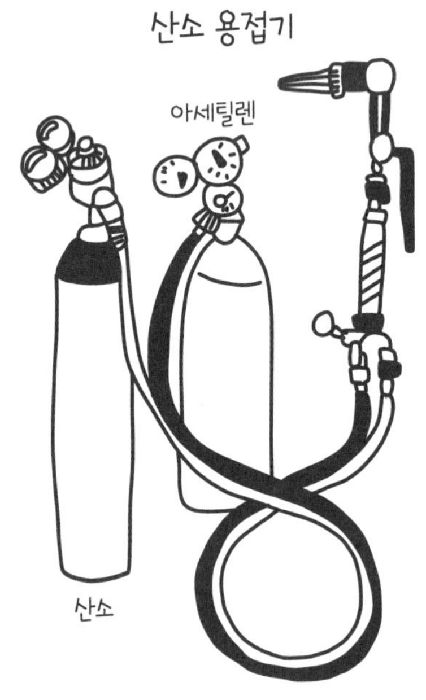

연마 톱(abrasive saw)/**금속 절단기**(metal chop saw): 연마 톱은 목재용 각도 절단기와 같은 원리로 작동하지만, 금속 날 대신 연마 원판과 금속을 절단할 때

불똥 튀는 걸 막아주는, 원판보다 큰 금속 덮개가 있다. 대부분 연마 톱을 강철 자르는 데 사용하지만 타일이나 돌 등의 재료를 자르는 데도 쓸 수 있다.
원판은 사실 톱날보다 앵글 그라인더의 연삭 바퀴(grinding disk)와 비슷하다. 보통 직경이 14인치(약 35.6cm)이며 유리 섬유에 산화알루미늄, 탄화규소 같은 연마제를 코팅해 만든다. 강철, 알루미늄, 석재 등 다양한 종류의 재료에 적합한 원판이 있다.
연마 톱은 반드시 숙련되고 경험 많은 성인의 감독 아래 사용해야 하며, 사용시 언제든 도움을 받을 수 있어야 한다. 반드시 사용할 제품의 설명서를 읽고 따른다. 또 사용자와 옆에서 지켜보는 사람 모두 상시 보안경을 착용해야 한다!
특히 연마 톱으로 금속을 절단할 때는 불똥 쇼에 대비하자! 금속을 제 위치에 놓고 안내대와 내장 클램프로 고정한다. 금속을 절단할 때에는 안면 보호구와 장갑을 착용해 맨살이 노출되지 않도록 하자. 재료를 일정한 속도로 천천히 절단해야 한다. 끝나면 절단한 부위가 아주 뜨거워지므로 특히 조심해서 다루어야 한다!
연마 톱은 금속을 빠르게 대충 자르는 데 사용하면 좋다. 그러나 정밀함을 원한다면 금속용 띠톱(소형이지만 베이스가 달린 형태)을 선택하는 편이 더 낫다.

앵글 그라인더(angle grinder): 앵글 그라인더는 금속 절단, 연마, 연삭 등 다양한 용도로 사용하는 아주 멋진 공구다. 금속 톱날과 샌더를 하나로 합친 장치라 볼 수 있다! 앵글 그라인더는 금속(용접 비드 등)을 연마할 때 사용하지만, 절단 바퀴와 함께 사용하면 강철을 조각 내는 데에도 사용할 수 있다.
앵글 그라인더는 보통 원판 크기가 4인치(약 10.2cm)에서 7인치(약 17.8cm)로 상대적으로 크기가 작다. 넓은 본체의 한쪽 끝에 연삭 바퀴와 바로 위에 불똥을 막아주는 금속 바퀴덮개가 달려 있다. 또 옆손잡이가 있어서 공구를 안정적으로 잡을 수 있으며, 왼손잡이

연마 톱/금속 절단기

앵글 그라인더

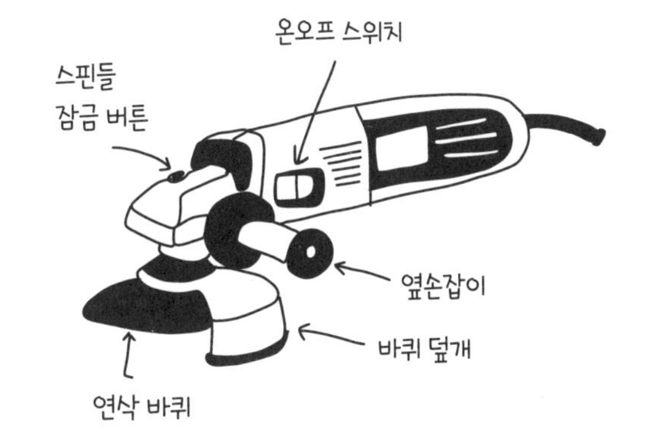

라면 옆손잡이를 반대편으로 돌려 사용할 수 있다. 가장 흔한 유형은 두껍고 표면이 거친 연삭 바퀴와 DVD처럼 아주 얇아서 얇은 모서리를 톱날처럼 사용할 수 있는 절단 바퀴이다. 원판을 중앙에 고정하는 스핀들 방식을 사용하므로 바퀴 제거와 교체가 쉽다.
앵글 그라인더는 반드시 숙련되고 경험 많은 성인의

감독 아래 사용해야 한다. 언제나 사용할 그 제품의 설명서를 읽어야 한다(다음에서 소개하는 팁은 일반적인 지침일 뿐이다). 또 사용자와 옆에서 지켜보는 사람 모두 보안경과 개인 보호 장비를 상시 착용해야 한다!

원판은 한 방향으로 회전한다(보통 공구에 화살표로 표시된다). 방향이 중요한 이유는 불똥이 회전하는 방향으로 튀기 때문이다. 그러니 불똥이 아래쪽으로, 또 몸과 먼 방향으로 튀도록 공구의 방향을 조정하자. 앵글 그라인더를 사용할 때는 항상 안면 보호구를 착용하고 공구는 반드시 두 손으로 잡는다. 재료를 제 위치에 단단히 고정한 다음 연삭하거나 절단해야 한다. 앵글 그라인더는 힘을 세게 주지 않아도 잘 작동하므로 지나치게 압력을 가할 필요는 없다!

납땜인두

납땜인두(soldering iron): 납땜인두는 대단한 기술이 필요한 공구처럼 보이지만 실제로는 아주 뜨거운 금속 막대일 뿐이다. 납땜인두는 전기 회로를 만들거나 수리하고 전선 두 개를 서로 연결하는 데 사용한다.

납땜인두는 전기식, 무선, 온도 조절식 등 종류가 다양하다. 원리는 동일하다. 즉, 납땜인두의 끝이 아주 높은 온도에 도달하면 표면에 땜납을 녹인다. 납땜은 주로 회로 기판의 회로를 마무리할 때 사용한다. 그러나 조각을 납땜으로 연결하여 보석을 만들기도 한다. 전자 부품을 다룰 때 나는 꼭 무연 땜납과 디지털 온도 측정 장치를 사용한다. 사용하지 않을 때는 온도 측정 장치의 받침대에 놓으면 된다. 납땜인두를 사용할 때는 땜납을 직접 가열하는 것이 아니라 납땜할 물체(예를 들어 연결하려는 전선 두 개)를 가열한다. 납땜인두를 물체에 대고 가열한 뒤 땜납을 갖다대면 땜납이 물체 위에서 녹는다. 납땜인두의 끝은 깨끗하게, 부스러기가 묻거나 검게 산화하지 않도록 유지한다(그러나 청소는 납땜인두가 완전히 식은 뒤에 하자!).

납땜인두는 반드시 숙련되고 경험 많은 성인의 감독 아래 사용해야 한다.

납땜인두는 반드시 플라스틱 손잡이만 잡는 게 좋다. 연필처럼 잡으면, 손이 끝 쪽으로 가기 마련이고, 끝이 아주 뜨거우므로 최대한 손이 끝에서 멀어지도록 하는 것이 좋다. 마지막 주의 사항은 이것이다. 연기를 들이마시지 말고, 작업 후 반드시 손을 씻자!

청소하기

걸스 개라지 공간으로 걸어 들어오는 많은 사람이 "세상에, 어떻게 이렇게 깨끗하게 이곳을 유지하나요?"라고 묻는다. 내 생각에, 깨끗한 공간은 행여나 밟을지도 모르는 위험한 못이나, 미끄러질 수 있는 먼지나 걸려 넘어질지도 모르는 공구가 없는 안전한 곳이다. 올바른 쓰레기 수거 방식대로 안전하게 재료를 폐기하는 일도 중요하다. 그래서 지역 폐기물 관리 회사에 목재, 금속 또는 기타 건축 관련 자재 폐기에 관한 특정 지침이 있는지 확인해야 한다. 여기에서는 내가 가장 즐겨 사용하는 청소 도구를 소개한다.

커다란 금속 쓰레받기

쓰레받기는 내구성이 좋으면서, 쓸어모은 먼지와 쓰레기를 담아 올릴 때 작업대용 빗자루와 긴 막대 빗자루 둘 다 쓸어담아도 충분할 만큼 넓은 제품을 고른다. 걸스 개라지에서는 18인치(약 45.7cm) 너비의 쓰레받기를 사용하는데 아주 쓸모가 많다.

긴 막대 빗자루와 먼지 걸레

36인치(약 91.4cm) 너비의 뻣뻣한 강모에 긴 나무 손잡

이가 달린 긴 막대 빗자루는 바닥을 깨끗하게 유지하는 데 가장 편리한 청소 도구이다. 하루의 업무가 끝난 뒤 작업장을 왔다 갔다 하며 긴 막대 빗자루로 쓸고 있으면 마음이 차분해진다. 또 크고 넓적한 먼지 걸레는 작업대 밑이나 구석에 쌓인 성가신 먼지더미를 치우는 데 유용하다.

작업대용 빗자루

쓰레받기와 함께 작업대 표면을 쓰는 데 사용

송풍기

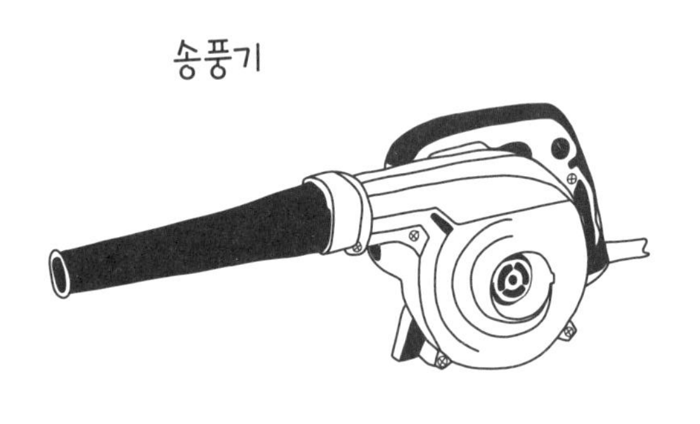

업소용 진공 청소기

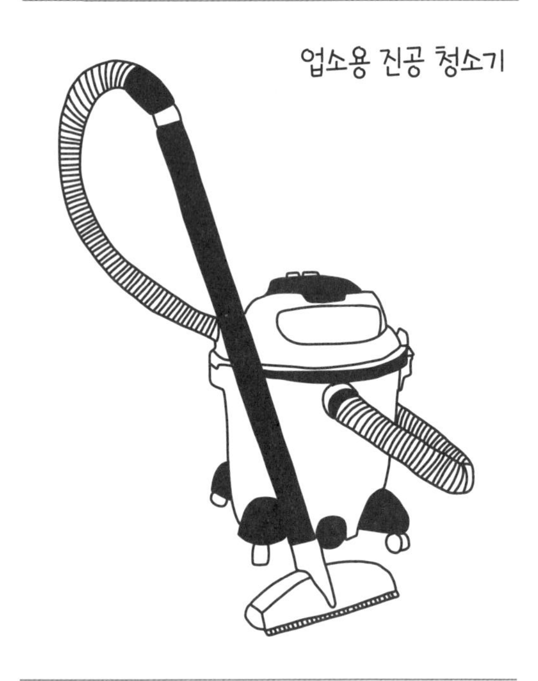

작업대용 빗자루

크기가 작은 작업대용 빗자루는 큰 빗자루로는 청소할 수 없는 모든 작업대에서 사용한다. 18인치(약 45.7cm) 너비의 작업대용 빗자루는 커다란 금속 쓰레받기와 함께 사용하기에 적합한 크기이다.

송풍기

내 동료 앨리슨 오로팔로(156쪽 참고)는 믿을 만한 송풍기가 있어서 청소의 여왕으로 불린다. 유독 분진이 발생하는 작업을 많이 한 날이면 송풍기가 업소용 진공 청소기와 긴 막대 빗자루를 도와 활약한다. 얼핏 들으면 납득이 안 될 수도 있지만, 기상천외한 모양의 틈새에 낀 먼지를 일단 모두 제거해야 청소가 훨씬 쉬워진다. 배터리로 작동하는 송풍기가 있으면 청소 시간이 크게 줄어든다!

업소용 진공 청소기

쓰레받기로 톱밥 더미를 쓸어담을 수 있지만, 더 강력한 무언가가 필요할 때가 있다. 업소용 진공 청소기는 작업 공간에 없어서는 안 되며, 긴 호스에 끼우는 유용한 솔과 브러시가 몇 개 딸려 있다. 또 업소용 진공 청소기는 대부분 전기 톱에 직접 연결해 집진 시스템으로 사용할 수도 있다!

자석 빗자루

자석 빗자루를 처음 보자마자 나는 사랑에 빠지고 말았다. 자석 빗자루는 사실상 모든 금속이 달라붙는 금속 탐지기라고 생각하면 된다. 못과 나사가 떨어져 있는 작업장 바닥을 자석 빗자루로 쓸면 위험한 철물은 무엇이든 찾아낼 수 있다.

부석을 함유한 스크럽제

철물점 비누 및 청소 코너에서 대부분 주황색 스크럽제를 찾을 수 있다. 손에 묻은 기름때나 더러운 물질을 제거하는 데 효과적이어서 보통 정비소에서 많이 사용한다. 게다가 냄새도 좋다!

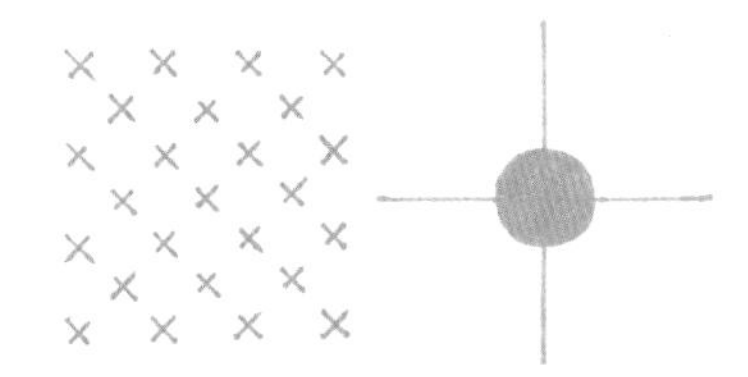

필수 기술

얼마 전에 주방 싱크대가 고장 났다. 구체적으로 수도꼭지 손잡이가 고장 났다. 아주 잠시 생각했다. "으, 배관 기사를 불러야겠네." 그 즉시 깨달았다. "내가 고칠 수 있잖아!" 그래서 내가 고쳤다. 수도꼭지 손잡이 교체 영상을 몇 개 보고, 반짝반짝 빛나는 새 수도꼭지 설치 설명서를 참고해서 말이다.

이 섹션의 기술을 배워두면 여러분도 "내가 고치면 되지!" 하는 마음가짐을 기를 수 있다. 그중에는 주택 수리 기술(변기에 물이 샐 때 해야 할 일 등)도 있고, 주위에서 일어나는 사소한 문제를 해결하는 간단한 방법(매듭 묶기와 측정 등)도 있다. 어떤 기술은 만들기 작업과 밀접하게 연관되어 있고, 단순히 여성으로서 알아두면 좋은 기술도 있다. 총 스물한 가지 기술을 소개하며, 이 기술을 모두 완벽히 익히고 나면 난감한 상황에서 영웅이 될 것이다!

피트와 인치 표시하기

메이커라면 절단과 조립할 때 정확한 치수로 소통할 수 있도록 공통 수치 체계를 사용한다. '2피트(약 61cm)'를 2′라고 쓰는 사람도 있고, 2′-0″라고 쓰는 사람도 있다. 24″라고 쓰는 사람도 있다. 이처럼 사람마다 다를 수 있지만, 그래도 따라야 할 공통 언어와 형식이 있다.

- 피트 단위로 측정한 값 다음에는 항상 프라임(′) 기호를 사용한다.
- 인치 단위로 측정한 값 다음에는 더블 프라임(″) 기호를 사용한다.

피트와 인치를 모두 표시해야 하는 값이라면 피트 값을 먼저 표시하고 하이픈(-)을 쓴 뒤 1인치 미만 수치(분자)를 포함한 인치 값을 표시한다.

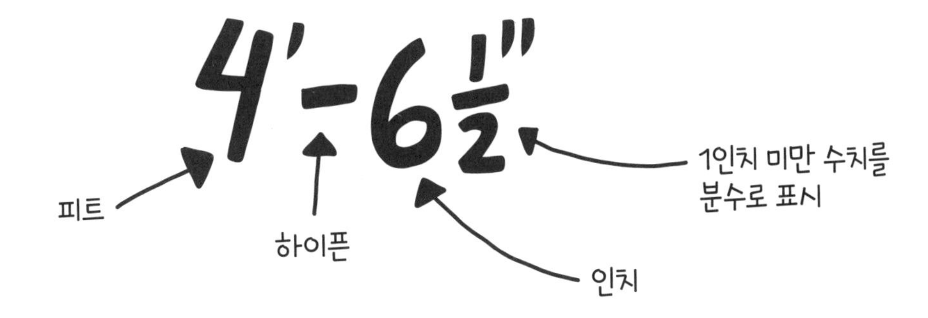

치수 표시하기

'메이커의 언어'로 치수 표시하는 방법을 배웠다면 이제 2차원이나 3차원 물체의 치수도 측정해 표시할 수 있다.

치수는 방금 배운 피트와 인치 표기법을 사용해서 **세로×가로×높이**로 표시한다.
경우에 따라서는 가로와 세로만 표시하기도 한다(작업대 면적을 표시하는 경우 등). 도면에서라면 물체의 한쪽 끝에서 다른 쪽 끝까지 이어지는 치수 선을 긋고 가운데에 수치를 적어서 치수를 표시할 수도 있다. 이런 치수 선은 대부분의 시공 문서에서 흔히 볼 수 있다.

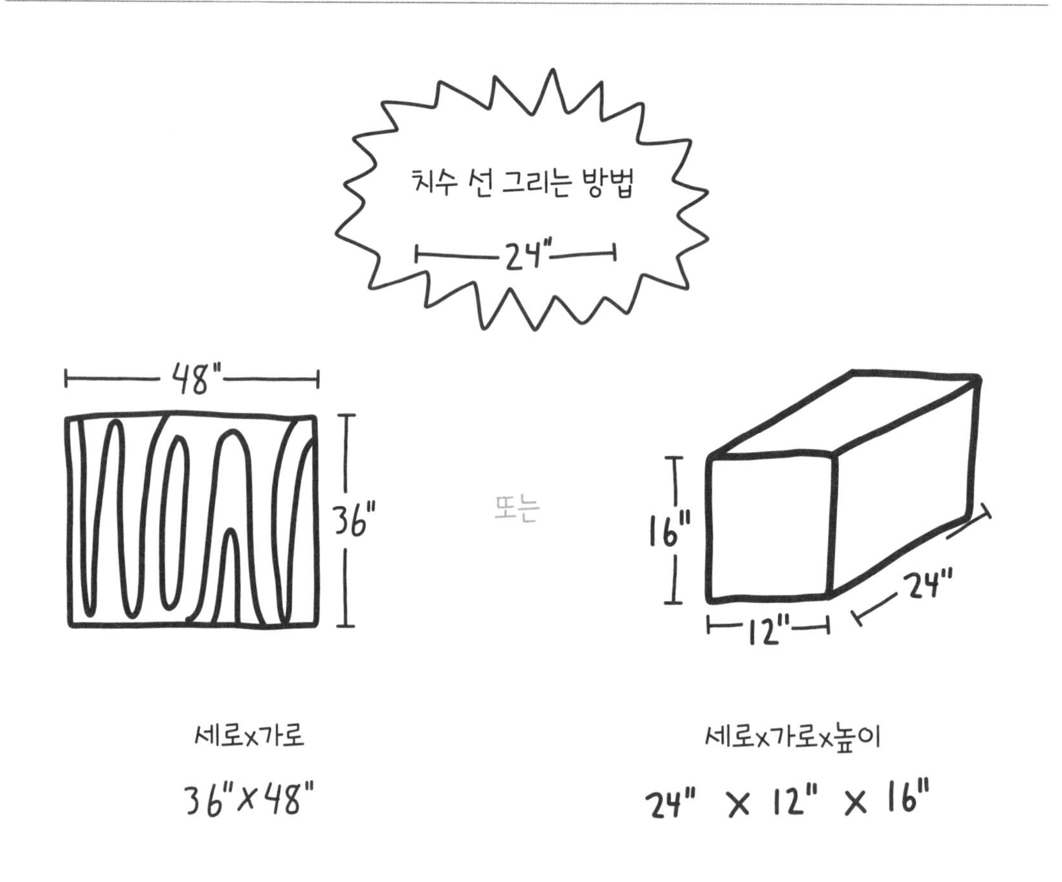

재료의 '재단 목록' 작성하기

만들고 싶은 멋진 가구의 스케치와 디자인을 방금 완성했다고 가정해보자. 맛있는 요리를 만들려면 조리법이 필요하다. 가구를 만들 때 이러한 조리법에 해당하는 것이 바로 재단 목록이다. 목록에는 필요한 재료의 종류와 치수를 정리해둔다.

- 첫 번째 열에는 재료의 종류를 쓴다. 예를 들어 ½인치 합판이나 2×4 또는 ¾인치 나사봉 등.
- 두 번째 열에는 그 재료의 필요한 수량을 적는다.
- 세 번째 열에는 재단할 재료의 치수(특히 절단해야 할 치수)를 적는다. 목록을 완성하면, 철물점 쇼핑 목록으로 활용하고, 돌아와서 재료를 자르면서 항목을 확인하는 용도로 사용할 수 있다!

재단 목록 예시

재료	수량	재단할 치수
2×4 제재목	8개	36″
½인치 합판	4개	12″ x 24″
¾인치 나사봉	16개	18″
4×¼인치 강철 막대	12개	10½″

측정이나 계산 없이 직사각형 중심 찾기

이 말이 수수께끼처럼 들릴 수 있다. 측정을 하지 않고 어떻게 직사각형의 중심을 정확히 찾는단 말인가? 그러나 만들기 때 이 작업을 얼마나 자주 하는지 알면 놀랄 것이다. 예를 들어, 새집을 만들 때 앞면을 직사각형의 합판으로 만든다고 가정해보자. 새가 걸터앉을 작은 횃대와 구멍이 사각형의 완벽히 정중앙에 오기 바랄 것이다. 이때 네 변의 길이를 모두 측정한 뒤, 각 변을 2로 나어 중간에 표시하고 선을 그어 십자 모양을 만들면 중심을 찾을 수 있다(어머나!). 이 방법에는 측정 공구와 수학 계산이 필요하다. 물론 우리는 뼛속까지 수학 귀신이지만 우리의 뇌세포는 만들기를 위해 아껴두도록 하자(게다가 당장 측정 공구가 없다면 어쩔 것인가?). 여기서 정확하면서도 계산이나 눈금자, 줄자가 필요 없는 쉽고 간단한 방법을 소개한다.

1단계. 가장자리가 직선인 물건(나무 조각, 긴 자, 테이블 모서리 등)을 사용해서 직사각형의 마주 보는 두 꼭짓점을 이어 직사각형을 가로지르는 대각선을 그린다.

2단계. 나머지 대각선도 마저 그린다.

짠! 이걸로 끝이다. 두 대각선이 만나는 지점이 바로 사각형의 정확한 중심이다. 여기서부터 작업을 시작하면 된다. 이제 작업으로 돌아가서 아껴둔 뇌세포를 활용하자!

도움이 되는 팁!
이 방법은 다이아몬드 모양이나 평행사변형과 같이 변이 네 개이고 서로 마주보는 변이 평행한 도형에서는 언제나 사용할 수 있다. 기하학아, 고맙다!

1. 마주보는 두 꼭짓점을 이어서 대각선을 긋는다.

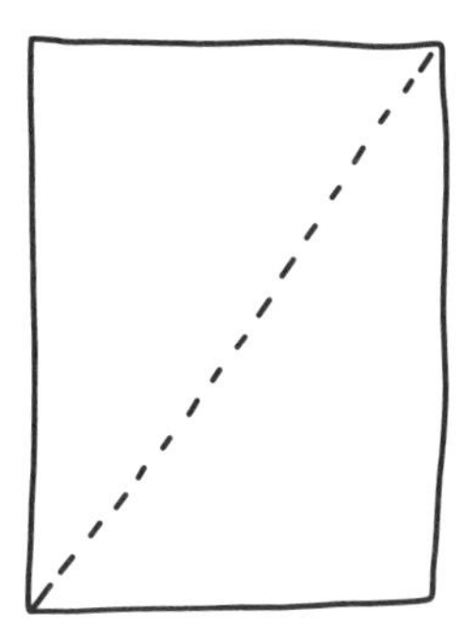

2. 다른 꼭짓점도 이어서 대각선을 긋는다.

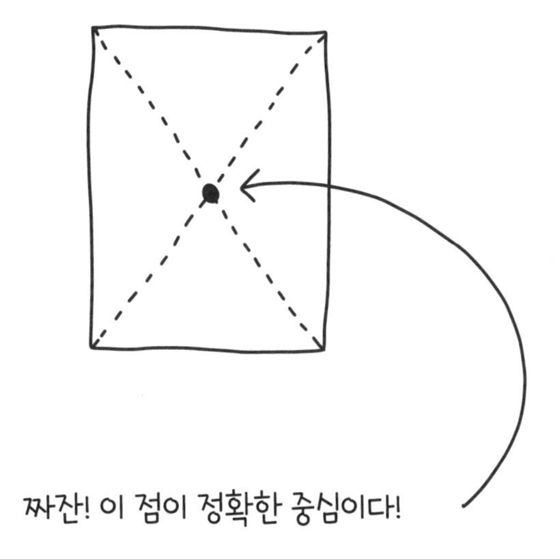

건축 설계 도면 읽기

어릴 때 책 읽는 법을 배우듯이 메이커로서 설계 도면 읽는 법을 배워야 한다. 건축가, 엔지니어, 건축업자는 가장 보편적인 시각 언어를 이용해 2차원 종이에 3차원 물체를 그린다. 누군가가 이미 만든 청사진을 볼 때나 직접 설계 도면을 그릴 때 설계 도면의 이해를 돕는 기본 원리 네 가지를 소개한다.

축척(scale): 작은 종이에 집처럼 큰 물체를 그려야 한다면 실제 크기, 다시 말해 '실척(full scale)'으로 그릴 수는 없다. 건축가, 건축업자, 엔지니어는 축척을 이용해 그리려는 물체를 작게 축소하고, 설계 도면에 축척을 표시한다. 예를 들어 실제 크기가 12×12피트(약 3.66x3.66m)인 창고를 만든다고 해보자. 축척을 '½인치(약 1.3cm)=1피트(약 30.5cm)'로 설정하면(설계 도면에는 ½″=1′-0″으로 표시한다) 종이에 6x6인치(약 15.2×15.2cm) 크기로 그리면 된다. 물체나 구조물 크기와 종이 크기를 고려해 설계 도면의 적절한 축척을 결정한다. 보통 설계 도면의 오른쪽이나 왼쪽 하단 구석에서 축척을 볼 수 있다.

평면도(plan): 흔히 사용하는 건축 도면 유형 세 가지 중 하나이다. 침실 평면도를 그려본 적 있다면 쉽게 이해될 것이다. 평면도는 조감도처럼 위에서 내려다보았을 때의 물체나 공간을 보여준다. 그러나 건축 설계 도면 중에는 지상에서 3피트(약 91.4cm) 떨어진 곳에서 실제로 내려다본 공간을 보여주는 것도 있다. 건축가는 '3피트 높이에서 내려다본 모습'을 그려서 벽과 계단 등의 내부를 보여준다.

단면도(section): 물체나 공간을 잘라 단면을 보여주는 도면이다. 구성 도면에 단면도 여러 장이 담길 때도 있다. 다시 말해 한 방향에서 그린 단면도 외에 다른 방향에서 그린 단면도도 담을 수 있다. 평면도에는 어디를 잘라서 단면도를 그렸는지 '점선'을 그려서 보여주는 경우도 많다.

입면도(elevation): 옆에서 물체를 보고 그린 도면이다. 조금 이상할 수 있지만 입면도는 원근감이나 깊이가 드러나지 않도록 옆에서 바라본 물체를 납작하게 표현한다. 단면도와 마찬가지로 집의 모든 방면을 볼 수 있도록 입면도를 여러 장 그릴 수도 있다.

평면도

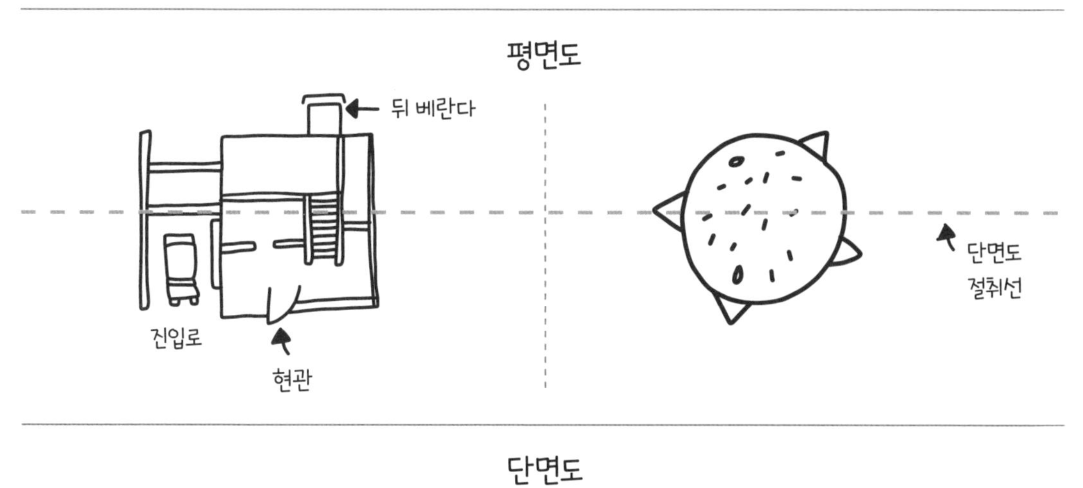

단면도

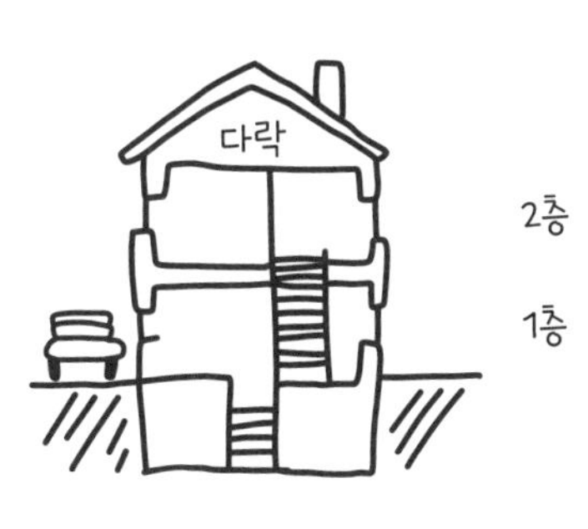

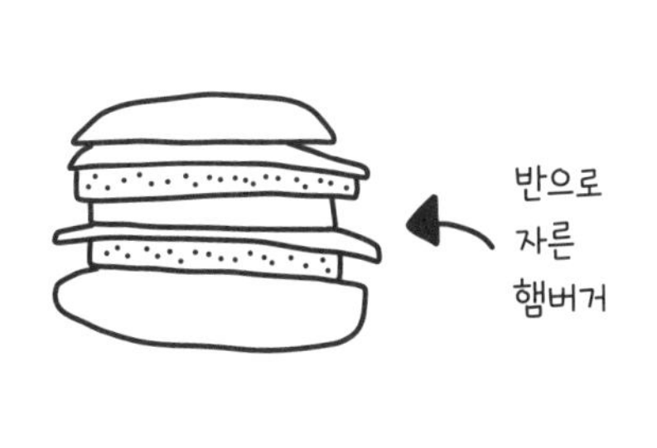

입면도

축척

종이 위 치수 ⟶ $\frac{1}{2}'' = 1'\text{-}0''$ ⟵ 실제 치수

3-4-5 삼각형으로 완벽한 직각 모서리 만들기

수학 경보 발령! 3-4-5 삼각형(세 변의 길이가 3 대 4 대 5인 삼각형)은 항상 길이가 3과 4인 변이 직각을 이룬다. 그 이유는 피타고라스의 정리로 잘 설명할 수 있다. 피타고라스의 정리는 직각삼각형(한 내각이 90도인 삼각형)에서 변의 길이를 구할 때 유용한 수학 공식이다. 방법은 다음과 같다.

3-4-5 삼각형은 피타고라스의 정리를 가장 잘 보여준다. 이어진 숫자이고 기억하기 쉽기 때문이다. 3-4-5 삼각형에는 항상 직각이 있으므로 이를 실제 생활에서 이용하면 직각 모서리를 만들 수 있다.
여기 예가 있다. 운이 좋아 집에 커다란 뒷마당이 있어서 직사각형 모양의 화단을 발자국으로 표시한다고 해보자. 직사각형이 되려면 모서리 네 개가 직각이어야 한다. 줄자 세 개와 3-4-5 삼각형 원리, 친구 두 명의 도움을 받으면 대단한 노력이나 계산 없이도 직사각형을 그릴 수 있다.

1단계. 직사각형의 첫 번째 꼭짓점이 될 지점을 골라 선다.

2단계. 발끝에 줄자 두 개의 끝을 고정한다. 친구 한 명이 줄자를 들고 여러분의 왼쪽으로 3피트(약 0.91m)

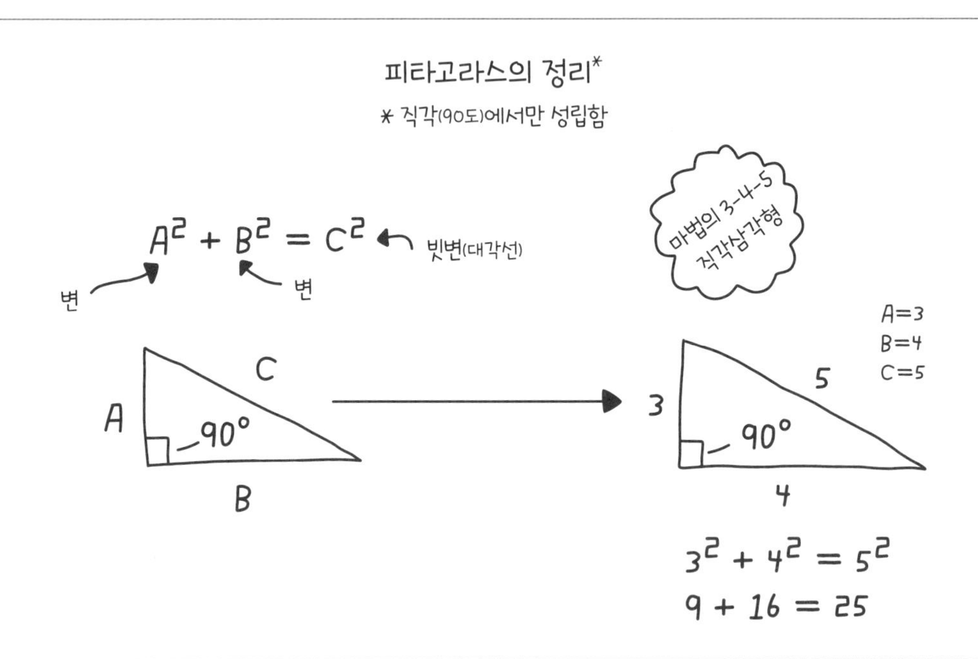

걸어가고, 다른 친구는 두 번째 줄자를 늘려 정면으로 4피트(약 1.22m) 걸어간다. 그러면 여러분을 기준으로 한 친구는 3피트, 또 한 친구는 4피트 떨어져 있다.

3단계. 이제 두 친구가 세 번째 줄자를 늘려 3피트 표시 지점과 4피트 표시 지점에 양 끝이 닿도록 한다. 세 번째 줄자의 길이는 대략 5피트(약 1.52m)이겠지만 정확히 5피트는 아닐 것이다.

4단계. 세 번째 줄자가 정확히 5피트가 될 때까지 친구들이 가까워졌다 멀어졌다 한다. 줄자 길이가 5피트가 되었다면, 축하한다! 이제 세 사람은 완벽한 직각삼각형의 꼭짓점에 선 것이다(그리고 여러분이 서 있는 곳이 내각이 90도인 꼭짓점이다). 그다음 두 친구의 위치를 표시해 직각 꼭짓점을 선으로 연결한다. 이 두 직선은 사각형 화단의 두 변이 된다(두 변을 더 확장하면 화단을 3×4피트보다 더 크게 만들 수 있다).

5단계. 방금 그린 선들을 기준으로 또 꼭짓점 세 개를 표시해보자.

줄자 세 개가 없다면 잘 휘는 줄자 하나를 12피트(약 3.66m)까지 늘려 삼각형을 만들 수 있다(친구 둘이서 3피트+5피트+4피트 길이로 꺾어서 잡는다).

이 방법은 벽과 벽이 마주치는 모서리처럼 커다란 물체의 '직각'을 확인하는 데도 유용하다. 모서리를 기준으로 한 방향으로 3피트, 그와 수직하는 방향으로 4피트를 측정한 다음 두 곳을 연결해 대각선(빗변)의 길이를 측정한다. 측정한 값이 5피트가 아니라면 모서리는 완벽한 직각이 아니다.

3-4-5 삼각형은 더 큰 숫자도 유효하다! 6-8-10 삼각형(2배), 9-12-15 삼각형(3배), 심지어 30-40-50 삼각형(10배!)으로도 완벽한 직각삼각형을 만들 수 있다.

프로젝트 배치에 3-4-5 직각삼각형을 이용하는 법

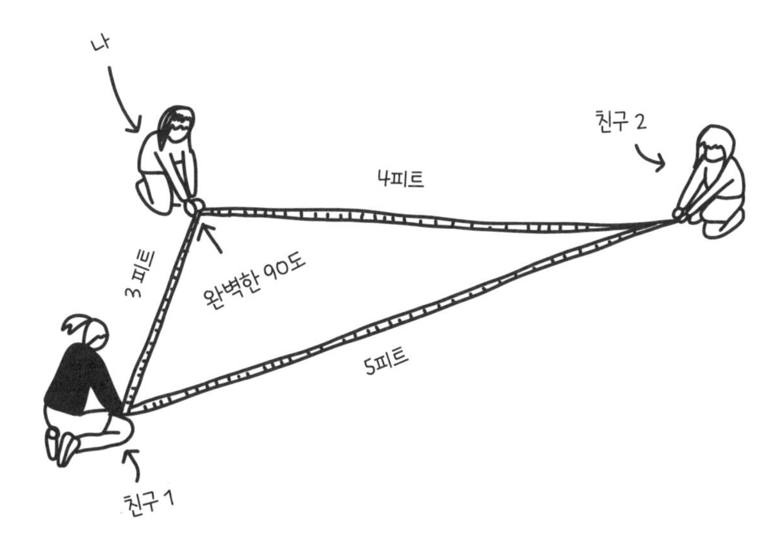

잔 강

건축가, 스튜디오 강 설립자이자 대표

일리노이주 시카고

시카고 아트 인스티튜트 스쿨을 졸업한 뒤 계속 시카고에 살았다. 마침 두 블록 떨어진 곳에 잔 강의 건축 사무소가 있었다. 매일 아침 블루 라인 전철을 타려면 그곳을 지나쳐야 했다. 잔의 업적을 알고 있어서 건물을 지날 때마다 아무도 모르게 고개 숙여 인사하곤 했다. 잔의 건물은 아름다움과 사나움, 디테일과 대담함이 서로 어우러져서 늘 내게 영감을 준다. 잔은 만들기와 사람 손으로 하는 일에 많은 노력과 시간을 쏟고 있다. 영향력이 막강한 인물이자 세계에서 가장 뛰어난 여성 건축가로 명성이 높다. 사실은 세계에서 가장 뛰어난 건축가라고 불러 마땅하다. 잔은 매우 관대하기도 하다. 이 책에 도움을 달라고 하자 그냥 '안 한다'고 말해도 됐을 텐데, 여러 프로젝트에 관해 기꺼이 이야기를 들려주었다.

어렸을 때는 밖에서 나무 위에 집을 짓거나 집 안에서 블록으로 정교한 구조물을 세우거나 했대요. 어린 소녀였을 때 조금 부끄러움을 탔는데 극복해야 한다고 생각했어요. 왜냐면 저는 칭찬받고 인정받고 싶었거든요. 운동은 부끄러움을 극복하는 데 훌륭한 수단이 되어주었어요. 연습하고 운동하는 동안 자신감을 키우고 다른 사람들과 함께 협력하는 법을 배웠죠. 운동은 제 안의 승부사 기질을 깨워 경쟁심을 드러내도 괜찮다는 걸 가르쳐줬죠. 마찬가지로 즐거움에 대한 감각을 키워줬다는 게 중요해요.

나이 먹고 대학에서 뭘 전공할지 고민하기 시작하면서, 제가 건축과 설계에 관심이 있다는 걸 깨달았어요. 건축과 설계가 수학(그중에서도 특히 기하학)과 시각 예술에 대한 저의 열정을 모두 쏟아부을 수 있는 분야였기 때문이죠. 멀리 여행을 다니기 시작하면서 처음 본 여러 도시의 건축 환경과 문화의 연관성을 발견했고, 건축을 공부하고 설계하는 이 평생의 여정에 매료되고 말았어요.

건축을 좋아하는 이유는 건축은 서로 관련이 있으면서도 독창적이기 때문이에요. 매일 저희 팀에서는 집단 상상력을 발휘하여 우리가 직접 보고 싶은 것을 설계해 실재하는 공간 형태로 세상에 구현해내고자 노력하고 있어요. 또 우리가 만들어낸 공간과 건물을 사용할 이들의 눈을 통해 세상을 이해하려고도 노력하죠. 직업으로서의 건축은 원하는 만큼 창의적이고 지적이며 사회 참여가 가능하고 전문적일 수 있는 아주 폭넓은 분야예요.

저는 지역 문화 센터에서 박물관, 고층 건물, 도시의 넓은 구역에 이르기까지 다양한 규모의 건물을 설계해요. 물리적 공간을 통해 사람들끼리, 그리고 사람들과 환경을 서로 어떻게 연결시킬지 고민하려고 노력하

죠. 설계는 초기 컨셉트를 스케치하고 어떻게 보일지와 사람들이 어떻게 사용할지 탐색하고 건물 수명이 다할 때까지 어떻게 기능할지의 예상까지 모든 것을 아울러요. 또 건물의 모든 자재를 어떻게 결합해야 중력을 견디고, 필요한 에너지를 최소화하고, 방수가 되고, 시간의 흐름을 견디는지 세부적인 것을 파악하는 과정도 포함하죠. 설계란 복잡한 과정이어서 혼자서는 불가능해요. 팀이 필요하고, 각자 맡은 바를 해내야 하지요.

저는 늘 호기심이 왕성했고, 계속 그럴 거예요. 재료를 가지고 이런저런 실험하는 걸 좋아하고요. 부수는 것도요. 그렇게 재료의 특성을 시험하고 재료를 이용할 새로운 방법을 찾아내요. 또 생물학에서 미술에 이르기까지 다양한 주제에 걸쳐 아이디어를 탐구하는 것도 좋아해요. 아주 어렸을 때 부모님은 제게 정보를 연구하고 찾는 방법을 알려주셨어요. 또 그 정보의 출처에 의문을 가지라고 가르치셨죠. 이런 비판적 사고는 어떤 직업에서든 중요해요. 대학원 교수님 중 몇 분이 훌륭한 건축 작품을 소개하면서 공부해보라고 격려해 주셨어요. 이런 선례를 살펴보고 이해한 다음, 저만의 프로젝트를 진행해 설계 기법을 발전시키라는 의미였죠. 이외에도 저는 함께 수업 들은 친구들과 토론하고 논쟁하면서도 많은 것을 배웠어요. 재능 있고 똑똑한 사람들을 주변에 두면 생각을 발전시키기 좋아요.

제가 설계했거나 설계에 참여한 모든 프로젝트가 다 자랑스러워요. 이 일을 막 시작했을 때 했던 것도요. 새로운 것을 발견했다고 느끼고 현재 상황에 도전해 환경을 개선하고 소외된 지역 사회를 도운 프로젝트가 가장 자랑스러워요.

저는 단순한 공구인 연질 연필로 그리고 스케치하는 걸 즐겨요. 기술이 많이 필요하지 않은 이 기본 도구만 있으면 아이디어를 전달하거나 인상을 기록하는 데 아무 문제가 없죠. 스케치는 생각하는 또 다른 방식이에요. 저는 연필 스케치가 번지는 걸 좋아해요. 번지면 스케치가 모호해져서 다양하게 읽히거든요. 하루도 빠짐없이 드로잉해요. 연필은 가방이 크든 작든 넣어 다니기 쉽죠. 주머니에 넣어도 되고요. 연필만 있으면 언제 어디서나 그릴 수 있어요!

그러니 건축에 관심이 있는 이들에게 이렇게 이야기해 주고 싶어요. 드로잉은 확실히 배워볼 만하고 주변 세계를 바라보는 데 도움이 돼요. 확장하고 싶은 걸 그려서 직접 만들어보세요. 어떻게 작동하는지 알고 싶으면 분해해보세요. 여러분이 시간을 보내는 공간이 여러분에게 영향을 미치는 방식을 되돌아보고, 그 안에서 일어나는 일을 바꾸기 위해 어떻게 새롭게 구성할지 스스로에게 물어보세요. 건축에 관한 책을 읽으세요. 무엇이든 읽으세요!

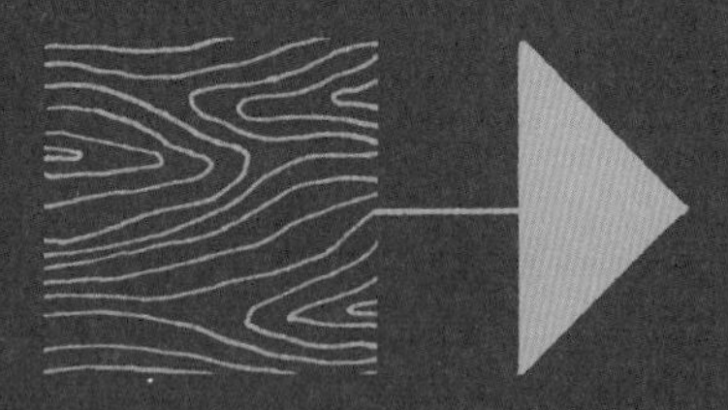

제재목 옮기기

구조목을 사용하게 되면 하나가 8피트(약 2.44m), 10피트(약 3.05m)나 심지어 12피트(약 3.66m)일 것이다. 나무 하나를 옮기려면 여러 사람이 필요하다고 생각할지 모르지만, 다시 생각해보자. 분명 혼자서 옮길 수 있다!

1단계. 쭈그리고 앉아 긴 목재의 한쪽 끝을 들어 올린다(무릎을 구부렸다 펴자. 등을 숙였다 펴지 않는다!)
2단계. 목재 끝을 어깨 높이까지 들어 올린다.
3단계. 앞으로 걸어가 중심점을 어깨에 놓는다.
4단계. 어깨를 균형점 삼아 목재를 들어 올려 앞쪽 끝이 땅에서 떨어지게 한다. 그런 다음 양손으로 목재를 잡아 흔들리지 않도록 한 뒤 움직이자! 이 방법은 목재의 중심점(또는 무게중심)이 어깨 바로 위에 있어 효율적이다. 그래도 목재의 끝에서 눈을 떼지 말고, 아주 천천히 돌아야 한다.

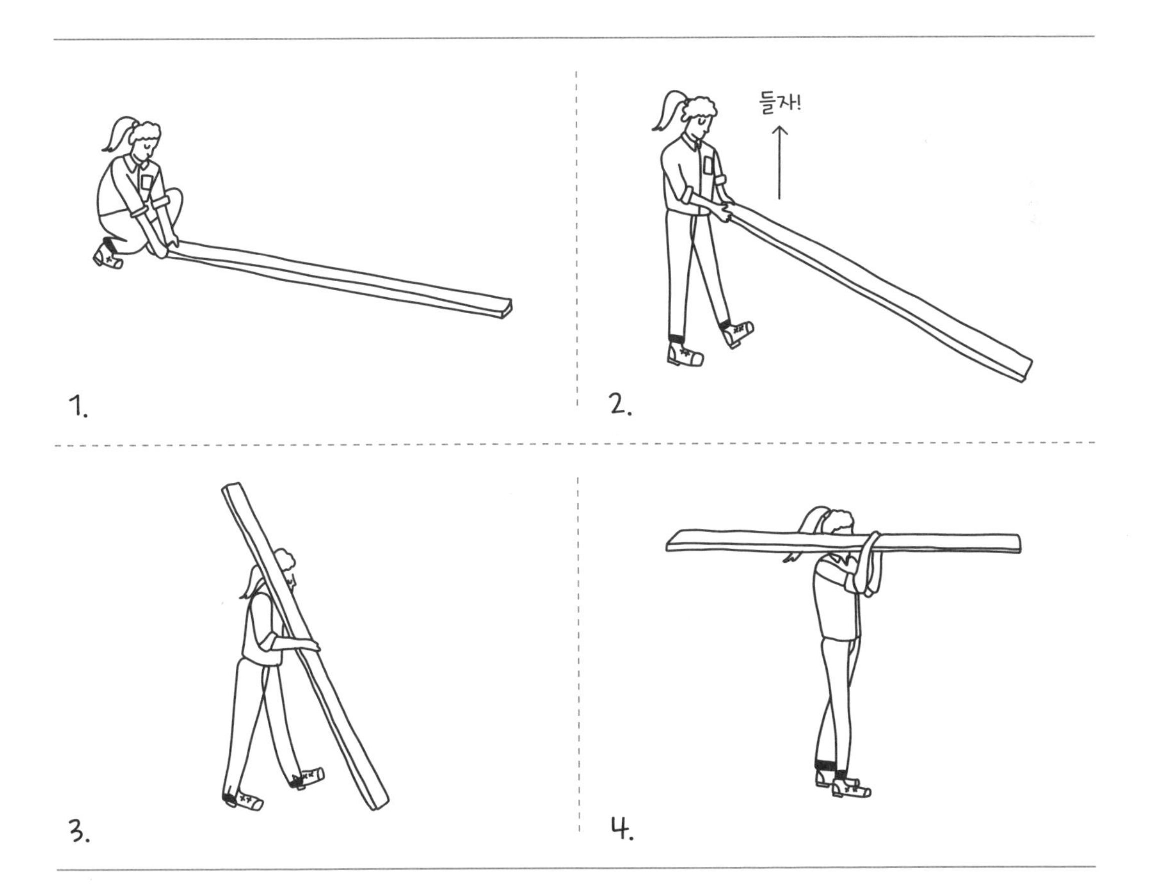

빗못치기

목재(특히 2×4 등의 제재목) 두 개를 서로 연결해야 하는데, 프로젝트의 한쪽 면에 접근할 수 없어 다른 한쪽 면에 못을 비스듬히 박아야 할 때가 있다. 바닥이나 천장에 이미 목재 하나를 설치한 경우가장 흔하다. 예를 들어 2×4 샛기둥의 아랫부분이 바닥의 2×4 수평 굽도리 널에 닿는 경우이다. 이것을 빗못치기(toenailing)라고 한다. 연습이 필요하지만 메이커에게 좋은 기술이다.

빗못치기는 일단 못이 수직 샛기둥을 지나 수평 굽도리 널로 박히면서 망치질 방향으로 샛기둥을 밀어낸다. 그러니 이를 보정할 수 있도록 원하는 곳보다 샛기둥을 약간 앞쪽에 놓는다.

1단계. 바닥의 굽도리 널에 수직 샛기둥을 연결할 위치를 표시한다. 샛기둥 옆에 못을 대서 못이 굽도리 널에 최소한 1인치(약 2.5cm) 이상 박힐 만큼 긴지 확인한다. 보통은 못을 45도로 박을 때 가장 효과적이지만, 못이 충분히 샛기둥을 뚫고 들어가 굽도리 널에 깊이 박힐 것이라 판단되면 그에 따라 각도를 조절한다.

2단계. 못을 기울이지 말고 샛기둥과 직각이 되도록 잡고 가볍게 두드려서 샛기둥과 맞물릴 정도로만 박는다.

3단계. 못뽑이를 이용해 원래 의도한 각도(약 45도)만큼 못을 위로 끌어올린다. 이제 망치질을 하면 못이 샛기둥을 비스듬히 통과해 굽도리 널에 박힌다.

4단계. 망치질하는 동안 뒤쪽을 발끝으로 밀어준다. 이렇게 하면 수직 샛기둥이 제자리로 밀리지만 그 위치를 벗어나지는 않는다.

1.

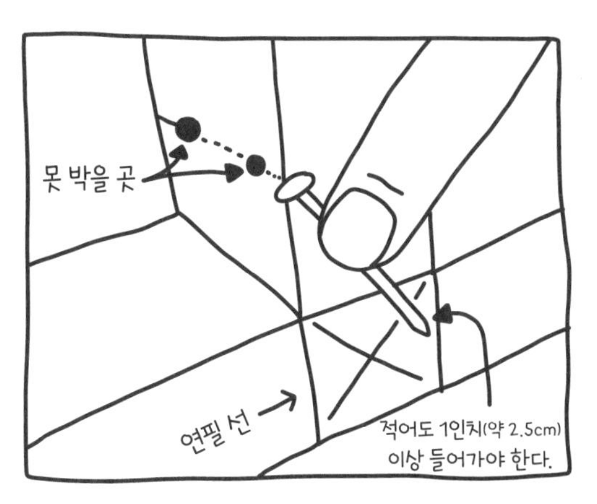

못 박을 곳
연필 선
적어도 1인치(약 2.5cm) 이상 들어가야 한다.

2.

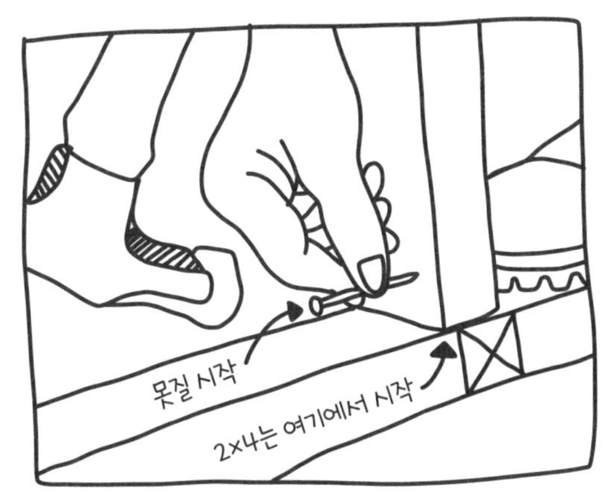

못질 시작
2×4는 여기에서 시작

3.

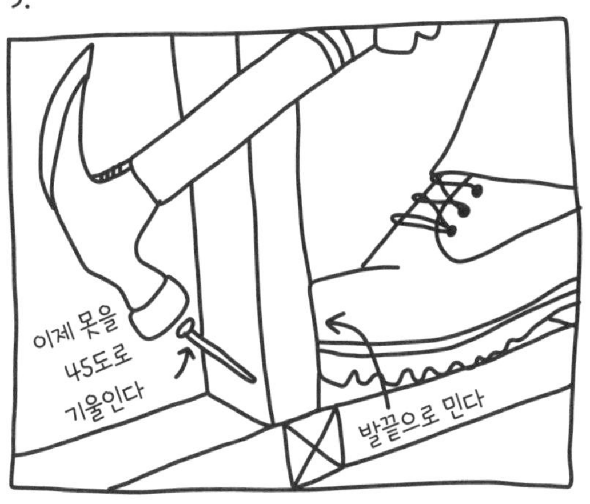

이제 못을 45도로 기울인다
발끝으로 민다

4.

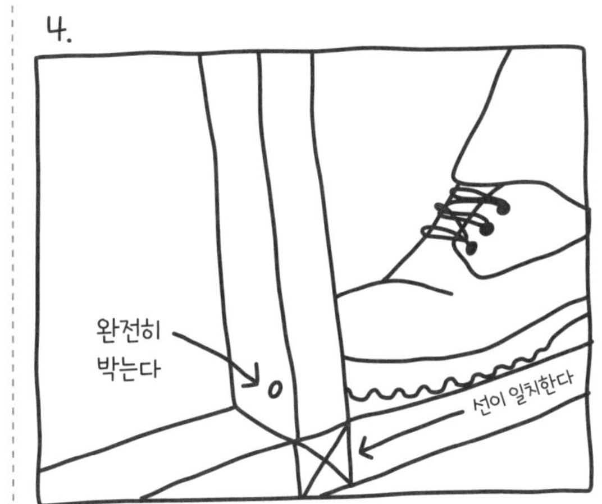

완전히 박는다
선이 일치한다

유용한 매듭 네 가지와 용도

맞매듭(square knot, reef knot): 가장 일반적이고 유용한 매듭의 하나로 줄의 양 끝을 단단히 묶어준다. 맞매듭은 어느 쪽에서 당겨도 풀리지 않는다. 맞매듭은 고대부터 사용하던 매듭으로, 일본 전통 의상인 기모노의 허리띠에 쓰이고, 선박의 돛을 묶고, 병원에서 상처를 꿰맬 때 이용한다. 맞매듭을 잘 묶으려면 '왼쪽을 오른쪽 위로, 오른쪽을 왼쪽 위로'만 기억하자.

맞매듭

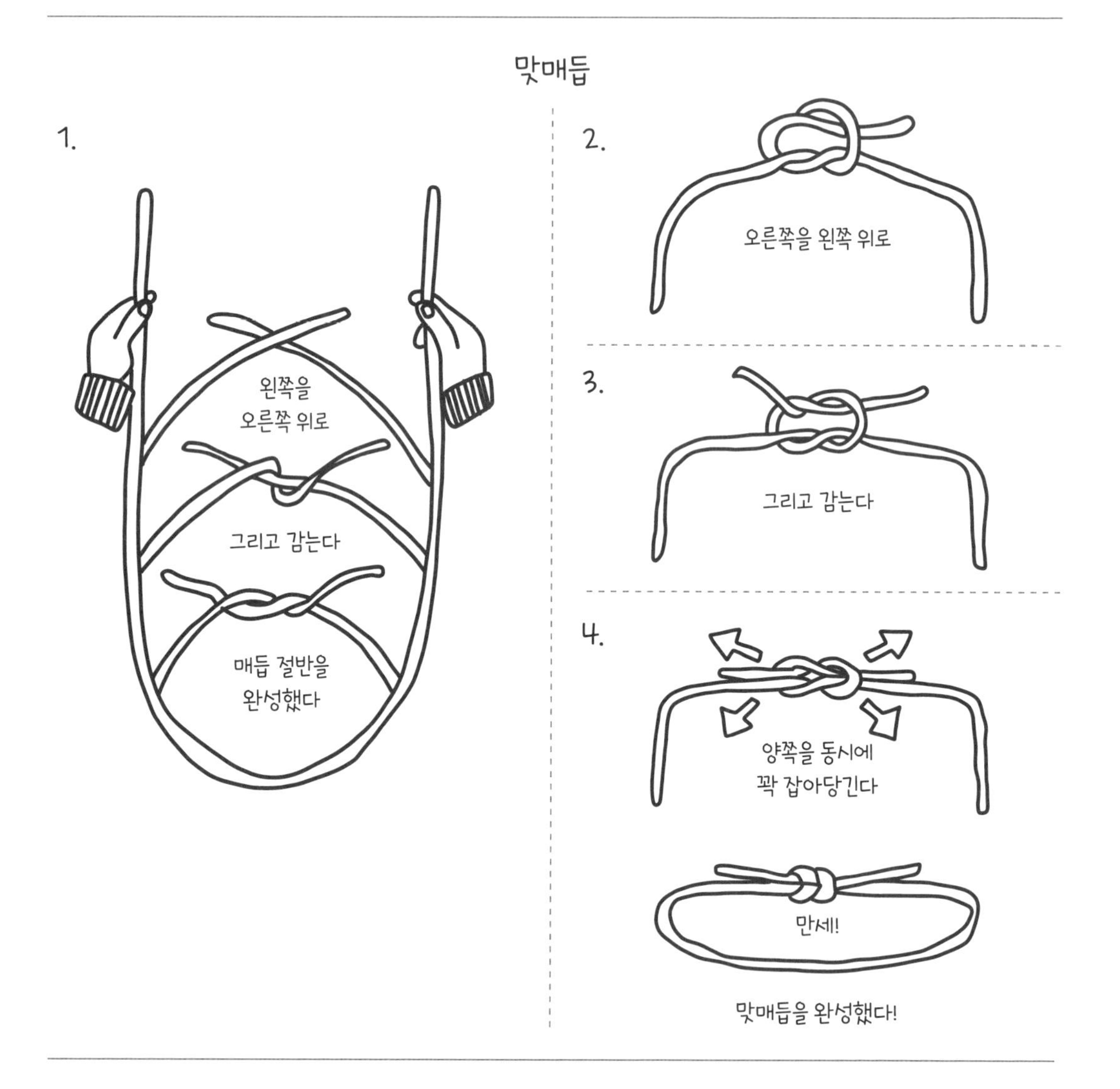

맞매듭을 완성했다!

이중 옭매듭(double overhand knot): 이중 옭매듭은 후드 티 줄 끝의 매듭처럼 올 풀림을 방지하는 데 사용하기 좋은 매듭이다(사실 일반 옭매듭일 가능성이 높다). 이중 옭매듭은 나무에 그네를 매달 때 줄을 그네 밑면에 묶는 매듭처럼 줄이 풀리거나, 물체가 줄에서 벗어나지 못하도록 막는 데 사용하기 좋다.

이중 옭매듭

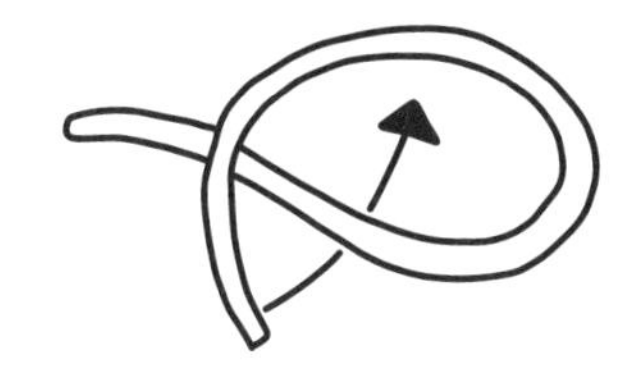

1. 줄로 고리를 만들고 끝을 안으로 넣어 빼낸다.

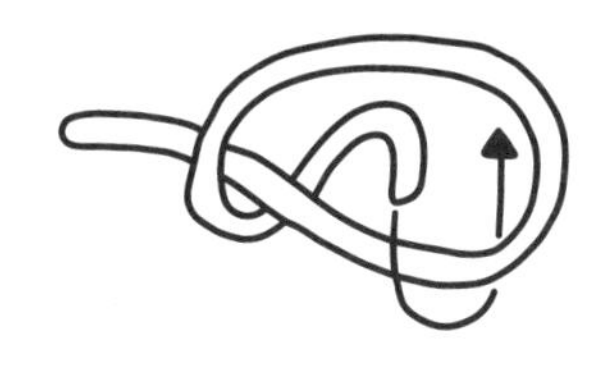

2. 한 번 더 끝을 고리를 통과시킨다.

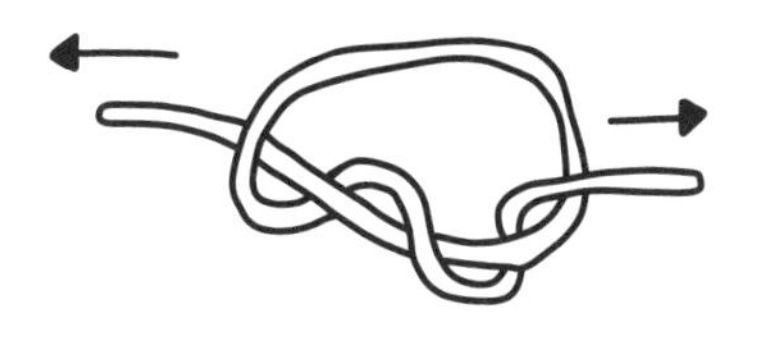

3. 양 끝을 잡아당겨 조인다.

4. 짜잔!

보라인 매듭(bowline knot): 보라인 매듭은 오랫동안 다양한 용도로 사용되어 매듭의 왕이라고 불린다. 보라인 매듭은 고정된 고리를 만들 수 있어서, 고리나 줄 어느 쪽을 잡아당겨도 풀리거나 죄이지 않는다. 실제로, 보라인 매듭의 고리는 큰 하중을 견딜 수 있지만, 동시에 풀기도 쉽다. 암벽 등반이나 항해, 그리고 농장에서 동물 목에 조이지 않도록 끈을 감을 때 주로 사용한다. 빨랫줄 한쪽 끝에 보라인 매듭으로 고리를 만들 수도 있다. 이때 다른 쪽에는 줄이 팽팽해지도록 당김 매듭을 짓는다. 나는 보라인 매듭을 사랑스럽고 유익한 토끼 이야기로 쉽게 기억했다!

보라인 매듭

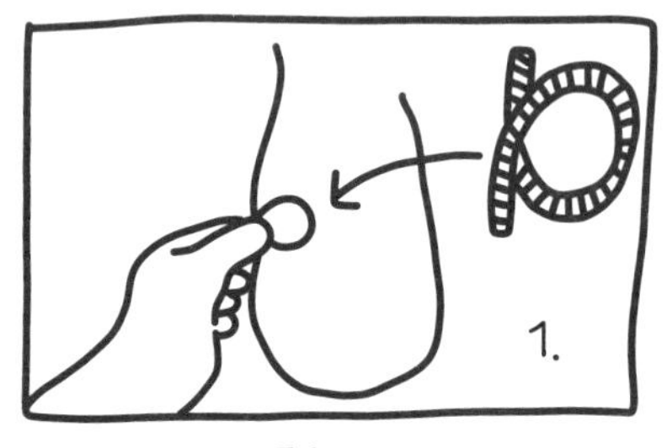

토끼 굴을 만든다.

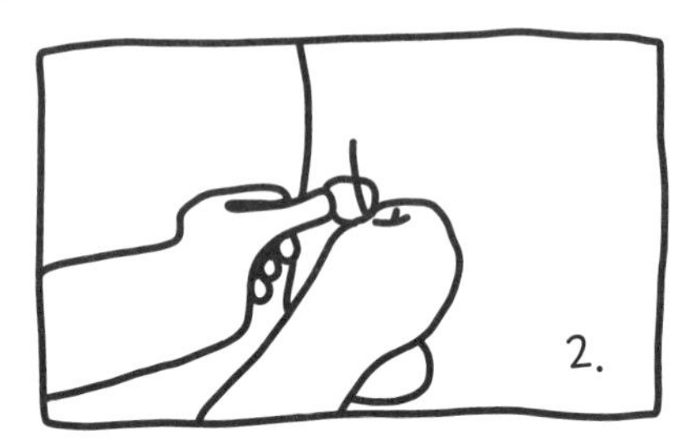

토끼가 굴에서 밖으로 나온다.

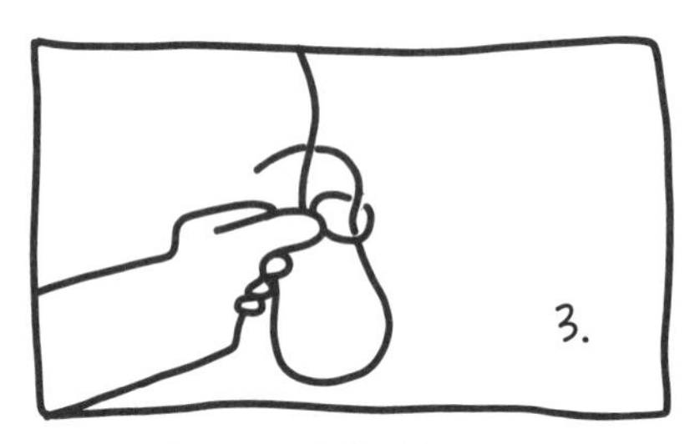

토끼가 나무 뒤로 달려간다.

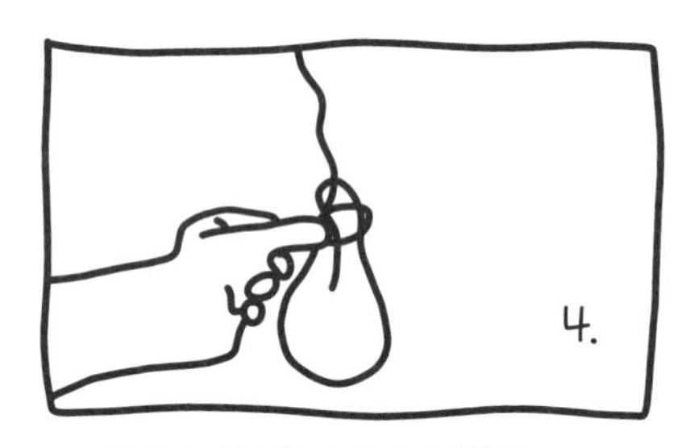

토끼가 나무 뒤에서 나와 구멍을 지나 아래로 내려간다.

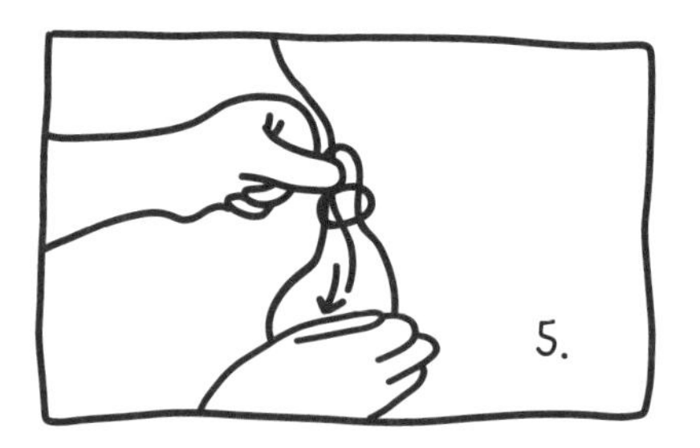

끝을 당겨 매듭을 짓는다.

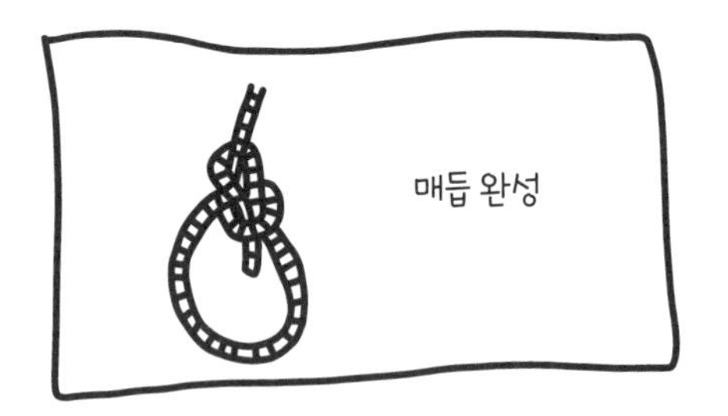

당김 매듭(taut-line hitch knot): 줄을 한곳에서 다른 곳으로 당겨서 조여야 할 때 이용한다. 빨랫줄의 한쪽 끝을 고정하거나 텐트나 타프(tarp)를 고정할 때 이용할 수 있다. 당김 매듭을 묶을 때 느슨한 쪽 끝을 당기면 매듭이 줄을 따라 위아래로 움직여 단단히 조여진다.

당김 매듭

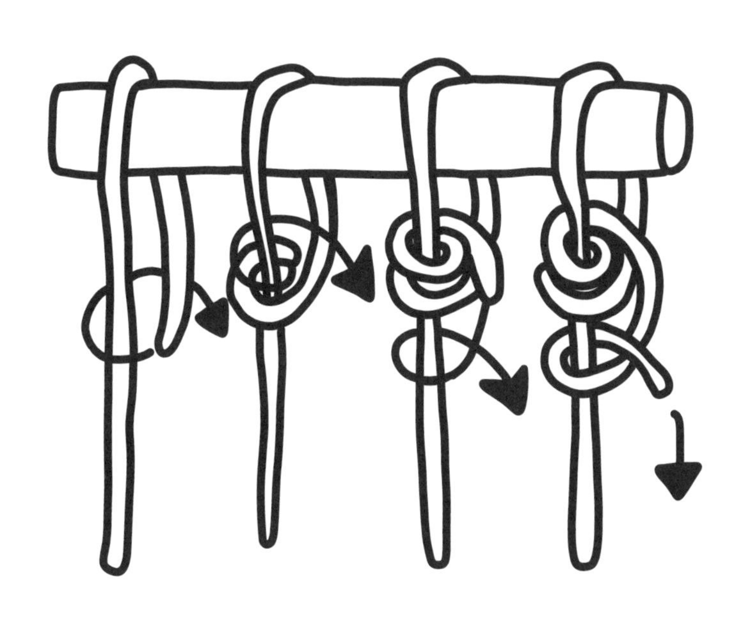

연장 코드 감기

작업할 때 끈과 전선이 정신없이 뒤얽혀 있으면 도통 일할 마음이 들지 않는다! 다 사용한 연장 코드를 깔끔하게 감아 보관하면 나중에 편하게 쓸 수 있다.

코드를 둥근 고리 모양으로 감을 수도 있지만, 이러면 풀 때 엉망으로 꼬일 수 있다. 지금 소개할 검증된 방법으로 연장 코드를 감아 보관하면 나중에 필요할 때 줄이 꼬여 난감한 상황을 피할 수 있다. 이 방법은 특히 25피트(7.62m)에서 100피트(약 30.48m) 사이의 아주 긴 연장 코드에 유용하다.

1단계. 자주 사용하지 않는 손으로 코드 끝을 잡는다.

2단계. 자주 쓰는 손으로 코드를 잡고 팔 길이만큼 폈다가 자주 쓰지 않는 손으로 돌아오며 고리를 만든다.

3단계. 반복하되, 반대 방향으로 반대쪽에도 고리를 만든다(토끼 귀를 두 개 만든다고 생각하자!).

4단계. 코드가 약 5피트(1.52m) 남을 때까지 앞뒤로 반복해 고리를 만든다. 이제 손 양쪽으로 토끼 귀가 여러 개 매달리게 된다.

5단계. 양쪽의 고리 한가운데를 잡고 남은 코드로 감아 고정한다.

6단계. 코드가 1피트(약 0.3m)쯤 남으면 코드 끝을 위쪽 고리를 통과시켜 들어 올린다. 위쪽 고리를 벽에 걸어도 되고, 묶음째로 보관해도 된다.

풀 때는 끝을 위쪽 고리에서 빼내 가운데 감긴 부분을 풀고 필요한 만큼 코드를 당긴다. 매듭이 생기거나 꼬이지 않도록 부드럽게 풀자!

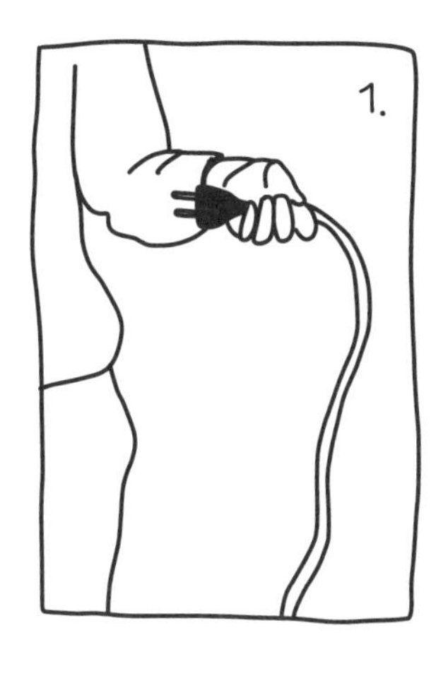
1.

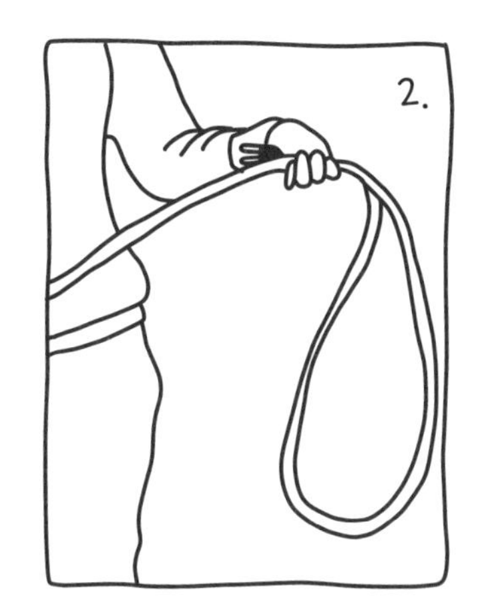
2.

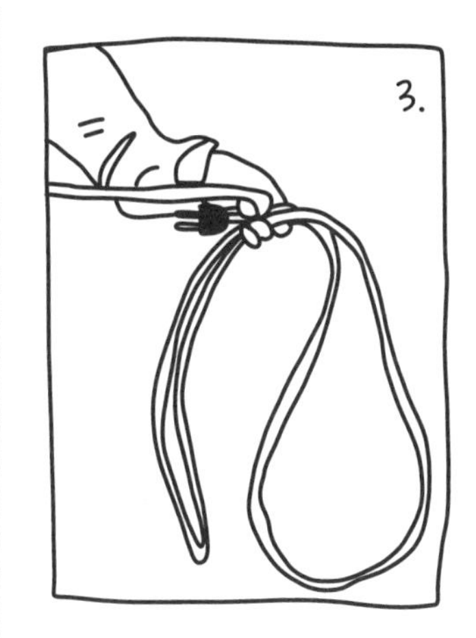
3.

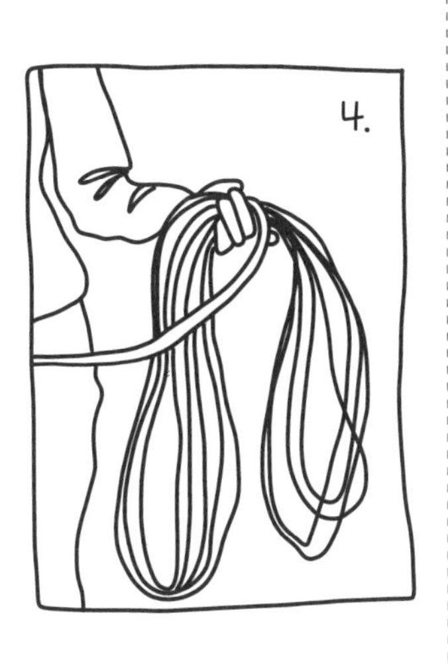
4.

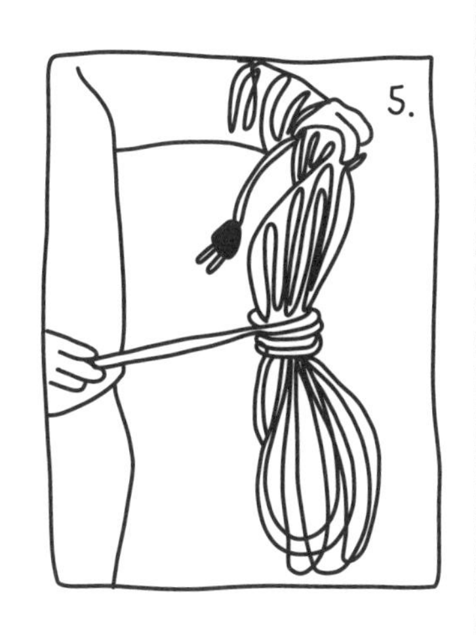
5.

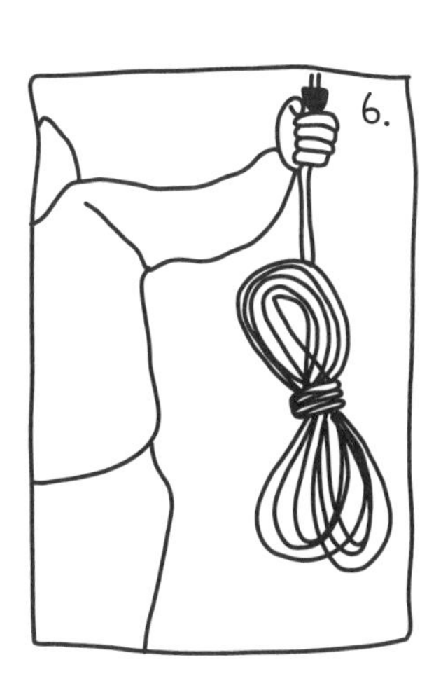
6.

샛기둥 감지기 없이 샛기둥 찾기

주택을 지을 때는 대부분 목재 골조에 벽을 대고, 단열재를 채우고 합판과 석고 보드를 덧댄 뒤 마지막으로 페인트칠을 한다. 그러나 결국 벽이 무너지지 않도록 막는 것은 2×4를 수직 샛기둥이다(상업용 건물에는 목재 대신 금속 샛기둥을 주로 사용한다). 주택의 목재 샛기둥은 거의 대부분 샛기둥의 중심선을 기준으로 16인치(약 40.6cm) 간격으로 떨어뜨려 설치한다. 이는 한 샛기둥의 중심에서 다음 샛기둥의 중심까지 16인치라는 뜻이다. 특히 벽에 무언가를 걸거나 무거운 가구를 벽에 고정하는 등의 프로젝트를 하면 샛기둥이 벽에서 가장 튼튼한 부분이므로 못이나 나사를 박을 샛기둥이 어디인지 찾고 싶을 것이다. 석고 보드의 얇은 층에 못이나 나사를 박으면 단단히 고정하기 어렵고 그림이나 책장을 걸면 떨어지기 쉽기 때문이다.

이제 샛기둥 찾는 법을 알아보자. 투시력이 있지 않는 한 벽을 통과해서 샛기둥을 볼 수는 없다. 그러니 다른 기술과 감각을 이용해 샛기둥을 찾아야 한다. 물론 벽의 밀도 변화를 감지해 샛기둥의 위치를 알려주는 전자 샛기둥 감지기(stud finder)를 사도 된다. 어쩌면 구식 방법을 쓸 수도 있다. 이 방법은 훨씬 더 재미있을 뿐 아니라 언제 어디서나 다른 장치 없이도 쓸 수 있다는 장점이 있다. 필요한 것은 바로 망치뿐이다.

한쪽 모서리나 벽 끄트머리에서 시작한다. 첫 번째 샛기둥은 아마도 끝에서 16인치쯤 떨어진 곳에 있을 것이다(그냥 추정만 해도 된다). 망치로 벽을 가볍게 두드리면서 수평으로 이동해보자. 벽 뒤에 샛기둥이 없으면 통통 소리가 들린다. 샛기둥이 있으면, 퉁퉁 하는 낮은 소리로 바뀐다. 그렇다! 샛기둥을 찾았다! 여기에 테이프를 붙여두자. 수준기나 다림추를 이용해 이 지점을 수직으로 확장하면 샛기둥을 나타내는 전체 선을 확인할 수도 있다. 하나를 찾았으니, 16인치 간격으로 있는 샛기둥을 모두 찾을 수 있다. 16인치를 재서 찾아도 되고, 그냥 망치로 계속 두드려봐도 된다.

통통 소리와 퉁퉁 소리를 구별하기 어렵다면, 또 다른 방법이 있다. 석고 보드는 나사로 목재 샛기둥에 고정했고, 나사는 자성이 있다! 냉장고 자석을 들고 천천히 벽면을 따라 움직여보자. 나사 위를 지나면 당기는 힘이 느껴질 것이다. 거기에 샛기둥이 있다!

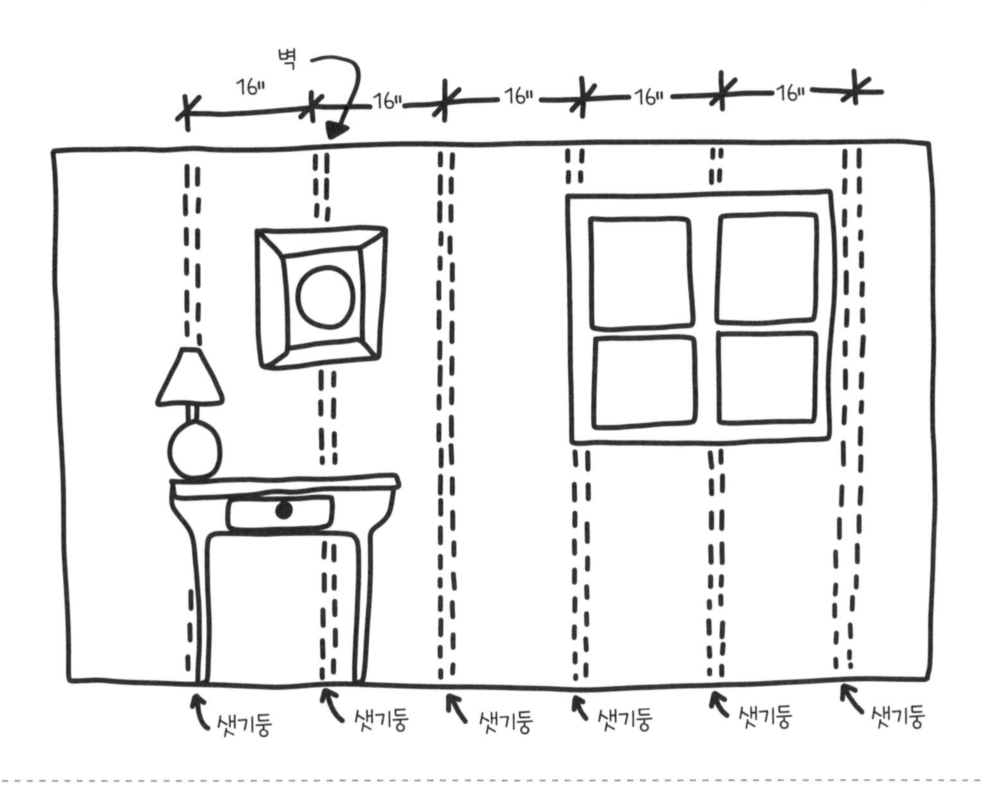
벽
16"
16"
16"
16"
16"
샛기둥
샛기둥
샛기둥
샛기둥
샛기둥
샛기둥

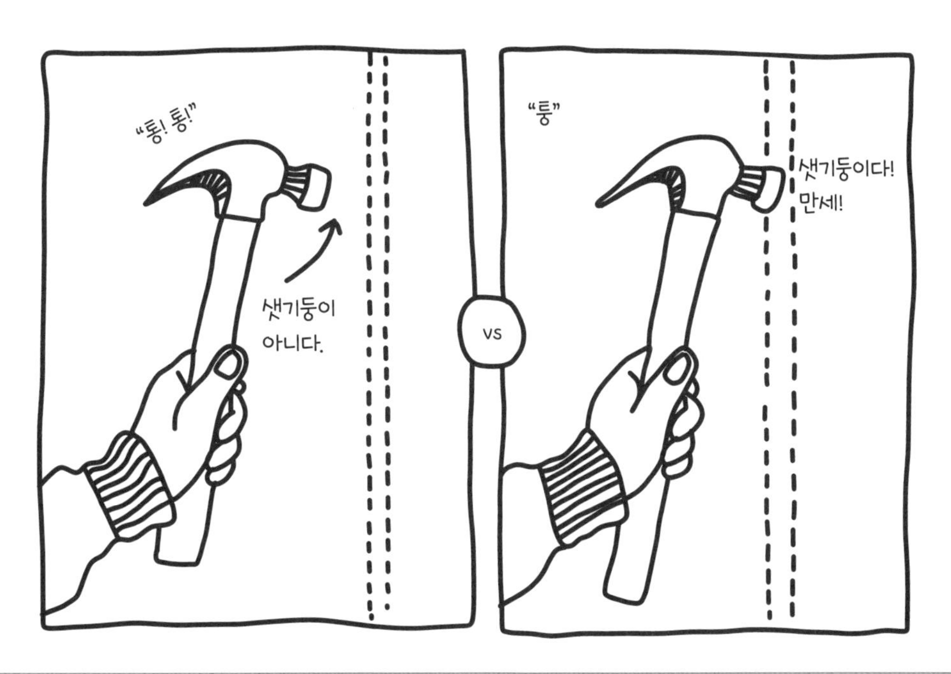
"통! 통!"
샛기둥이 아니다.
VS
"퉁"
샛기둥이다! 만세!

벽에 액자 걸기

어렸을 때 주말이면 방 배치를 바꾸고(그에 따라 도면도 그리고) 그림을 액자에 넣어 걸고, 내 '소장 작품'을 선별해 벽에 전시하곤 했다. 나는 정말로 벽에 물건을 잘 걸었다. 앵커와 토글 볼트(나비 앵커), 몰리 볼트(65쪽 참고) 등 벽에 무거운 무게를 견디는 철물을 다양하게 걸었다. 그러나 액자처럼 가벼운 물건을 걸 때 행거 종류는 그냥 적당히 그 쓸모를 하면 된다. 사용법은 다음과 같다.

1단계. 걸이용 철물을 액자에 붙인다. 이미 부착된 액자도 판매되고 있다. 없으면 직접 붙이면 된다. 액자 뒷면 상단 모서리 가운데의 톱니고리(sawtooth hanger)를 이용하거나, D링(D-ring) 두 개를 액자의 양편에 붙이고 철사로 연결하면 된다. 211쪽 스크래치 송곳 매듭으로 마무리해보자!

2단계. 벽에 걸 곳을 찾는다. 가능하면 샛기둥을 찾아보자. 바로 앞 214쪽에서 배웠다! 걸 곳에 X 자로 표시를 해두자.

3단계. 걸 곳에 후크 걸이(hook hanger)를 대고 망치로 못을 박는다. 후크 걸이마다 최대 하중이 다르다. 견디는 하중에 따라 못 구멍이 하나, 둘, 셋으로 달라진다.

4단계. 이제 걸자! 액자 뒷면의 톱니고리를 이용한다면, 톱니를 후크 걸이에 걸기만 하면 된다(가벼운 액자는 후크 걸이 말고 못에 바로 걸어도 된다). 철사와 D링을 사용한다면 철사의 중간 지점을 액자 상단 쪽으로 끌어올린다. 액자 상단부터 철사의 가장 높은 부분까지의 거리를 잰다. 이 거리를 알면 액자 상단과 관련하여 나사나 행거를 벽의 어디쯤 박을지 알 수 있다. 벽에 나사나 걸이를 설치한 후에 철사의 중간 지점을 걸치고 액자의 수평을 맞춘다.

5단계. 수평을 확인한다. 토피도 수준기로 액자 상단이 수평인지 확인하고 필요에 따라 조정한다. 이제 뒤로 물러서서 자신의 실력(과 작품)에 감탄한다!

무거운 물건을 거는 요령!

아주 무겁거나 지나치게 큰 물건을 걸 때는 프렌치 클리트(French cleat)가 선사하는 기적을 경험해보자! 프렌치 클리트는 서로 맞물려 있는 판금 두 개를 이용한 걸이 유형이다. 판금 하나는 벽에 붙이고, 다른 하나는 그림이나 액자에 붙이면 된다. 프렌치 클리트는 가장 튼튼한 걸이용 장치 중 하나이다. 걸스 개라지 접수처에는 이 방법으로 도끼를 들고 있는 소녀 모습을 새긴 동판화를 너비 3피트(약 91.4cm) 액자에 끼워 걸어두었다.

걸이용 철물

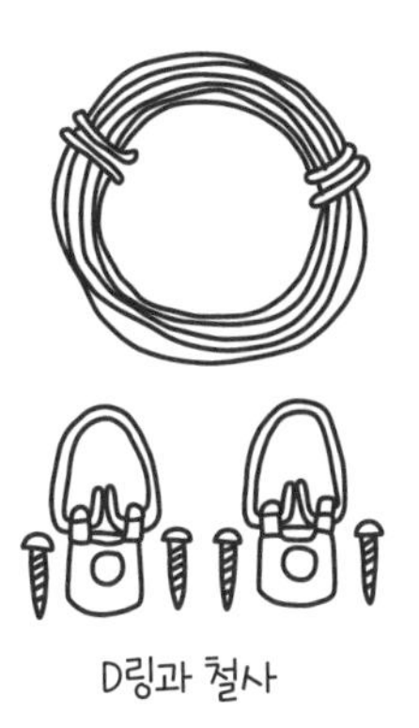

D링과 철사

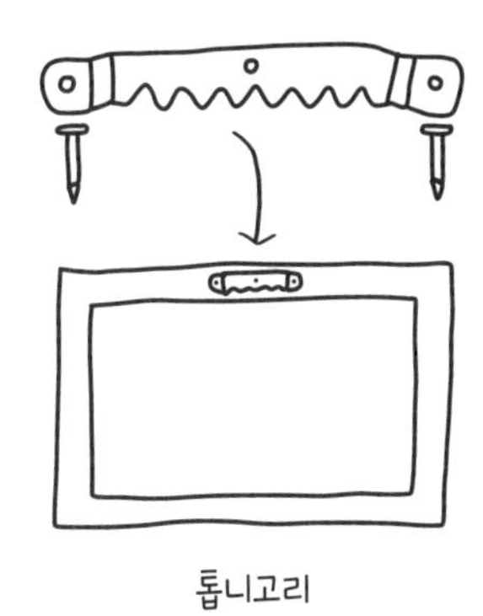

톱니고리

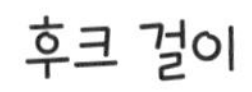

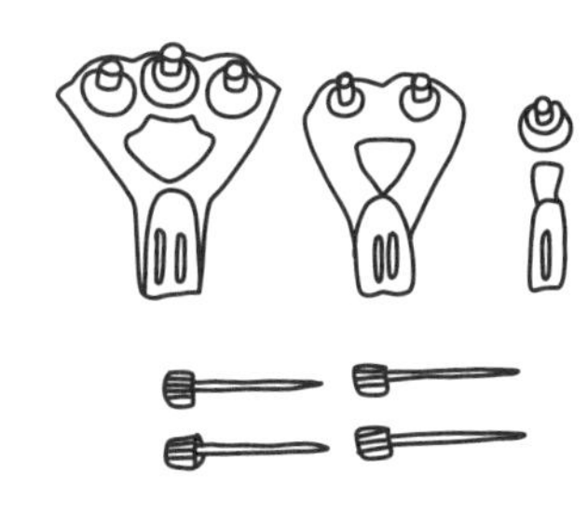

수평 확인

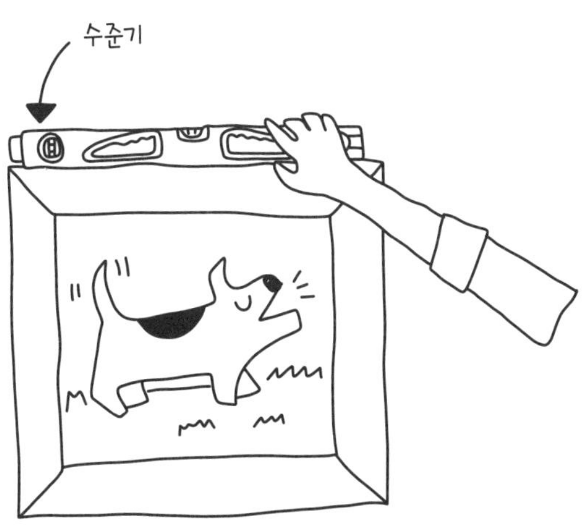

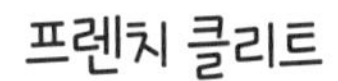

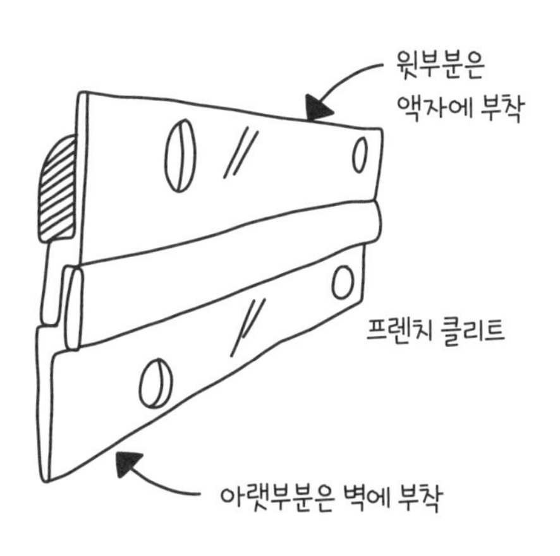

벽에 페인트칠하기

처음으로 실연했을 때 나는 페인트 가게로 가서 사랑스러운 개나리색 페인트를 한 통 사다가 침실 벽 한 면을 칠해 생기를 더했다. 방(과 분위기)을 밝게 하는 데 새 페인트칠만 한 게 없다! 어떻게 칠하는지 알아보자.

1단계. 페인트를 고른다. 나는 VOC(volatile organic compound, 유독 휘발성 유기 화합물) 함량이 낮거나 전혀 없는 페인트를 선호한다. 일반적으로 새틴(satin), 반광(semigloss), 유광(gloss) 같은 반짝이는 마감재는 청소하기 쉽지만 빛 반사가 심하다. 무광(matte)이나 에그셸(eggshell, 계란 껍질 질감) 마감재는 빛을 덜 반사하지만 청소는 까다로울 수 있다. 페인트와 프라이머(primer)를 따로 구입하거나(페인트 가게에서 색상을 최적화해준다), 페인트와 프라이머 일체형을 구입하면 된다.

2단계. 모서리, 천장, 굽도리 널에 마스킹 테이프를 붙인다. 나는 폭이 2인치(약 5.1cm)인 파란색 마스킹 테이프(혹은 프로그테이프FrogTape 브랜드의 녹색 마스킹 테이프)를 선호하며, 칠하고 싶지 않은 모든 곳의 가장자리에 붙인다. 천장과 벽이 만나는 곳과 (한 벽면만 칠해 포인트를 줄 거라면) 벽과 벽이 만나는 곳의 모서리와 가장자리, 작업할 곳의 굽도리 널과 몰딩, 조명 스위치와 덮개 위로 테이프를 붙인다(가능하면 작은 나사 두 개를 빼 스위치와 덮개를 모두 떼어내는 것이 좋다). 테이프 전체를 빈틈 없도록 손톱이나 주걱으로 단단히 누른다. 이렇게 해야 테이프 밑으로 페인트가 번지지 않는다.

3단계. 벽 가장자리에서 8~12인치(약 20.3~30.5cm)까지는 붓으로 페인트를 컷인 방식으로 칠한다. 2~3인치(약 5.1~7.6cm) 폭에 끝이 사선으로 기울어진 붓이 가장 효과적이다. 이때 가장자리에서 6~8인치(약 15.2~20.3cm) 되는 곳까지 마스킹 테이프와 직각이 되도록 짧게 붓질을 하고, 다시 테이프와 평행하게 길게 붓질한다. 익숙해지면 마스킹 테이프를 붙이지 않고도 안정적으로 페인트를 칠할 수 있다.

4단계. 남은 벽은 롤러를 사용해서 위아래로 지그재그 모양으로 칠한다. 페인트 롤러와 페인트 트레이(와 천장 구석구석까지 닿도록 해주는 롤러 손잡이 연장 장대)로 방금 칠한 곳 가장자리까지 덮도록 벽 전체에 커다란 지그재그를 그리는 것처럼 칠한다.

5단계. 3단계와 4단계를 반복하며 페인트를 덧바른다. 색과 유형에 따라 세 번을 덧발라야 할 수도 있다.

6단계. 마지막으로 덧바른 페인트가 마르기 전에 마스킹 테이프를 제거한다. 페인트가 마른 다음 테이프를 제거하면 테이프와 함께 페인트가 벗겨질 수 있다.

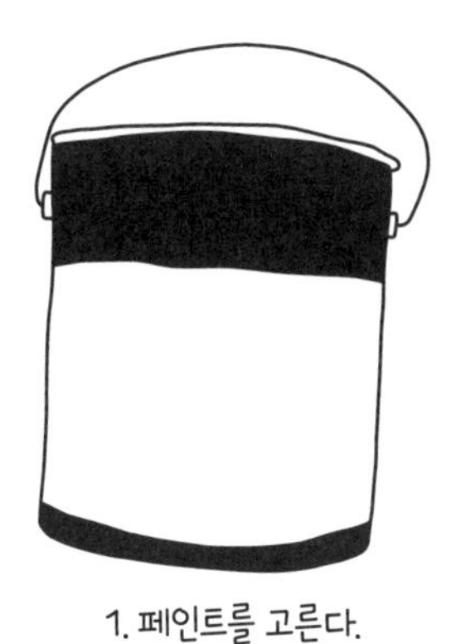

1. 페인트를 고른다.

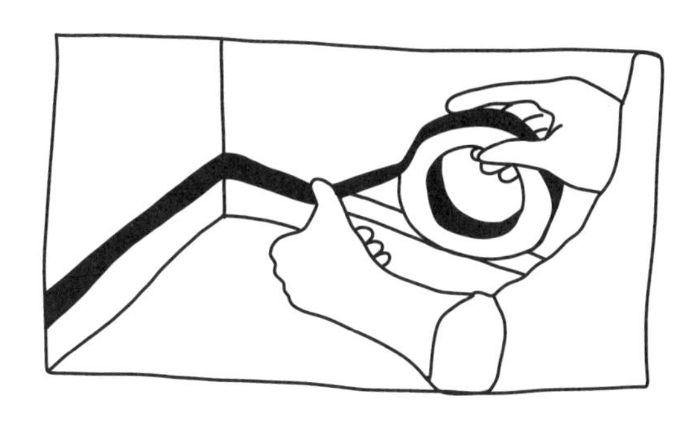

2. 모서리, 천장, 굽도리 널에 마스킹 테이프를 붙인다.

3. 벽 가장자리에서 6~8인치
(약 15.2~20.3cm) 되는 곳까지
페인트를 칠한다.
(처음에는 테이프와 직각으로 짧게,
나중에는 테이프와 평행하게 길게)

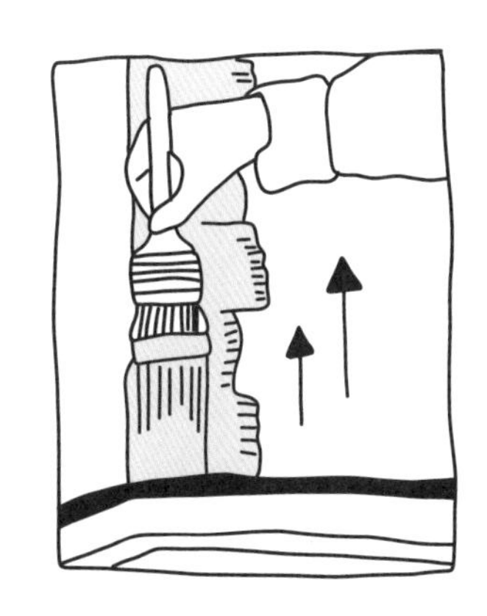

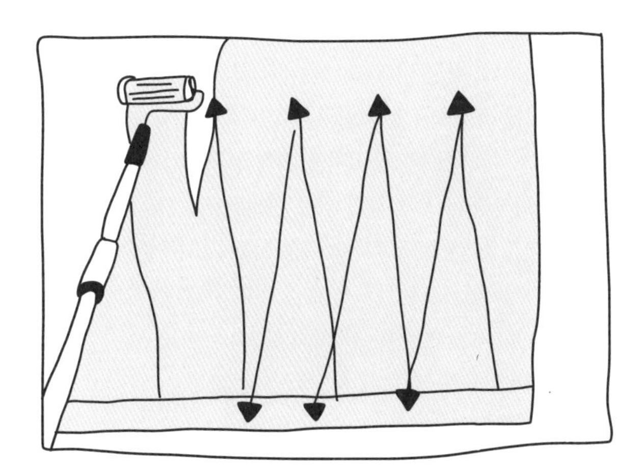

4. 남은 벽은 지그재그 모양으로 전체를 칠한다.

5. 3과 4를 반복해 덧칠한다.

6. 마지막 칠한 페인트가 마르기 전에 마스킹 테이프를 제거한다.

회로 차단기 올리는 법과 내려간 원인 찾기

드라이어로 머리카락을 말리면서 같은 콘센트로 전화기를 충전하고, 전등은 죄다 켜 있고, 같은 콘센트에 연결된 컴퓨터에서 음악이 흘러나오던 때를 떠올려보자. 그리고 갑자기 전원이 끊기면서 머리가 젖은 채로 어둠 속에 남겨지지 않았던가? 의문은 모두 풀렸다. 아마도 회로 차단기가 내려갔을 것이다. 왜 차단기가 내려갔는지 그리고 어떻게 고칠지 알아보자.

안전 경고!: 전기 장치를 만지거나 조작하다가 감전되어 최악의 경우 사망할 위험이 있다. 숙련되고 경험 많은 성인의 감독 없이는 분전함이나 콘센트를 건드리지 않는다. 금속 공구를 갖다대서도 안 된다. 무언가가 불에 탔거나, 연기 냄새가 나거나 그을음이 보이면 전기 기사를 부르자.

가정에 전원을 공급하는 전기는 모두 분전함(두꺼비집, electrical panel, breaker box)이라는 중심이 되는 상자를 거쳐 흐른다. 집안 옷장이나 차고, 또는 눈에 잘 띄지 않는 어딘가를 찾아보면, 벽 안에 문 달린 상자가 보일 것이다. 이 상자가 바로 분전함이다.

분전함 안에 스위치가 두 줄로 정렬되어 있으며, 홀수가 왼편으로, 짝수가 오른편으로 내려간다(집마다 조금 다를 수 있지만, 일반적인 구성은 이렇다). 각 스위치는 집 안의 특정 콘센트나 방, 가전 제품에 대응하며, 아마도 각 스위치가 어디와 대응하는지 표시되어 있을 것이다(예: #16=욕실).

또 각 스위치는 일정량의 전기 '부하'를 전달하도록 설계되었다. 이 부하의 한계를 차단 용량(breaking capacity)이라고 한다. 회로를 통해 차단 용량보다 더 많은 전기를 공급하려 하면 전기 화재나 여타 심각한 문제로부터 사용자를 보호하기 위해 회로가 '차단'된다. 차단 용량은 암페어(A) 단위로 측정하며, 1A는 1초 동안 특정 지점을 통과하는 전류의 양을 뜻한다.

전기가 가장 빈번히 차단되는 부엌이나 욕실에는 누전 차단기(ground fault circuit interrupter, GFCI) 콘센트를 사용한다. GFCI는 콘센트에 물이 닿을 가능성이 있는 곳에 설치한다(정말 위험하다!). GFCI는 흐르는 전류량의 조절을 돕고, 불균형이 발생할 때 회로를 차단한다.

GFCI (또는 기타) 콘센트에 전기 장치나 가전 제품을 너무 많이 꽂아서 회로가 감당할 수 있는 수준보다 더 많은 전력을 소모하는 경우, 회로가 끊어지면서 모든 가전 제품의 전원이 나간다. 이러한 일이 발생하면 먼저 애초에 회로에 과부하를 가할 만큼 전류를 많이 사용한 장치의 코드를 콘센트에서 모두 빼준다. 그런 다음 회로 차단기(circuit breaker)를 찾는다.

모든 스위치를 살펴보면 대부분 켜짐(ON) 위치에 있을 것이다. 회로가 끊어지면 켜짐과 꺼짐(OFF)의 중간으로 간다. 리셋하려면 새로 연결되도록 먼저 스위치를 꺼짐 상태로 내렸다가 켜짐 상태로 되돌린다. 회로가 다시 연결되면 전기가 흐를 것이다(그러나 모든 가전 제품을 또다시 연결하는 실수를 저지르지는 말자!).

마지막으로, 회로가 차단되면 단락(short circuit, 합선)과 동일한 증상이 나타나지만, 단락은 다른 현상이며 훨씬 위험하다. 단락은 콘센트에서 전기가 흐르는 '활선(hot wire)'이 다른 활선이나 중성선(neutral wire)에 닿아서 회로가 끊어지는 상태(쇼트short out)를 말한다. 단락은 전선이 느슨하거나 엉성하게 배열되어 있을 때 발생할 수 있다. 콘센트 덮개 안쪽이나 주변에서 연기가 나거나 그을음이 보이거나 무언가가 타는 것 같다면 단락이 일어난 것이다. 이런 경우 회로를 다시 연결하지 말고 전기 기사에게 연락한다.

재미있는 사실!

스위치에 적힌 숫자(그림에서 15)는 회로 차단기가 견딜 수 있는 차단 용량(A)을 뜻한다.

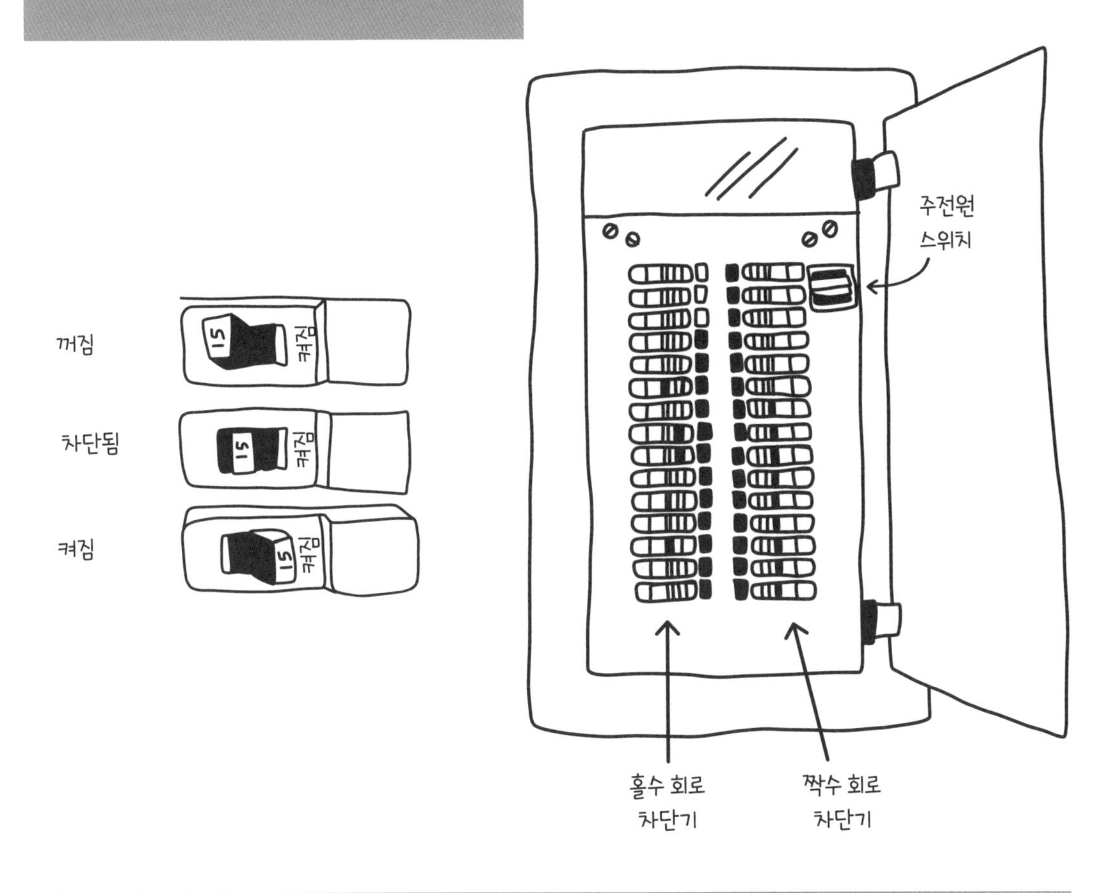

스토브나 온수기의 점화용 불씨 재점화하기

가정에는 전기가 아닌 가스로 작동하는 가전 제품이 있다. 이 가전 제품에 가스가 천천히 공급되어 연소하면 열이 발생한다. 가장 흔한 가스 기기는 스토브, 온수기, 보일러이며, 이 세 종류의 기기는 모두 점화용 불씨(pilot light)를 사용한다. 점화용 불씨는 기본적으로 항상 타고 있는 작은 불씨를 말하며, 따라서 따로 불을 지필 필요 없이 원할 때 가전 제품을 사용할 수 있다. 스토브에는, 점화용 불씨가 있어서 버너를 켤 때 불씨를 일으킬 필요가 없다. 그냥 점화용 불씨를 가스레인지 상단부로 옮기면 된다.

점화용 불씨는 가스 흐름의 차이, 강한 바람, 꼬마 가스 도깨비(누가 알겠는가?) 등 여러 이유로 꺼질 수 있다. 어떤 이유라도 점화용 불씨를 재점화하기란 어렵지 않다. 점화용 불씨의 위치를 찾기만 하면 된다. 단, 가스가 흐르고 있거나 가스 화재 및 폭발의 원인이 되는 가스 누출을 분명히 이해하고 주의해야 한다. 점화용 불씨를 재점화하기 전에 먼저 창문과 문을 열어서 공기 중에 남아 있을지 모르는 가스를 환기시켜준다. 그래도 가스 냄새가 강하게 난다면, 점화용 불씨를 직접 재점화하는 대신 가스 회사에 연락한다. 장치는 숙련되고 경험 많은 성인의 감독 없이 수리해서는 안 된다.

스토브 재점화하기. 가스 스토브에는 점화용 불씨가 여러 개 있다. 버너 바로 아래에 점화용 불씨가 한 개 혹은 두 개 있고(보통 버너 두 개당 점화용 불씨가 한 개 있다), 오븐 안에 점화용 불씨가 하나 더 있다. 버너를 제거하고 상판 턱을 들어 올린 뒤 오븐 문을 열어 점화 장치에 접근한다. 상단 버너의 점화용 불씨가 꺼졌으면 가스 공급 장치와 불꽃 위치를 찾는다. 보통 불씨가 켜 있으면 두 버너 사이에 가스 공급 장치 끝이 선명하게 보인다. 성냥이나 가스 점화기를 여기에 갖다대면 불씨가 재점화한다(가스는 차단 밸브를 돌려 수동으로 끄지 않는 한 계속 흐른다). 오븐의 점화용 불씨 장치는 보통 오븐 바닥이나 뒷부분에 있으며, 경우에 따라 오븐 밑판을 분리해야 할 수도 있다. 오븐의 불씨 역시 켜 있다면 가스 파이프 말단에 선명하게 보이며, 성냥이나 긴 라이터로 재점화할 수 있다. 버너와 오븐의 점화용 불씨가 모두 재점화하면 즉시 성냥이나 라이터를 끈다.

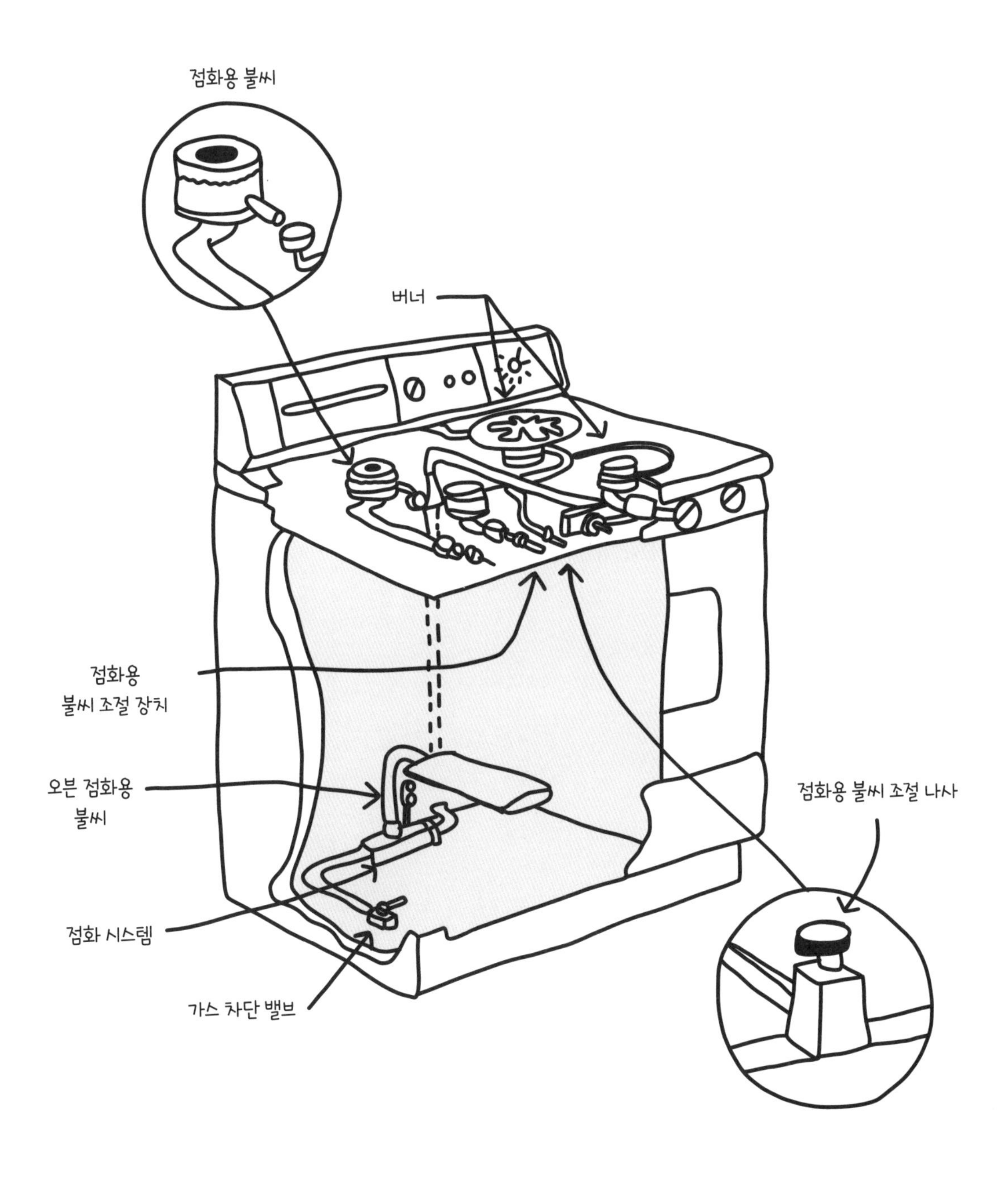
스토브
점화용 불씨
버너
점화용
불씨 조절 장치
오븐 점화용
불씨
점화용 불씨 조절 나사
점화 시스템
가스 차단 밸브

온수기나 보일러의 점화용 불씨 재점화하기. 온수기와 보일러의 점화용 불씨 구성은 가스 스토브와는 다르다. 반면 온수기나 보일러의 버튼이나 측정 장치, 다이얼 등은 모델마다 다르지만, 기본 배열은 동일하다. 먼저 알아야 할 사실은 점화용 불씨가 작은 금속 파이프(구부러져 있기도 하다)에서 나오며, 함께 사용하는 열전대(thermocouple) 바로 옆에 위치한다는 점이다. 열전대는 점화용 불씨의 열기를 감지하고 측정해서 가스를 버너로 흐르도록 신호를 보낸다. 점화용 불씨와 열전대 장치는 보호 덮개를 온수기나 보일러 아래쪽으로 밀어 벗겨내면 쉽게 확인할 수 있다. (구형) 온수기나 보일러 중에는 점화용 불씨 장치를 수동으로 점화해야 하는 제품도 있다. 반면, 어떤 (신형) 제품은 자동 점화 버튼이 있어서 자동으로 켤 수 있다.

가서 장치를 살펴보자. 가스 공급 다이얼이나 조절기가 보이고 점화용 불씨를 일으키기 위한 가스를 공급하는 프라이머(primer) 버튼과(/이나) 점화 버튼(아마도 빨간색)도 보일 것이다. 장치 중에는 누름식 점화 버튼이 가스 공급 조절기 역할을 하기도 한다. 점화 버튼이 없다면 보호 덮개를 제거하고 긴 가스 점화기를 이용해 수동으로 점화용 불씨를 붙여줄 수 있다.

가스 공급 조절기에는 보통 '켜짐(ON)', '꺼짐(OFF)', '점화용 불씨(PILOT)'라고 설정되어 있다. 가장 먼저 조절기를 '꺼짐'에 놓고 5분간 기다린다(이렇게 하면 공기 중에 남은 가스가 사라진다). 그런 다음 조절기를 '점화용 불씨'로 돌린다.

점화용 불씨 프라이머 버튼과 점화 버튼 둘 다 있다면, 먼저 프라이머 버튼을 눌러 가스가 약간 흐르게 한 뒤 점화 버튼을 누른다. 점화 버튼을 누르면 불꽃이 점화된다.

점화용 불씨를 수동으로 재점화해야 한다면 조절기를 '점화용 불씨'로 돌리고 프라이머 버튼이 있으면 누른 상태에서 긴 가스 점화기로 점화용 불씨 장치에 불을 붙이면 된다.

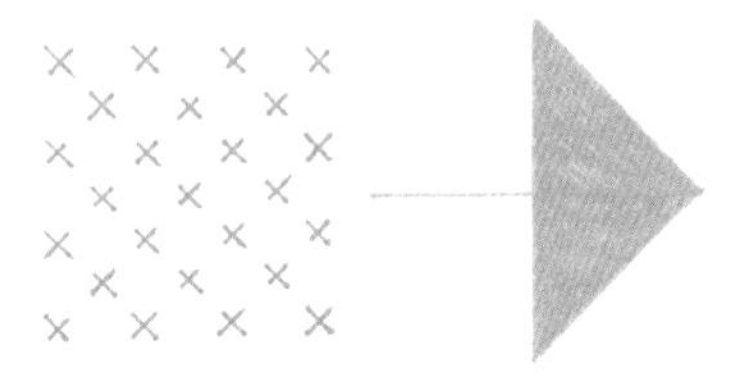

보일러 또는 온수기

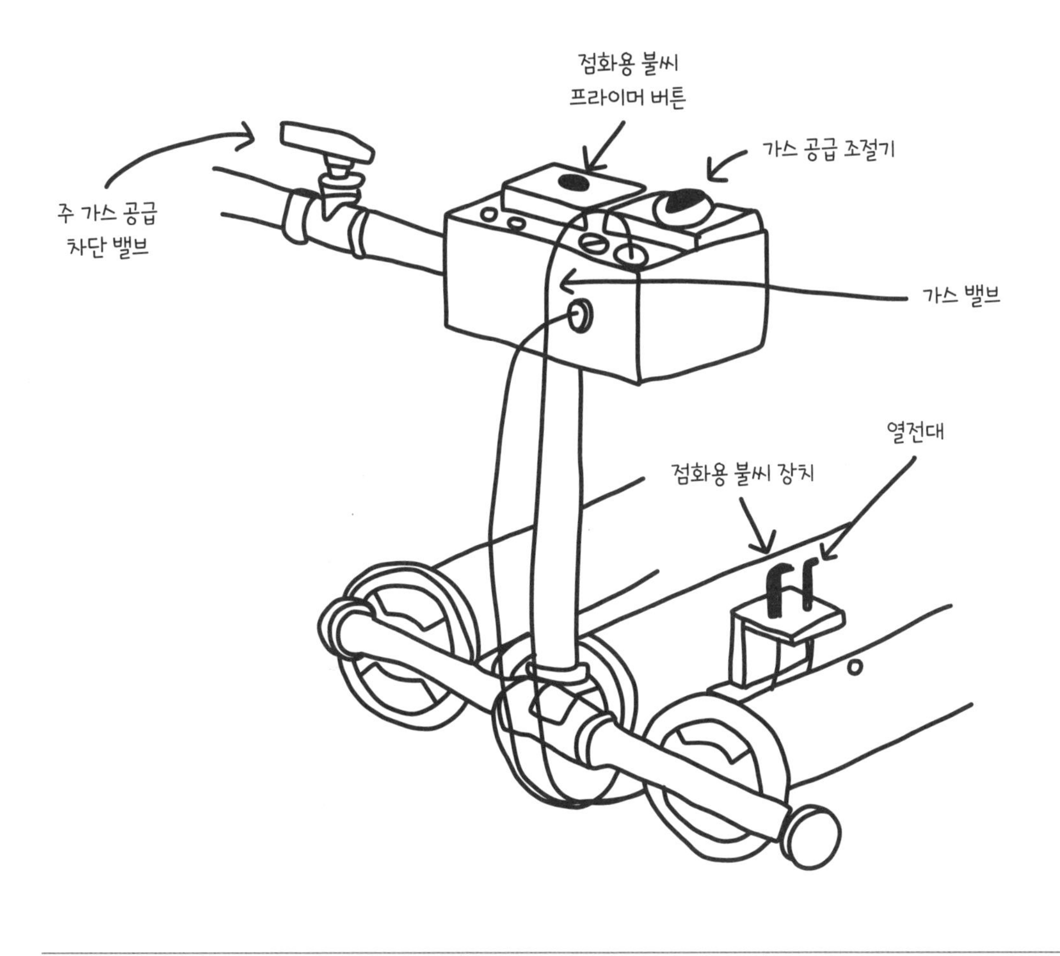

벽의 구멍 메우기

벽에서 나사를 빼면 우둘투둘한 구멍이 생길 것이다. 문을 너무 벌컥 열면 손잡이가 벽에 구멍을 낼 것이다. 아니면 나처럼 거실에서 물구나무서기를 서려는데 벽과의 거리를 잘못 재서 다리를 내리다가 석고 보드에 무릎을 정통으로 찍을 수도 있다. 나만 그런가?

좋은 소식은 석고 보드(대부분의 주택에서 가장 흔히 사용하는 벽자재)의 구멍은 수리하거나 메우기가 아주 쉽다는 것이다. 작은 구멍, 움푹 팬 곳, 손잡이나 무릎 모양의 구멍을 고쳐보자.

먼저 공구와 재료를 준비하자. 석고 보드용 주걱(drywall spatula, drywall knife), 스패클(spackle, 흰색의 보수용 회반죽)이나 조인트 컴파운드(joint compound, 스패클보다 더 단단하고 분홍색도 있다), 그리고 샌딩 스펀지(120~150그릿)가 필요하다.

작은 구멍(½인치/약 1.3cm 이하): 수리가 아주 쉽다! 손가락이나 석고 보드 주걱 모서리로 구멍 위(와 속)에 스패클을 조금 바른다. 주걱으로 스패클이 고르게 펴지도록 벽 표면을 매끄럽게 다듬는다. 스패클이 마르면 샌딩 스펀지로 가볍게 샌딩한다. 이때 구멍의 가장자리(석고 보드를 덮고 있는 종이층)가 우둘투둘하다면 드라이버 손잡이로 구멍이 움푹 패게 누른 뒤 그곳에 스패클을 채워 넣는다. 이렇게 하면 너덜너덜하던 석고 보드의 종이가 흔적도 없이 평평해진다.

작은 구멍

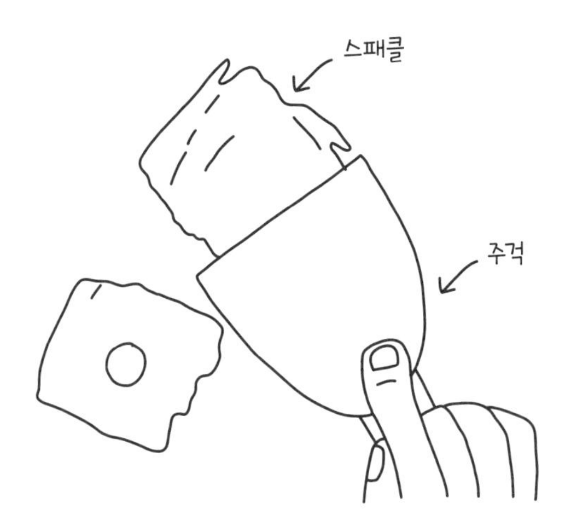

중간 크기 구멍(½~4인치/약 1.3~10.2cm): 철물점에서 석고 보드 패치를 구입한다. 크기는 다양하지만 6x6인치(약 15.2×15.2cm) 크기가 가장 일반적이다. 패치 키트는 석고 보드에 바르는 일종의 반창고로, 직사각형 금속 망사와 이보다 약간 더 큰 섬유 망사 테이프로 구성되어 있다. 패치를 바르기 전에 구멍 가장자리에서 불필요한 먼지 등을 제거한다.

1단계. 석고 보드 패치의 끈적한 면이 아래로 가도록 구멍 위에 놓는다. 패치가 구멍 전체를 덮어야 한다.

2단계. 조인트 컴파운드를 패치 위에 바른다. 석고 보드용 주걱으로 조인트 컴파운드(아마도 분홍색)를 패치 전체에 덮고, 대각선, 십자 모양으로 움직여 패치보다 몇 인치(약 10cm) 더 넓게 펴바른다. 이제 건조시킨다. (너무 얇게 발라 패치가 비친다면 한 번 더 바른다).

3단계. 샌딩 스펀지로 샌딩한다. 표면이 부드러워질 때까지 빠르게 샌딩한 뒤(너무 많이 하지는 말자!) 주변보다 두드러지지 않도록 그 위에 페인트를 칠한다.

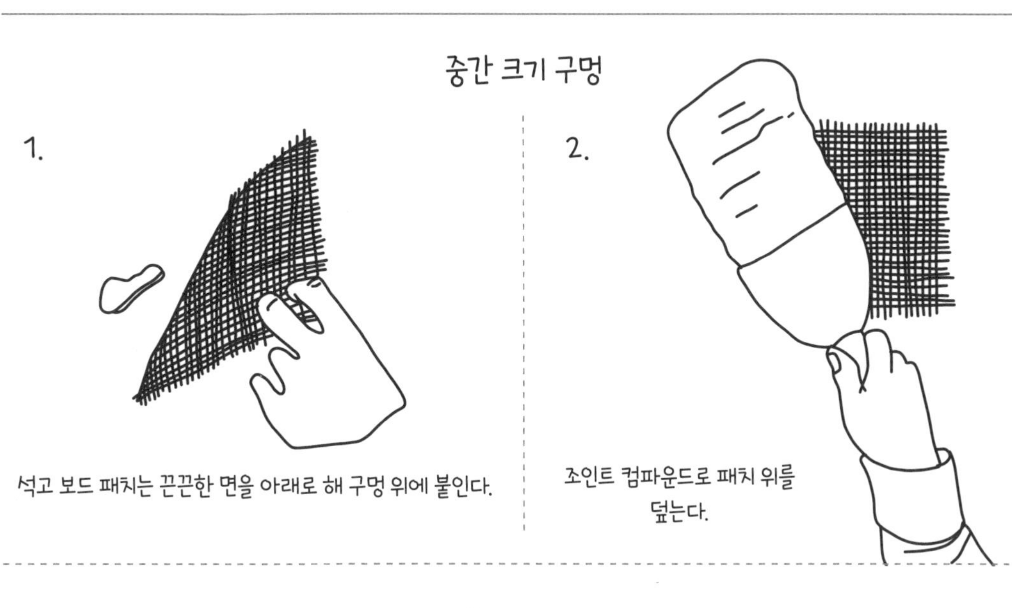

석고 보드 패치는 끈끈한 면을 아래로 해 구멍 위에 붙인다.

조인트 컴파운드로 패치 위를 덮는다.

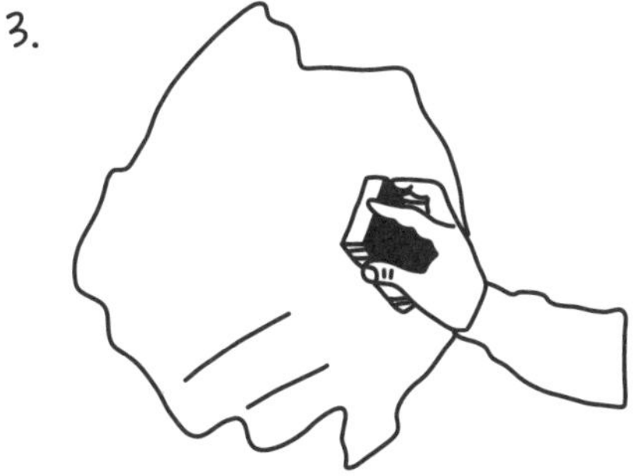

샌딩 스펀지로 샌딩한다.

큰 구멍(4~8인치/약 10.2~20.3cm 정도): 캘리포니아 패치(California patch)라는 방법을 사용한다. 캘리포니아 패치를 만들려면 작은 석고 보드 조각을 사거나 구해야 하지만, 철물점 중에 정사각형 모양의 석고 보드가 포함된 캘리포니아 패치 키트를 판매하는 곳도 있다. 석고 보드는 흰색 석고층 양면에 붙인 종이층으로 이루어지며, 나중에 종이 한쪽을 벗겨서 사용한다.

1단계. 날카로운 커터와 직선자를 이용해 모든 변이 구멍보다 2인치(약 5.1cm)쯤 크게 석고 보드를 자른다(구멍보다 길이와 폭이 4인치/약 10.2cm씩 길어진다). 다시 말해 4×4인치(약 10.2×10.2cm) 구멍이라면 석고 보드를 8x8인치(약 20.3x20.3cm)로 자른다.

2단계. 석고 보드 조각 가장자리에서 1인치(약 2.5cm) 되는 곳에 사각형을 그린다. 그런 다음 커터칼로 자국을 낸다.

3단계. 1인치 사각형에서 가장자리까지는 밑의 종이층만 남기고 모두 제거한다(종이층은 조금 있다 사용한다). 이제 석고 보드는 주변에 1인치 종이층을 두른 모양이 된다. 석고 보드 조각은 벽에 난 구멍보다 약간 커야 한다.

4단계. 석고 보드 패치를 뒤집어서 구멍 위에 놓는다. 구멍 주변에 정사각형 석고 보드 모양을 따라 그린다(패치의 종이 부분은 제외한다). 그런 다음 석고 보드용 톱이나 커터로 표시한 부분을 잘라낸다.

5단계. 이제 구멍을 메울 시간이다. 패치 석고 보드 조각과 벽의 구멍이 완전히 일치해야 한다. 패치 가장자리의 종이 부분에만 조인트 컴파운드를 발라서 패치를 벽 구멍에 끼우고 가장자리 종이를 구멍 주변 벽에 대고 꽉 누른다. 주걱으로 조인트 컴파운드를 패치 전체에 발라서 가장자리를 매끄럽게 다듬으면 패치가 (거의) 눈에 띄지 않는다. 조인트 컴파운드를 두 번 발라야 할 수도 있다(완전히 마른 다음에 덧바른다). 샌딩하고 페인트를 칠한다!

큰 구멍

1.

2.

3.

4.

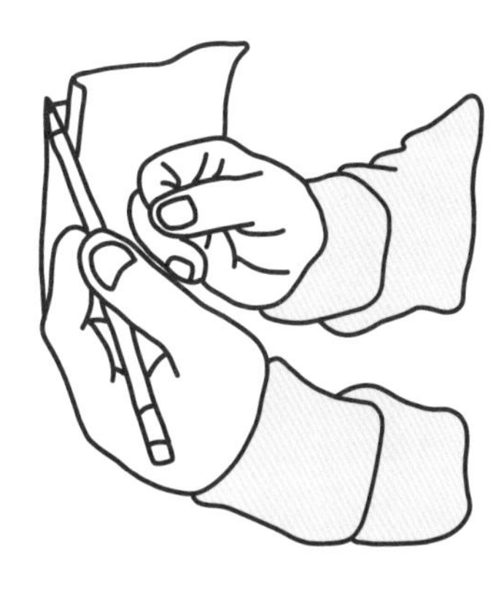

5.

새는 변기 고치기

변기 물을 내리고 나서 물 흐르는 소리가 몇 시간이고 쉬지 않고 들렸던 경험이 누구나 있을 것이다. 변기에서 물이 새면 변기 물이 제대로 내려가지 않을뿐더러 물(과 돈)을 크게 낭비하게 된다. 그런데 수리는 쉽다! 먼저 변기의 작동 원리를 알아보자.

양변기는 변기와 물탱크, 물탱크의 내부 장치로 이루어져 있다. 변기 물탱크에는 한 번 내릴 양의 물(일단 4리터라고 해보자)이 들어 있다. 변기 손잡이를 작동하면 물이 변기로 흘러 들어가고, 변기의 내용물이 중력에 의해 하수 처리 시설로 흘러 들어간다. 그런 다음 수도관에서 깨끗한 물이 흘러 들어 탱크를 채운다.
물탱크 안에는 물의 흐름을 제어해 정확한 양의 물을 보충하는 부품이 몇 개 있다. 물을 한 번 내릴 때의 작동 원리를 살펴보자.
먼저 변기 손잡이를 작동해 물을 내려보자. 손잡이는 물탱크 내부의 체인과 연결되어 있어서 물탱크 바닥에 있는 사이펀 마개를 들어 올려 탱크의 물을 변기로 배출한다. 탱크가 비고 변기에 물이 가득 차면 마개가 다시 밀폐되고 닫히면서 물이 더 이상 빠져나가지 않는다.
이제 탱크에 물을 다시 채운다. 물은 급수관에서 물 보충관을 지나 탱크로 유입된다. 물은 또 물 보충관을 지나 넘침관으로 흐를 것이다. 넘침관은 물탱크의 넘침을 방지하기 위한 장치다. 물탱크의 수위가 넘침관보다 높아지면, 넘치는 물을 변기로 보낸다. 탱크에 물이 차오르면 부구(공기통)도 떠오른다. 부구는 큰 공 모양이거나, 수위 조절 밸브 주변에 달린 조금 작은 검은색 원통형 모양이다. 부구가 정해진 수위까지 올라가면 급수가 멈춰야 한다.

급수가 멈추지 않고 계속 흘러 들면, 이 구조 어딘가에서 물이 새고 있다는 뜻이다. 물이 새는 데는 몇 가지 이유가 있다. 진단법과 수리법은 다음과 같다.
먼저 숙련되고 경험 많은 성인의 감독 없이 변기를 건드리지 않도록 한다. 또 반드시 보안경을 쓰고 변기를 수리한 후에는 손을 깨끗이 씻는다.

1단계. 사이펀 마개를 점검한다. 사이펀 마개가 배수구멍을 단단히 밀폐하지 않으면 물이 탱크에서 변기로 계속 흐를 수 있다. 마개가 낡아 변색되거나 뒤틀릴 수 있으나, 쉽게 청소하거나 교체할 수 있다.

2단계. 체인을 확인한다. 변기 손잡이와 사이펀 마개를 연결한 체인이 분리되었거나, 연결은 되었지만 너무 짧거나 너무 길 수 있다. 체인이 너무 짧으면 사이펀 마개가 항상 들려서 물이 흐르지 않도록 밀폐하지 못한다. 너무 길면 남은 체인이 사이펀 마개와 구멍 사이에 낄 수 있다. 체인 길이가 문제라면, 체인을 풀어 한 칸 줄이거나 늘려 다시 걸어준다.

3단계. 부구를 확인한다. 공 모양의 부구라면 부구 위치가 잘못되었을 수 있다. 탱크가 올바르게 작동하면 물이 넘침관 상단에 조금 못 미칠 정도까지 올라와야 한다. 물이 어디까지 차 있는지 확인해보자. 물이 그

지점보다 위로 차 있고 넘침관 안으로 흘러 들어가고 있다면 이는 부구의 위치가 너무 높다는 뜻이다. 부구에 붙어 있는 지지대를 구부리거나, 변기에 부구 조절 나사가 있다면 나사를 조정한다.

4단계. 마지막으로 보충수 호스와 수위 조절 밸브를 점검한다. 보충수 호스의 한쪽 끝에 수위 조절 밸브가, 다른 쪽 끝에 넘침관이 단단히 연결되어 있어야 한다. 연결 문제가 아니라면 수위 조절 밸브에서 물이 새는지, 밸브가 더러운지, 먼지 등이 덮여 있지 않은지 확인한다. 이 경우 수위 조절 밸브의 덮개나 보충수 호수 전체를 빼서 밸브를 청소하거나 교체한 뒤, 다시 밸브를 설치해 나사로 단단히 조여준다.

이 방법 중 하나로 문제를 해결하기를 바란다. 이외에도 변기나 탱크에 금이 가서 물이 새거나 특정 철물을 교체해주어야 하는 덜 일반적인 문제도 있지만, 내 경험으로는 위의 방법을 사용하면 대부분 문제를 해결할 수 있었다.

변기 물탱크 내부

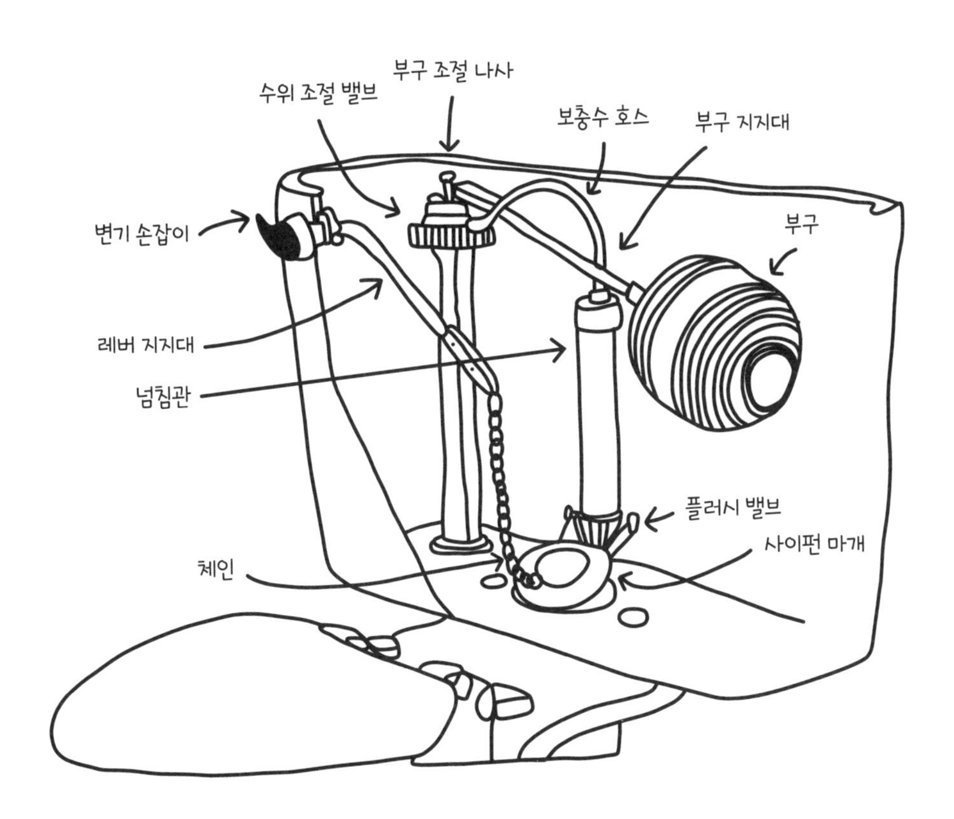

예초기 등 소형 엔진의 시동 켜기

예초기(잡초 제거기), 잔디깎이 등 정원에서 유용한 장비는 소형 엔진과 모터로 구동된다. 이런 엔진은 연료로 작동하며 혼자서도 연료를 다시 채울 수 있다. 또 예초기와 잔디깎이 모두 모터가 있어서 잔디나 잡초를 자르는 칼날이나 끈을 회전시킨다.

예초기나 잔디깎이의 엔진은 자동차 엔진의 축소판과 같아서 동일한 원리로 작동한다. 엔진에는 연소실이 있는데, 연소실이 제대로 작동하려면 공기와 연료가 흘러 들어와야 하고, 점화를 위한 불꽃, 그리고 점화 시 발생하는 배기가스와 연기를 배출할 통로가 필요하다. 연료와 공기는 기화기(carburetor)를 통해 연소실로 들어가며, 이때 기화기는 연료와 공기의 혼합물을 분사한다. 엔진이 작동하면서 연료를 연소하면 모터에 동력이 공급되면서 모터가 칼날을 회전시킨다. 예초기는 숙련되고 경험 많은 성인의 감독 아래 사용해야 한다. 반드시 사용할 바로 그 제품의 설명서를 읽는다(다음에 소개하는 방법은 일반적인 지침일 뿐이다).

1단계. 예초기나 잔디깎이를 작동시키려면 먼저 당기는 방식의 스타터 줄부터 찾자. 스타터 줄에는 손잡이가 달려 있는데, 보통 기계의 긴 손잡이에 붙어 있다. 엔진을 구동하려면 먼저 기계의 시동 버튼을 눌러 기화기로 연료를 소량 방출해주어야 할 수도 있다.

2단계. 긴 손잡이에서 스타터 줄의 손잡이를 빼낸다. 스타터 줄은 저절로 다시 감길 것이다. 이 같은 되감김 시동 방식은 기계 톱이나 고카트, 소형 사륜 모터사이클(all-terrain vehicle, ATV) 등의 소형 기계에서 엔진을 시동할 때 일반적으로 사용하는 방법이다.

3단계. 스타터 줄이 되감기도록 두면 손잡이가 엔진에 가까워진다. 줄은 한 번에 빠르고 힘 있게, 엔진과 먼 쪽으로 당긴다. 몇 번 반복해야 할 수도 있다. 스타터 줄을 당기면 크랭크축이 회전하면서 엔진이 돌기 시작하고, 엔진이 충분히 빠르게 돌면 점화 장치에 불꽃이 발생한다. 불꽃이 발생하면 연료가 점화되면서 기계가 작동하기 시작한다!

잔디깎이

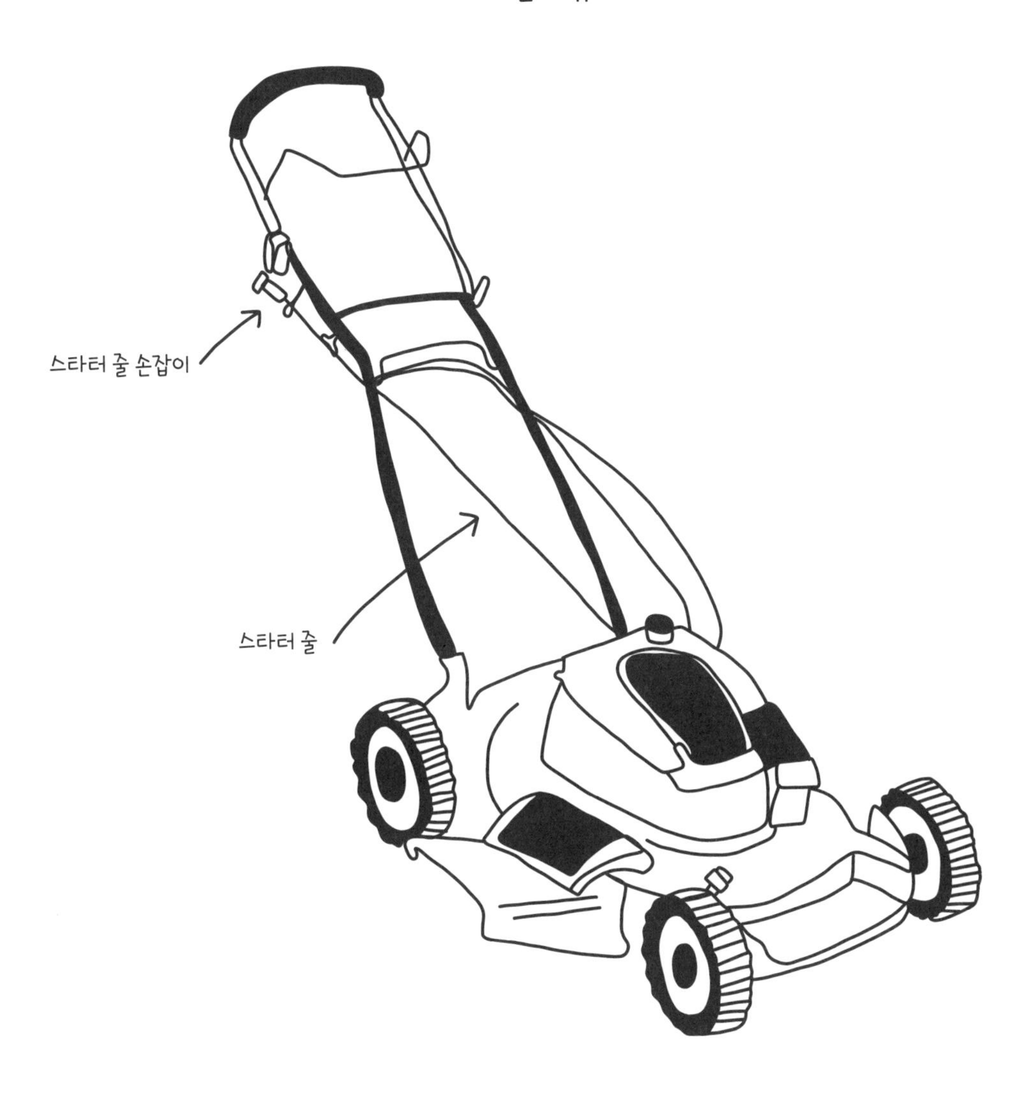

자물쇠 따기(나쁜 의도는 없다!)

자물쇠의 종류는 아주 많아서, 전문 자물쇠 장인이라면 20개쯤은 고민하지 않고 줄줄이 나열하고, 따는 법도 알고 있을 것이다. 문 손잡이와 자물쇠에는 핀 텀블러(pin tumbler) 유형을 가장 흔하게 사용한다. 핀 텀블러 자물쇠에 있는 두 쌍의 핀(윗줄 핀과 아랫줄 핀)은 열쇠를 돌렸을 때 순서대로 정렬된다.

핀 텀블러 자물쇠의 작동 방식은 다음과 같다. 핀 텀블러 자물쇠는 원통 모양의 실린더(cylinder, barrel)와 내부의 중요한 부품 몇 개로 이루어진다. 가장 일반적인 핀 텀블러에는 수직하는 핀실이 4~6개 있으며, 각 핀실에는 핀 스프링, 드라이버 핀(driver pin), 키 핀(key pin)이 있다. 드라이버 핀은 핀실을 위아래로 움직이며 스프링에 압력을 가한다. 드라이버 핀은 윗줄 핀, 키 핀은 아랫줄 핀이라고 보면 된다.

실린더 안에 열쇠를 꽂지 않았다면 스프링에 눌려 드라이버 핀과 키 핀이 모두 기준선(shear line) 아래로 내려온다. 기준선이란 자물쇠를 열었을 때 실린더가 회전하는 지점을 말한다. 맞는 열쇠를 끼우면 열쇠 옆면의 요철이 핀을 위로 밀어 올리는데, 이때 윗줄 핀(드라이버 핀)과 아랫줄 핀(키 핀)이 만나는 지점이 정확히 기준선(실린더 라인)과 일치하기 때문에 실린더를 돌려서 잠금을 해제할 수 있다. 맞지 않는 열쇠를 끼우면 핀이 기준선까지 들어 올려지지 않아 자물쇠가 돌아가지 않는다.

그러나 여기서는 자물쇠 따는 법에 관해 이야기하고 있으므로, 일단 맞는 열쇠가 없어서 핀을 기준선과 일렬로 정렬하는 다른 방법을 찾아야 한다고 가정해보자. 이것이 바로 자물쇠 따는 해정구(lockpick)의 일이기도 하다! 해정구는 다이아몬드, 구, 눈사람, 구불구불한 뱀, 지그재그 갈퀴 등 다양한 모양을 하고 있으며 크기도 가지가지이다. 해정구로 모든 핀을 기준선과 일렬로 맞췄다면, 자물쇠를 돌리기 위해 텐션 렌치(tension wrench)가 필요하다. 해정구를 열쇠 구멍에 넣고 손의 감각으로 핀의 배열 패턴을 확인한 뒤 수동으로 핀을 하나하나 밀어 올려서 기준선과 일치시킨다. 모든 핀을 맞추고 나면 자물쇠가 돌아간다. 눈 감고 작업하는 것과 마찬가지다. 실제로 핀을 볼 수 없기 때문이다! 연습할 때는 연습용 투명 자물쇠가 도움이 된다. 해정구를 구멍에 넣으면 각각의 핀이 어떤 식으로 움직이는지 눈으로 볼 수 있다.

이제 자물쇠 따기의 윤리적 문제를 언급하고 넘어가야겠다. 똑똑하고 공감력이 뛰어난 여성으로서 이 말은 반드시 해야겠다. 첫째, 자물쇠 따기는 기계의 작동 방식을 이해하는 멋진 기술이자 유용한 연습법이다. 둘째, 자물쇠 따기 기술을 범죄의 목적으로 사용해서는 안 된다. 오로지 바람직한 목적을 위해서만 사용하자(동생이 실수로 옷장에 갇혔을 때 옷장 자물쇠를 따는 경우처럼).

핀 텀블러 자물쇠 내부

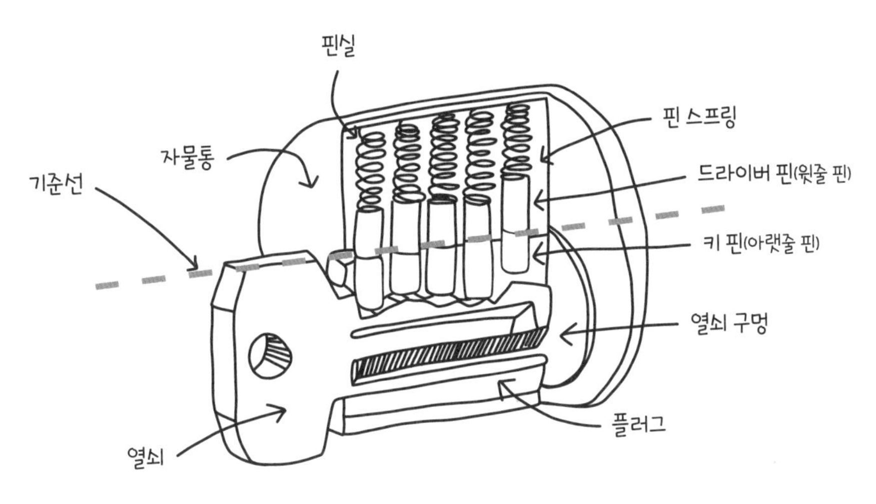

핀 텀블러 자물쇠의 작동 원리

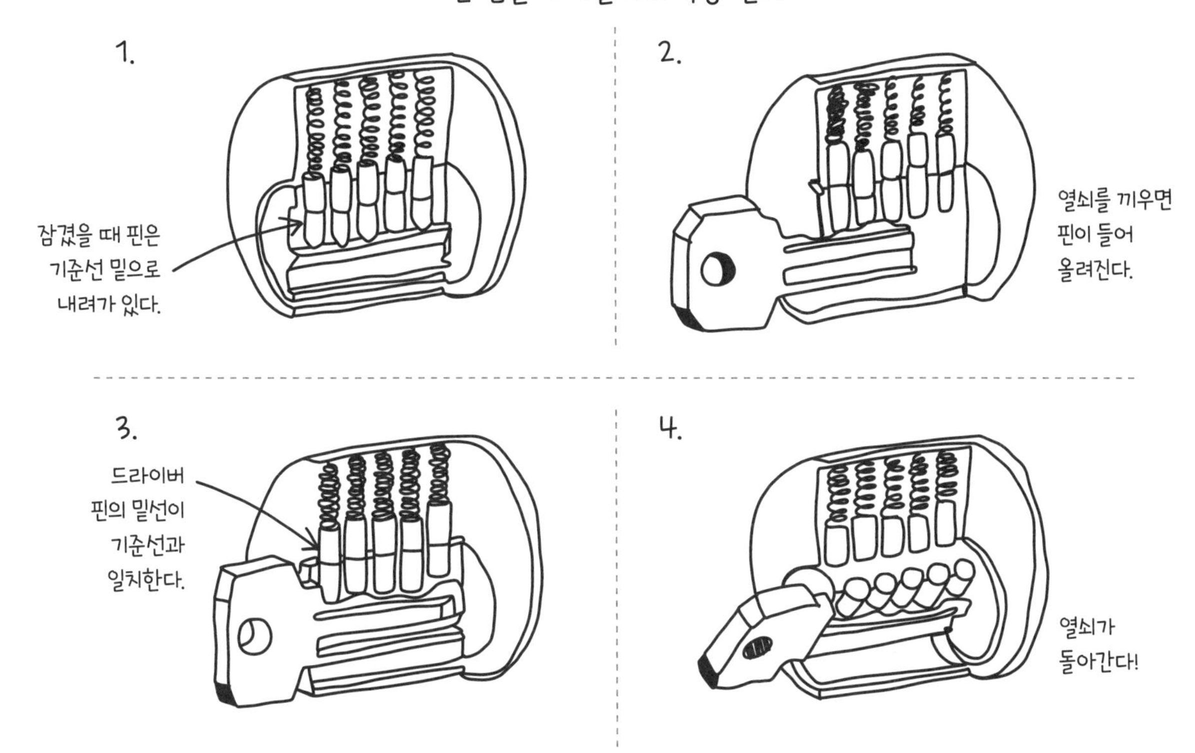

연습용 투명 자물쇠로 자물쇠 따기 기술을 익히고 나면 실생활에 적용할 준비가 끝났다! 작은 자물쇠나 문손잡이에서, 더 나아가 더 어려운 자물쇠까지 시도해 볼 수 있다. 실생활에서 자물쇠를 딸 때 도움이 되는 점검 목록을 소개한다.

핀의 개수를 센다. 다이아몬드나 구 모양의 해정구를 가지고 손의 감각만으로 자물쇠의 핀 개수를 파악하기만 하면 된다. 해정구를 자물쇠 구멍에 넣고 자물쇠 안에서 바깥쪽으로 움직이면서 걸리는 부분의 개수를 센다. 가능한 핀의 개수는 4~6개이다.

머릿속으로 지도를 만든다. 핀이 몇 개인지 확인했으면 안에서 바깥쪽으로 움직이면서 어떤 핀이 가장 낮게 내려와 있는지 파악한다(그러고 나서 기준선까지 최대한 밀어 올린다). 각 핀에 걸려 있는 압력을 감지해 가장 낮게 내려온 핀을 찾을 수 있다. 아래로 많이 내려온 핀이 스프링 압력 탓에 밀어 올리기 더 어렵다. 자신의 감각을 바탕으로 산맥을 그리듯이 머릿속으로 핀 배열 지도를 만들자.

해정구를 선택한다! 개인적으로는 해정구를 두 개 사용하는 쪽을 선호한다. 가장 낮게 내려와 있는 핀에는 다이아몬드 모양의 해정구를, 핀을 일렬로 맞출 때는 뱀이나 갈퀴 모양의 해정구를 사용한다. 또 텐션 렌치도 필요하다. L자나 Z자 모양의 작고 납작한 텐션 렌치는 보통 자물쇠 따기 키트에 포함되어 있으며, 자물쇠를 돌리는 데 사용한다.

자물쇠를 따자! 이 작업은 대부분 시행착오를 거쳐 이루어진다(그리고 인내심도 필요하다). 먼저 텐션 렌치의 한쪽 끝을 자물쇠에 끼운다. 그런 다음 해정구를 넣어 이것저것 시도해본다. 나는 가장 밑으로 내려온 핀부터 시작해서 다이아몬드나 구 모양 해정구로 핀을 들어 올리면서 기준선을 파악한다. 그런 다음 텐션 렌치를 가능한 한 최대한 돌려 고정한 채로 갈퀴나 뱀 모양 해정구로 남아 있는 핀들을 기준선과 일치시킨다. 핀이 모두 기준선과 일치하면 텐션 렌치가 회전하면서 자물쇠가 열린다!

자물쇠 따기가 매혹적이면서도 좌절감이 드는 작업인 이유는 이 모든 단계를 완벽히 거치고도 실제로 자물쇠를 따려면 어느 정도 운이 따라야 하기 때문이다. 물론 연습하면 핀의 미묘한 차이를 더 잘 느낄 수는 있다. 좌절할 수도 있지만, 계속 노력하자!

재미있는 사실!

사실은 역사 수업이다! 최초의 핀 텀블러 자물쇠는 약 기원전 200년 고대 이집트로 거슬러 올라간다. 이집트에서는 나무로 만든 핀 텀블러 자물쇠로 귀중품과 집을 지켰다. 핀 텀블러 자물쇠의 형태는 그 이후로 크게 바뀌지 않았으며 여전히 같은 원리로 작동한다! 1800년대 중반, 라이너스 예일(Linus Yale)과 그의 아들 라이너스 예일 주니어(Linus Yale Jr.)는 오늘날 우리가 사용하는 최신식 핀 텀블러 자물쇠를 발명해 특허를 취득했다. 아직도 자물쇠 중에는 예일이라는 글자가 새겨진 제품이 많다. 라이너스, 고맙습니다!

연습용 투명 자물쇠

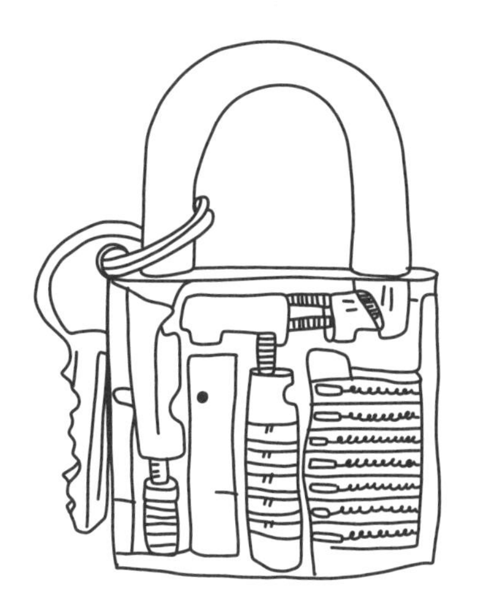

자물쇠 따는 원리

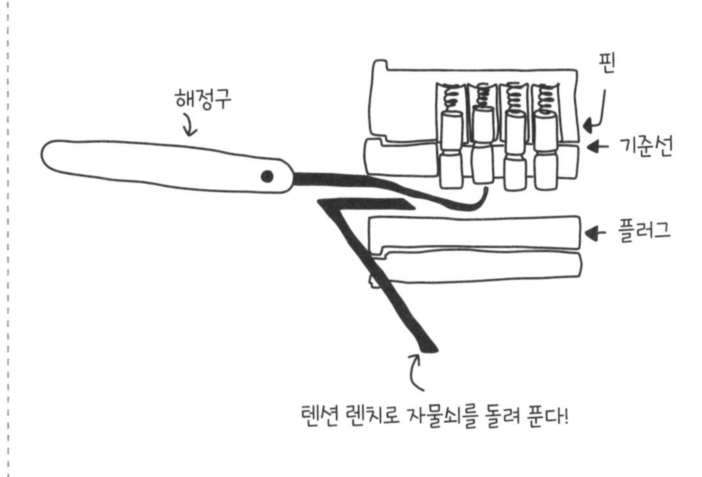

해정구 유형

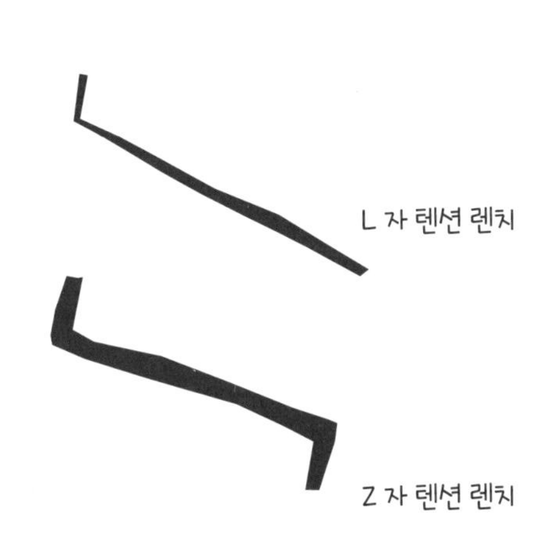

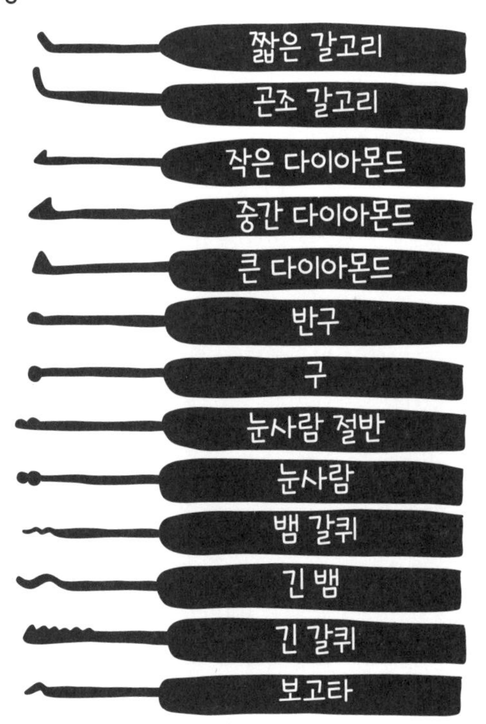

방전된 자동차 시동 걸기

이 책을 읽는 독자들 중에 아직 운전면허가 없는 사람도 있겠지만, 그렇다고 친구나 가족을 위해 자동차 정비사가 되지 말라는 법은 없다! 자동차 문을 잠그지 않아 실내등을 밤새 켜둔 경험이 있는 사람이라면 배터리가 방전된 차 시동 걸기가 상당히 짜증나는 일이라는 것을 알고 있을 것이다. 그러나 점프 시동은 결코 어려운 일이 아니다. 멀쩡한 차를 가진 친구와 점퍼 케이블 세트만 있으면 된다. 물론 감독과 안전을 지켜줄 성인도 있어야 한다.

나는 항상 차에 점퍼 케이블 세트를 가지고 다녀서 차의 배터리가 방전되더라도 알아서 해결할 수 있고, 곤란한 상황에 처한 사람을 도와줄 수도 있다. 점퍼 케이블은 간단한 장치로, 붉은색 케이블(양전하)과 검은색 케이블(음전하) 양 끝에 금속 집게가 달려 있어서 전원에 연결하면 닫힌 회로를 만들 수 있다. 즉, 점퍼 케이블로 닫힌 회로를 만들면 방전되지 않은 배터리에서 전기가 회로를 통해 방전된 배터리로 이동한다.

안전 경고! 자동차 배터리와 점퍼 케이블을 만지거나 조작하는 데에는 전기 충격이나 감전사의 위험이 따른다. 숙련되고 경험 많은 성인의 감독 없이 자동차에 배터리를 연결해서 시동을 거는 일은 피한다.

도와줄 친구에게 연락하거나 지나가는 차 운전자 중에 자동차 배터리를 몇 분 빌려줄 관대한 사람이 없는지 찾아본다. 찾았다면 두 차량을 서로 마주 보게 한 뒤 점퍼 케이블이 닿을 만큼 최대한 가까이 주차한다. 차의 시동을 모두 끈다. 그런 다음 후드를 열고 배터리와 양극 및 음극을 확인한다(배터리에 표시되어 있다). 배터리의 양극은 아마도 붉은색으로 표시되어 있으며, 케이블을 금속 부분에 연결할 수 있도록 덮개를 제거하거나 들어 올릴 수 있도록 되어 있을 것이다.

점퍼 케이블은 정해진 순서대로 연결하며, 반드시 금속 부분에 연결해야 한다.

1단계. 방전된 차량의 양극(+)에 붉은색 집게(+)를 꽂는다. 레드(붉은색), 데드(방전 차량)라고 기억하면 쉽다.

2단계. 구조 차량의 양극(+)에도 붉은색 집게(+)를 꽂는다.

3단계. 이제 구조 차량의 음극(-)에 검은색 집게(-)를 꽂는다.

4단계. 남은 검은색 집게(-)를 방전된 차량의 페인트를 칠하지 않은 나사나 손잡이 등 금속 부분에 꽂는다. 집게를 배터리 바로 옆에 꽂거나 배터리에 직접 꽂아서는 안 된다. 이렇게 하면 연결이 접지된다.

5단계. 집게를 모두 꽂았다면 구조 차량의 시동을 걸어서 몇 분간 엔진을 켜둔다.

6단계. 그런 다음 방전된 차량에 시동을 건다(이때 시동이 걸려야 한다!). 그런 뒤 차 두 대를 시동 건 상태로 몇 분간 둔다. 방전된 차에서 고양이처럼 부르릉 소리가 날 것이다!

7단계. 마지막으로 안전하게 집게를 역순(4-3-2-1)으로 제거한다.

자동차 배터리

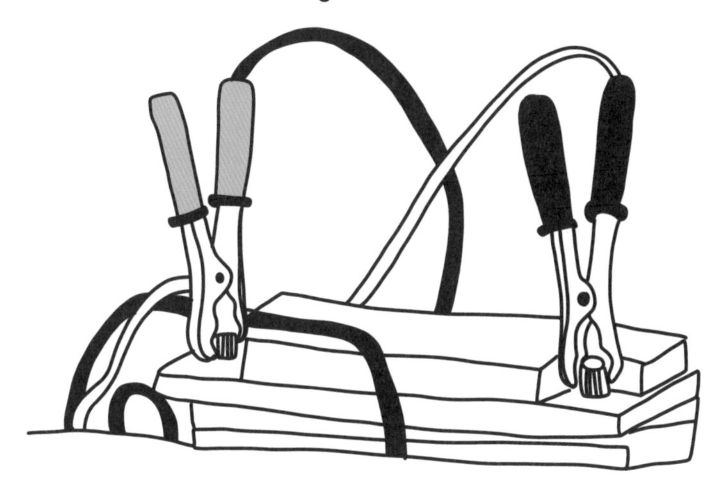

점퍼 케이블 연결법

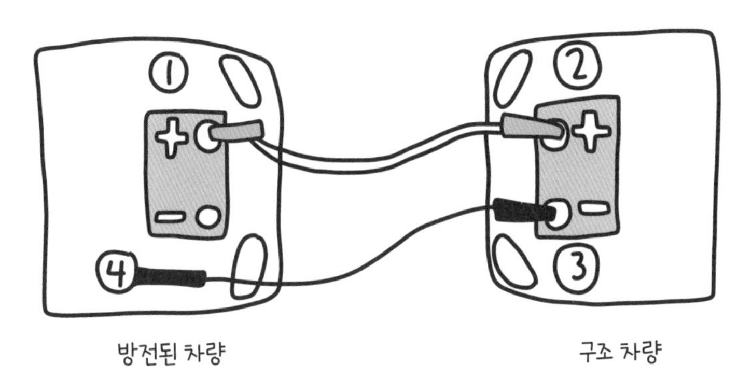

1. 붉은색 집게를 방전된 차량의 양극(+)에 연결한다
2. 붉은색 집게를 구조 차량의 양극(+)에 연결한다
3. 검은색 집게를 구조 차량의 음극(-)에 연결한다
4. 검은색 집게를 방전된 차량의 금속 부분에 (배터리나 배터리 주변 말고!) 연결한다
5. 구조 차량에 시동을 걸고 몇 분 기다린다
6. 방전된 차량에 시동을 건다
7. 역순으로(4-3-2-1) 케이블을 제거한다

패트리스 뱅크스

걸스 오토 클리닉(Girls Auto Clinic) 설립자

펜실베이니아주 어퍼 다비

패트리스를 처음 알았을 때, '드디어 말도 안 될 듯한 아이디어를 실현하려고 모든 것을 내버린 용감한 여성이 등장했구나'라고 생각했다. 패트리스는 자신을 자동차 작동 원리나 수리법을 전혀 모르는 '자동차맹'이라 부르곤 했다. 자동차 수리하러 서비스 센터에 가면 여자라고 바보 취급당했기 때문이다. 그게 너무 싫어서 듀폰 엔지니어를 그만두고 자동차 학교에 등록했고, 여성과 여성 운전 차량에 맞춤 서비스를 제공하는 걸스 오토 클리닉 정비소를 개업했다. 나는 패트리스의 투지와 비전을 사랑하며, 패트리스가 자신의 일에 대해 이야기하고 다른 여성과 여성 청소년들에게 영감을 주는 데 많은 시간을 할애하는 게 마음에 든다. 패트리스는 또한 『걸스 오토 클리닉 글로브박스 가이드』라는 멋진 책을 썼으며, 이 책을 통해 여성이 어떤 일이든 자신감을 가지는(그리고 자기 차의 엔진오일을 직접 가는) 날이 오기를 희망한다.

차 수리나 정비는 어디서 하는지, 또 믿을 수 있는지 하나도 몰랐어요. 정비소에 이용당한다는 느낌이었죠.
물건의 작동 원리와 조립 방식에는 항상 관심이 많았어요. 2010년 자동차 공부를 시작했죠. 자동차 원리와 조립법을 정말 배울 수 있을지 알고 싶었거든요. 무력감에 신물이 났죠. 무력감이 왜 저를 위축시키는지 이유를 알고 싶었어요. 여성도 물건을 만들고 고칠 수 있다는 사실을 몸소 증명하고 싶었어요.

그래서 직접 상황을 바꾸기로 마음먹었죠. 밤에는 자동차 기술 학교에 가고 낮에는 정비공으로 일했어요. 결국 걸스 오토 클리닉을 개업했죠. 여성의 삶을 가로막는 커다란 문제를 해결하려고요. 여성 운전자 모두에게 자동차와 관련한 독특한 기억을 남겨 여성과 자동차의 관계를 바꾸고 싶어요!
자동차를 분해해 문제를 찾고 가급적 오랫동안 안전하게 달릴 수 있도록 다시 조립해요. 다양한 렌치와 망치와 드릴, 나사 등 수많은 공구를 사용해요. 차량 리프트와 오일, 유동액도 다양하게 사용하고요.
그동안 저를 막고 방해한 사람은 결국 저였더라고요. 할 수 없다고 느낄 때도 분명히 있었어요. 그렇지만 그건 제가 문제에 제대로 접근하지 않았던 탓이에요. 지금은 누구도 저를 막을 수 없다고 생각했거든요. 성장하고 새로운 도전에 맞서려고 언제나 노력해요.

그러니 여러분도 할 수 있다는 걸 믿으세요! 다른 사람이 여러분을 막도록 두지 마세요. 여러분을 믿고 멘토를 찾으세요. 분명 어딘가에 존재하거든요. 멘토를 찾을 때까지 사람들과 계속 대화하세요. 그리고 여러분이 왜 여기 있는지 기억하세요. 사람들이 여러분에게 문제를 떠안기더라도 여러분은 그들을 위해 존재하는 게 아니라는 점을 기억하세요. 자신에 대한 신뢰를 잃어서는 안 됩니다. 여러분은 태양이 떠오르는 것을 아는 것처럼 여러분이 해낼 수 있다는 것도 알고 있어요.

바람 빠진 타이어 교체하기

직접 할 수 있는데 긴급 출동 서비스를 받을 이유가 있을까? (아직 운전을 하지 않는 사람이라도 알아두면 언젠가 타이어의 바람이 빠져서 길가에 차를 대게 되었을 때 친구나 가족에게 큰 도움이 될 것이다.) 스페어타이어(spare tire)로 교체하는 작업은 그렇게 복잡하지 않으니 반드시 그 방법을 알아두자! 타이어를 갈기 전에 감독과 안전을 담당해줄 성인이 주변에 있는지 확인한다.

1단계. 차를 평평한 곳에 주차하고 비상 브레이크(emergency brake)를 당겼는지 확인한다. 일반 도로나 고속도로라면 차량 흐름에서 가급적 멀리 벗어나 길가나 갓길에 안전하게 댄다. 시동을 끄고 비상등을 켠 다음 비상 브레이크를 당긴다. 스페어타이어(보통 트렁크에 들어 있다)와 타이어 교체 키트(차를 들어 올릴 잭jack과 바퀴의 러그 너트를 풀고 조일 타이어 렌치tire iron로 구성)를 찾는다.

2단계. 렌치로 러그 너트를 적당히 풀되 완전히 제거하지는 않는다. 타이어 하나에 러그 너트가 모두 5개 있어야 한다. 휠 캡(hubcap)이 있으면 러그 너트를 풀

타이어 교체 공구

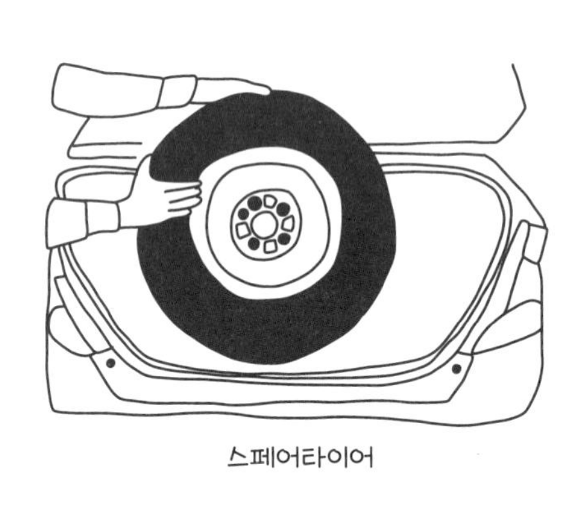
스페어타이어

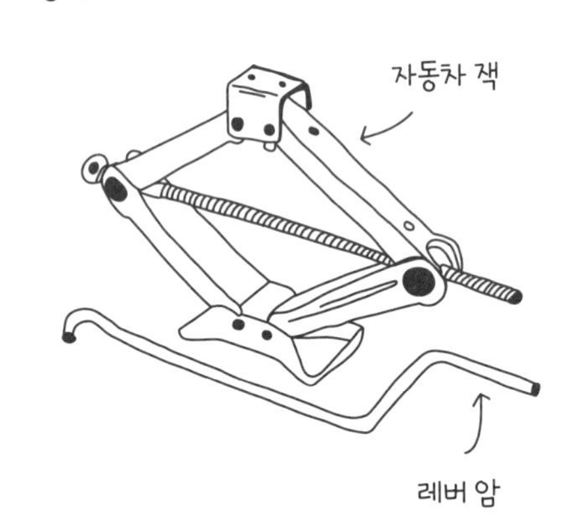

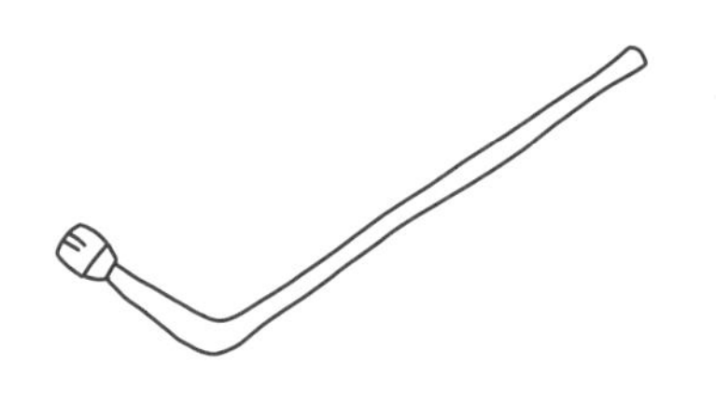

타이어 렌치

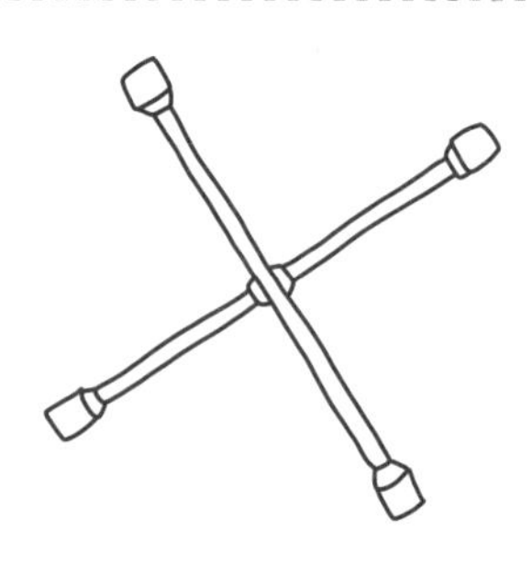

기 전에 휠 캡을 미리 제거해야 한다.

3단계. 잭으로 차를 들어 올린다! 잭은 바람 빠진 타이어와 가까운 자동차 프레임에 안전하게 고정해야 한다. 가장 좋은 방법은 자동차의 설명서를 보고 잭을 놓기 가장 적합한 지점을 확인하는 것이다. 차량용 잭은 보통 사다리 잭(scissor jack)으로, 차량을 들어 올리기 위해 확장하면 다이아몬드 모양이 된다. 사다리 잭은 반드시 레버 암과 함께 판매하며, 레버 암을 잭에 끼워 돌리면 잭이 벌어지면서 차량을 들어 올린다. 타이어의 바닥이 지면에서 6인치(약 15.2cm)쯤 뜨도록 차를 들어 올린다. 이때 몸 어느 부분도 차 밑으로 들어가지 않도록 주의한다!

4단계. 러그 너트와 바람 빠진 타이어를 빼낸다. 이제 너트를 완전히 제거한 뒤 안전한 곳에 두자! 너트는 스페어타이어를 끼울 때 다시 필요하다. 바람 빠진 타이어는 양 옆을 잡고 정면으로 당겨 빼낸다.

바람 빠진 타이어 교체하는 법

1. 차를 평평한 곳에 주차하고 비상 브레이크를 건다.

2. 타이어 렌치로 러그 너트를 살짝 풀되 완전히 제거하지 않는다.

3. 잭으로 차량을 들어 올린다.

4. 러그 너트와 바람 빠진 타이어를 제거한다.

5단계. 스페어타이어를 끼운다. 볼트와 구멍을 맞춰서 스페어타이어를 끝까지 끼운 다음 손으로 러그 너트를 조인다. 그러나 아직 완전히 조이지는 않는다.

6단계. 차를 내린 뒤 잭을 제거해보자. 레버 암을 돌려 스페어타이어가 지면에 닿을 때까지 잭을 낮춘다. 그런 다음 잭을 제거하고 원래 있던 곳에 안전하게 돌려 놓는다.

7단계. 별을 그리는 순서대로 러그 너트를 죄어준다. 타이어 렌치를 가지고 별 그리는 순서대로 모든 러그 너트를 조이면 인접한 너트를 지나치게 조이는 일을 피할 수 있다(지나치게 조이면 타이어가 휠 수 있어 도로에서 위험하다). 렌치는 대부분 팔이 길어서 렌치를 밟고 몸무게를 실어서 돌릴 수도 있다. 러그 너트가 꽉 조여 있길 바랄 게 아닌가! 휠 캡이 있다면 이제 다시 끼워주면 된다.

이제 끝이다! 출발 전에 스페어타이어의 공기압을 확인하는 습관을 들이면 좋다. 설명서를 참고해 적정 공기압이 얼마인지 알아본 뒤 타이어 압력 게이지(tire gauge)로 확인한다. 어쩌면 권장 공기압이 스페어타이어의 휠 림(wheel rim)에 명시되어 있을 수 있다. 또 도넛(donut)이라고 불리는 스페어타이어는 일반 타이어와 똑같지 않으므로 지나치게 오래 주행하지 않도록 한다. 일반 타이어로 교체하기 전에는 속도를 시속 80킬로미터 이상 높이거나 80킬로미터 이상의 거리를 이동하지 않도록 하자.

5. 스페어타이어를 장착한다.

6. 자동차를 내리고 잭을 제거한다.

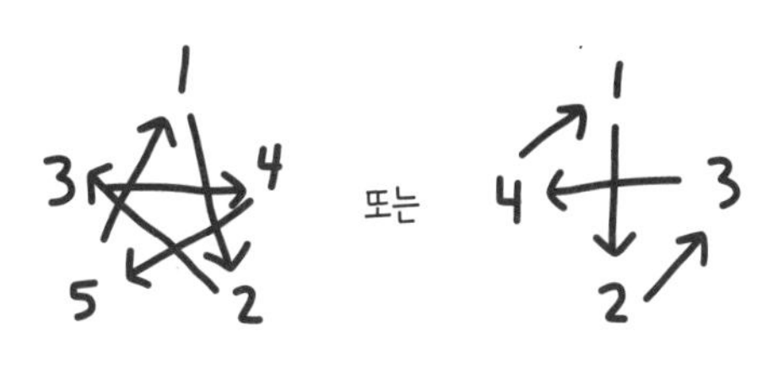

7. 별 그리는 순서대로 러그 너트를 죄어준다.

만들기 프로젝트

이 책을 구성할 때 가장 어려웠던 점 중 하나는 새롭게 알게 된 공구에 관한 흥미를 활용할 멋진 프로젝트를 선별하는 것이었다. 솔직히 말하자면 프로젝트를 100개는 넣을 수 있었다!

여기서 소개하는 열한 가지 프로젝트는 모두 독자 여러분이 만들 수 있는 것들이며, 사용할 재료도 저렴하고 쉽게 구할 수 있다. 또 전동 공구를 쓸지 수공구를 쓸지도 선택할 수 있도록 했다. 프로젝트에는 그동안 배운 여러 필수 기술을 적용해야 하며, 다양한 재료와 철물뿐 아니라 여러 공구도 필요하다. 이 모든 프로젝트는 내가 걸스 개라지 학생들과 함께 완성해본 것들로 독자의 즐거움을 위해 수록해도 좋다는 허락을 받았다. 프로젝트 중에는 더 포괄적인 건축 개념(개집 짓기 프로젝트에서의 샛기둥 세우기나 콘크리트 화분 만들기 프로젝트에서 거푸집 공사의 원리 등)을 적용한 것도 많다. 그러니 여러분이 영감을 얻고, 이를 바탕으로 자신만의 더 커다란 프로젝트를 만들어내는 파급 효과가 일어나기를 바란다.

내 마음 같아서는 여러분이 이 프로젝트를 시작할 때 그 옆에 붙어 있고 싶다. 그러나 그럴 수 없으니 마음만 보낸다. 만드는 과정에서 문제가 생기면 주저하지 말고 도움을 요청하거나 친구나 가족과 함께 해결책을 찾아보자.

나만의 공구함 만들기

메이커라면 누구나 공구함이 필요하다! 공구함이 있으면 반드시 필요한 공구를 한데 모아 정리하기에 좋을 뿐 아니라, 기본적인 만들기 기술을 연습할 첫 프로젝트로도 완벽하다.

재료

- 6피트(약 1.83m) 길이의 1×10 판자(필요한 길이는 총 4피트/약 1.22m이지만 실수로 조각을 다시 자를 경우에 대비해 6피트 판자를 구입하는 것이 가장 좋다)
- 6피트 길이의 1×6 판자(마찬가지로 필요한 길이는 3피트/약 0.91m이지만 만일을 대비해 넉넉히 구입한다)
- 1×2 판자(16½인치/약 41.9cm가 필요하다)
- 1⅝인치(약 4.1cm) 나무용 나사
- 원한다면 장식용 페인트나 페인트펜과 페인트붓
- (나무에 투명 코팅을 하고 싶을 경우)폴리우레탄 코팅제와 헝겊
- 폴리우레탄 코팅제 바를 때 손을 보호할 일회용 니트릴 장갑

공구

- 연필
- 줄자
- 스피드 스퀘어
- 각도 절단기 또는 원형 톱
- 지그소 또는 손톱과 등대기 톱
- 클램프
- 샌딩 블록(또는 샌딩 스펀지)과 사포
- 드릴
- 파일럿 홀을 뚫을 3⁄32인치(약 2mm) 드릴 비트
- 드라이버와 나사 크기에 맞는 드라이버 비트

1단계. **바닥면, 옆면, 앞뒷면을 자른다.**

연필, 줄자, 스피드 스퀘어를 준비하자!

안전 확인!

- ♦ 숙련되고 경험 많은 성인 메이커 동료
- ♦ 보안경(상시 착용!)
- ♦ 전기 톱을 사용하는 경우 귀마개
- ♦ 방진 마스크
- ♦ 머리 뒤로 묶기
- ♦ 달랑거리는 액세서리, 끈 달린 후드티 피하기
- ♦ 팔꿈치까지 소매 접어 올리기
- ♦ 앞이 막힌 신발

먼저 1×10 판자(실제 너비는 10인치/약 25.4cm가 아니라 9¼인치/약 23.5cm)부터 절단기나 원형 톱으로 끝을 1인치(약 2.5cm) 정도 잘라낸다. 첫 재단은 정확할 필요는 없다. 단순히 모서리가 깔끔하게 직각이 되도록 판자 끝을 정리하기 위한 작업이다.

16½인치(약 41.9cm) 길이 한 개(공구함 바닥면)와 13인치(약 33cm) 길이 두 개(옆면)를 재고 표시해 총 세 조각을 잘라낸다. 조각 하나를 측정해 재단한 뒤, 다음 조각의 길이를 측정해 재단한다.

그런 다음 1×6 판자(실제 너비는 6인치/약 15.2cm가 아니라 5½인치/약 14cm)에서 공구함의 긴 앞면과 뒷면을 잘라낸다. 1×10 판자를 자를 때와 마찬가지로 먼저 끝부분을 1인치 정도 잘라내 가장자리를 깨끗하게 다듬는다. 그런 다음 16½인치(약 41.9cm) 길이로 두 조각을 잘라낸다. 이 두 조각은 공구함의 긴 앞면과 뒷면이 될

것이므로 바닥면과 길이가 같아야 한다.

참고: 각도 절단기가 없거나, 그저 다른 공구를 사용해 보고 싶다면 원형 톱이나 지그소, 손톱으로 해도 된다(단, 가급적 반듯하게 자르도록 노력하자!).

2단계. **옆면의 모서리를 잘라낸다.**

공구함의 길쭉한 옆면은 위로 갈수록 좁아지는 삼각형(에 가까운) 모양으로 만들려 한다. 이를 위해서는 모서리 두 곳을 잘라내야 한다. 이 조각들은 1×10 판자에서 잘라낸 것이라 가로 길이 9¼인치(약 24.8cm), 세로 길이 13인치(약 33cm)가 된다.

잘라낸 조각을 그림처럼 가로가 9¼인치, 세로가 13인치가 되도록 놓는다. 상단의 한쪽 꼭짓점에서 오른쪽으로 3인치(약 7.6cm), 아래쪽으로 6인치(약 15.2cm)를 측정해 표시한다. 표시한 두 지점을 연결하면 모서리 재단선이 된다. 반대편 상단 꼭짓점도 같은 방법으로 작업한다.

지그소가 있다면 사용하고, 없다면 손톱이나 등대기 톱을 가지고 꼭짓점을 잘라낸다. 어떤 톱을 사용하든 클램프로 재료를 고정하고 천천히, 최선을 다해 반듯하게 자른다. 지그소를 사용할 때는 지그소의 평평한 '베이스'를 나무 표면에 밀착시켜 재단해야 한다는 점을 잊지 말자.

재단이 끝났으면, 벨트 샌더나 샌딩 블록으로 모서리의 튀어나온 부분을 매끈하게 다듬는다.

공구함을 만들 조각을 모두 재단했으니(손잡이가 빠졌는데 손잡이는 나중에 딱 맞는 크기로 재단할 것이다) 조립하기 전에 전부 샌딩할 차례다. 만져봐서 매끈할 때까지 (면이 아니라) 가장자리를 샌딩한다. 나무 조각을 연결하고 나면 가장자리를 샌딩하기가 어려우므로 지금 하는 게 좋다! 임의궤도 샌더가 있거나, 원형 샌더나 고정식 벨트 샌더가 있다면 사용해도 된다(더 좋다). 나무를 지나치게 깎아내지는 말자. 잘못하면 길이가 짧아질 수 있다.

3단계. **앞뒷면을 먼저 바닥면과 연결한 뒤 옆면을 연결한다.**

바닥면 조각(16½x9¼인치)을 작업대 위에 올려놓는다. 무언가를 연결하기 전에 모든 조각이 서로 잘 맞는지 확인하면 좋다. 앞뒷면 조각(16½x5½인치)을 바닥면의 긴 변에 대고 양쪽에 하나씩 세워보자. 이렇게 공구함 앞면과 뒷면이 생겼다. 모두 일직선으로 맞는지, 그리고 길거나 짧지 않은지 확인한다. 한 조각이 다른 조각보다 커서 튀어나오기를 바라지는 않을 것이다.

너무 길거나 짧으면 그 조각을 다시 재단하거나, 아주 조금 길다면 샌딩해 작게 만든다.

이제 옆면을 연결하려는데, 공구함을 뒤집어 놓은 것처럼 옆면 두 개 위에 바닥면을 얹어 놓는 게 제일 좋다. 이렇게 놓으면 바닥면을 통과해 앞뒷면에 나사를 박을 수 있다. 클램프나 친구, 작업대 바이스를 이용해 정렬하고 모두 고정한 뒤 첫 번째 나사를 박는다.

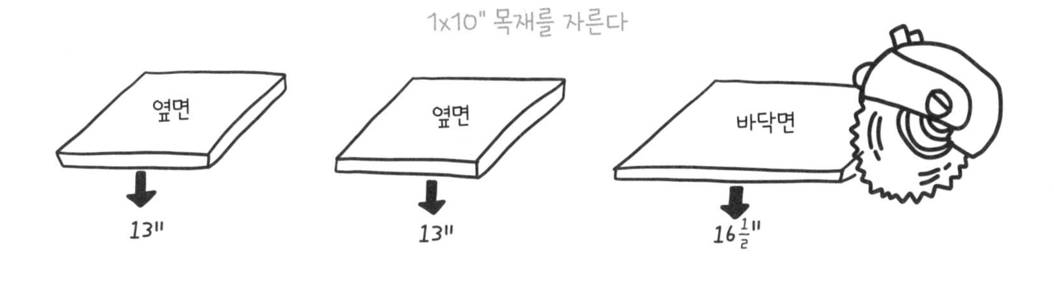

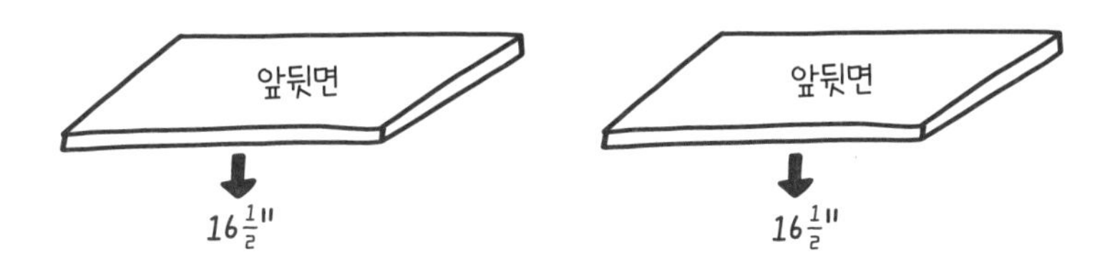

1. 바닥면, 옆면, 앞뒷면을 자른다.

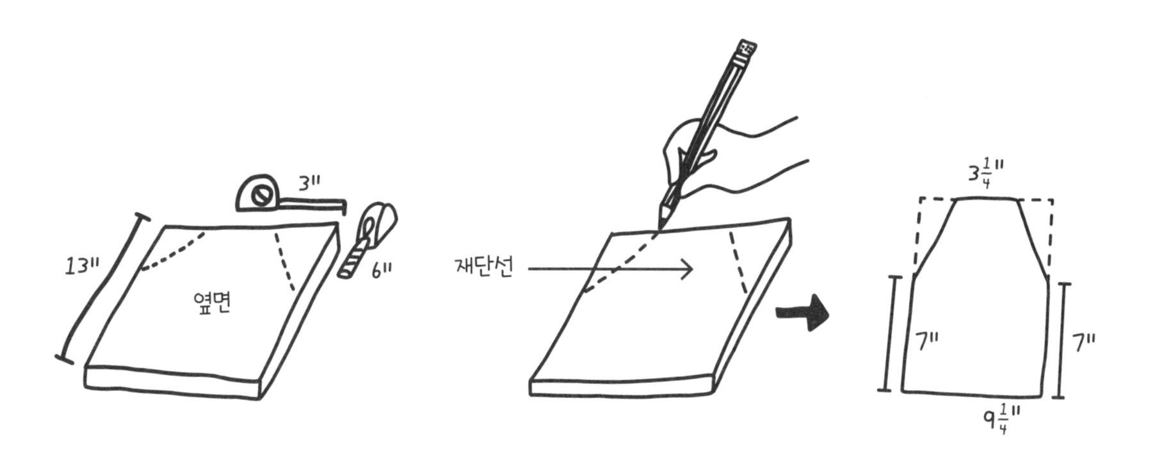

2. 옆면의 귀퉁이를 잘라낸다.

약 4인치(약 10.2cm) 간격으로 나사를 박는다면, 나사 박을 위치를 먼저 측정해 연필로 표시해두면 좋다. 이 표시대로 나사가 바닥면을 통과해 앞뒷면 중간 깊이까지 들어가므로 가장자리로 치우치지 않도록 한다!
그런 다음 드릴과 3/32인치(약 2mm) 비트로 파일럿 홀을 뚫고(표면과 수직이 되도록 깔끔하게 뚫는다!), 이어서 1⅝인치(약 4.1cm) 나사를 나사에 맞는 드라이버와 드라이버 비트를 사용해 바로 체결한다. 이런 식으로 공구함 바닥면에 나사를 모두 박을 때까지 반복해서 앞뒷면을 모두 바닥면에 연결한다. 연결한 것을 뒤집으면 공구함 바닥면 옆으로 긴 앞뒷면이 붙어 있다.
이제 옆면(지그소로 길다란 삼각형 모양으로 자른 조각)을 연결할 준비가 끝났다. 옆면은 공구함의 옆면을 전부 덮어야 한다(샌드위치의 빵처럼). 절반 완성된 공구함을 옆으로 돌려 다시 드릴로 면과 수직이 되도록 파일럿 홀을 뚫고 나사를 설치한다.
나사는 귀퉁이마다 하나씩 박고, 바닥면 가장자리 중앙에 하나를 박는다(나사는 총 5개). 맞은편도 똑같이 나사를 박는다.
나사 박을 위치를 신경써야 한다. 그래야 앞뒷면을 연결할 때 박은 나사와 부딪히거나 나무 가장자리가 쪼개지지 않는다.

4단계. **손잡이 길이를 측정하고 재단해 설치한다.**
지금까지 나무 손잡이 재단을 미뤄두었는데, 손잡이가 옆면 상단 사이에 꼭 들어맞아야 하기 때문이다. 또 이쯤에서 손잡이를 재단해야 크기가 더 정확해진다!
줄자로 공구함에 손잡이를 달아줄 양 옆면 사이의 거리를 측정한다. 이 길이는 16½인치(약 41.9cm)에 가까워야 하지만 이보다 조금 길거나 짧을 수도 있다. 가능한 한 길이를 정확하게 측정하자.
측정한 길이를 1×2 판자에 표시한다.
각도 절단기나 실톱으로 1x2 판자를 자른다. 등대기톱과 각도 톱대를 사용해도 된다(81쪽 참고).
이제 손잡이 위치를 잡아보자. 양 옆면 사이에 빈틈없이 맞물려야 한다.
드릴로 공구함 옆면에 파일럿 홀을 두 개 뚫고 1×2 손잡이를 나사 두 개로 연결한다. 나사를 단단히 조이려면 손잡이를 오랫동안 그 제자리에 단단히 고정하고 있어야 한다! 손잡이 한쪽을 설치했다면 반대쪽에도 같은 과정을 반복한다.

5단계. **샌딩하고, 장식하고, 광택제를 바른다.**
조립하기 전에 이미 모든 조각을 샌딩했더라도, 공구함을 완성했으니 샌딩 스펀지로 가장자리를 샌딩하고 싶을 수 있다. 샌딩이 끝나면 먼지를 털어내고, 원한다면 페인트를 칠해 장식한다.
마지막으로 헝겊 또는 부드러운 타월로 폴리우레탄 접착제를 바르면, 날씨와 오염으로부터 지켜주는 우수한 방수 코팅이 끝난다. 자, 이제 작업을 시작해보자!

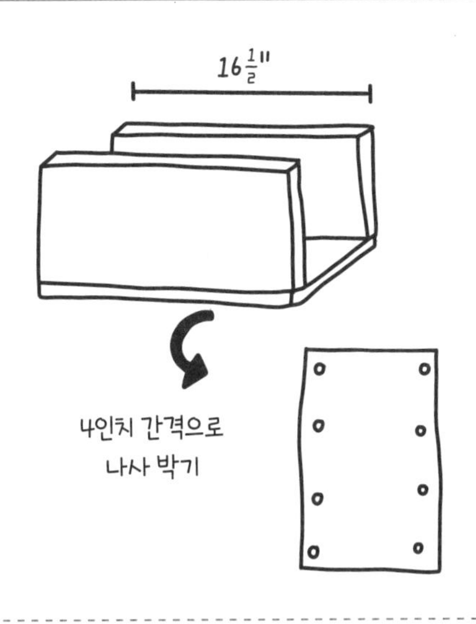

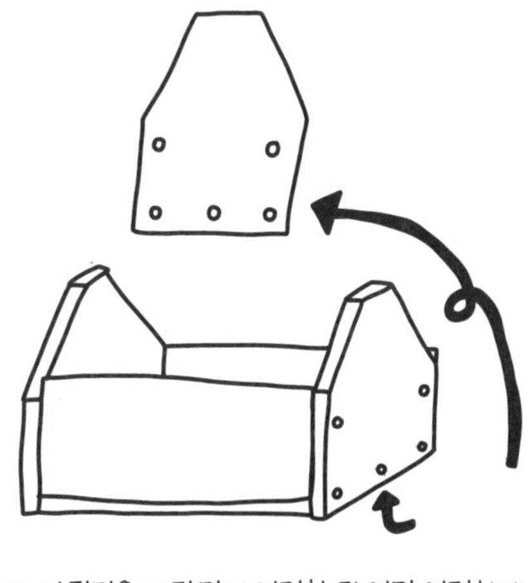

3. 앞뒷면을 바닥면에 연결한 뒤 옆면 연결하기

4. 손잡이 길이를 재고, 재단해서 설치하기

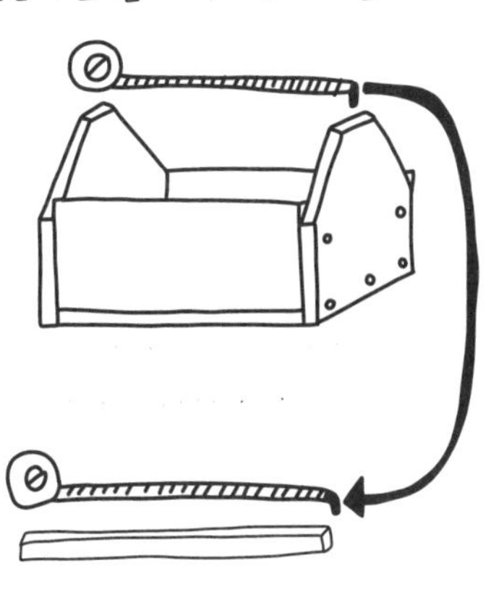

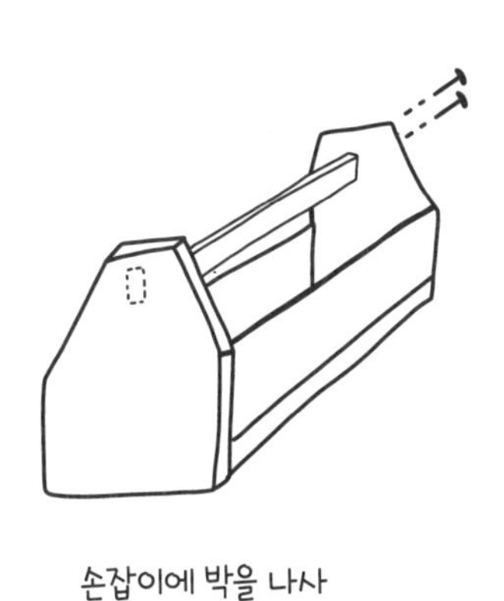

5. 샌딩하고, 장식하고, 코팅하기

톱질대 만들기

'나만의 공구함 만들기' 프로젝트(249쪽 참고)처럼, 나는 나만의 공구를 만든다는 개념을 좋아한다. 원형 톱이나 손톱으로 크거나 긴 재료를 잘라야 하는 프로젝트를 할 때, 괜찮은 톱질대 한 쌍이 있으면 아주 유용하다. 이번에는 2×4와 나사만으로 아주 쉽게 나만의 톱질대 만드는 법을 소개한다.

재료

- 8피트(약 2.44m) 길이의 2×4 열두 개(이 정도면 톱질대 두 개 만들기에 충분하다)
- 2½(약 6.4cm)인치와 3½인치(약 8.9cm) 나무용 나사(데크용 나사나 건축용 나사, 구할 수 있다면 T25 크기의 별 모양 홈 나사를 추천한다!)

공구

- 연필
- 줄자
- 각도 절단기 또는 손톱
- 스피드 스퀘어
- 드라이버와 나사 크기에 맞는 드라이버 비트
- 막대 클램프

안전 확인!

- 숙련되고 경험 많은 성인 메이커 동료
- 보안경(상시 착용!)
- 전기 톱을 사용하는 경우 귀마개
- 방진 마스크
- 머리 뒤로 묶기
- 달랑거리는 액세서리, 끈 달린 후드티 피하기
- 팔꿈치까지 소매 접어 올리기
- 앞이 막힌 신발

1단계. **길이를 측정해서 2×4를 모두 자른다.**

각도 절단기가 제일 좋지만, 손톱을 사용해도 된다. 재단 목록은 다음과 같다(톱질대 두 개).

- 36인치(약 91.4cm) 여섯 개
- 34인치(약 86.4cm) 여덟 개
- 30인치(76.2cm) 네 개
- 21인치(약 53.3cm) 네 개

2단계. **I빔 모양의 상단을 조립한다.**

36인치 길이 세 개로 톱질대의 I빔 모양 상단 막대를 만들 것이다. 작업물의 무게를 지탱하는 역할을 하며, 여기에 다리를 달 것이다.

36인치 조각 세 개를 I빔 모양으로 놓는다. 위 조각은 수평으로, 중간 조각은 수직으로, 아래 조각은 수평으로 놓는다. 가운데 조각은 위 조각과 아래 조각 사이에 끼인 형태로, 위아래 조각의 가로 폭 중앙에 배치한다.

이 프로젝트에는 파일럿 홀을 뚫을 필요가 없다. 목재 구조를 만들 때는 파일럿 홀 없이 2×4와 2½인치(약 6.4cm) 나사를 사용하는 것이 일반적이기 때문이다.

드라이버로 2½인치 나사 5~6개를 위의 수평한 조각을 통과해 그 밑의 수직한 중간 조각에 들어가도록 박은 다음, 이를 뒤집어서 수평한 아래 조각을 수직한 조각에 연결하면 된다.

남은 36인치 세 개로도 위 과정을 반복해 두 번째 톱질대에 사용할 I빔 모양의 상단을 만든다.

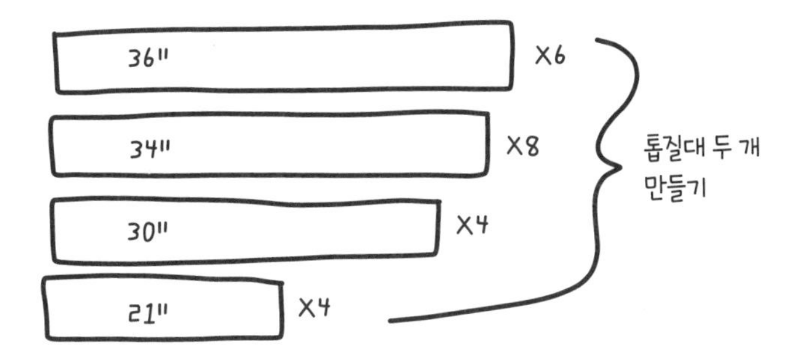

1. 길이를 측정해 2×4를 모두 잘라낸다.

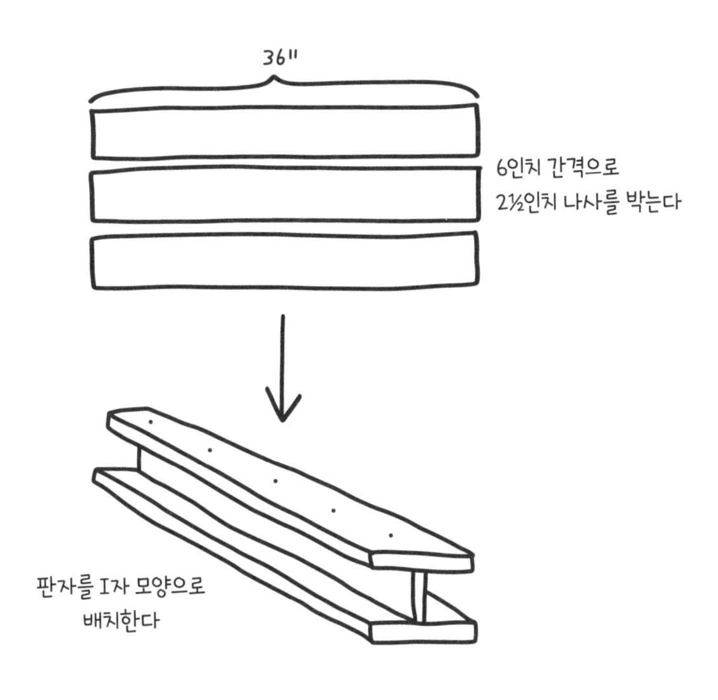

2. I빔 모양의 상단을 조립한다.

3단계. **다리를 조립한다.**

각 톱질대에 I빔 모양 상단에 비스듬히 연결할 다리 두 쌍씩이 필요하다. 다리 부분은 양편에 하나씩 따로 조립한다. 톱질대 각 면에 달 수직 다리에 34인치 두 개와 가로대로 쓸 30인치 조각 한 개가 필요하다.

바닥에 34인치 조각을 대략 30인치 떨어뜨려(곧 조정할 것이다) 평행하게 놓는다.

30인치 가로대를 34인치 조각 위에 수직하도록 놓고, 30인치 가로대의 양 끝이 34인치 조각의 바깥쪽 긴 가장자리와 서로 일치하도록 정확한 위치를 잡는다.

30인치 가로대가 34인치 다리의 위에서 22인치(약 55.9cm) 되는 지점에 오도록 위치를 조정한다. 줄자와 스피드 스퀘어를 이용해 정확히 수직하는 위치인지, 서로 직각을 이루는지 등을 확인한다.

위치가 만족스러우면 2½인치(약 6.4cm) 나사로 서로 연결한다. 이때 각 연결 부위에 나사를 두 개씩, 밑에 놓인 조각까지 박히도록 똑바로 박는다.

이 과정을 세 번 더 반복해서 다리 부분을 총 4개 만든다(톱질대당 두 개씩).

4단계. **다리를 부착한다.**

이제 곡예가 필요한 가장 까다로운 부분이다! 조각을 연결하려고 나사를 체결하는 동안 모든 것을 제자리에 고정해줄 공구가 필요할 것이다.

30인치 가로대가 바닥 쪽을 향하도록 해서 다리 두 개를 반듯이 세운다.

두 다리를 평행하게 세운 뒤 V자를 뒤집은 모양이 되도록 윗부분을 기울여 서로 맞댄다.

다리를 맞댄 곳 위쪽 다리 사이에 I자 모양을 놓는다. 그래야 다리 윗부분에 I자 모양 위 조각의 밑면이 온다. 다리는 I빔 모양의 위 조각 밑면과 아래 조각 옆면, 이렇게 두 군데와 맞닿아야 한다.

3½인치(약 8.9cm) 나사와 드라이버로 다리 윗부분을 I빔 모양 상단의 수직한 중간 조각에 연결한다(다리마다 나사 세 개를 삼각형 모양으로 박는다). 각도가 약간 어색하고 나사가 다리를 통과해 I빔 중간 조각에 들어가기 전까지 틈이 존재하지만, 그 정도는 괜찮다.

두 번째 톱질대에도 이 작업을 반복한다.

5단계. **측면 가로대를 연결한다.**

이제 톱질대 두 개에는 각각 위의 I빔 상단에 다리 한 쌍이 사선으로 연결되었다! 톱질대 측면에 가로대를 연결하면 무거운 물건을 올려놓았을 때 다리가 벌어지는 일을 방지할 수 있다.

21인치 조각 두 개를 들어 30인치 조각과 같은 높이로 톱질대의 옆면에 갖다댄다. 21인치 조각을 톱질대 폭을 모두 연결해야 아랫부분 전체를 지지하는 사각형의 링빔(ring beam)이 완성된다.

가로대를 다리에 연결할 지점마다 2½인치(약 6.4cm) 나사를 두 개씩 박는다. 이것으로 끝이다!

두 번째 톱질대에도 같은 작업을 반복하면 톱질대를 쌍으로 사용할 수 있다! 톱질대로 무엇을 만들어볼까?

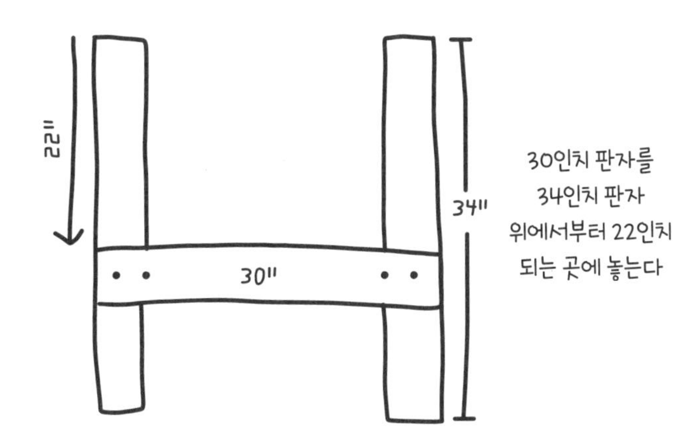

3. 다리를 조립한다.

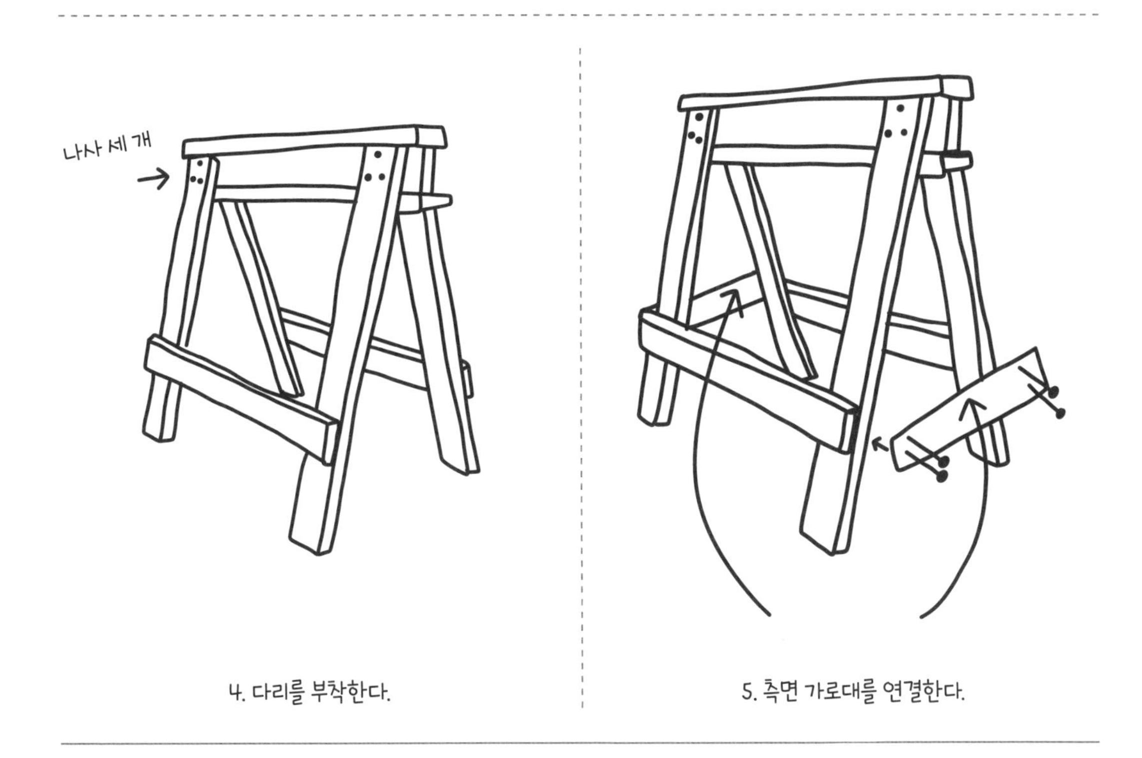

4. 다리를 부착한다.

5. 측면 가로대를 연결한다.

손으로 눈금을 새긴 강철 눈금자 만들기

여자아이들과 함께 만드는 가장 단순하면서도 만족스러운 프로젝트의 하나가 나만의 눈금자를 만드는 것이다. 기본 강철 조각에 눈금을 새기면 나중에 하게 될 모든 프로젝트에서 직접 만든 나만의 눈금자를 사용할 수 있다.

납작한 강철 막대는 주변 철강 업체에서 얻거나 철물점에 알아보자. 일반적인 치수로 판매하는 곳이 있다. 크기는 다를 수 있지만 원하는 너비(1인치/약 2.5cm나 2인치/약 5.1cm)를 선택한다. 강도는 크게 휘지 않는 정도가 좋다.

재료

- ✖ 너비 1인치(약 2.5cm) 또는 2인치(약 5.1cm), 두께 ⅛인치(약 3mm)이고 길이 12인치(약 30.5cm) 또는 18인치(약 45.7cm)인 납작한 강철 막대 한 개
- ✖ 매니큐어 리무버
- ✖ 헝겊 또는 키친타월
- ✖ 원한다면 금속 스탬프잉크
- ✖ 스프레이식 수성 폴리우레탄 코팅제 등의 투명 코팅제
- ✖ 투명 코팅제 도포 때 손을 보호할 일회용 니트릴 장갑

공구

- ✖ 금속 절단기, 손쇠톱 또는 절단 원판이 달린 앵글 그라인더(금속을 길이대로 재단해야 하는 경우)
- ✖ 막대 클램프 또는 C형 클램프 또는 바이스
- ✖ 금속 줄
- ✖ 눈금자
- ✖ 얇은 유성 매직 혹은 기타 지워지지 않는 마커
- ✖ 다용도 조각기에 사용할 음각 비트(다이아몬드 볼 비트를 추천한다)
- ✖ 다용도 조각기(드레멜)

안전 확인!

- ♦ 숙련되고 경험 많은 성인 메이커 동료
- ♦ 보안경(상시 착용!)
- ♦ 가벼운 고무 코팅 장갑
- ♦ 머리 뒤로 묶기
- ♦ 달랑거리는 액세서리, 끈 달린 후드티 피하기
- ♦ 팔꿈치까지 소매 접어 올리기
- ♦ 앞이 막힌 신발

1단계. **금속을 12인치 또는 18인치로 자른다.**

납작한 막대 모양의 연강(철물점에서 대부분 판매한다)이 가장 좋지만, 스테인리스강이나 알루미늄 같은 금속을 선택해도 된다. 연강에는 흑피(mill scale)라는 검은 층이 있는데, 연강을 생산할 때 열 때문에 강재 윗부분으로 올라온 불순물이 굳어서 생긴 것이다. 이 흑피에 눈금을 새기면 숫자가 반짝이면서 튀어나온 것처럼 멋져 보인다. 이 상태를 보존하고 음각한 부분이 녹슬지 않도록 하려면 투명 코팅제를 몇 번 덧발라주면 된다. 또는 고철 조각을 찾아서 사용할 수도 있다. 두 경우 모두 길이가 너무 길다면 12인치나 18인치로 잘라

1. 금속을 12인치나 18인치로 자른다.

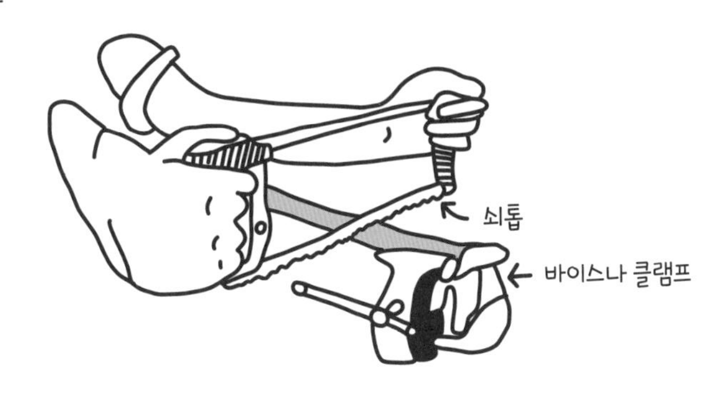

2. 모서리를 줄로 간다.

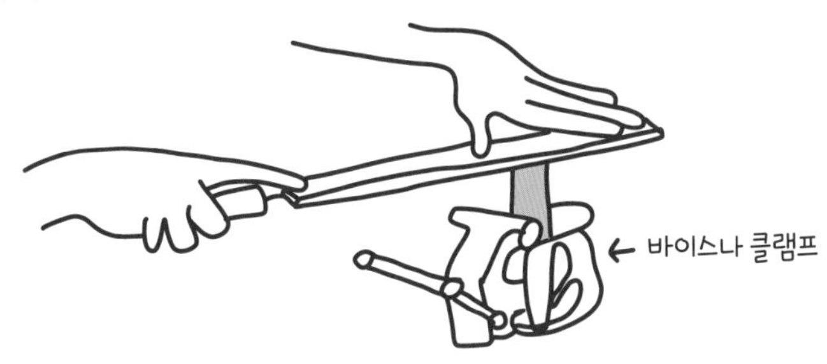

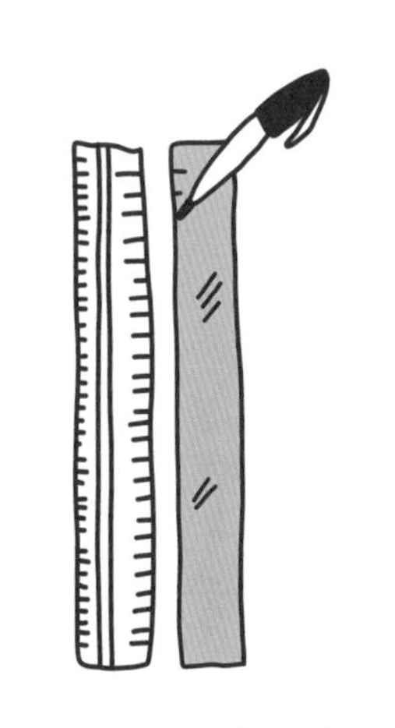

3. 눈금자에 눈금을 표시한다.

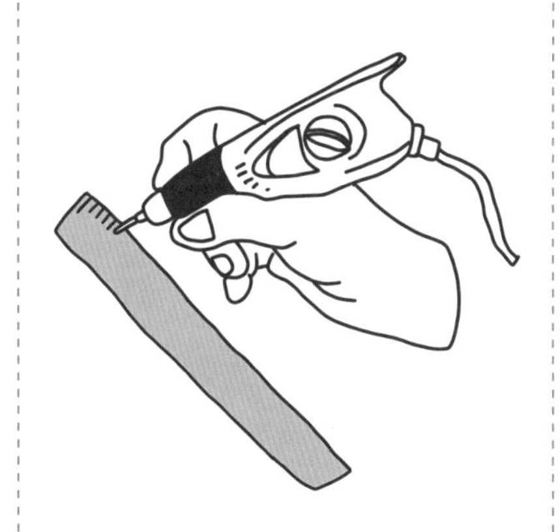

4. 눈금자의 눈금을 새긴다.

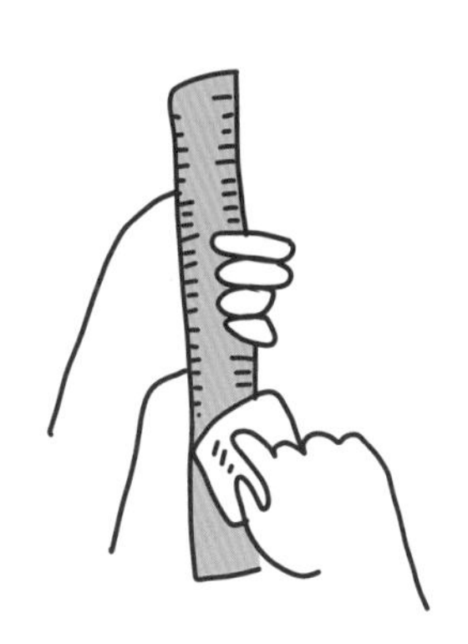

5. 표면을 닦고, 원한다면 눈금에 잉크를 채워 넣는다.

도 된다.

금속 절단기를 사용할 수 있다면 사용하자! 그렇지 않다면 쇠톱으로 강철 막대를 자르거나(클램프나 바이스로 강철을 작업대 위에 단단히 고정하자!) 앵글 그라인더에 절단용 원판을 설치해 사용한다(정밀한 절단은 아니지만 나중에 줄로 다듬으면 된다).

2단계. **모서리를 줄로 간다.**

선택한 줄(166쪽)로 금속의 날카로운 모서리, 특히 '거끌거끌한 부분'이 있는 절단면을 매끄럽게 다듬는다. 클램프나 작업대 바이스를 사용하면 금속을 테이블에 단단히 고정할 수 있어서 줄로 쉽고 자유롭게 가장자리를 다듬을 수 있다. 다용도 조각기용의 연마 또는 연삭 비트가 있다면 모서리를 다듬을 때 사용할 수 있다.

3단계. **눈금자에 눈금을 표시한다.**

실제 눈금자와 강철 조각을 나란히 정렬해서 눈금자의 영점을 강철 조각의 끝부분에 일치시킨다.

지워지지 않는 얇은 매직으로 강철의 길이를 따라 인치 눈금을 전부 표시한다.

이제 ½, ¼, ⅛인치 눈금도 표시한다. 인치 단위가 작을수록 눈금 길이도 짧게 표시한다.

인치 눈금에 1부터 12까지(또는 더 긴 눈금자라면 18까지) 숫자를 표시한다.

4단계. **눈금자에 눈금을 새긴다.**

음각 비트를 다용도 조각기에 끼운다(다용도 조각기에 보통 렌치가 내장되어 있어서 척을 풀었다 조이는 식으로 다른 비트를 설치하거나 빼낼 수 있다). 눈금을 새기기 전에 실제 눈금자에 정확히 눈금을 새기는 연습을 할 수도 있다.

다용도 조각기를 연필처럼 잡고 정확히 눈금을 표시할 수 있도록 감을 익혀보자(다용도 조각기를 다시 보고 싶다면 159쪽 참고).

유성 매직으로 표시한 눈금을 음각으로 새긴다.

5단계. **표면을 닦고, 원한다면 눈금에 잉크를 채워 넣는다.**

유성 매직 자국이 아직 남아 있으면 아세톤 매니큐어 리무버를 헝겊이나 키친타월에 적셔 닦아낸다. 표면에 잉크가 남아 있지 않더라도 눈금자를 슬쩍 닦아 먼지나 부스러기를 제거한다. 선택한 금속 종류에 따라 음각 눈금이 주변보다 두드러져 보이지 않을 수 있다. 연강은 흑피 층이 있어서 음각 눈금이 스테인레스강이나 알루미늄보다 더 눈에 띈다.

음각 눈금을 더 눈에 잘 띄게 하려면 금속 스탬프잉크를 사용한다. 표면 전체에 잉크를 바른 뒤 닦아내면 음각 눈금에만 잉크가 남는다.

6단계. **투명 코팅제를 바르고 측정해보자!**

일단 잉크가 마르면(잉크를 사용한 경우) 투명 코팅제를 바를 준비가 끝났다! 스테인리스강과 알루미늄은 녹이 잘 슬지 않기 때문에 이 작업이 반드시 필요하지는 않다. 그러나 강철로 만들었다면 갓 새긴 반짝이는 눈금이 녹슬지 않도록 눈금자에 투명 코팅제를 바른다. 스프레이식 수성 폴리우레탄 코팅제를 눈금자 앞뒤에 가볍게 분사한다. 코팅제가 마르면 다시 한 번 분사한다. 짜잔! 직접 만든 나만의 눈금자가 완성되었다. 이제 이걸로 자랑스럽게 측정을 시작해보자!

6. 투명 코팅제를 바르고 측정해보자!

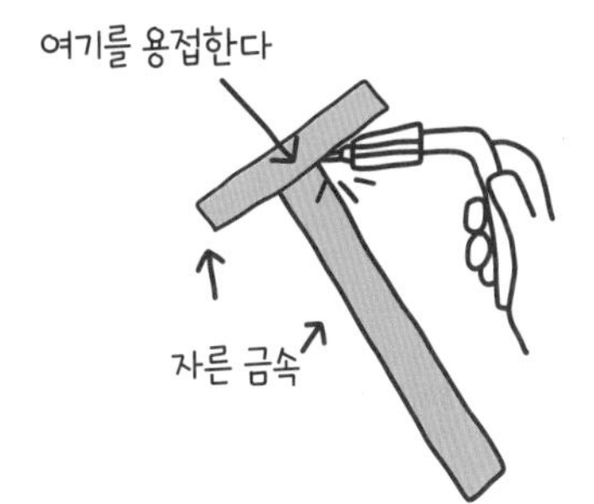

여기서 발전시켜서, 눈금자 두 개를 용접하면 T자를 만들 수 있다

+ + 개선하기 + +

여기에서 만족하지 않고 금속 조각 두 개를 이어 붙여 T자나 L자 형태의 직각자를 만들어보자. 이미 만든 눈금자로 각각의 금속 조각에 눈금을 새긴 뒤 T자나 L자 형태로 배치해 직각을 표시하는 도구를 만든다. 두 금속 조각이 직각으로 만나는 곳에 맞대기 이음(표면에 용접 비드를 만들어 두 금속 조각이 만나는 이음 부분을 연결하도록 하는 방식)으로 용접을 한 다음 원한다면 앵글 그라인더로 튀어나온 용접 비드를 깎아낸다. 용접하기를 다시 보려면 171쪽을 참고한다.

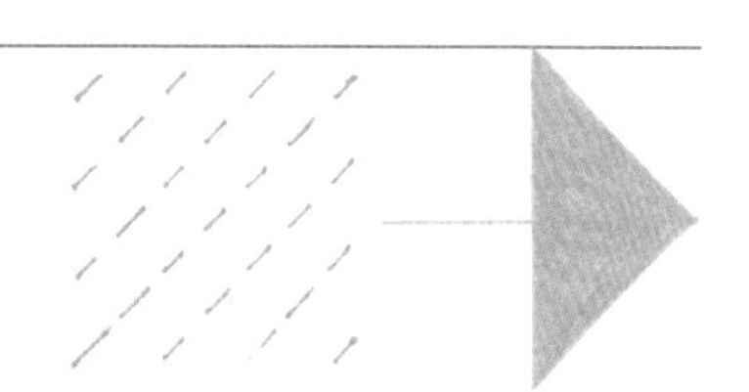

원하는 모양으로 벽시계 만들기

생일 파티나 여자들끼리 밤을 보낼 때 친구들과 함께 만들기 좋은 프로젝트이다. 각자 생각해낸 모양을 같이 보는 건 언제나 재미있기 때문이다. 또 아주 쉬울 뿐 아니라 아주 기본적이고 저렴한 재료로 손톱이나 전기 톱을 가지고 만들 수 있다.

재료

- 만들 시계 문자판의 크기에 따라 약 12인치(약 30.5cm) 정사각형 크기로 두께 ¼인치(약 6mm) 합판이나 MDF(중밀도 섬유판)
- 건전지로 작동하는 시계 무브먼트(clock movement) 키트(건전지 상자 안에 든 째깍거리는 시계 장치와 시침, 분침, 초침 포함). ¼인치 합판을 사용하는 경우 시계 무브먼트가 수용할 수 있는 최대 다이얼 두께(maximum dial thickness, 시침, 분침 등을 끼우는 축이 지나는 재료의 최대 두께)가 적어도 ¼인치는 되어야 한다. 축의 일반적인 길이는 11/25인치(약 1.1cm)로, 이 정도면 ¼인치 합판에 사용하기에 충분하다. 이 수치는 시계 문자판을 통과하는, 나사산이 있는 축의 길이에 해당하며 축은 반대편에서 너트로 고정한다.
- 스프레이 페인트, 페인트펜 또는 미술용/공예용 페인트와 페인트붓
- 스프레이식 수성 폴리우레탄 코팅제
- 폴리우레탄 코팅제를 바를 때 손을 보호할 일회용 니트릴 장갑
- 시계 무브먼트 키트에 필요한 건전지(보통 AA 건전지 한 개 혹은 두 개)
- 필요하다면 걸이용 철물(못과 후크 등)

공구

- 연필
- 띠톱, 스크롤 톱 또는 실톱
- 막대 클램프
- 샌딩 블록과 사포 또는 벨트 샌더나 원형 샌더
- 줄자 또는 눈금자
- 드릴과 드릴 비트 세트
- 필요하다면 나무 인두
- 멍키 스패너 또는 니들노즈 플라이어
- 필요하다면 가위
- 망치

안전 확인!

- 숙련되고 경험 많은 성인 메이커 동료
- 보안경(상시 착용!)
- 전기 톱을 사용하는 경우 귀마개
- 방진 마스크
- 머리 뒤로 묶기
- 달랑대는 액세서리, 끈 달린 후드티 피하기
- 팔꿈치까지 소매 접어 올리기
- 앞이 막힌 신발

1. 시계 모양을 그린다.

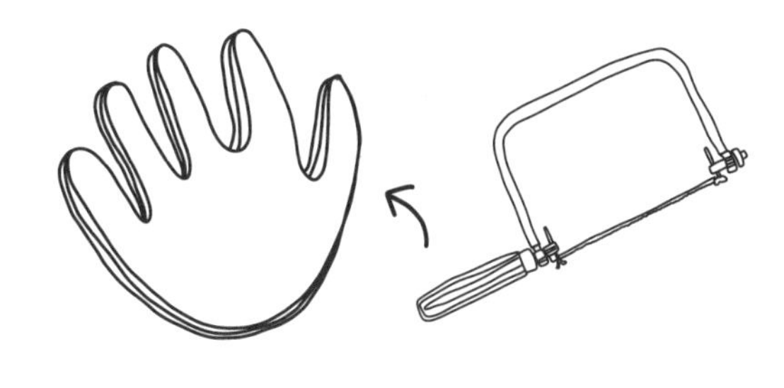

2. 시계 문자판을 자른다.

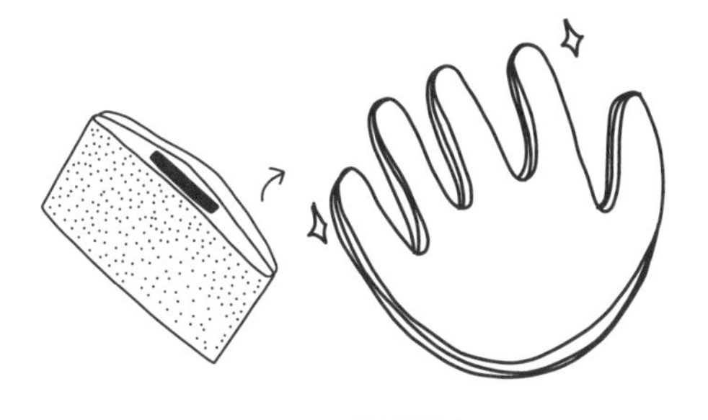

3. 모서리를 샌딩한다.

4. 시계 무브먼트를 고정할 구멍의 위치를 정해 드릴로 뚫는다.

5. 문자판에 페인트를 칠한다.

6. 시계 무브먼트와 시곗바늘을 고정한다.

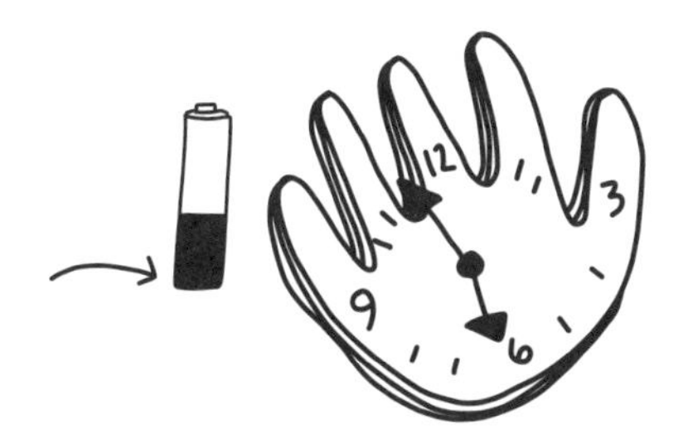

7. 건전지를 넣어 벽에 건다!

1단계. **시계 모양을 그린다.**

시계 문자판의 멋진 모양을 정하자! 나는 별, 글자, 강아지 얼굴, 주먹을 맞댄 모습 등 멋진 시계 문자판을 많이 보았다. 시곗바늘이 다 들어갈 만큼 커다란 모양을 정한다(필요하다면 시곗바늘을 조금 잘라내도 되지만, 너무 짧게 자르고 싶지는 않을 것이다). 모양을 스케치해서 결정하고 나면 합판 표면에 연필로 그린다.

2단계. **시계 문자판을 자른다.**

이 프로젝트에 사용 가능한 톱은 다양하다. 띠톱이나 스크롤 톱이 가장 좋다. 당연히 실톱도 좋은데, 손으로 모양을 따라 자르는 쪽이 만족감이 더 클 수 있다. (실톱을 사용할 때는 재단 전에 막대 클램프로 나무를 작업대에 고정하자.) 어떤 톱을 선택하든 시간을 들여서 곡선과 윤곽을 최대한 정확하게 자른다. 나중에 샌딩으로 완벽하게 다듬어도 되지만, 그래도 완성할 모양에 가깝게 자르는 편이 좋다. 톱을 선택했다면 창의력을 발휘해 재단 경로를 정해야 할 수도 있다. 톱날이 닿지 않는 지점을 잘라내려면 한 번에 조금씩 V자 모양이나 파이 조각내듯이 잘라내야 한다.

3단계. **모서리를 샌딩한다.**

원하는 샌딩 공구를 사용한다. 곡선 부분에 벨트 샌더나 원형 샌더를 써도 되고, 그냥 샌딩 블록에 사포를 끼워 해도 괜찮다. 가장자리 거친 부분이나 거스러미가 없어지고 완성된 모양이 마음에 들 때까지 구석구석 빈틈없이 샌딩한다.

4단계. **시계 무브먼트 구멍 위치를 정하고 드릴로 뚫는다.**

시계 무브먼트 키트에는 축(시계의 문자판을 통과하는 기둥)의 지름이 표시되어 있기 마련이다.

표시가 없다면 지름을 재보자(지름은 보통 ¼인치/6mm에서 ⅜인치/약 10mm까지다).

같은 크기나 1⁄16인치(약 2mm) 더 큰(시계 무브먼트 축 끼우기가 더 쉬워진다) 드릴 비트를 찾는다.

시계 중심점(시곗바늘을 고정할 위치)을 정하고 합판을 뚫어 구멍을 낸다.

구멍 가장자리를 샌딩하여 거칠거칠한 부분이 없도록 한다.

구멍에 시계 무브먼트 축을 끼워 구멍이 충분히 큰지 확인하고 나서 축을 빼내어 따로 보관해둔다(축을 설치하기 전에 페인트칠이 먼저다!).

5단계. **문자판에 페인트를 칠한다.**

시계 무브먼트를 설치하기 전, 이제 마음껏 페인트를 칠할 순서이다. 바탕을 단색으로 칠하거나 무늬를 그려 넣을 수 있다. 그리고 시간을 알기 쉽도록 시계 가장자리에 그림을 그리거나 조그맣게 숫자를 붙이고 싶을 것이다. 페인트칠하기 전에 문자판의 먼지를 깨끗하게 털어낸다. 나무 인두가 있으면 나무를 태워서 숫자나 다른 패턴을 새긴다. 아니면 근처 화방에서 스프레이 페인트나 미술용 또는 공예용 페인트를 구입해 사용한다. 스팽글, 반짝이 가루 등 반짝이는 장식도 늘 환영이다! 페인트가 마르면 스프레이 캔에 든 투명한 수성 폴리우레탄 코팅제를 뿌린다.

6단계. **시계 무브먼트와 시곗바늘을 고정한다.**

시계 무브먼트에는 각 부품을 설치할 정확한 순서를 알려주는 설명서가 딸려 있지만, 그렇다 해도 대부분 다음 순서대로다.

- 무브먼트 건전지 상자의 축 아래에 고무 와셔를 고정한다.
- 시계 문자판 뒤로 축을 끼워 무브먼트 건전지 상자가 문자판 뒷면에 오도록 한다. 시계 무브먼트에 내장된 걸이(고리)가 있으면 이 부분이 위로 가도록, 천장과 12시 눈금을 향하도록 설치한다.
- 문자판 쪽에서 금속 와셔와 너트로 축을 고정한다. 멍키 스패너나 니들노즈 플라이어로 너트를 조인다. 조일 때 건전지 상자를 고정해 축이 제자리에서 헛돌지 않도록 한다.
- 밑에서부터 시침, 분침, 초침 순으로 축 위에 올리고 눌러 끼운다(시곗바늘이 축 어딘가와 맞물리며, 초침이 위에서 일종의 덮개 역할을 한다). 문자판의 폭보다 시곗바늘이 길면 가위로 바늘을 잘라도 된다.

7단계. **건전지를 넣어 벽에 건다!**

시계 장치는 AA 같은 작은 건전지를 사용한다. 이쯤에서 건전지를 뒷면에 눌러 끼운다. 걸이(고리)가 없다면(6단계 참고) D링과 철사 같은 걸이용 철물을 부착해야 한다. 벽에 걸 위치를 정했다면 작은 못을 벽에 박은 뒤 시계를 걸자!

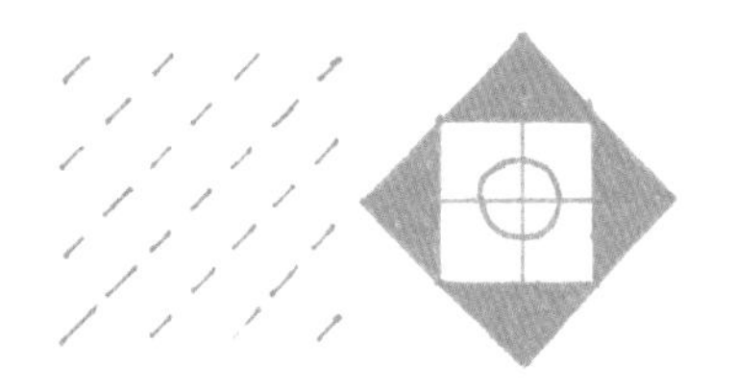

나무 숟가락 만들기

이 프로젝트를 몇 번 반복하면 주방에 멋진 숟가락 컬렉션이 생긴다. 선택한 목재, 숟가락의 용도, 사용하는 공구 등에 따라 완성한 나무 숟가락의 모습이 달라지기 마련이라서 이 프로젝트는 매번 진화를 거듭한다. 첫 숟가락은 전동 공구를 쓰지 말고 전적으로 손으로만 만들 것을 적극 추천한다. 포플러, 연단풍나무 또는 내가 가장 좋아하는 유럽 너도밤나무(구할 수 있다면) 등 깎기 쉬운 종류를 선택한다.

재료

- (만들 숟가락 종류에 따라) 6~12인치(약 15.2~30.5cm) 길이 1×4 나무 조각
- 식물성 기름이나 미네랄 오일과 헝겊

공구

- 연필
- 클램프 또는 작업대 바이스와 벤치 도그
- 환끌(몇 가지 크기)
- 고무 망치 또는 나무 망치
- 실톱 또는 띠톱
- 목재용 줄과 굵은줄
- 남경 대패
- 필요하다면 기타 조각 공구(후크 날hook knife과 직선 날straight knife)
- 사포(120~220그릿까지의 중간 거칠기와 고운 거칠기)
- 절단기, 손톱 또는 등대기 톱

안전 확인!

- 숙련되고 경험 많은 성인 메이커 동료
- 보안경(상시 착용!)
- 전기 톱을 사용하는 경우 귀마개
- 전기 톱을 사용하는 경우 방진 마스크
- 머리 뒤로 묶기
- 달랑대는 액세서리, 끈 달린 후드티 피하기
- 팔꿈치까지 소매 접어 올리기
- 앞이 막힌 신발

1단계. **선택한 나무를 적당한 길이로 자른다.**

숟가락을 처음 만든다면 포플러나 유럽 너도밤나무와 같이 깎기 쉬운 나무를 선택한다. 특히 바짝 마르지 않고 수분기가 남아 있으면 더 깎기 좋다. 만들 숟가락의 유형(서빙스푼? 국자? 주걱 같은 것?)에 따라 숟가락의 크기와 깊이를 대충 정하고 그에 맞는 나무 조각을 찾는다. 대부분 1×4 판자면 충분하지만, 평범하지 않게 볼을 깊게 만든다면 2×4 목재가 필요할 수도 있다. 절단기, 손톱 또는 등대기 톱으로 나무를 약 12인치(약 30.5cm) 길이로 자른다. 나무 조각을 오랫동안 바라보다 보면 그 안에 담긴 숟가락이 보인다. 그러면 그냥 그걸 꺼내기만 하면 된다!

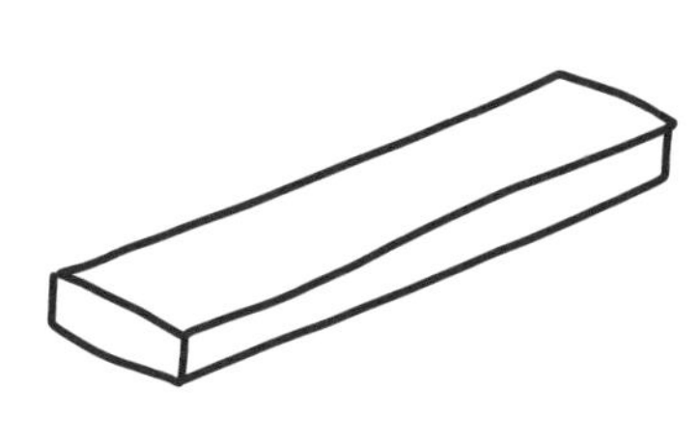

1. 선택한 나무를 적당한 길이로 자른다.

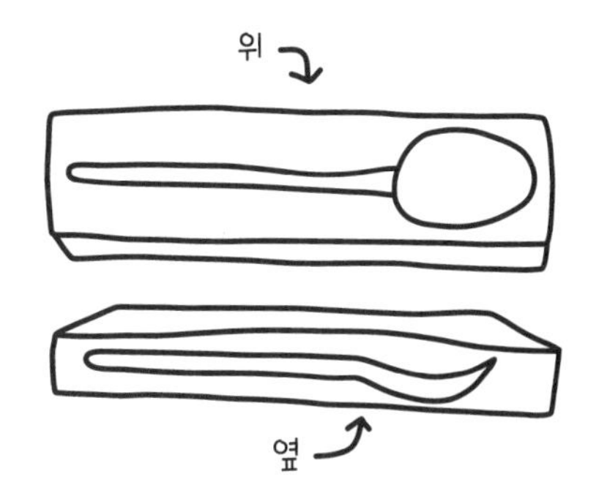

2. 숟가락의 윤곽을 그린다(위와 옆).

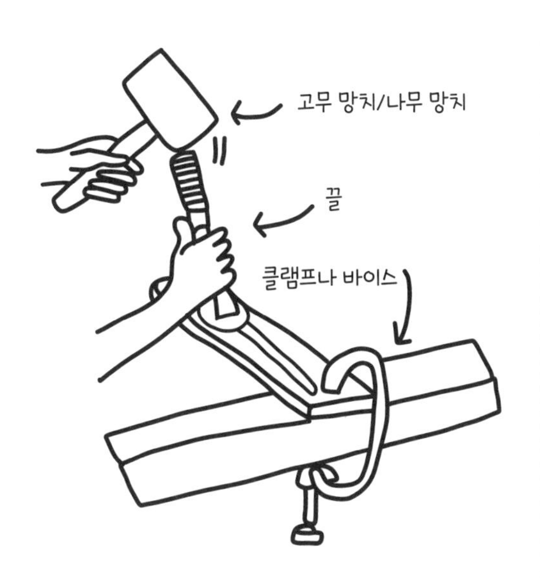

3. 숟가락의 볼을 깎아낸다.

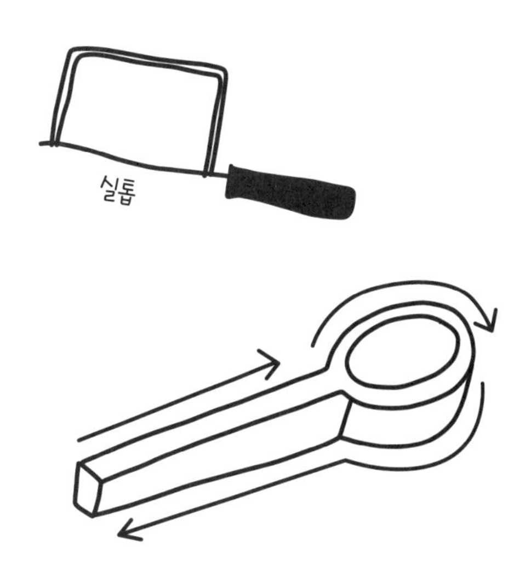

4. 숟가락 윗 모양을 따라 깎는다.

2단계. **숟가락의 윤곽을 그린다(위와 옆).**

나무 조각 윗면에 위에서 바라본 숟가락 모양(자루, 둥근 볼 모양)을 그린다. 대칭이 걱정된다면 종이에 숟가락을 절반(오른쪽이나 왼쪽)만 그리고 모양대로 잘라낸 뒤 판자 위에 올려놓고 대고 그린 다음 거울에 비추듯이 뒤집어서 반대편을 마저 그리면 완벽하게 대칭을 이룬 숟가락이 완성된다.

나무의 얇은 면에 볼의 깊이와 자루를 포함해 옆에서 바라본 숟가락 모양을 그린다. 이때 나뭇결에 주의해야 한다. 자루는 나뭇결 방향이어야 한다(즉, 긴 나뭇결과 평행).

3단계. **숟가락의 볼을 깎아낸다.**

나무 조각을 작업대 위에 고정한다. 작업대에 작업대 바이스와 벤치 도그가 있으면 사용한다! 없으면 클램프로 나무 양 끝을 작업대에 단단히 고정한다.

환끌과 고무 망치(또는 나무 망치)를 잡는다. 볼의 바깥쪽에서 가장 깊은 안쪽으로 작업하며, 넓은 끌로 시작해 더 작은 끌로 작업하고 섬세한 작업에 적합한 공구로 바꾼다(끌 사용법은 118쪽 참고). 끌의 뾰족한 끝이 몸쪽을 향하지 않도록 주의하자! 나무를 깎는 데는 약간의 연습이 필요하며, 볼의 가운데로 향할수록 깊이 깎고, 바깥쪽으로 갈수록 얕게 깎는 식으로 깎는 깊이를 조절해야 한다. 너무 깊게 깎아서 자칫 나무 반대편까지 두께 전부를 깎아내는 일이 없도록 주의한다(자칫하면 구멍이 생길 수 있다). 당장 볼을 완성할 필요는 없지만, 가급적 원하는 모양에 가깝게 깎는다.

4단계. **숟가락의 윗 모양을 따라 깎는다.**

실톱이나 띠톱으로 숟가락 모양(자루와 볼 모양)을 따라 잘라낸다. 완벽히 자를 필요는 없지만 연필로 그린 선에 최대한 가깝게 잘라낸다. 연필선을 따라 모두 자르면 곧 대충의 숟가락 모양을 확인할 수 있다. 옆면은 여전히 직사각형 모양이지만 다음 단계에서 작업할 것이다!

5단계. **숟가락의 옆 모양과 아랫부분을 깎아낸다.**

다음으로 볼의 밑면을 둥글게 깎고 자루 모양을 다듬기 시작한다. 여기가 인내심을 가장 요하는 가장 어려운 단계이다. 원한다면, 줄이나 샌딩 공구를 이용해 숟가락의 옆 모서리를 둥글게 다듬어두면(꼭 해야 하는 작업은 아니다), 남경 대패 작업을 시작하기가 수월하다. 먼저 볼의 밑면을 깎은 다음 자루를 깍자.

숟가락을 뒤집은 상태로 작업대에 고정해 볼의 뒷면이 전부 드러나도록 한다. 바이스가 있는 작업대라면 볼 뒷면이 똑바로 놓이도록 해서 자루를 바이스로 죄어준다.

남경 대패를 볼 밑면에 대고 밀면서 둥근 모양으로 만들어간다. 먼저 옆쪽부터 시작해 밑면으로 나아가면서 천천히, 볼의 대략적인 형태가 드러날 때까지 한 번에 조금씩 깎는다.

자루의 경우, 작업대 바이스나 클램프로 볼을 작업대 옆면에 고정한 뒤 작업한다.

남경 대패로 한 번에 조금씩 자루 아래를 길게 밀어서 둥글게(또는 원하는 모양이 되도록) 깎아나간다.

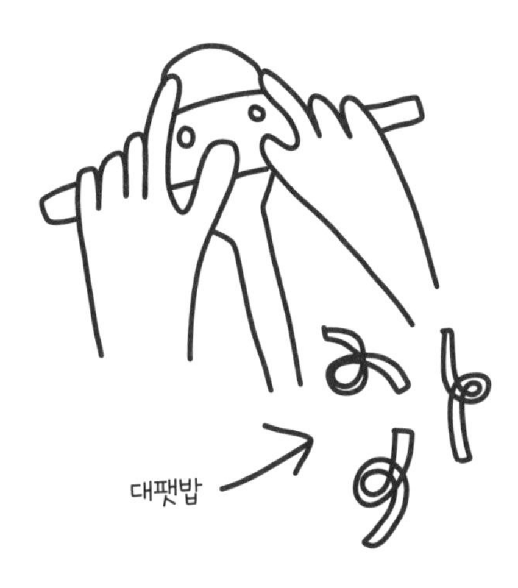

5. 숟가락의 옆면과 밑면을 깎아낸다.

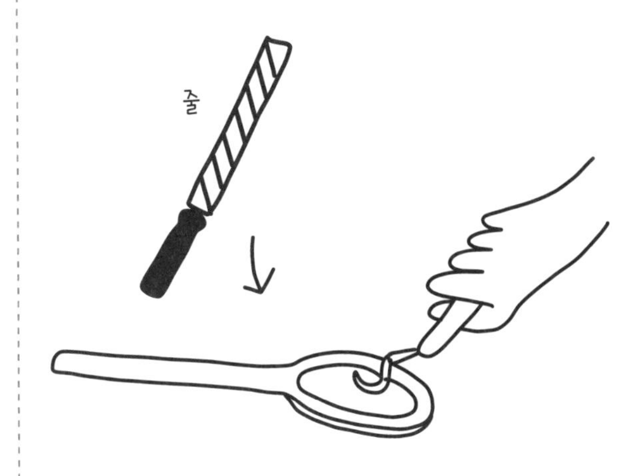

6. 볼을 둥글게 만들고, 줄로 다듬고, 마무리해 샌딩한다.

7. 오일을 바른 뒤 식탁에 낸다!

6단계. **볼을 둥글게 정리하고, 줄로 다듬고, 마무리하고, 샌딩한다.**

이 시점에서 숟가락이 숟가락처럼 보이기를 바란다. 그러나 아마 가장자리에 거친 부분이 아직 남아 있을 것이다. 이제 가장자리를 모두 다듬어서 최대한 숟가락 모양으로 완성한다.

후크 날 조각칼로 숟가락의 볼 안쪽을 매끄럽게 다듬을 수 있다(멜론을 볼 모양으로 도려내는 멜론 볼러를 떠올려 보자).

목공용 평줄과 원형줄로 자루와 볼 바깥쪽의 날카로운 선과 가장자리를 부드럽게 다듬는다.

마지막으로 120그릿 정도의 중간 거칠기 사포로 샌딩을 시작해 더 고운 220그릿 정도의 사포로 옮겨가며 숟가락을 마무리한다.

7단계. **오일을 바른 뒤 식탁에 낸다!**

이제 숟가락으로 음식을 먹을 준비가 거의 끝났다! 미네랄 오일은 숟가락을 코팅해 막을 입힐 때 사용하기 좋다. 먹어도 안전하고 저렴할 뿐 아니라 대부분의 식료품점이나 약국에서 구입할 수 있다. 숟가락의 먼지를 완전히 털고, 미네랄 오일을 발라 건조시킨 뒤 한 번 더 오일을 발라준다. 이제 숟가락으로 음식을 먹을 준비가 되었고, 몇 년은 씻어 쓸 수 있다! 몇 달에 한 번씩 미네랄 오일을 다시 발라주면 모양을 잘 유지할 수 있다.

티아라 벨

가구 디자이너

펜실베이니아주 저먼타운

이 책에 수록할 여성과 여성 청소년들의 목록을 만들기 시작했을 때, 나는 지역 사회에서 설계와 건설 관련 분야에서 유사한 일을 하고 있는 친구들에게 도움을 구했다. 처음 받은 답변 중에 퍼블릭 워크숍(Public Workshop)에서 일하는 내 친구 알렉스 길리엄이 보낸 것도 있었는데, 바로 "티아라 벨과 이야기를 꼭 해봐야 해"라는 것이었다. 며칠 후, 전화를 걸었더니 티아라의 친절한 태도와 뜨거운 열정이 전화선을 타고 분명하게 느껴졌다. 티아라의 이야기는 결단력과 낙관론으로 가득했다. 티아라는 만들기가 자신을 도시 필라델피아에서 미국 최고의 예술 및 디자인 학교로 데려다줄 수단임을 알아차렸다고 말했다.

고등학교 때 만들기와 사랑에 빠졌어요! 어느 날, 퍼블릭 워크숍이라는 지역 사회 만들기 프로젝트 설립자인 알렉스 길리엄이 우리 학교를 방문했는데, 우리가 우리 학교에서 해보고 싶은 프로젝트를 하도록 도와주겠다는 거예요. 여자아이들 몇이랑 저는 앉아서 숙제도 하고 수다도 떨고 무언가를 먹을 수도 있는 이동식 원형 해먹을 만들고 싶었어요. 그 이후 아홉 달 동안 멘토인 알렉스의 도움을 받아 우리는 해먹을 직접 설계하고 만들었어요. 그 과정에서 남자아이들 몇이 우리 여자아이들이 하는 걸 보고는 프로젝트 만들기에 참여했죠. 첫 프로젝트를 마친 후에는 필라델피아 주변의 지역 사회 프로젝트 등 제 손으로 직접 설계와 만들기 작업을 쉼 없이 이어나갔어요.

학교에서의 첫 프로젝트가 끝나고 얼마 안 되어 필라델피아의 가구 전시회에 갔다가 필라델피아의 마운트 에어리에서 가구 제작 스튜디오를 운영하는 찰스 토드라는 가구 디자이너를 만났어요. 2015년 여름 동안 수습으로 일하고 싶다고 했더니 찰스가 그러라고 했죠! 그해 여름 찰스가 전통 목공 기술로 가구 만드는 법을 가르쳐주었어요.

이듬해 고등학교 졸업반 때는 찰스가 졸업 프로젝트로 나만의 가구 라인을 만드는 걸 도와주었어요. 모든 가구를 전통 목공 기법으로 만들었어요. 손으로 만드는 아름다운 전통을 보존하고 싶었죠. 현대적 스타일의 의자와 사이드 테이블을 디자인하고 제작해 전통적 스타일의 스툴과 함께 내놓았죠. 이 프로젝트가 '새로운 티아라' 시대의 시작이었어요. 처음으로 지난 몇 년 동안 배운 모든 것이 한 인간으로서의 저와 저의 미래로 어떻게 연결되는지 알게 되었기 때문이죠.

대학에 지원할 때가 되자 제 포트폴리오에 아주 많은 작품이 담기게 되었어요. 3년간 쉬지 않고 설계하고 만들고 질문하고 인턴십에 참가하고 시도해보고 실패하기를 거듭했고, 이 모든 노력 덕에 저는 꿈꿔왔던 로드아일랜드 디자인 스쿨에 입학할 수 있었어요! 그런데 저의 만들기 실력에 자신은 있었지만, 그게 디자인

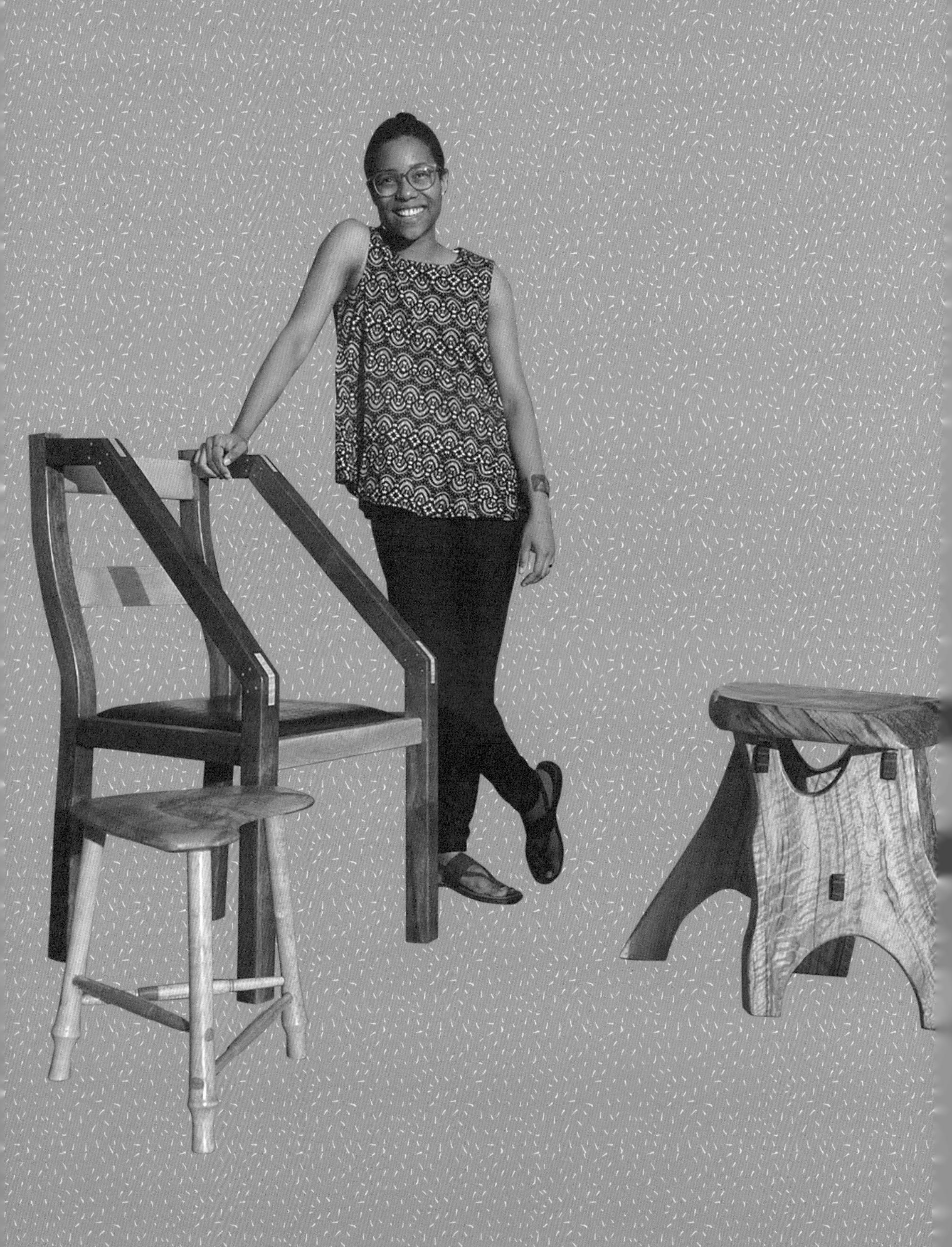

스쿨에서 통할지는 자신이 없었어요. 진학하고 처음에는 자신감을 많이 잃었어요. 하지만 제 안에서 무언가가 말했어요. '티아라, 전혀 사실이 아니야! 넌 지금까지 정말 좋은 작품을 만들어왔어!' 저는 더 뛰어난 디자이너가 되기 위해 저 자신을 채찍질하면서 그런 부정적인 감정을 털어냈어요. 그러곤 매일 앞을 향해 나아가고 있죠.

모든 사람의 삶을 개선하는 데 도움이 되는 제품을 디자인하고 만들고 싶어요. 개인적이고 독특한 니즈에 맞는 가정용 가구도 좋고 마을 전체가 더 나아지는 지역 사회 프로젝트도 좋아요. 다양한 공구를 가지고 저의 생각을 구체화하고 싶어요. 중장비와 최신 기술부터 가장 간단한 수공구까지 모두 섭렵해서요(개인적으로는 일본 손톱과 남경 대패가 제일 좋아요!).

만들기를 배우고 싶어 하는 어린 여성들에게, 저는 조신함은 바람에 날려버리고 그냥 행동하라고 말해요. 두려움이나 사람들이 자신을 어떻게 생각할지에 대한 고민 같은 건 집어치우라고요. 남들이 어떻게 생각하든 그냥 일단 행동하세요. 사람들이 여러분의 기를 꺾을 수도 있어요. 제 경우에는 그 사람이 바로 저였죠. 그렇지만 정말 자랑스러워할 만한 무언가를 한번 만들고 나면, 그다음에는 절대 멈추게 되지 않을 겁니다. 디자인과 건축은 제 삶을 변화시켰거든요. 무언가를 만들기 시작한 후부터 지금의 저라는 소녀가 되기까지 저는 아주 멋진 여정을 걸어왔어요. 제 첫 만들기 프로젝트 덕에 제가 남은 평생 하고 싶은 일을 찾고 세계 최고의 디자인 스쿨에 다닐 기회를 갖게 될지 대체 누가 알았겠어요?

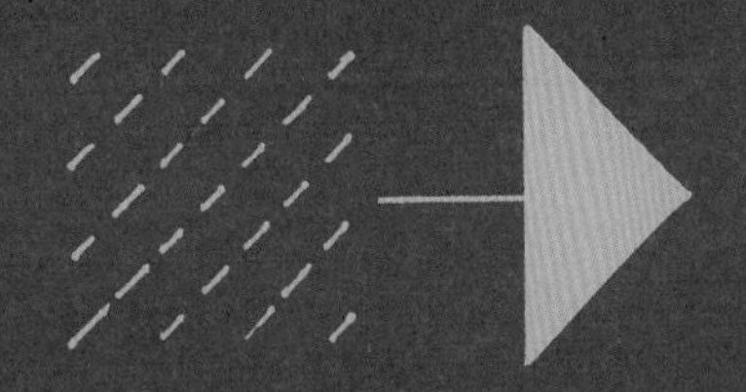

직각 새집 만들기

이 프로젝트는 걸스 개라지의 첫 여름 캠프에서 소녀들과 함께 진행한 것이다. 그때 나는 우연히 빨간색, 노란색, 흰색, 파란색 면과, 온통 직각을 이루는 검은 선으로 유명한 피터르 몬드리안(Piet Mondrian)의 작품을 보았다. 그의 작품이 이 새집의 기하학적 구성을 떠올리는 데 영감을 주었다! 옆면에 저렴한 울타리용 삼나무 판자가 직각을 이루도록 조립하면 여러 새들이 쉬어갈 재미있는 모양으로 다양하게 만들 수 있다.

재료

- 너비 5½인치(약 14cm), 두께 ¾인치나 1인치(약 1.9~2.5cm)인 삼나무 울타리 판자(fence board), 총 10피트(약 3.05m) 정도
- 목공용 접착제(타이트본드 III 같은 외장용 방수 접착제)
- 1¼인치(약 3.2cm) 마감용 못
- 튼튼한 밧줄이나 노끈
- ½인치(약 1.3cm) 합판을 사등분한 2×4피트(약 0.61x1.22m) 크기 합판
- ¼인치(약 6mm) 목심, 약 6인치(약 15.2cm) 길이(나중에 횃대 크기에 맞춰 잘라도 된다)
- 원한다면 스프레이 페인트 또는 기타 페인트와 페인트붓
- 외장용 폴리우레탄 코팅제
- 폴리우레탄 코팅제를 바를 때 손을 보호할 일회용 니트릴 장갑

공구

- 스피드 스퀘어
- 줄자
- 연필
- 각도 절단기, 가로켜기 손톱 또는 등대기 톱
- 샌딩 블록과 중간 거칠기 사포
- 클램프
- 망치(선호에 따라 브래드 건과 브래드도 가능)
- 드릴
- ¼인치(약 6mm) 드릴 비트
- 가위
- 지그소
- 파일럿 비트가 내장된 2인치(약 5.1cm)나 3인치(약 7.6cm) 홀소 비트

안전 확인!

- 숙련되고 경험 많은 성인 메이커 동료
- 보안경(상시 착용!)
- 전기 톱을 사용하는 경우 귀마개
- 전기 톱을 사용하는 경우 방진 마스크
- 머리 뒤로 묶기
- 달랑대는 액세서리, 끈 달린 후드티 피하기
- 팔꿈치까지 소매 접어 올리기
- 앞이 막힌 신발

샘플 치수

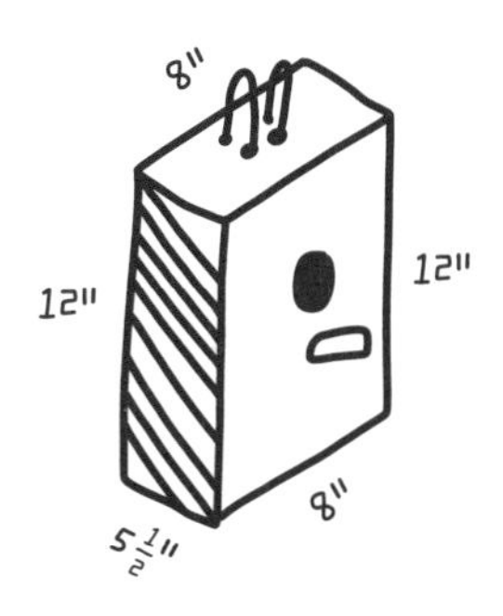

다양한 모양 예시

1. 직각으로만 이루어진 새집 모양을 그리고 치수를 정한다.

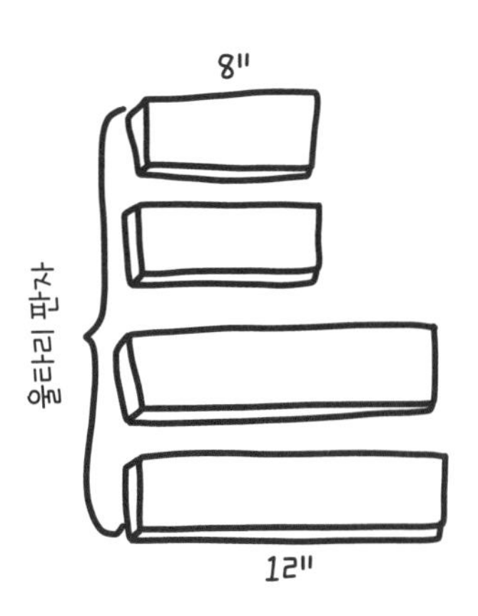

2. 틀이 되는 조각의 치수대로 울타리 판자를 자른다.

3. 프레임에 접착제를 바르고 못을 박아 연결한다.

1단계. **직각으로만 이루어진 새집 모양을 그리고 치수를 정한다.**

새가 되자! 주위에 어떤 새들이 사는지 떠올려보자. 크기는 어떠한가? 얼마나 큰 집이 필요한가? 집의 외관을 스케치해보자. 선이 모두 서로 직각을 이루어야 한다는 규칙만 기억하자.

내가 처음 만든 직각 새집은 테트리스 조각처럼 Z자 모양이었고, 왼쪽 상단에 횃대가 있었다. 새집을 설계할 때 입구와 횃대 위치(보통 문 구멍 아래쪽)를 정해야 한다.

울타리 판자 조각은 새집의 깊이(5½인치/약 14cm)를 결정한다. 설계도를 그릴 때 치수를 정확히 계산해야 울타리 판자 조각 각각의 치수도 알 수 있다(울타리 판자의 두께는 ½인치/약 1.3cm임을 기억하자. 새집 옆면 조각 두 개가 만나면 겹쳐지는 부분이 생기기 때문에 판자 두께를 잊지 않고 반영해주어야 한다).

2단계. **치수대로 울타리 판자를 잘라 틀이 될 조각을 만든다.**

방금 막 계산한 치수를 바탕으로 틀 조각을 측정하고 자른다.

삼나무 울타리 판자에 재단선을 그릴 때는 스피드 스퀘어와 줄자를 사용한다.

각도 절단기가 있으면 각도 절단기로, 없으면 가로켜기 손톱이나 등대기 톱 같은 손톱으로 자른다. 조각 하나를 측정해서 자르고, 다음 조각을 측정해서 자르는 식으로 작업한다(날어김 때문이다. 124쪽을 참고한다). 조각을 잘라 배치해보면 약간 짧거나 긴 조각이 있을 수 있다. 필요한 만큼 다듬거나, 다듬는 정도로 안 된다면 다시 재단한다.

불필요한 파편이 생기지 않도록 재단한 면을 빠르게 샌딩한다.

3단계. **프레임에 접착제를 바르고 못을 박아 연결한다.**

전부 잘랐다면 평평한 곳에 조각을 놓고 서로 완벽히 직각을 이루는지 확인해 서로 연결할 준비를 한다.

먼저 연결 부위 한 곳에 목공용 접착제를 바른다. 조각을 연결하기 전에 접착제를 바른 연결 부위는 클램프로 고정한다.

연결 부위의 폭에 맞춰 못 세 개를 일정한 간격으로 박는다. 틀의 연결 부위에 이 과정을 반복하면 형태가 완성된다. 브래드 건이 있다면 이 단계에서 망치와 못 대신 사용해도 된다.

4단계. **새집 걸 위치를 선정하고 밧줄로 고리를 만든다.**

일단 새집의 앞면과 뒷면을 연결하고 나면 내부에 손을 댈 수 없으므로 그 전에 밧줄을 설치한다.

한쪽이 위로 올라가 있는지 확인해가며 어느 쪽으로도 기울지 않고 새집을 수평으로 걸 수 있는 균형점을 찾는다.

드릴과 ¼인치(약 6mm) 드릴 비트를 가지고 균형점에서 양쪽으로 2인치(약 5.1cm)씩 떨어진 곳에 구멍을 하나씩 총 두 개 뚫는다.

밧줄이나 노끈을 1피트(약 30.5cm) 길이로 잘라 새집에 뚫은 구멍에 끼워 고리를 만든다. 밧줄이나 노끈 끝을 묶는다.

5단계. **앞면과 뒷면 윤곽을 따라 그린 뒤 잘라낸다.**

이제 새집의 형태가 대충 갖춰졌지만 아직 앞면과 뒷면은 없는 상태이다. 이제 앞면과 뒷면을 만들어주자.

- ♦ 합판 위에 틀을 놓고 외곽을 따라 그린다. 여기에 '뒷면'이라고 쓴다.
- ♦ 틀을 뒤집어서 합판에 프레임 외곽을 따라 그린다. 여기에는 '앞면'이라고 쓴다.

4. 새집 걸 위치를 선정하고 밧줄로 고리를 만든다.

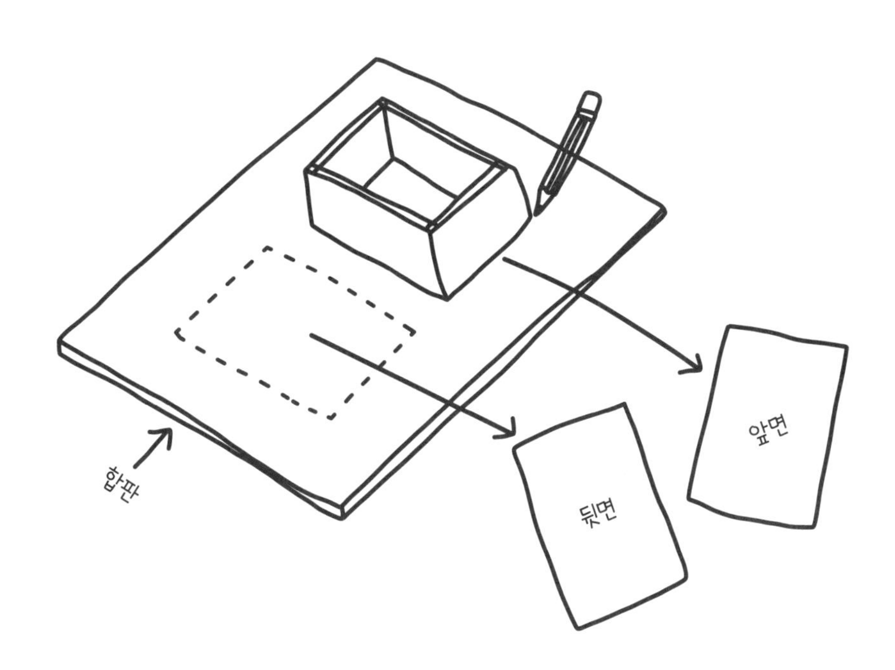

5. 앞면과 뒷면 윤곽을 따라 그린 뒤 잘라낸다.

- 합판을 톱질대나 작업대 표면에 고정하고 지그소로 재단선을 따라 잘라낸다.

6단계. **입구를 잘라낸다.**
이제 앞과 뒤에 벽이 생겼지만, 작은 새가 집으로 들어갈 입구가 없다!
도면으로 돌아가 입구와 횃대 위치를 확인한다.
해당 위치를 조금 전에 잘라낸 앞면에 표시한다. 입구 중앙에 그냥 X자 표시만 해도 된다.
2인치(약 5.1cm)나 3인치(약 7.6cm) 홀소 비트를 드릴이나 드릴 프레스에 끼우고, 내장된 파일럿 비트를 방금 그린 X자에 맞춘다. 합판을 단단히 고정한 뒤 구멍을 뚫자!

7단계. **횃대를 설치한다.**
손톱이나 각도 톱으로 목심을 4인치(약 10.2cm) 길이만큼 자른다.
¼인치(약 6mm) 드릴 비트로 새집 앞면의 입구 바로 아래에 구멍을 뚫는다.
목심의 끝과 드릴로 방금 뚫은 구멍에 목공용 접착제를 조금 바른다.
접착제가 마르기 전에 목심을 구멍에 붙인다. 목심을 이리저리 비틀며 쑤시듯이 끼워야 할 수도 있다!

8단계. **앞면과 뒷면을 샌딩해서 틀에 갖다 붙인다.**
이제 앞면과 뒷면을 붙일 준비가 끝났다!
앞면과 뒷면을 붙이기 전에 모서리를 빠르게 샌딩한다.
먼저 뒷면(횃대가 튀어나오지 않는 면)부터 시작하자. 새집 틀의 앞면이 작업대 바닥을 향하도록 뒤집어 놓고 삼나무 뒷면 가장자리를 따라 목공용 접착제를 바른다.
이제 모든 가장자리가 어긋나지 않도록 뒷면을 틀에 고정한다.
가장자리를 따라 약 3인치(약 7.6cm) 간격을 두고 못을 박는다. 이때 못은 가장자리에서 ⅜인치(약 1cm) 정도 안쪽으로 박아야 못이 뒷면 합판을 통과해 틀을 이루는 울타리 판자 한가운데에 박힌다.
뒷면을 붙이고 나면, 새집을 뒤집어서 같은 방식으로 앞면을 붙인다.

9단계. **페인트칠을 한 뒤 걸어준다.**
새 친구들이 새집에 관심을 가지고 새집을 진짜 집처럼 편하게 느낄 수 있도록 화려한 색으로 페인트를 칠해보자! 나무에 착색제를 바르거나 무늬를 그려 넣어도 된다. 새집에 폴리우레탄 코팅제를, 특히 합판으로 만든 앞뒷면에 발라도 된다. 이제 적당한 나뭇가지를 찾아서 새집을 매달아보자!

+ + 개선하기 + +

새집에 매다는 대신 기둥 위에 올릴 수도 있다. 이를 위한 지지대를 만드는 방법은 다양하지만, 그중에서 간단한 방법을 꼽으라면 양동이에 콘크리트를 붓고 4×4 크기의 금속 기둥 지지대를 그 속에 꽂는 것이다(기둥을 고정할 나사 구멍이 있는 쪽이 콘크리트 위쪽으로 오도록 하고 반대쪽을 마르지 않은 콘크리트 속에 담근다). 콘크리트가 마르면 기둥 지지대에 4×4 목재 기둥을 끼우고 나사로 고정한 다음 금속 브라켓을 추가해 기둥 위쪽에 새장을 설치한다. 이제 이 양동이를 땅에 묻거나 그대로 두면 기둥 위 새집이 완성이다.

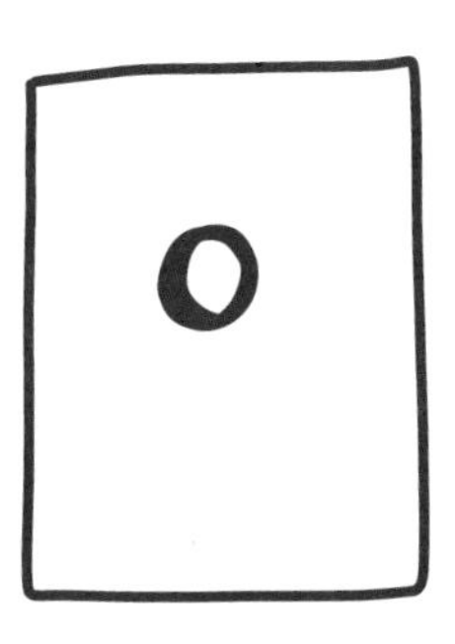

6. 입구를 잘라낸다.

7. 횃대를 설치한다.

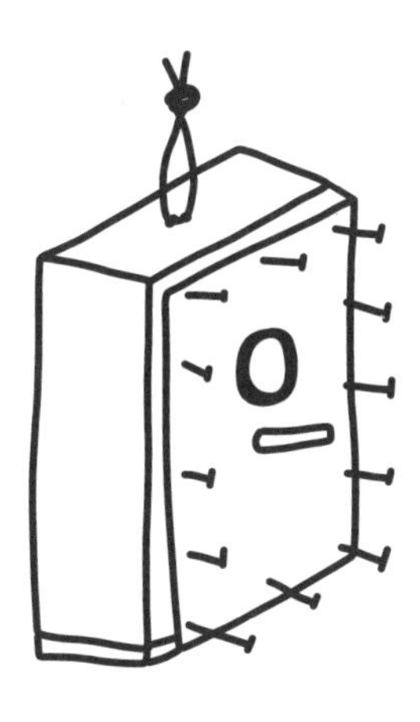

8. 앞면과 뒷면을 샌딩해서 프레임에 갖다 붙인다.

9. 페인트칠을 한 뒤 걸어준다.

벽걸이식 자전거 거치대 만들기

자전거는 정말 멋지지만, 안전하게 보관하기가 상당히 어렵다(바닥에 고정하는 일반 자전거 거치대를 졸업했다면 특히 더 그렇다). 내 자전거는 언제나 벽에 기대 세워놓기 때문에 조금만 건드려도 쓰러져서 바닥과 충돌하기 십상이다. 그러나 이번에 만들 자전거 거치대는 나무 샛기둥이 있는 벽에 쉽게 설치할 수 있고, 자전거를 바닥에서 떨어진 위치에 안전하게 보관할 수 있다. 아래 목록에 자전거 두 대용 거치대를 만드는 데 필요한 재료를 정리했지만, 한 대용으로도 만들 수 있다(이 경우 자전거 고리는 두 개만 필요하다).

재료

- 8피트(약 2.44m) 길이 2×4 두 개
- 6피트(약 1.83m) 길이 1×4 한 개
- 원한다면 주택 인테리어용 페인트와 페인트붓
- 3인치(약 7.6cm) 나무용 나사
- 자전거 걸이 네 개(물음표 모양으로 생겼으며 끝은 뾰족한 나사 모양이다)
- 2인치(약 5.1cm) 나무용 나사
- 5인치(약 12.7cm) 나무용 나사(아주 튼튼한 GRK 브랜드의 제품이 좋다)

공구

- 원한다면 샛기둥 감지기
- 연필
- 수준기나 다림추
- 줄자
- 스피드 스퀘어
- 각도 절단기 또는 원형 톱(전기 톱이 없다면 가로켜기 손톱)
- 샌딩 블록과 사포
- 드릴과 드릴 비트 세트
- 드라이버와 나사 크기에 맞는 드라이버 비트

안전 확인!

- 숙련되고 경험 많은 성인 메이커 동료
- 보안경(상시 착용!)
- 전기 톱을 사용하는 경우 귀마개
- 전기 톱을 사용하는 경우 방진 마스크
- 머리 뒤로 묶기
- 달랑거리는 액세서리, 끈 달린 후드티 피하기
- 팔꿈치까지 소매 접어 올리기
- 앞이 막힌 신발

1단계. **벽에서 샛기둥을 찾는다.**

당연하게도 이 단계가 가장 중요하다! 샛기둥이 있는 곳은 벽에 자전거 거치대를 설치할 수 있는 구조적으로 튼튼한 위치이다. 샛기둥을 무시하고 거치대를 그냥 석고 보드 위에 설치하면, 거치대가 떨어지면서 석고 보드도 깨질 수 있다. 망치로 샛기둥을 찾는 방법은 '샛기둥 감지기 없이 샛기둥 찾기'(214쪽)를 참고한다. 전자식 샛기둥 감지기를 사용해도 된다.

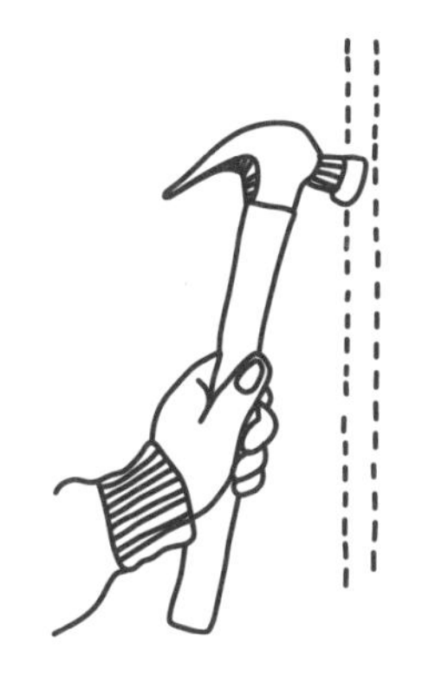

1. 벽에서 샛기둥을 찾는다.

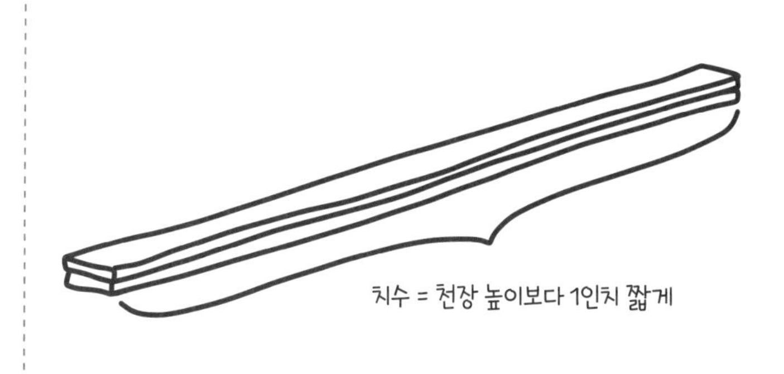

2. 2×4를 길이에 맞춰 재단한다.

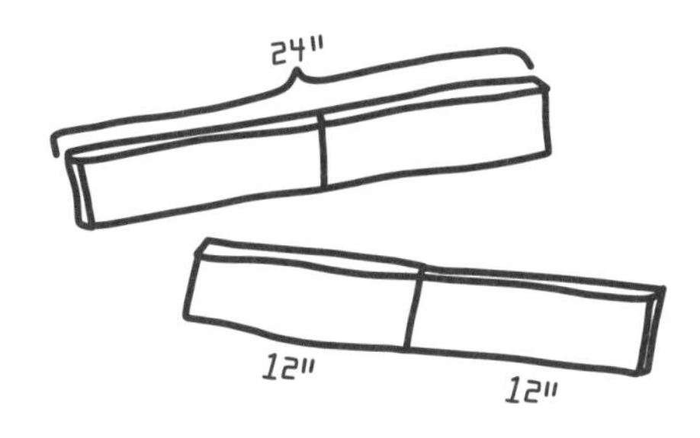

3. 1×4를 잘라 가로대를 만들고 중심선을 표시한다.

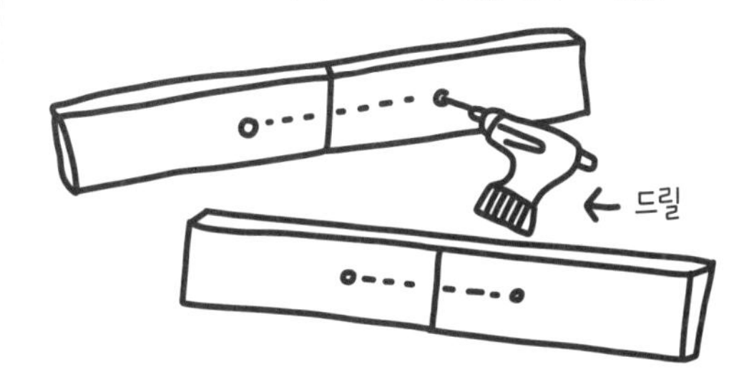

4. 가로대에 자전거 걸이를 걸 구멍을 뚫는다.

5. 원한다면 모든 조각에 페인트칠을 한다.

샛기둥을 찾았다면 연필로 X자를 그려 위치를 표시한다. 표시한 X자와 수직이 되는 지점에 X자를 몇 개 더 그린다. 수준기나 다림추를 사용해 X자를 직선으로 연결하면 샛기둥의 중심을 명확하게 표시할 수 있다. 바로 이곳에 자전거 거치대의 '프레임'이 될 2×4를 수직으로 설치한다.

2단계. **2×4를 길이에 맞춰 재단한다.**

자전거 거치대의 수직 프레임이 될 2×4 두 장을 겹쳐 벽에 나사로 고정할 것이다. 2×4를 하나만 사용하면 벽과의 거리가 충분하지 않아서 핸들을 정면으로 똑바로 걸어두기 힘들다.

이제 방의 높이에 맞춰서 2×4 두 개를 자른다. 먼저 바닥에서 천장까지 벽의 높이를 측정해보자(74쪽 줄자 꺾기 기술 사용). 높이가 8피트(약 2.44m)가 넘는다면 축하한다! 이것으로 재단은 끝이다. 2×4를 잘라낼 필요가 없이 8피트 길이를 그대로 사용하면 된다. 그러나 높이가 8피트 미만이라면 높이보다 1인치(약 2.5cm) 정도 짧게 2×4를 잘라낸다. 그래야 목재가 바닥과 천장 사이에 걸리지 않고 벽을 긁을 위험도 없다.

재단해야 하는 경우라면 줄자와 스피드 스퀘어, 연필을 사용해 재단선을 표시한 다음 각도 절단기나 손톱으로 잘라낸다.

절단면이 우둘투둘하다면 가장자리를 샌딩해준다.

3단계. **1×4를 잘라 가로대를 만들고 중심선을 표시한다.**

1×4 목재는 자전거를 고정해주는 가로대가 된다.

자전거가 두 대라면 24인치(약 61cm) 두 개를 자른다.

각 조각에 중심점(양 끝에서 12인치/약 30.5cm 떨어진 지점)을 표시하고 스피드 스퀘어로 중심선을 그린다. 이렇게 해두면 다음 단계가 수월해진다.

필요하다면 절단면을 빠르게 샌딩한다.

4단계. **가로대에 자전거 걸이를 걸 구멍을 뚫는다.**

자전거 걸이를 걸 파일럿 홀을 뚫기 위해 걸이 나사의 몸통(가로대에 박을 나사산이 있는 부분) 크기에 맞는 드릴 비트를 찾는다. 비트 크기는 자전거 걸이의 나사 직경(나사산을 제외한 생크의 직경)보다 약간 작아야 한다. 아마도 파일럿 홀용으로 3⁄16인치(약 5mm)나 ¼인치(약 6mm) 크기의 드릴 비트를 사용하면 될 것이다.

각 가로대의 중심점에서 6인치(약 15.2cm) 떨어진 두 곳에 구멍을 뚫는다. 그러면 두 구멍은 가로대의 가로 방향을 기준으로 서로 12인치(약 30.5cm) 떨어져 있는 셈이다.

5단계. **원한다면 모든 조각에 페인트칠을 한다.**

나무 조각에 페인트를 칠하고 싶다면 이 단계에서 한다. 이때 페인트는 주택 인테리어용 페인트를 사용한다. 자전거 거치대가 눈에 띄지 않도록 벽과 색상을 일치시킬 수도 있고, 벽과 대조되는 색을 칠하거나 색을 아예 칠하지 않고 그대로 둘 수도 있다.

6단계. **첫 번째 2×4를 벽에 고정한다.**

2×4 중 하나를 벽에 수직으로 둔다. 이때 중심이 앞(1단계)에서 표시해둔 샛기둥의 위치와 일치해야 한다. 여기서 잘 생각해야 하는데, 2×4를 설치한 후에는 그려둔 샛기둥 표시를 볼 수 없기 때문이다. 위치를 정확히 파악하려면 벽에 표시한 선에서 양쪽으로 1¾인치(약 4.4cm) 떨어진 곳에 선을 그려줘도 된다(2×4의 실제 너비는 3½인치/약 8.9cm라는 사실, 잊지 않았으리라 믿는다). 이렇게 하면 새로 그은 두 선 사이에 2×4가 오도록 두면 된다.

수준기나 다림추를 사용해 2×4가 완벽하게 수직하는지, 그리고 2×4 전체가 샛기둥의 위치와 일치하는지 확인한다.

3인치(약 7.6cm) 나사를 드라이버로 2×4의 중앙을 따

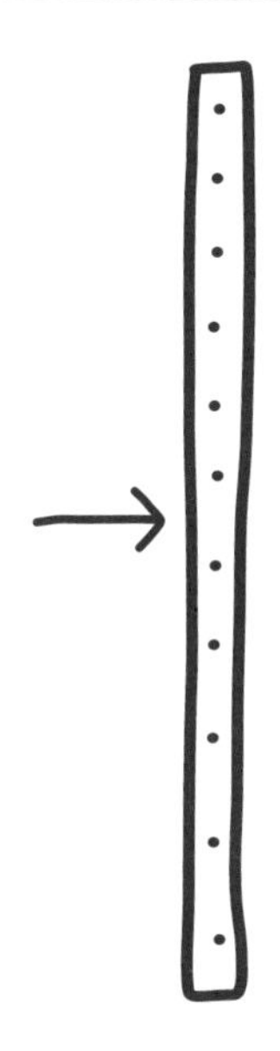

6. 첫 번째 2×4를 벽에 고정한다.

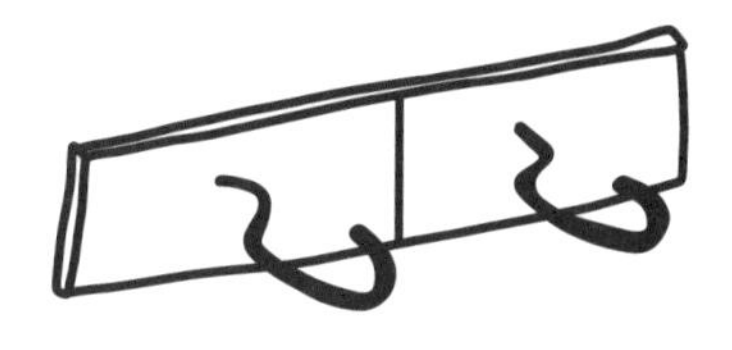

7. 자전거 걸이를 가로대에 설치한다.

8. 가로대를 두 번째 2×4에 고정한다.

9. 두 번째 2×4를 벽에 고정한 첫 번째 2×4와 연결한 다음 자전거를 건다!

라 8인치(약 20.3cm) 간격으로 한 개씩 박아 고정한다. 나사는 2×4와 석고 보드를 통과한 뒤 샛기둥에 박힌다.

7단계. **바이크 걸이를 가로대에 설치한다.**

페인트가 완전히 말랐다면 자전거 걸이를 설치할 파일럿 홀을 뚫어도 된다. 파일럿 홀은 손으로 뚫을 수도 있다. 1×4의 두께는 ¾인치(약 1.9cm)에 불과하지만, 자전거 걸이의 고무 코팅 부분이 있는 곳까지 나사를 완전히 박아 넣는다. 나사 부분이 1×4 뒤쪽으로 조금 튀어나올 수도 있지만 크게 문제가 되지는 않는다.

8단계. **가로대를 두 번째 2×4에 고정한다.**

먼저, 자전거를 대보면서 자전거 높이를 기준으로 가로대를 설치할 가장 적절한 위치를 찾는다. 가로대를 지나치게 낮게 달거나 두 가로대를 너무 가깝게 달면 자전거를 여유롭게 걸 공간이 부족해진다.

수직으로 걸 두 번째 2×4 조각을 바닥에 평평하게 놓는다.

가로대를 설치할 대략의 위치를 파악하기 위해 자전거를 2×4 위에 걸쳐 본다(가로대에 자전거의 프레임 위쪽, 탑튜브를 걸친다). 이 지점을 2×4에 대략적으로 표시한다.

가로대의 중심점이 2×4의 중심선과 일치하도록 가로대를 2×4에 수직으로 연결한다. 2×4의 너비가 3½인치(약 8.9cm)이므로 2×4의 중심(양 끝에서 1¾인치/약 4.4cm 위치)을 찾아서 표시한 다음 이를 1×4의 중심과 맞춘다. 중심점을 맞추는 작업은 아주 중요하다. 이 작업을 잘해야 자전거를 걸었을 때 균형과 안정감이 생긴다.

모두 완벽하게 배열했다면 이제 2인치(약 5.1cm) 나사로 가로대를 2×4에 고정한다. 안정적으로 고정하기 위해 나사를 삼각형 모양으로 세 개 박는다.

9단계. **두 번째 2×4를 벽에 고정한 첫 번째 2×4와 연결한 다음 자전거를 건다!**

이제 두 번째 2×4를 첫 번째와 나란히 포개고 아주 긴 5인치(약 12.7cm) 나사를 박는다. 이 나사가 2×4 두 개와 석고 보드를 지나 샛기둥에 박혀 모든 조각을 아주 단단히 연결해준다. 5인치 나사는 먼저 박은 나사와 부딪히지 않도록 2×4의 중심선을 살짝 빗겨난 곳에 박는다. 자 이제 자전거를 들어서 걸어주자!

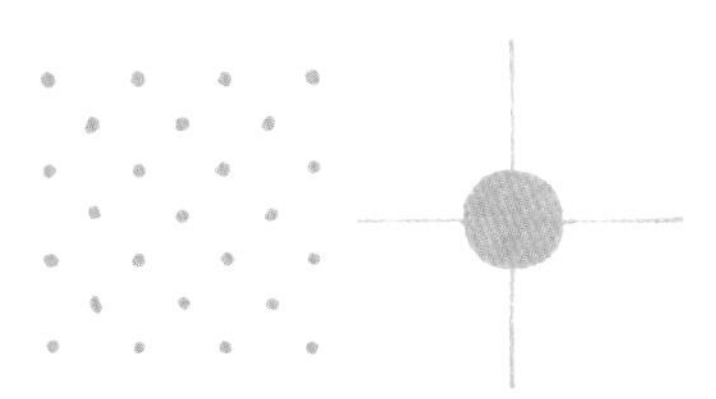

모듈식 책장 만들기

걸스 개라지에서는 여름 캠프 동안 여성 청소년 스물네 명이 매주 힘을 모아 지역 사회 파트너를 위한 프로젝트를 만든다. 어느 여름에 우리 지역의 여성 쉼터에서 응접실 벽 전체를 채울 책장을 만들어달라고 요청했다. 그래서 우리는 모듈식 책장을 제작하기로 했다. 여학생 한 명당 정육면체 책장 모듈 하나를 만들고, '우리 전체는 우리 부분의 합보다 크다'라는 의미로 총 스물네 개의 모듈을 결합해 거대한 책장을 만들었다. 이 프로젝트는 다양한 크기와 형태의 육면체 모듈을 만들어 모자이크처럼 조립하는 식으로 수정할 수도 있다. 개인적으로 1x12 판자(가장 흔한 종류는 소나무나 포플러)를 가장 선호하는데 너비(실제로는 12인치/약 30.5cm가 아닌 11¼인치/약 28.6cm)가 책장 깊이로 안성맞춤이기 때문이다.

재료

- 1×12 판자(12×12×12인치/약 30.5cm 정육면체 모듈당 4피트(약 1.22m) 이상). ¾인치(약 1.9cm) 두께의 합판도 되지만 이 경우 너비 11¼인치(약 28.6cm)의 긴 조각을 잘라주어야 한다.
- 1⅝인치(약 4.1cm) 나사
- 원한다면 주택 인테리어용 페인트와 페인트붓
- 1¼인치(약 3.2cm) 나사
- 도포식 폴리우레탄 코팅제(투명 또는 유색)
- 폴리우레탄 코팅제를 바를 때 손을 보호해줄 일회용 니트릴 장갑
- 벽에 선반을 고정하기 위한 L자 브래킷

공구

- 원형 톱 또는 테이블 톱(합판을 가느다란 조각으로 자르는 경우)
- 스피드 스퀘어
- 줄자
- 연필
- 각도 절단기(가장 좋다) 또는 원형 톱 또는 손톱
- 샌딩 블록과 중간 거칠기 사포
- 드릴과 파일럿 홀을 뚫을 3⁄32인치(약 2mm) 드릴 비트
- 드라이버와 나사 크기에 맞는 드라이버 비트
- 클램프

안전 확인!

- 숙련되고 경험 많은 성인 메이커 동료
- 보안경(상시 착용!)
- 전기 톱을 사용하는 경우 귀마개
- 전기 톱을 사용하는 경우 방진 마스크
- 머리 뒤로 묶기
- 달랑거리는 액세서리, 끈 달린 후드티 피하기
- 팔꿈치까지 소매 접어 올리기
- 앞이 막힌 신발

1단계. **책장의 크기(와 필요한 모듈 개수)를 정한다.**

여기서 소개하는 책장은 집짓기 블록처럼 모듈 여러 개를 서로 연결해 만든다. 각 모듈의 크기는 약 1x1x1피트(약 30.5x30.5x30.5cm)이다. 책장을 그려보면 전체 길이를 계산할 수 있어 설치할 공간에 맞을지 확인이 가능하다. 내가 가장 좋아하는 구성은 네 개씩 3열을 쌓은 모듈 열두 개짜리 책장으로, 가운데 줄은 벽돌을 쌓듯이 아래 줄과 엇갈리게 배치한다. 그러나 즐겁게 모듈을 이리저리 배치해보고 자신만의 배치를 찾아도 된다!

2단계. **합판을 사용한다면 세로 11¼인치(약 28.6cm)가 되도록 길게 자른다.**

합판을 사용하는 경우, 합판 전체, 절반만 해도 세로가 11¼인치(약 28.6cm)보다 길다. 그러니 합판을 세로가 11¼인치인 긴 막대 모양으로 잘라준다. 1x12 목재라고 해도 실제 길이는 12인치가 아니라 11¼인치이기 때문에, 여기에 맞춰 잘라주어야 한다. 1x12 목재를 사용한다면 이 단계를 건너뛴다.

가능하다면 원형 톱이나 테이블 톱을 사용해서 합판을 세로 11¼인치의 긴 조각으로 잘라낸다. 만들려는 모듈 하나당 길이가 4피트(약 1.22m) 이상인 목재가 필요하니, 이를 기준으로 필요한 목재 길이를 계산한다.

합판이 한 장(4×8피트/약 1.22×2.44m) 있다면 세로가 11¼인치인 8피트 길이의 긴 목재를 네 개 얻을 수 있다.

3단계. **모듈의 변 길이가 모두 12인치(약 30.5cm)가 되도록 자른다.**

이 작업에 가장 적합한 공구는 각도 절단기이지만, 1×12를 사용할 수 있을 정도로 작업 표면이 넓은 각도 절단기여야 한다. 이 정도로 큰 각도 절단기가 없다면 원형 톱이나 손톱(과 근육!)을 사용한다.

이제 스피드 스퀘어와 줄자를 챙긴다.

그리고 1×12에서 12인치만큼 길이를 잰다. 길이를 재고 자르고, 또 길이를 재고 자른다. 모듈 하나당 12인치 길이의 1x12가 네 개씩 필요하니, 필요한 개수를 계산해 자른다! 완성된 조각의 세로는 11¼인치, 가로는 12인치여야 한다. 11¼인치 길이는 책장 깊이에 해당한다.

4단계. **모서리를 샌딩한다.**

모듈을 조립하고 나면 조각이 만나는 곳의 모든 틈새를 샌딩하기가 어려우므로 이 단계에서 중간 거칠기의 사포를 끼운 샌딩 블록으로 잘라낸 조각의 가장자리를 모두 샌딩해주는 것이 좋다.

5단계. **바람개비 모양으로 모듈을 조립한다.**

조립하려면 네 조각의 12인치 모서리 쪽이 바닥으로 가도록 수직으로 세운다(다시 한 번 말하지만 11¼인치 길이가 모듈의 깊이가 된다). 바람개비 모양으로 정사각형으로 배열하여 한 조각이 다른 조각의 꼬리를 물게 한다(설명이 어려우면 그림을 참고한다!). 한 조각의 길이가 12인치, 합판의 두께가 ¾인치이므로 이 작업을 제대로 마무리하면 조립한 모듈의 한 변 길이는 12¾인치(약32.4cm)가 되어야 한다.

모서리 연결 부위당 1⅝인치(약 4.1cm) 나사 세 개가 필요하다. 나사 박을 위치를 연필로 먼저 표시해도 된다. 한쪽부터 시작해 첫 나사의 파일럿 홀을 뚫고 나사를 조인다. 이 작업을 반복해 나사 세 개를 모두 설치한다. 그런 다음 남은 모서리 연결 부위와, 다른 모듈에도 같은 작업을 반복한다. 휴, 박아야 할 나사가 정말 많다!

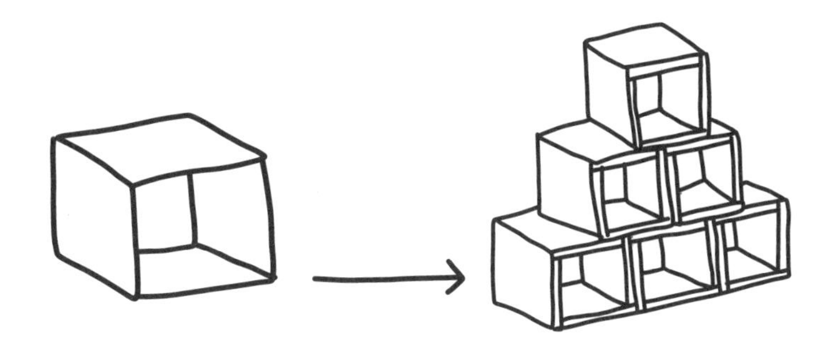

1. 책장의 크기(와 필요한 모듈 개수)를 정한다.

2. 합판을 사용한다면 세로 11¼인치로 길게 자른다.

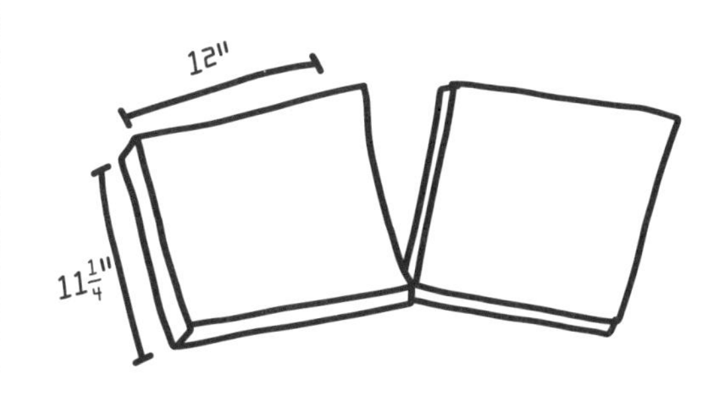

3. 가로가 모두 12인치가 되도록 모듈의 면을 자른다.

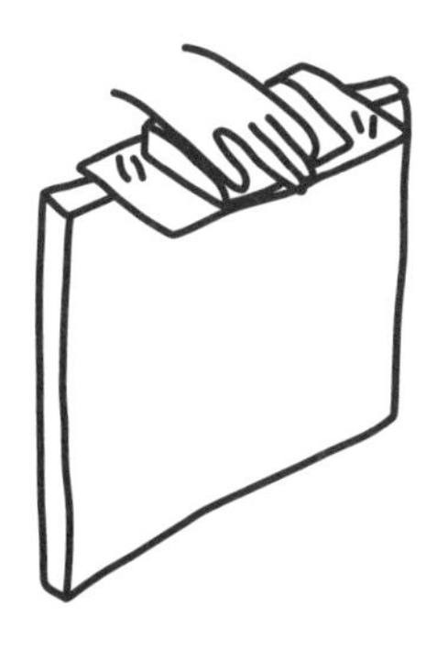

4. 모서리를 샌딩한다.

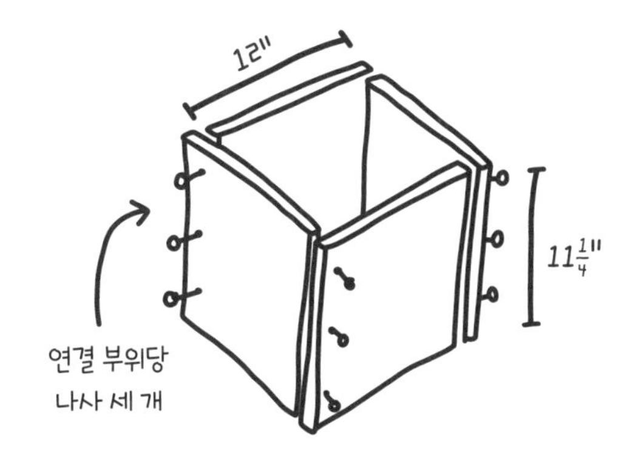

5. 바람개비 모양으로 모듈을 조립한다.

6단계. 페인트를 칠하고 모듈을 배치한다.

지금이 모듈을 배치한 후보다 페인트칠하기가 훨씬 쉽다. 그러니 내면의 어린아이는 잠시 달래놓고 모듈을 블록처럼 옆에 쌓아놓은 후에 멋진 구성과 색칠 조합을 먼저 정하자. 페인트는 원하는 색으로 칠하되, 다음 단계로 넘어가기 전에 완전히 건조시킨다.

7단계. 모듈을 서로 연결한다.

아름답게 조립해 페인트를 칠한(안 해도 된다) 모듈 더미가 준비되었으니 이제 모두 함께 연결해보자.

가장 아래 줄부터 시작해서 모듈 두 개를 나란히 놓는다. 클램프 한두 개로 서로 단단히 고정한다.

서로 맞닿는 면은 1¼인치(약 3.2cm) 나사 네 개를 사각형 모양으로 설치해 연결한다. 파일럿 홀은 필요 없다. 나무 조각의 두께가 충분히 두꺼워 나사가 반대편을 뚫고 나갈 일이 없기 때문이다.

모듈을 서로 이어 가장 아래 줄을 완성했다면, 그다음 줄을 연결한다.

일부러 위아래를 지그재그 형태로 쌓고자 한다면 연결 나사를 설치할 위치를 최대한 잘 정해야 한다.

8단계. 투명 코팅제를 칠하고 책을 채운다!

책장에 페인트칠을 하지 않았다면 얼룩과 변색을 방지하기 위해 투명 코팅제를 가볍게 발라준다. 책장에서 먼지를 털어내고 도포식 폴리우레탄 코팅제를 발라준다(이 작업은 실외에서 해야 한다!). 그런 다음 책을 가져다 책장을 채우자! 책장은 직접 만든 다양한 프로젝트를 한데 모아 전시하는 장식장으로 쓸 수도 있다. 책장을 벽 쪽에 설치하는 경우 L자 소형 브라켓 4~6개를 사용해 한쪽은 책장과, 다른 한 쪽은 벽과 연결해준다.

9단계. (선택 사항) 뒷면을 부착한다.

책장에 뒷면을 달고 싶다면, 합판 위에 책장을 평평하게 놓는다. 그런 다음 합판에 책장의 윤곽을 그린 뒤 원형 톱이나 지그소로 잘라낸다. 1¼인치(약 3.2cm) 나사를 합판의 가장자리와 중간의 주요 지점 몇 군데에 설치해 합판을 책장 뒷면에 부착한다. 뒷면을 부착했다면 나사가 뒷면을 통과해 벽 샛기둥으로 들어가도록 설치해서 책장을 벽에 직접 고정할 수 있다.

+ + 개선하기 + +

모듈이 정육면체면 멋지기는 하지만 각각의 모듈이 꼭 12×12×12인치일 필요는 없다! 재단할 치수와 모듈 크기를 똑같이 하기는 쉽지만, 크기가 다른 정육면체나 사각형으로 여러 시도를 해보고 이들을 비대칭으로 조립할 수도 있다. 여러 모양과 크기를 시도하면서 즐겨보자!

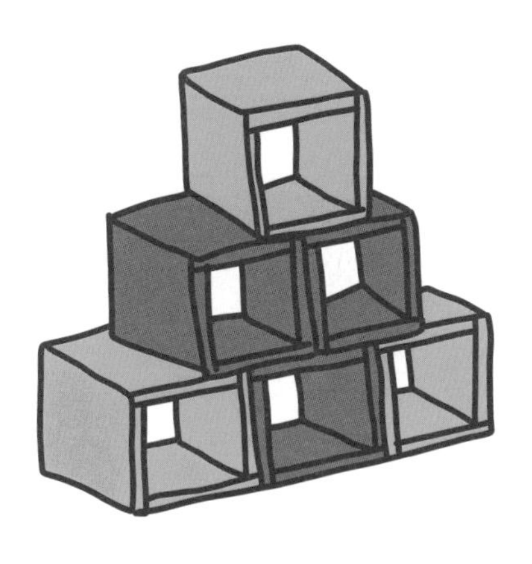

6. 페인트를 칠하고 모듈을 배치한다.

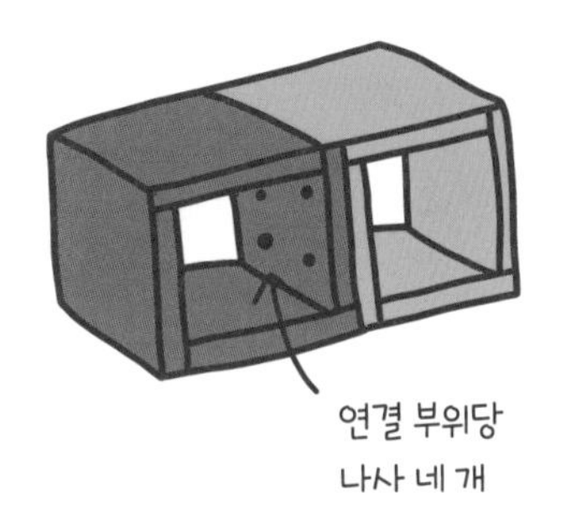

7. 모듈을 서로 연결한다.

8. 투명 코팅제를 칠하고 책을 채운다!

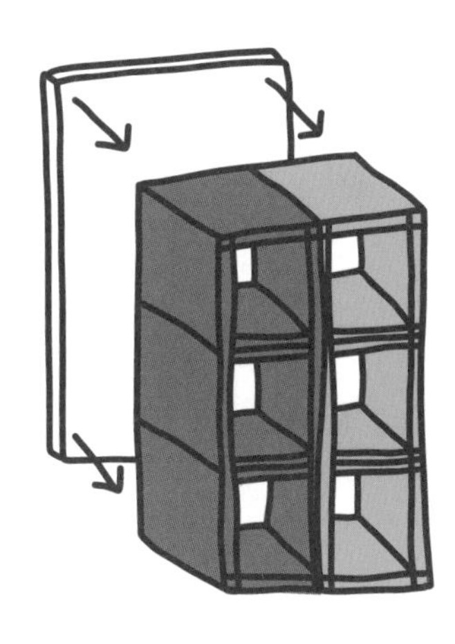

9. (선택 사항) 뒷면을 부착한다.

우유갑으로 콘크리트 화분 만들기

콘크리트를 개서 붓다 보면 어린 시절 모래밭에서 모래와 물을 섞어서 완벽한 모래성의 형태를 만들던 때가 떠오른다. 콘크리트도 이와 비슷하게 사용할 수 있다. 콘크리트를 주형(거푸집)에 붓고 나중에 주형을 제거해 콘크리트 조각을 빼내면 된다. 이 프로젝트의 원리는 플라스틱 병 등 다양한 주형을 사용하거나 목재로 주형을 직접 만드는 등 기타 다양한 방식으로 적용해볼 수 있다(주형이란 기본적으로 콘크리트를 붓고 콘크리트가 굳고 나면 제거할 수 있는 틀을 말한다).

재료

- ½갤런(약 1.9L) 우유갑
- 콘크리트 가루 포대(신속 건조 믹스 또는 더 매끈하고 완성도 있는 물건을 만들려면 고운 공예용 믹스)
- 물
- 일회용 플라스틱 컵 작은 것(지름이 우유갑 절반 정도 되는 크기)
- 동전이나 자갈, 철물(컵을 가라앉힐 추 역할)
- 원한다면 페인트와 페인트붓(스프레이 페인트 또는 미술용/공예용 페인트)
- 스프레이식 수성 폴리우레탄 코팅제
- 화분용 흙
- 다육 식물 또는 기타 식물

공구

- 가위
- 믹싱 볼
- 믹싱 스푼
- 나무 젓가락 또는 커피 스틱
- 클램프 두 개
- 커터칼
- 플라이어
- 고운 거칠기의 사포(220그릿 이상)

안전 확인!

- 숙련되고 경험 많은 성인 메이커 동료
- 보안경(상시 착용!)
- 전기 톱을 사용하는 경우 귀마개
- 방진 마스크

1단계. **우유갑을 자른다.**

가위로 우유갑을 원하는 높이까지 자른다. 정육면체 모양으로 자르면 만들기 수월하고 다육 식물을 심을 때 비율도 좋아서, 나는 보통 약 6인치(약 15.2cm) 높이로 자른다(그러나 콘크리트는 4인치/약 10.2cm까지만 채울 것이다).

2단계. **콘크리트를 물과 섞는다(지나치게 묽지 않아야 한다!).**

포대의 콘크리트 가루를 붓거나 퍼낸다. 이때 가루가 많이 날릴 수 있으니 방진 마스크를 쓰는 편이 좋다.

1. 우유갑을 자른다.

2. 콘크리트를 물과 섞는다(지나치게 묽지 않아야 한다!).

3. 콘크리트를 붓고 컵을 넣은 뒤 콘크리트를 더 부어준다.

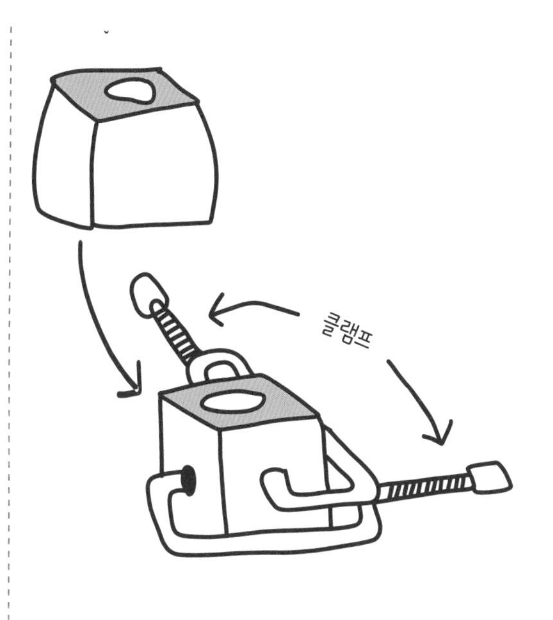

4. 기포를 제거하고 주형을 '곧게 세운다'.

사용하는 콘크리트 배합 제품에 해당하는 섞기 지침을 따른다. 믹싱 볼과 재사용이 가능한 믹싱 스푼을 사용한다(근육도 조금 사용해주어야 한다!).
일반적으로 건조한 콘크리트 배합 제품에 물을 부을 때는 한 번에 조금씩 붓는 것이 좋다. 콘크리트의 반죽 질기는 물과 섞은 모래가 흐르지 않고 형태를 만들었을 때 그 형태를 유지할 수 있을 정도여야 한다. 물을 너무 많이 섞은 콘크리트를 사용하면 완성했을 때 부서지거나 균열이 발생하기 쉽다!

3단계. **콘크리트를 붓고 컵을 넣은 뒤 콘크리트를 더 부어준다.**
믹싱 스푼으로 물에 갠 콘크리트를 우유갑 반 정도 찰 때까지 붓는다.
컵에 자갈이나 동전, 철물 등을 가득 채우면 약간 무거워져 위치를 고정하기 쉽다. 우유갑 속, 방금 부은 콘크리트 위에 컵을 넣는다.
이제 원하는 화분 높이만큼 우유갑에 콘크리트를 채운다. 나중에 뜯어서 제거하기 쉽도록 우유갑의 위에서 1인치(약 2.5cm) 정도까지는 콘크리트를 채우지 않는 편이 좋다. 컵에 추를 넣었으므로 컵이 위로 떠오르지 않는다.

4단계. **기포를 제거하고 주형을 '곧게 세운다'.**
거의 끝나간다! 콘크리트 반죽이 아주 질지 않으면 반죽에 공기 방울이 생기는데, 이 공기 방울은 반드시 제거해주어야 한다.
젓가락으로 콘크리트 반죽을 찔러서 기포를 제거한다. 특히 종이 갑 옆면을 따라 찌르고, 손으로 바깥쪽도 가볍게 두드려준다. 반죽 윗면이 매끄럽고 균일해 보이면 잘된 것이다.
또 종이 갑 측면이 부풀어 오르는 것이 눈에 띌 것이다. 그냥 사각형이 아니라 옆구리가 불룩한 사각형 같아 보인다. 클램프 두 개를 앞뒤, 좌우로 걸쳐 우유갑을 곧게 세운다. 그러나 지나치게 세게 죄지는 않는다. 측면이 직사각형이 될 만큼만 고정한다. 이제 콘크리트 작업이 끝났다!

5단계. **24시간 양생한 다음 우유갑을 제거하고 샌딩한다.**
콘크리트에서 손을 떼고 콘크리트 배합 설명서에 적힌 시간(보통 24시간 정도) 동안 굳도록 둔다. 온전한 양생(curing) 시간을 거치는 것이 중요하다. 그렇지 않으면 화분에 균열이 생기기 쉽다. 양생 과정이 잘되도록 직사광선을 피해 서늘한 곳에 두자.
이제 정리할 시간이다! 재사용이 가능한 믹싱 볼은 (또는 주방에서 '빌려온' 그릇은) 다시 쓸 수 있도록 깨끗이 닦아둔다.
콘크리트가 양생 과정을 거쳐 완전히 굳으면 우유갑을 손으로 찢거나(쉽게 찢어진다) 커터칼로 잘라낸다.
컵이 잘 안 빠질 수도 있다. 플라이어로 잡아당겨도 된다. 갈라지거나 찢어질 걱정은 하지 않아도 된다. 컵을 빼내는 동안 화분 가장자리가 금 가지 않도록 주의하자. 이 단계에서는 콘크리트가 아직 완전히 굳지 않은 부분이 있을 수도 있다.
고운 사포(220그릿 이상이 좋다)로 들쭉날쭉한 가장자리를 샌딩해서 화분을 부드럽게 다듬자!

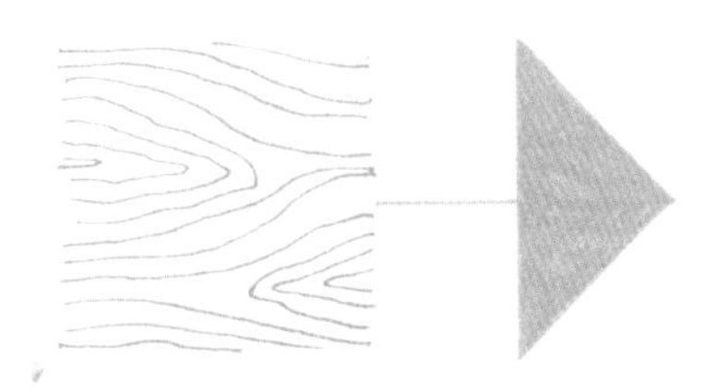

5. 24시간 양생한 다음 우유갑을 제거하고 샌딩한다.

6. 페인트칠을 하고 밀폐제를 바른 뒤 식물을 심는다!

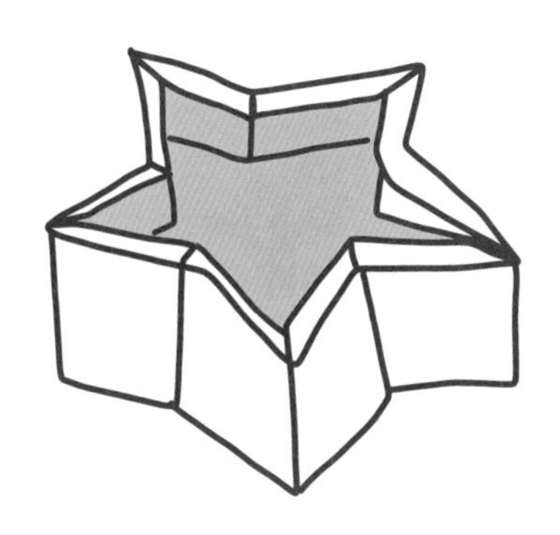

개선하기. 다른 모양의 용기에 콘크리트를 붓는다.
단, 용기를 제거할 수 있는 방법이 있는지 미리 확인해야 한다.

6단계. **페인트칠을 하고 밀폐제를 바른 뒤 식물을 심는다!**

이제 화분을 칠할 시간이다.

무늬에 따라 특정 부분에 마스킹 테이프를 붙이고 스프레이 페인트를 뿌리거나 페인트펜으로 작고 세밀한 부분을 그릴 수도 있다. 내가 가장 좋아하는 방식은 마스킹 테이프로 큰 기하학적 무늬를 만들고 그 위에 금속 느낌이 나는 스프레이를 뿌리는 것이다. 다양한 방법으로 즐겨보자!

그런 다음 수성 폴리우레탄 코팅제를 빠르게 도포하여 습기나 얼룩이 생기는 일을 방지한다.

이제 흙을 조금 넣고 작은 다육 식물을 심으면 화분 완성이다!

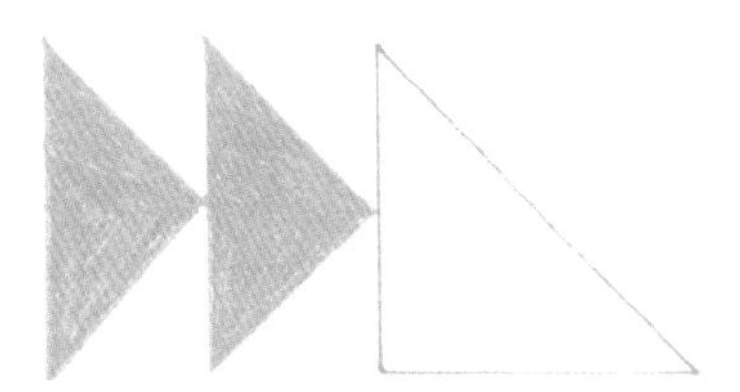

+ + 개선하기 + +

이 프로젝트는 무한한 방법으로 변형해볼 수 있다! 종이 우유갑은 쉽게 뜯어낼 수 있기 때문에 콘크리트와 함께 처음 사용하기에는 괜찮은 재료다. 그러나 우유갑 대신 플라스틱 물병에 콘크리트를 붓고 건조시켜 물병을 잘라내도 된다. 아니면 좀 더 긴 그릇을 만들어서 꽃병으로 쓰거나 단단한 블록을 만들어 문진으로 쓴다.

고급 금형 제작 기술을 사용할 때는 목재를 거푸집으로 사용한다. 기본적으로 합판으로 만든 상자는 무엇이든 콘크리트를 부을 수 있다(단, 제거가 쉽도록 바셀린이나 스프레이 형태의 이형제를 사용하자). 상자를 만들 때는 합판을 짧은 나사로 연결하면 콘크리트가 굳었을 때 합판을 제거하기 쉽다. 커다란 판 형태로 만들어 커피 테이블의 상판으로 써도 되고, 도로 포장용 블록이나 징검다리 같은 작은 형태를 만들어도 된다. 거푸집 작업을 할 때 내가 즐겨 쓰는 재료는 멜라민 치장판(melamine board)이다. 멜라민 치장판은 앞뒷면이 플라스틱 라미네이트인 파티클 보드로, 콘크리트가 굳었을 때 쉽게 떼어낼 수 있다.

다리 달린 화분 상자 만들기

나는 이렇게 생긴 화분 상자를 캘리포니아주 남부에 위치한 생태 센터(Ecology Center)에서 처음 보았다. 생태 센터는 사람들에게 영감을 주는 환경 운동가 단체가 더욱 지속 가능한 삶을 위한 간단한 해법을 널리 알리기 위해 설립한 곳이다. 가정이나 사무실, 학교 등 여유 공간이 부족해도 이런 화분 상자를 만들어 어디에나 놓을 수 있다. 그리고 다리가 달려 있어서 식물을 심고 물을 주려고 허리를 굽히지 않아도 된다. 우리는 소녀들, 학생들, 교사들과 함께 이 화분을 50개쯤 만들었다. 언제나 재미있는 팀 프로젝트였다! 여기에 사용하는 삼나무 울타리 판자는 가격이 저렴하고 실외용이기 때문에 비를 맞아도 썩지 않는다. 다리로 사용할 난간동자는 미국 삼나무로 만든 것으로 이 역시 실외에 두기 좋다. 다른 목재를 사용한다면 2×2를 사용하고 바니시(varnish)나 폴리우레탄 광택제를 발라 수분 침투를 막아준다.

재료

- 길이 5피트(약 1.52m)짜리 삼나무 울타리 판자 다섯 개
- 난간동자 네 개(난간동자는 계단 난간을 만들기 위해 미리 재단해놓은 목재를 말한다. 미국 삼나무나 날씨 변화를 잘 견디는 목재로 만들며 장식 없이 옆모습이 사각형인 제품을 구입한다)
- 1⅝인치(약 4.1cm) 나무용 나사
- 1인치(약 2.5cm) 나사(몇 개만 준비)

공구

- 각도 절단기 또는 손톱
- 줄자
- 스피드 스퀘어
- 연필
- 고무 샌딩 블록과 중간 거칠기 사포
- 드릴, 파일럿 홀을 뚫을 3/32인치(약 2mm) 드릴 비트, 물빠짐 구멍을 뚫을 ½인치(약 1.3cm) 드릴 비트
- 드라이버와 나사 크기에 맞는 드라이버 비트
- 클램프
- 실톱 또는 등대기 톱

안전 확인!

- 숙련되고 경험 많은 성인 메이커 동료
- 보안경(상시 착용!)
- 전기 톱을 사용하는 경우 귀마개
- 전기 톱을 사용하는 경우 방진 마스크
- 머리 뒤로 묶기
- 달랑대는 액세서리, 끈 달린 후드티 피하기
- 팔꿈치까지 소매 접어 올리기
- 앞이 막힌 신발

1단계. **울타리 판자에서 옆면, 바닥면, 난간동자를 잘라낸다.**

각도 절단기가 있으면 사용하자. 없으면 가로켜기 톱이나 손톱을 사용해도 된다(단, 직선으로 바르게 절단해야 한다!).

줄자로 측정하고 스피드 스퀘어로 완벽히 수직을 이루는 직선으로 재단선을 그린다. 잊지 말고 측정한 다음 자르고, 다시 측정한 다음 자른다(한 번에 재단선을 다 그리지 않는다. 그러면 날어김 때문에 길이가 줄어들 수 있다). 재단 목록은 다음과 같다.

- 24인치(약 61cm) 길이 난간동자 네 개(화분 다리)
- 16인치(약 40.6cm) 길이 울타리 판자 네 개(짧은 옆면)
- 24인치 길이 울타리 판자 네 개(긴 옆면)
- 24½인치(약 62.2cm) 길이 울타리 판자 세 개(바닥면)
- 15½인치(약 39.4cm) 길이 울타리 판자 한 개(바닥면 가로대)

여기서 모든 모서리를 빠르게 샌딩해주면 좋다. 중간 정도 거칠기의 사포와 고무 샌딩 블록을 사용한다.

2단계. **옆면을 바람개비처럼 서로 연결한 다음 다리를 부착한다.**

'모듈식 책장 만들기' 프로젝트(285쪽 참고)에서처럼 여기서도 바람개비 조립 방식으로 직사각형 화분 상자의 안정성을 높인다. 화분 상자를 거꾸로 세워 조립하면 작업대 위에 옆면을 안정적으로 놓을 수 있어서 편하다.

16인치(약 40.6cm) 울타리 판자 두 개와 24인치(약 61cm) 울타리 판자 두 개를 직사각형이 되도록 모서리를 세워 배열한다.

사각형 꼭짓점에서 한 면이 바람개비 날개처럼 다른 면과 맞물리도록 연결해준다(299쪽 그림 참고).

꼭짓점마다 다리를 세로로 대고, 드릴과 3⁄32인치(약 2mm) 드릴 비트로 옆면과 다리에 파일럿 홀을 두 개 뚫은 다음 1⅝인치(약 4.1cm) 나무용 나사로 연결해준다. 나무용 나사는 바깥에서 안쪽으로 즉, 옆면을 통과해 다리로 들어가도록 박아야 한다. 모든 부위를 안정적으로 곧게 고정하기 위해서는 도와줄 친구와 클램프 몇 개, 스피드 스퀘어가 필요할 수도 있다. 연결 부위마다 나사를 두 개씩 박아준다.

이제 옆면의 두 번째 단을 만들자. 첫 번째 단을 이미 만들었으니, 두 번째 단은 훨씬 쉬울 것이다!

3단계. **바닥면 두 개의 귀퉁이 두 군데를 직사각형으로 잘라낸다.**

여기까지 따라왔다면 옆면은 있지만 바닥면이 없는 화분 상자가 완성되었다. 상자를 뒤집어서 바닥면을 설치해보자. 방법은 다음과 같다. 조각 세 개로 상자 바닥면을 전부 덮어 옆면과 연결하게 된다. 바깥 두 장은 다리가 들어가도록 사각형 모양으로 귀퉁이를 잘라내야 한다.

바닥면을 만들 24½인치(약 62.2cm) 조각 세 개를 가져오자. 그중 두 개는 귀퉁이 두 곳을 2¼x2¼인치(약 5.7x5.7cm) 정사각형 크기로 잘라낸다. 전기 톱이 없어도 실톱이나 등대기 톱으로도 쉽게 자를 수 있다.

이제 귀퉁이 두 곳을 잘라낸 조각 두 개와 온전한 조각 한 개가 완성되었다.

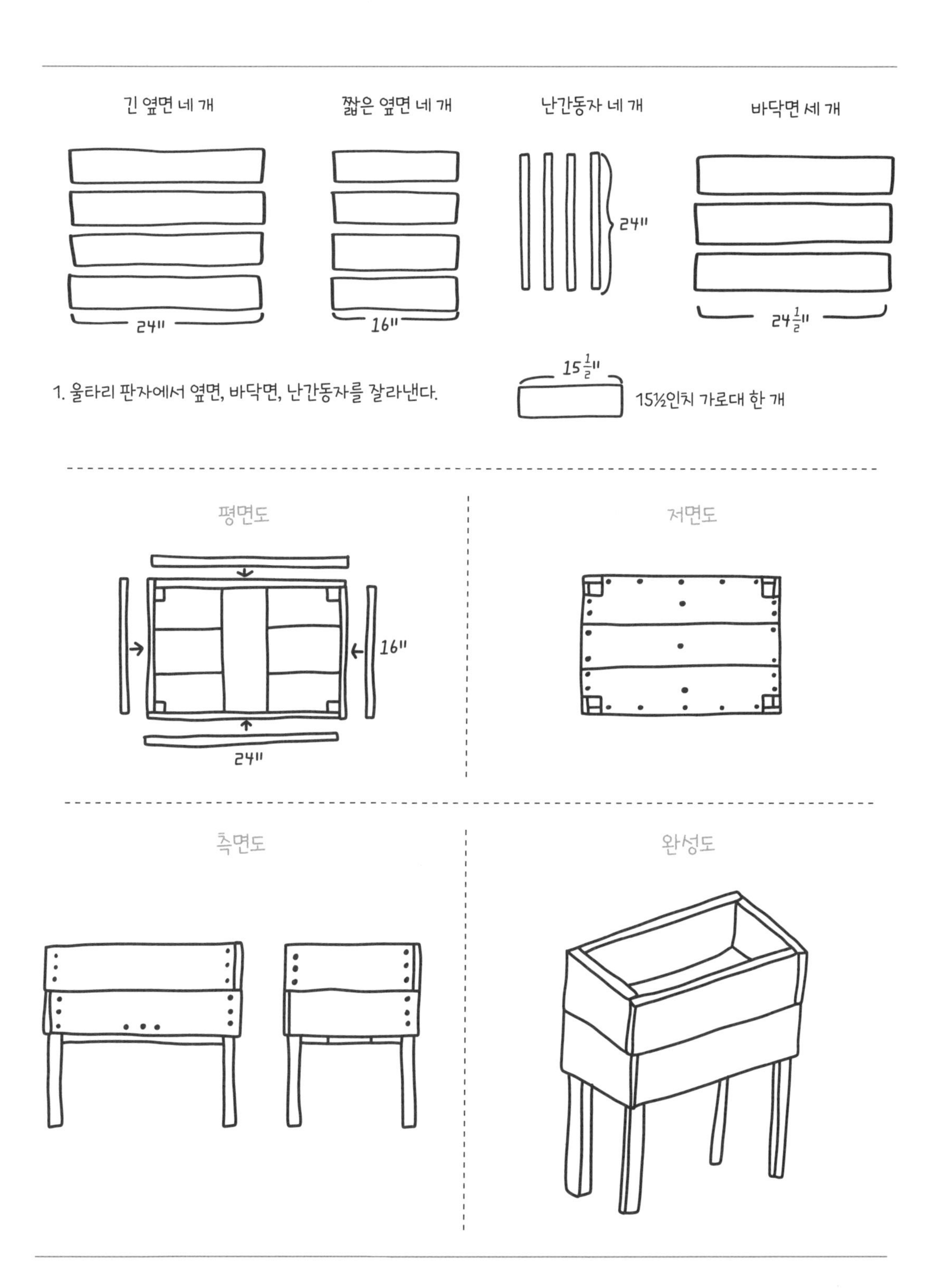

긴 옆면 네 개
짧은 옆면 네 개
난간동자 네 개
바닥면 세 개
24"
16"
24"
24½"
15½"
1. 울타리 판자에서 옆면, 바닥면, 난간동자를 잘라낸다.
15½인치 가로대 한 개
평면도
저면도
16"
24"
측면도
완성도

4단계. 조각을 붙여 바닥면을 만든다(뒤집어서 작업한다).

모서리를 자른 곳이 옆면에 닿도록 놓아서 화분 상자에 바닥면을 만든다. 잘라낸 귀퉁이에 다리를 끼우면 빈틈없이 딱 맞을 것이다!

옆면과 닿은 바닥면 조각의 가장자리를 빙 둘러 파일럿 홀을 뚫고 1⅝인치(약 4.1cm) 나무용 나사를 박는다. 나사는 바닥면을 통과해 옆면의 한가운데로 들어가도록 박아야 한다(옆면 가장자리로 박으면 나무가 쪼개질 수 있다).

5단계. 바닥 가로대를 잘라서 화분 상자 안에 붙인다.

이제 마지막 한 조각만 남았다! 15½인치(약 39.4cm)가 화분 상자의 바닥면을 지탱할 가로대 역할을 해주어 흙을 채워도 바닥이 휘거나 처지지 않는다.

화분 상자의 긴 옆면이 바닥에 놓이도록 눕힌다.

가로대가 바닥면 조각 세 개 전체에 걸쳐지도록 화분 상자 안에 놓는다.

짧은 1인치(약 2.5cm) 나사로 가로대를 바닥에 붙인다(파일럿 홀은 뚫지 않아도 된다. 나사는 가로대 중앙에 설치하며 가장자리 아주 가까이는 설치하지 않는다). 그런 다음 파일럿 홀을 뚫고 1⅝인치(약 4.1cm) 나무용 나사를 박아 가로대를 옆면과 연결한다(나무용 나사는 상자 바깥에서 옆면을 통과해 가로대로 들어가도록 설치한다).

6단계. 물빠짐 구멍을 뚫는다.

바닥면 판자 사이에 틈이 있을 수도 있지만(물빠짐에 좋다!) 상자에서 물이 빠질 수 있도록 구멍을 몇 개 더 뚫어주는 편이 좋다. 원하는 곳에 구멍을 6~8개 정도 뚫어준다. ½인치(약 1.3cm) 정도의 조금 큰 드릴 비트를 사용하면 완벽하다.

7단계. 식물을 심고 감상한다!

심고 싶은 식물에 따라 화분용 영양토나 자갈을 추가한다. 흙이 깊지 않아도 되는 작은 식물을 심을 때는 화분 상자에 돌이나 자갈을 채운 뒤 영양토를 맨 위에 깔아준다. 이제 멀리서 식물이 자라는 모습을 감상하자!

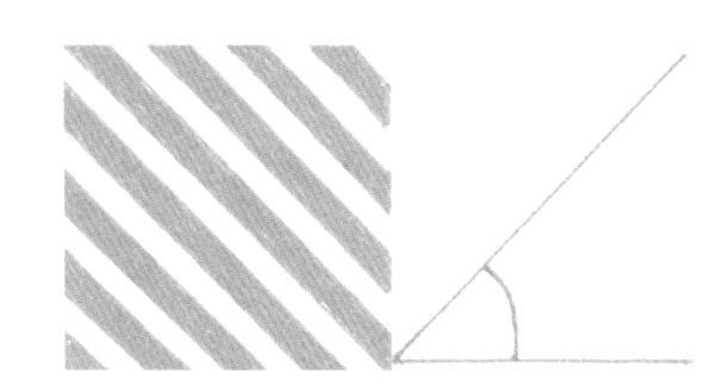

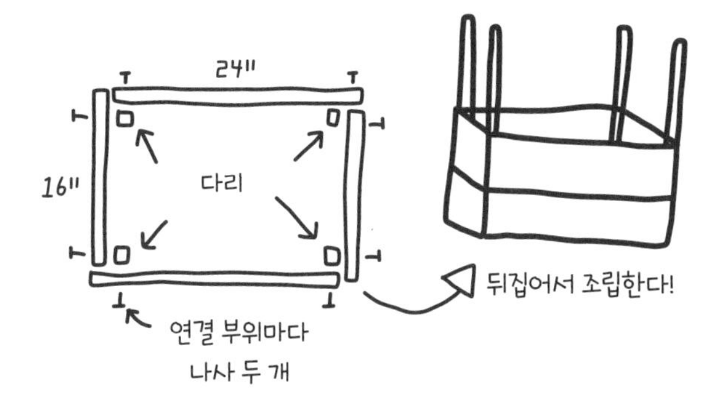

2. 옆면을 바람개비처럼 서로 연결한 다음 다리를 부착한다.

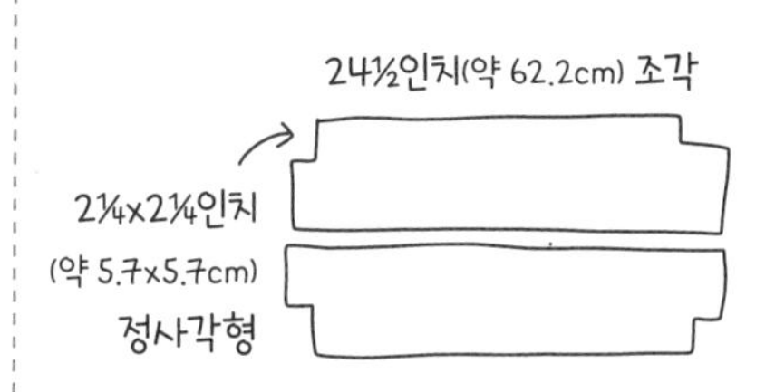

3. 바닥면을 만들 조각 두 개의 모서리 두 군데를 잘라낸다.

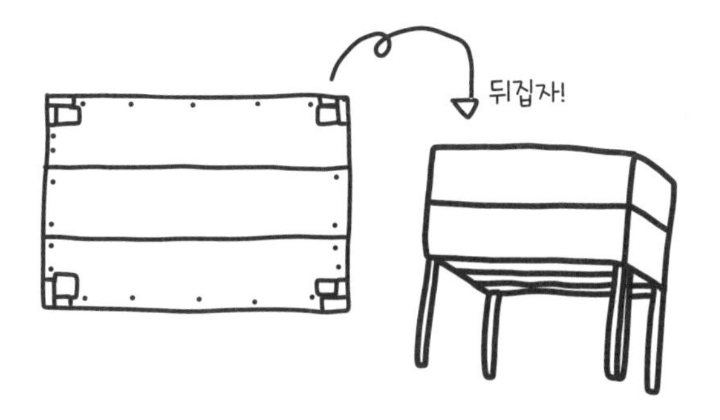

4. 바닥면을 붙인다.

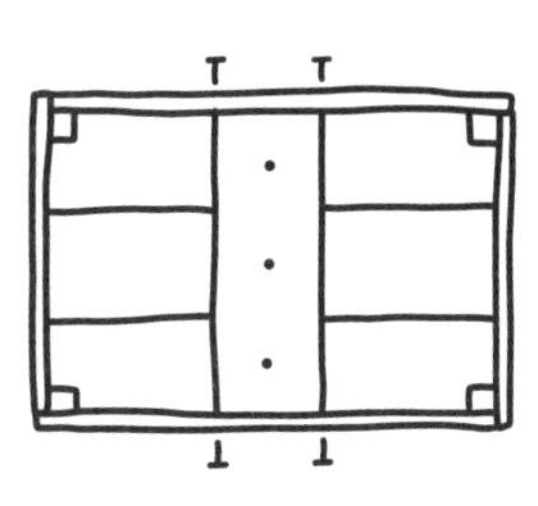

5. 바닥 가로대를 잘라서 화분 상자 안에 붙인다.

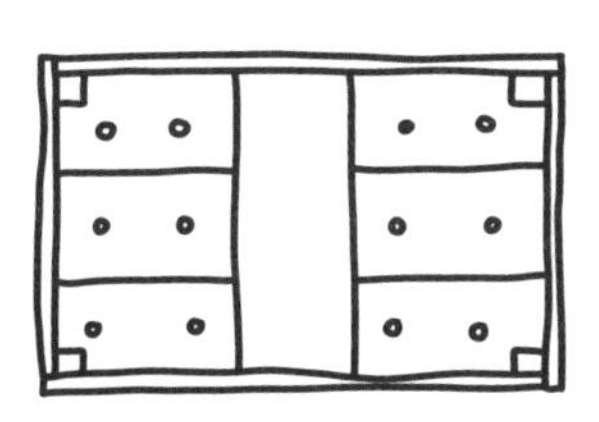

6. 물빠짐 구멍을 뚫는다.

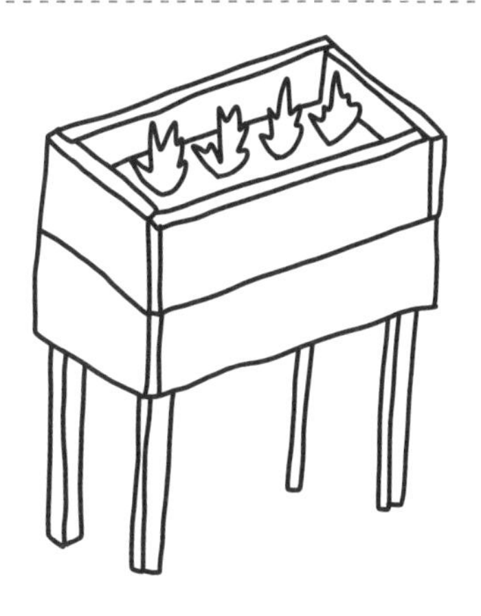

7. 식물을 심고 감상한다!

샛기둥 구조의 개집 짓기

언젠가는 내 집을 짓고 싶다. 집을 지으려면 골조를 세우고, 골조를 가리고, 배선을 깔고, 단열과 방수 처리를 하고, 마감하기까지 배워야 할 것들이 아주 많다! 개집 짓기 프로젝트는 내 집 짓기의 첫걸음으로 삼기 아주 좋으며, 이를 통해 주택을 지을 때 사용하는 2×4 등과 같은 재료로 목재 골조를 세우는 기본 원리를 배울 수 있다. 내 집을 지을 경제적인 여유가 생길 때까지 내 강아지 준벅을 위한 사랑스러운 집을 지어보자. 개집 크기는 견종 대부분에 적합하도록 설계했다(티컵 푸들이나 그레이트 데인 같은 종에 적합한 아주 작거나 아주 큰 개집 치수는 직접 생각해보아야 한다!). 이 프로젝트는 진정으로 만들기 기술을 모두 동원해야 하는 최고 난이도의 프로젝트로, 정밀한 빗각켜기와 수많은 조립 과정과 인내가 필요하다. 여러분은 할 수 있다!

재료

- 총 길이 약 16피트(약 4.88m)의 2×4
- 총 길이 약 50피트(15.24m)의 2×2
- $2\frac{1}{2}$인치(약 6.4cm) 건축용 나사
- $\frac{1}{4}$인치(약 6mm) 두께의 온전한 합판 두 장(또는 합판 반절 네 장이나 4절 합판 여덟 장)
- $1\frac{5}{8}$인치(약 4.1cm) 나무용 나사
- 원한다면 외장용 페인트와 페인트붓(VOC 함량이 낮거나 없는 페인트)

공구

- 줄자
- 스피드 스퀘어
- 연필
- 각도 절단기
- 샌딩 블록과 사포
- 드라이버와 나사 크기에 맞는 드라이버 비트
- 고무 망치
- 원형 톱
- 초크 라인
- 클램프 네 개
- 드릴과 파일럿 홀을 뚫을 $\frac{3}{32}$인치(약 2mm) 드릴 비트
- 지그소

안전 확인!

- 숙련되고 경험 많은 성인 메이커 동료
- 보안경(상시 착용!)
- 전기 톱을 사용하는 경우 귀마개
- 전기 톱을 사용하는 경우 방진 마스크
- 머리 뒤로 묶기
- 달랑대는 액세서리, 끈 달린 후드티 피하기
- 팔꿈치까지 소매 접어 올리기
- 앞이 막힌 신발

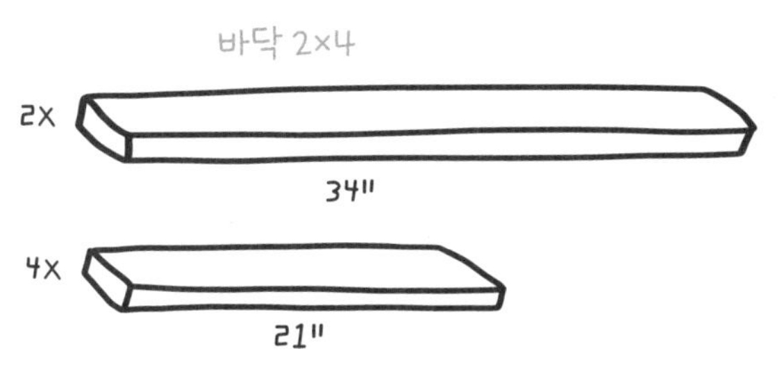

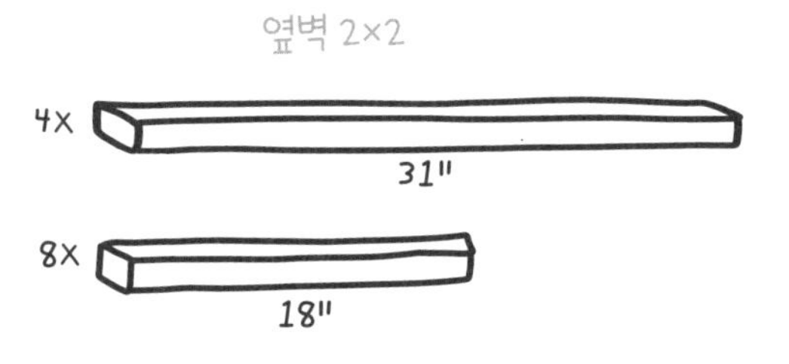

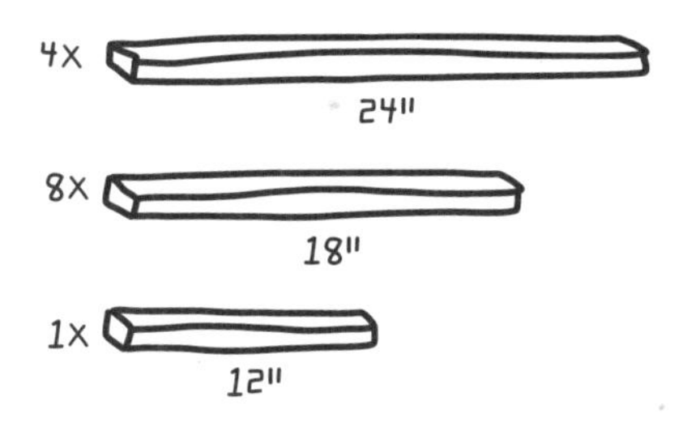

1. 2×4와 2×2를 자른다.

1단계. **2×4와 2×2를 자른다.**

이 단계는 각도 절단기 사용법을 연습하기에 아주 좋다! 모든 조각을 정확하게 측정하고 재단하자. 단, 지붕에 사용할 45도 빗각켜기는 나중으로 미루자. 재단이 끝나면 강아지가 가시에 찔리지 않도록 절단면 모서리도 사포로 잘 문질러 놓는다. 재단 목록은 다음과 같다.

바닥 구조물

- 2×4: 34인치(약 86.4cm) 두 개
- 2×4: 21인치(약 53.3cm) 네 개

옆면

- 2×2: 31인치(약 78.7cm) 네 개
- 2×2: 18인치(약 45.7cm) 여덟 개

앞면과 뒷면

- 2×2: 24인치(약 61cm) 네 개
- 2×2: 18인치(약 45.7cm) 여덟 개
- 2×2: 12인치(약 30.5cm) 한 개(입구 상부의 도어 헤더용)

나중에 지붕 서까래와 합판 외벽 널도 잘라야 한다. 그러나 그 단계 전까지 그 걱정은 접어두자. 그래도 참고를 위해 재단 목록은 소개한다.

지붕 서까래

- 2×2: 45도 빗각켜기로 자른 17½인치(약 44.5cm) 여덟 개(가장 긴 변이 17½인치)

합판 외벽 널(¼인치/약 6mm)

- 34×24인치(약 86.4×61cm) 한 개(바닥). 다음 2단계에서 잘라 연결한다.
- 34×24½인치(약 86.4×62.2cm) 두 개(옆벽)
- 24×24½인치(약 61x62.2cm) 두 개(앞벽과 뒷벽)
- 36x19인치(약 91.4×48.3cm) 두 개(지붕면)

2단계. **바닥 구조물을 만든다.**

2×4와 합판 조금으로 바닥 구조물을 만들면 개집이 땅에서 살짝 들어올려져 바닥이 썩지 않도록 막아준다. 2×4 긴 가장자리가 바닥에 닿도록 세워, 주택의 골조를 만들듯이 바닥 구조물을 만들 것이다.

34인치(약 86.4cm) 2×4를 가로 방향으로 위와 아래에 세운다.

21인치(약 53.3cm) 두 개를 먼저 짧은 옆면으로 써서, 21인치를 34인치 끄트머리에 물리게 하여 직사각형 모양으로 완성한다. 각 연결 부위에 드라이버로 2½인치(약 6.4cm) 나사를 두 개씩 박아 조각 네 개를 연결한다. 나사를 34인치를 통과해 21인치로 들어가도록 박는다(파일럿 홀은 뚫을 필요 없다).

남은 21인치(약 53.3cm) 두 개를 직사각형 안에 넣되, 기차 선로처럼 양 끝의 21인치와 평행하게 놓는다(나중에 덮을 것이므로 간격을 완벽히 맞출 필요는 없다). 필요하다면 고무 망치로 두드려 제 위치에 고정한다. 스피드 스퀘어를 이용해 21인치가 34인치와 수직인지 확인한 뒤, 연결 부위마다 2½인치(약 6.4cm) 나사를 두 개씩 설치한다. 이제 바닥에 깔 34×24인치(약 86.4×61cm) 구조물이 완성되었다. 구조물의 세로가 총 24인치(약 61cm)가 된다는 점을 기억하자. 21인치(약 53.3cm)와 가로로 놓인 2×4 두 개의 두께(각각 1½인치/약 3.8cm)를 더해야 한다.

이제 바닥 구조물을 마무리하자. 원형 톱으로 합판을 34×24인치(약 86.4×61cm)로 자른다. 재단할 합판에 선을 그어야 하므로 초크 라인이 필요하다(86쪽 참고). 가장자리를 빠르게 샌딩한다.

자른 합판을 바닥 구조물 위에 놓고 1⅝인치(약 4.1cm) 나무용 나사를 약 6인치(약 15.2cm) 간격을 두고 박는다. 나는 바닥 구조물 옆면에 나사를 박을 때 위치를

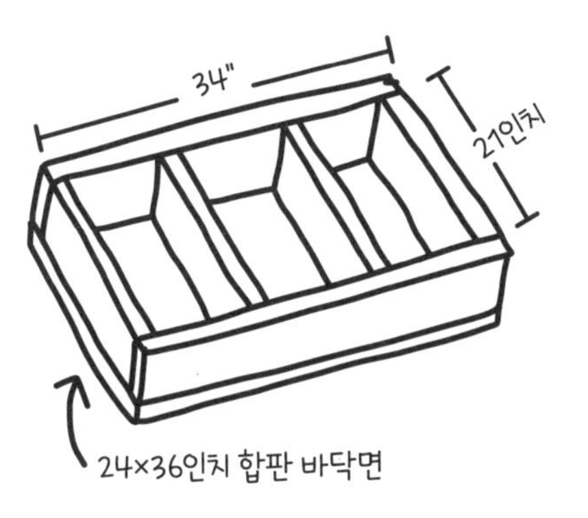

2. 바닥 구조물을 만든다.

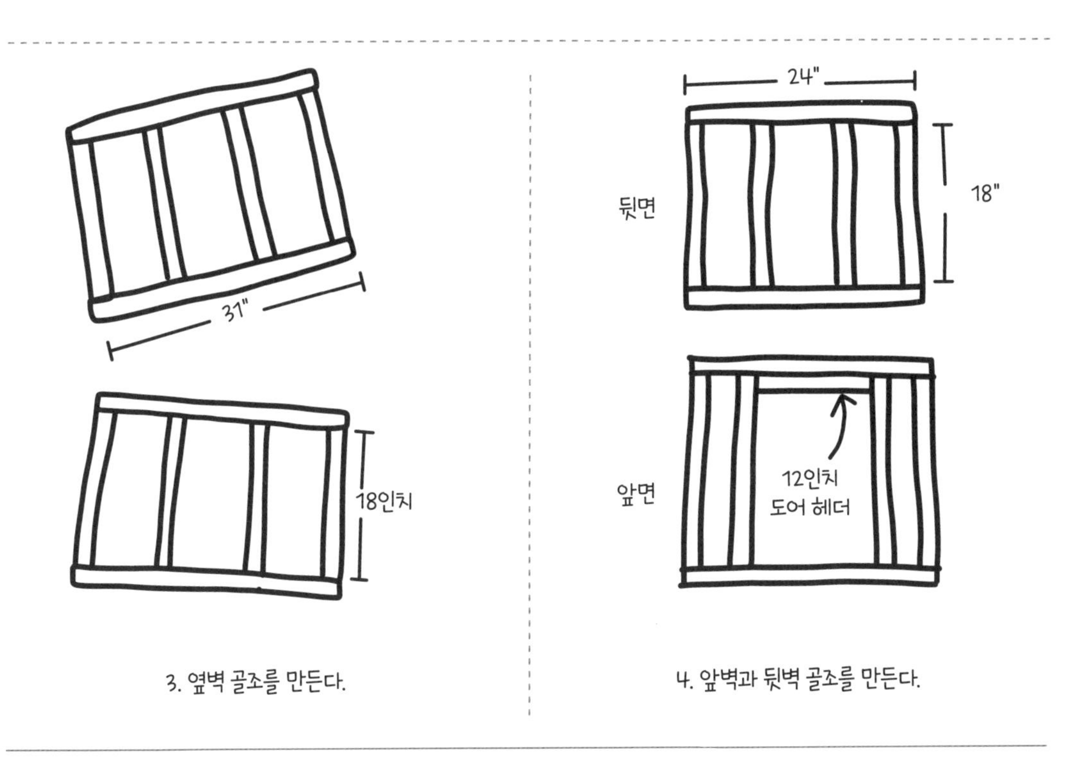

3. 옆벽 골조를 만든다.

4. 앞벽과 뒷벽 골조를 만든다.

작게 표시한다. 그래야 나중에 벽을 연결할 때 방금 박은 나사를 피해 나사를 설치할 수 있다.

3단계. **옆벽 골조를 만든다.**

옆벽은 가로 31인치(약 78.7cm), 세로 21인치(약 53.3cm) 크기로 바닥 구조물 위에 세울 것이다. 가로가 34인치가 아닌 31인치밖에 안 되는 이유는 1½인치씩 앞벽, 뒷벽과 맞닿기 때문이다.
옆벽의 상단과 하단에 해당하는 31인치(약 78.7cm) 길이 2×2 두 개를 나란히 배치한다.
그 사이에 18인치(약 45.7cm) 2×2 네 개를 기차 선로처럼 수직으로 놓는다.
양 끝부터 드라이버로 파일럿 홀을 뚫고 2½인치(약 6.4cm) 건축용 나사를 연결 부위당 두 개씩 설치해 조각을 연결한다.
안쪽의 18인치(약 45.7cm)는 양 끝에서 8인치(약 20.3cm) 떨어진 곳에 각각 두어야 한다. 상단과 하단에 해당 위치를 표시하고 18인치를 정렬한다. 스피드 스퀘어를 이용해 상단과 하단에 수직하는지 확인해야 한다. 안에 넣은 조각이 상하단 사이에 꽉 끼어 잘 움직이지 않는다면 나사를 설치하기 전에 고무 망치로 두드려 제 위치에 가도록 배치한다.
이 과정을 반복해 옆벽을 하나 더 만든다.

4단계. **앞벽과 뒷벽 골조를 만든다.**

앞벽과 뒷벽은 거의 동일하지만, 앞벽은 출입구를 만들어야 하기 때문에 골조 형태가 조금 다르다.
먼저 24인치(약 61cm) 길이 2×2 두 개를 가져오자. 이 조각은 바닥 구조물의 폭과 맞물리는 상단과 하단이 된다. 둘은 서로 평행하게 놓는다.
그 사이에 18인치(약 45.7cm) 길이 네 개를 기차 선로처럼 수직으로 놓는다. 바깥쪽 두 개를 먼저 연결해 직사각형 골조를 완성한다. 뒷벽 사각형 골조 안에 남은 18인치 조각 두 개를 동일한 간격으로 배치한다.
앞벽에도 이 과정을 반복하지만, 한 가지 예외가 있다! 18인치(약 45.7cm) 두 개를 설치할 때, 그 사이에 12인치(약 30.5cm) 2×2를 상하단과 평행하게 배치한다. 이 조각은 도어 헤더, 즉 강아지가 드나들 문의 상단 높이가 된다. 강아지 몸집에 적당해 보이는 높이에 설치하면 된다!
도어 헤더를 18인치(약 45.7cm) 두 개에 연결한 다음, 이 18인치 두 개를 골조의 상단과 하단에 연결한다.

5단계. **벽을 바닥에 고정하고 벽과 벽 사이도 연결한다.**

드디어 바닥과 벽 네 개가 완성되었다! 이제 건물(개집!)을 세울 시간이다. 클램프를 네 개 사용해 모두 제자리에 고정한다.
벽을 바닥 구조물의 가장자리에 세운다. 앞과 뒤의 벽이 샌드위치 빵이고 옆벽이 고기라고 생각하고 앞벽과 뒷벽 사이에 옆벽을 끼우듯이 놓는다. 이때 벽끼리는 어느 한 곳 튀어나오는 곳 없이 일렬로 서야 하고, 벽 하단은 바닥 구조물의 가장자리와 일직선이 되어야 한다. 클램프로 벽과 벽을 서로 고정해준다.

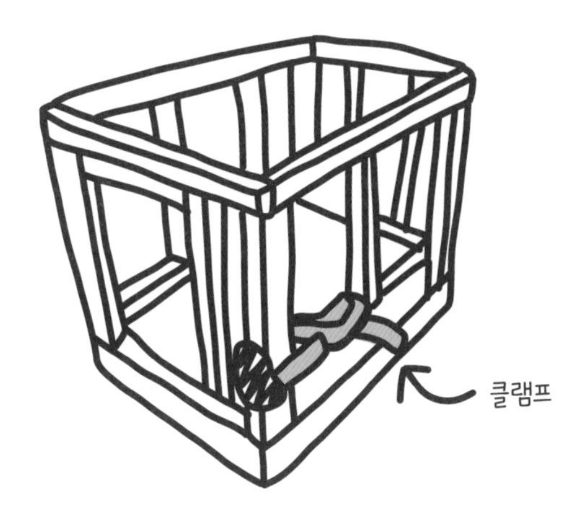

5. 벽을 바닥에 고정하고 벽과 벽 사이도 연결한다.

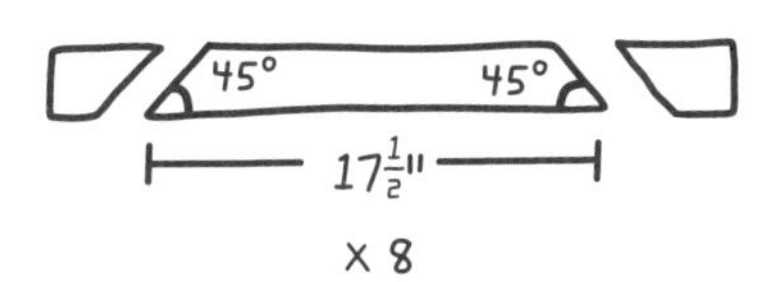

6. 지붕(서까래)을 자른다.

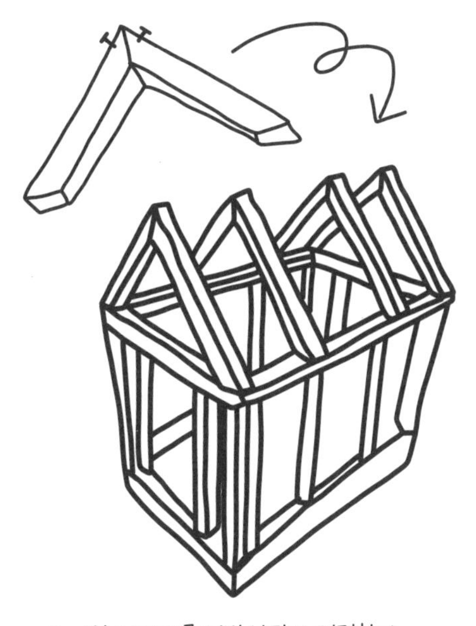

7. 지붕 서까래를 옆벽 상단과 연결한다.

드라이버와 2½인치(약 6.4cm) 나사로 각 벽의 하단을 바닥 구조물에 연결한다(벽마다 나사를 서너 개 박아준다). 이때 새로 설치하는 나사가 구조물을 합판에 연결할 때 설치했던 나사를 건드리지 않도록 조심한다!
연결 부위마다 2½인치(약 6.4cm) 나사를 세 개씩(위쪽, 가운데, 아래쪽에 하나씩) 박아서 옆벽을 서로 연결한다. 모두 연결했으면 클램프를 제거하자!

6단계. **지붕(서까래)을 자른다.**
이 단계가 아마도 가장 까다로운 부분이면서도 완성했을 때 가장 만족감을 느낄 부분이다. 지붕은 서까래 네 개가 위쪽의 한 지점에서 만나며, 경사각을 45도로 한다. 각도 절단기를 설정해서 빗각켜기를 한다. 양 끝을 45도로 자른 조각이 여덟 개 필요하다(옆에서 보면 사다리꼴 모양이다). 각 조각은 두 개씩 짝을 지어 한쪽 끝은 양쪽 옆벽의 상단에 놓고 다른 쪽 끝은 지붕 위쪽에서 서로 만나도록 한다.
절단면과 각도가 정확하도록 2×2 끝을 45도로 잘라낸다. 측정할 필요 없이 한쪽 끝만 사선으로 잘라낸다.
그런 다음 사선으로 잘라낸 지점(뾰족한 끝부분)에서 17½인치(약 44.5cm) 떨어진 지점을 표시한다.
이제 스피드 스퀘어로 2×2에 표시한 지점부터 45도 사선을 그린다. 각도 절단기로 빗각켜기를 한다. 재단이 끝난 조각은 사다리꼴 모양이어야 한다.
측정, 표시, 절단 과정을 일곱 번 더 반복해 총 여덟 개 조각을 만든다!

7단계. **지붕 서까래를 옆벽 상단과 연결한다.**
방금 빗각켜기한 두 개를 액자 귀퉁이처럼 직각을 이루도록 놓는다.
목재가 쪼개지지 않도록 먼저 파일럿 홀을 뚫은 뒤 1⅝인치(약 4.1cm) 나무용 나사를 한쪽과 다른 쪽에 하나씩 박아서 모서리를 연결한다.
한 쌍씩 작업해서 서까래가 될 모서리 형태를 총 네 개 만든다.
이제 서까래를 하나하나 옆벽 상단에 고정할 차례다. 하나는 앞벽, 또 하나는 뒷벽에, 나머지 두 개는 중간에, 옆벽의 수직 기둥과 일렬이 되도록 설치한다. 첫 번째 서까래는 옆벽에서 반대편 옆벽에 걸쳐지도록 벽 위에 놓는다. 서까래가 옆벽과 만나는 곳에 수직으로 파일럿 홀을 뚫고 1⅝인치(약 4.1cm) 나무용 나사로 고정한다. 이 작업을 서까래 네 개에 모두 해준다.

8단계. **합판으로 외벽 널을 자른다(옆벽, 앞벽, 뒷벽, 지붕).**
바닥 구조물에는 이미 합판을 잘라 붙였다. 이제 합판으로 외벽 널 조각을 잘라야 한다. 합판으로 벽 네 개와 지붕을 모두 덮을 것이다.

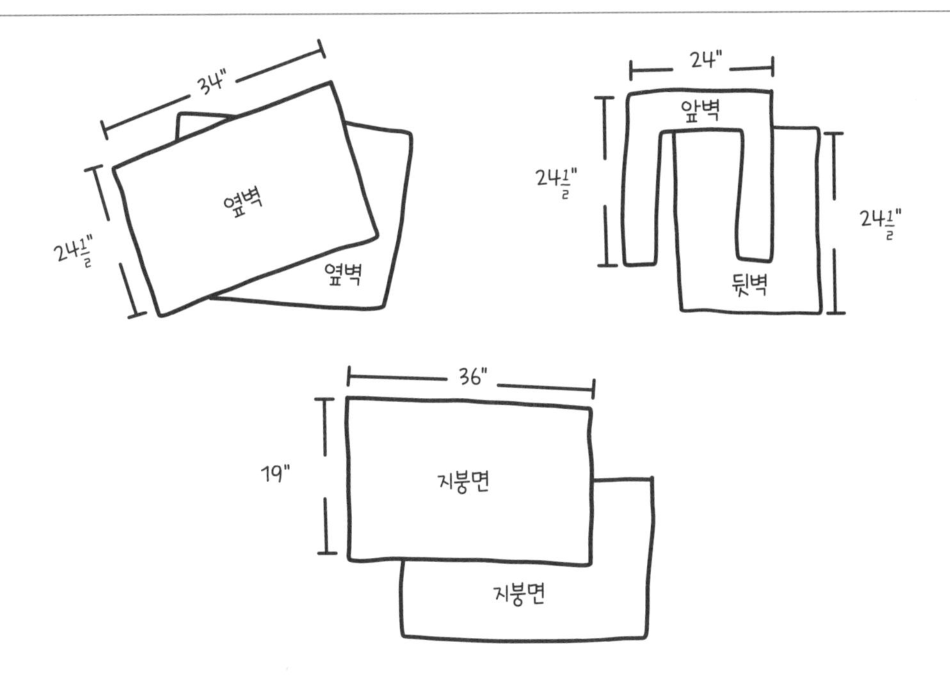

8. 합판으로 외벽 널을 자른다(옆벽, 앞벽, 뒷벽, 지붕).

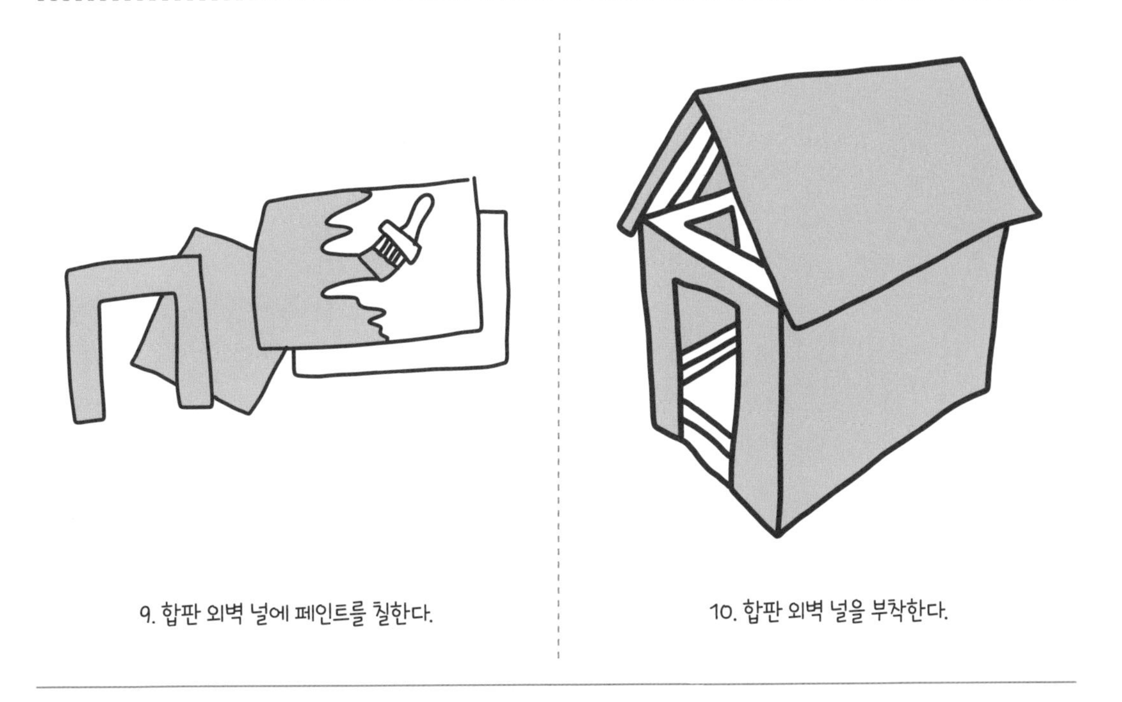

9. 합판 외벽 널에 페인트를 칠한다.

10. 합판 외벽 널을 부착한다.

정확하게 측정하고 선을 표시한 뒤 원형 톱으로 자른다. 조각이 클 경우에는 초크 라인을 사용해도 된다. 앞벽에서는 정문도 잘라내야 한다. 합판 조각을 개집 앞벽에 대고 안쪽에서 연필로 대충 문 모양을 그린다. 그런 다음 지그소로 문을 잘라낸다.

9단계. **합판 외벽 널에 페인트를 칠한다.**
벽에 페인트를 칠할 생각이라면 지금이 기회이다! 페인트를 칠하기 전에 나무 조각마다 먼지를 제거해준다. 사랑하는 내 강아지가 이 집에 살 것이므로 VOC 함량이 적거나 아예 없으면서 내구성이 좋은 외장용 페인트를 사용하는 것이 좋다. 다음 단계를 진행하기 전에 페인트를 완전히 건조시키자.

10단계. **합판 외벽 널을 부착한다.**
이제 거의 끝나간다!

각 합판을 해당 벽과 지붕 경사면에 붙인다. 옆벽, 앞벽, 뒷벽의 외벽널 높이는 벽 골조 높이 21인치에 바닥 구조물 높이 3½인치를 더해서 총 24½인치가 되어야 한다는 점을 기억하자. 외벽 널은 개집 전체를 덮을 수 있도록 바닥까지 닿아야 한다.
1⅝인치(약 4.1cm) 나무용 나사(파일럿 홀은 필요 없다)로 고정한다. 나사는 합판을 통과해 벽과 지붕 골조 안으로 들어가고, 동시에 각 벽의 외부 골조와 안의 샛기둥을 모두 통과하도록 박아야 한다. 지붕 앞벽과 뒷벽 위의 삼각형 공간은 환기를 위해 일부러 남겨두었다. 지붕도 밖으로 살짝 튀어나오도록 했다.
마지막으로 한 번 더 둘러보면서 샌딩해야 할 가시나 날카로운 가장자리가 없는지 확인한다. 멍멍이가 집에서 편히 있을 수 있도록 푹신푹신한 강아지 침대와 장난감 몇 개를 넣어주자!

감사의 말

2015년에 나는 걸스 개라지에 다니는 에리카, 테아, 엘리자 이렇게 세 명과 함께 식탁에 앉아서 언젠가 자비 출판할 『여성 청소년을 위한 공구와 만들기 책』에 실을, 각자 좋아하는 공구를 그렸다. 그때의 첫 스케치와 대화, 함께했던 소녀들과 그 외의 수많은 소녀들의 포부가 모여 이 모든 프로젝트가 탄생했다. 걸스 개라지 가족 여러분, 여러분이 있어서 이 책을 쓸 수 있었습니다. 감사합니다.

이 프로젝트는 나의 가장 친한 친구와 가족, 동료의 지원과 전문 지식과 인내 없이는 실현되지 못했을 것입니다.

케이트 빙거먼버트. 당신은 그냥 뛰어난 삽화가가 아니라 창의적인 작업을 함께해준 나의 동반자이자 흔들림 없이 응원해준 응원단장이었고, 이 책이 쉴 새 없는 모험이 가득하도록 만들어준 찬란한 빛이었습니다.

크리스티나 젠킨스, 마야 빌라플라나, 앨리슨 오로팔로, 오거스타 시트니, 메건 해리스, 할리 첸, 크리스티 히가레스, 송혜윤, 세라 리치, 스테파니 메추라, 벨레타 앨런. 여러분은 제가 지금껏 기다려온 여성들이에요. 여러분 덕분에 걸스 개라지가 1년 365일 매일같이 일하고 싶은 장소가 되었습니다. 고맙습니다. 특히 앨리슨 오로팔로에게 감사를 전합니다. 최고의 만들기 동료이자 변함없는 친구이고, 또 '카운터싱크'라는 단어의 사용법을 한밤중에 문자로 알려줘서 고마워요.

세마 프롬과 어맨다 N. 시몬스. 이 책의 만들기 '레시피'를 꼼꼼히 읽고 모든 프로젝트를 더 잘 완성할 훌륭한 방법들을 제안해주셔서 고맙습니다! 그리고 리사 파인. 당신은 정말 용접 천재예요! 야금술의 상변화 같은 개념을 이해할 수 있는 문장으로 바꾸도록 도와주신 데 무한한 감사를 드립니다.

불굴의 돈 행콕이 이끄는 파이어벨리 디자인 팀 여러분. 여러분은 창의력이 넘치는 닌자들이에요. 여러분께 평생 갚지 못할 빚을 졌습니다. 글과 그림과 질감과 비밀스럽게 필릿 용접해 직접 만든 활자체로 걸스 개라지 이야기를 들려줄 수단을 마련해주었죠.

이 책에 글을 실어준 열다섯 명의 여성과 소녀 여러분, 감사합니다. 여러분 모두 망설임 없이 '네'라고 말해주셨죠. 여러분의 얼굴과 이야기는 흩어져 있는 여성 청소년들에게 우주를 열어줄 거예요.

어머니, 아버지, 몰리, 매기. 만약 우리가 정신 나간 가족이 아니었다면, 나는 결코 일을 해낼 만큼 당돌해지지 못했을 거예요. 언제나 무조건적인 사랑과 지지를 보내주고 나의 반석이 되어주어 감사합니다.

라일라와 네루다. 삶과 집을 함께 공유하고, 또 젊은 세대로서 미래에 대한 나의 관점과 희망을 지지해줘서 고맙습니다.

빅터 디아즈. 소제목에서 문장 구조에 이르기까지 이 책의 모든 것을 두루 살펴 이야기해주셔서 감사합니다. 그리고 편집하는 동안 저한테 커피 500잔쯤 주셨죠. 당신은 하늘이에요.

준벅. 넌 세계에서 제일 멋진 강아지야. 가장 필요한 순간에 방 맞은편 개 침대에서 '넌 할 수 있어'라는 듯한 눈빛을 보내줘서 정말 고마워.

아리엘 리처드슨, 제니퍼 톨로 피어스, 그리고 크로니클 북스 팀. 여러분은 반짝이는 아이디어로 종이에 생명을 불어넣은 마술사들이에요. 끝없는 인내심과 진정한 공동 작업자이자 두려움 없는 메이커가 되어주어 감사합니다.

찾아보기

ㄱ

가구 디자이너 271
가로켜기 122, 123
가로켜기 손톱 126
가스 222~225
각도 절단기 134~137
각도 톱대 81
갈리시아, 케트잘리 페리아 145~147
강, 잔 202~204
갬블, 태미 54
건축 설계 도면 읽기 198, 199
걸리 숍 선생님 54
걸스 개라지
　개념 8~11
　개장 8, 9
　위치 9
　필요성 9, 11, 12
걸스 오토 클리닉 240
게이츠, 멀린다 42
결 35, 123
고메즈, 에벌린 29~31
고무 망치 또는 나무 망치 100
고무 샌딩 블록 167, 168
고정하기 88~95
골조용 못 57, 58
공구 벨트 25
공구(개별 공구 참고)
　고정용 공구 88~95
　공구의 중요성 18, 19, 22
　금속 공구 171~172, 176~181, 184~186
　배치용 공구 78~83, 86, 87
　샌딩과 마감용 공구 165~170
　수공구 96~101, 104~110, 114~121
　작업에 알맞은 공구 사용하기 19
　전동 공구 134~144, 148~155, 158~164
　청소 도구 187~189
　측정용 공구 74~77
　톱 122~130, 134~144
공기 압축기 164
공압식 공구 164
구급상자 28
구조목 36
굵은줄 166
귀덮개 24
귀마개 24
그루브 플라이어 116
금속 공구 171, 172, 176~181, 184~186
기계 나사 53
기계 톱 144
긴 막대 빗자루 187
길리엄, 알렉스 271
끌 118, 119

ㄴ

나만의 공구함 만들기 249~253
나무 손나사 클램프 90
나무 숟가락 만들기 266~270
나무용 나사 52
나비 너트 68
나비 볼트(나비 앵커) 65
나사
　머리 유형 50

머리 홈 유형 51
부위 명칭 49
사용 요령 49
유형 52, 53
크기 49
못과 나사 48, 56
볼트와 나사 48, 62
나일론 너트 67
날어김 124
남경 대패 120
납땜인두 186
냄비머리 나사 50
너트
러그 너트 104, 242~245
사용 요령 66
용도 66
유형 66~68
크기 66
네일 건 159, 160
노루발 장도리 97
누전 차단기 콘센트 220
눈금자
사용법 75, 76
손으로 눈금을 새긴 강철 눈금자 258~261
유형 75
접자 76, 77
니들노즈 플라이어 116
니퍼 114, 115

ㄷ
다림추 83
다용도 조각기 159
단락 220, 221
단면도 198, 199
당김 매듭 211
덕트 테이프 45
도츠키 등대기 톱 127
도토리 너트 68
돌망치 99
동석 181
둥근머리 나사 50
둥근머리 망치 98
듀플렉스 못 58, 59
드라이버 101~105
렌치와 드라이버 106
부위 명칭 101
사용 요령 101
용도 101
유형 104, 105
홈 유형 101
드라이버 비트 153, 154
드레멜 159
드릴 148~150
드릴 비트 151, 152
드릴 프레스 154, 155
등대기 톱 127
디터민드 바이 디자인 111
띠톱 140~142

ㄹ
라인 수준기 82
래그 볼트 63, 64
래칫 렌치 109
러그 너트 242~245
렌치
드라이버와 렌치 106
사용 요령 106
유형 106~110
로드아일랜드 디자인 스쿨 271
로버트슨 홈 51, 52
로버트슨, 피터 럼버너 51, 52
롱 줄자 75

루터기 158
루터기 비트 158, 159
리바스, 루스 31
리벳 71
리벳공 로지 173
립앤스퍼 비트 151

ㅁ

마감용 못 58
마스킹 테이프 45
막대 클램프 88, 89
만들기 재료 유형 35~41, 45~47
망치
    사용 요령 96
    유형 96~100
맞매듭 208
매사추세츠 공과 대학(MIT) 29, 31
매듭 208~211
머리끈 28
머신 바이스 94
먼지 걸레 187, 188
멀티 툴 117
멍키 스패너 108
메이슨 라인 86, 87
멘토 17
모듈식 책장 만들기 285~289
모리슨, 케이 173, 174
목공용 바이스 94
목공용 비트 151
목공용 접착제 46
목수 망치 98
목심 72
목재 36
목재(제재목 참고)
    가공 합판 38, 39
    결 35, 123
    합판 37
몬드리안, 피터르 274
몰리 볼트 65
못
    계보 56
    나사와 못 48, 56
    망치질하는 법 96
    부위 명칭 56
    빗못치기 206, 207
    사용 요령 56
    유형 57~59
    제거하는 법 97
    코팅 처리 57
    크기 57
못뽑이 120
무두 못 58
무어, 맨디 42
미켈란젤로 119

ㅂ

바이런, 캐리 61
바이스 94
바이스 그립 92
반 헤일런, 에디 150
방전된 차 시동 걸기 238~239
밝은색 못 57
방진 마스크 27
배치하기 78~83, 86, 87
배향성 합판(OSB) 38
뱅크스, 패트리스 240
베이츠, 테오도르 94
벤치 대패 119
벤치 도그 94, 95
벨, 티아라 271~273
벨트 샌더 169
벽

구멍 메우기 226~229
액자 걸기 216, 217
페인트칠하기 218, 219
벽걸이식 자전거 거치대 만들기 280~284
별 모양 홈 51
보라인 매듭 210
보안경 23
보일러의 점화용 불씨 재점화하기 222, 224, 225
복스 렌치 106
복합식 각도 절단기 134, 135
볼 망치 98
볼트
나사와 볼트 48, 62
부위 명칭 62
사용 요령 62
유형 63~65
크기 62, 63
부석을 함유한 스크럽제 189
분전함 220
브래드 59
브래드 건 159, 160
브래드포인트 비트 151
블라인드 리벳 71
블록 대패 119
비스킷 72
비스킷 접합기 162, 163
빌드 라이틀리 84
빗각켜기 93, 122~124
빗면켜기 122~124
빗못치기 206, 207
빗자루 94, 187~189

ㅅ
사각 너트 67
사각 홈 51, 52
사포 165, 167
산소 용접기 184
삼각형으로 직각 모서리 만들기 200, 201
상자 못 57, 58
새는 변기 고치기 230, 231
샌딩 스펀지 168
샌딩과 마감용 공구 165~170
샛기둥
간격 214
찾기 214, 215
샛기둥 구조의 개집 짓기 300~308
생태 센터 295
석고 보드
벽의 구멍 메우기 226~229
선반 162
세로켜기 122, 123
셰익스피어, 윌리엄 120
소스톱 139
소켓 렌치 109
소형 엔진의 시동 켜기 232, 233
손대패 119
송풍기 188
쇠지레 120, 121
쇠톱 128
수공구 96~101, 104~110, 114~121
수준기 81, 82
스완슨 스피드 직각자 78
스완슨, 앨버트 J. 78
스크래치 송곳 87
스크롤 톱 143, 144
스킬소 137
스테이플 70, 71
스테이플 건 121
스토브 볼트 53
스토브의 점화용 불씨 재점화하기 222, 223
스튜디오 강 202
스페이드 비트 151

스프레이 접착제 46
스프링 클램프 91
스플릿 와셔 70
스피드스퀘어 78, 79
스핀들 샌더 170
슬라이드 각도 절단기 134, 136
슬립 노즈 플라이어 114
시멘트
시멘트와 콘크리트 41
코팅 못 57
시스네로스, 산드라 11
실톱 129
십자 홈 51
싱커 57, 58
쓰레받기 187

ㅇ

아미나, 비비 131, 132
아연 도금한 못 57
아이 볼트 65
안면 보호구 27
안전 장비 22~28
안전모 25
안전화 26
압정 망치 99
액자 걸기 216, 217
앨런 렌치 110
앨런 볼트 64
앨런 홈 52
앨런, W. G. 110
앵글 그라인더 185, 186
앵커 72
업소용 진공청소기 188
엔지니어 플라이어 115
'여자아이'라는 단어 사용 12
연장 코드 감기 212, 213
열전대 224
예초기 시동 켜기 232, 233
오로팔로, 앨리슨 156, 164, 188, 310
오픈 렌치 106, 107
온수기의 점화용 불씨 재점화하기 222, 224, 225
와셔 69, 70
와이어 브러시 181
완벽한 직각 모서리 만들기 200, 201
왕복 톱 143
용접 와이어 181
용접 플라이어 181
용접 헬멧 180, 181
용접봉 181
용접하기
과정 171, 172
기술 178~180
도구 176, 177, 180, 181
안전과 용접 178
유형 176
용접부 유형 180
운봉 방식 179
울프, 버지니아 11
워터펌프 플라이어 116
원하는 모양으로 벽시계 만들기 262~265
원형 톱 137, 138
웨더스푼, 키아 111, 112
육각 구멍붙이 볼트 64
육각 너트 66, 67
육각 드라이버 105
육각 렌치 110
육각 소켓 52
육각머리 볼트 63
육각키 드라이버 105
이붙이 와셔 70
이중 옭매듭 209
이중 트위스트 드릴 비트 151

일반 못 57, 58
일자 홈(나사 머리 홈) 51
임의궤도 샌더 168
임팩트 드라이버 152, 153
입면도 198, 199

ㅈ

자동 바 93, 94
자동차
　바람 빠진 타이어 교체하기 242~245
　방전된 자동차 시동 걸기 238, 239
자물쇠
　따기 234, 236, 237
　핀 텀블러 자물쇠 234~236
자석 빗자루 189
자유 각도자 80
작업대용 빗자루 188
잔디깎이 시동 켜기 232
잠금 플라이어 92
장갑 26
장부끌 118
재단 목록 작성하기 195
잭 존슨 108
잼 너트 67
전기 테이프 45
전기공 플라이어 115
전동 공구 134~144, 148~155, 158~164
전동 대패 161
전산 볼트 41
절단 가위 117, 118
절단기 137, 184, 185
절단 유형 122, 123
점화용 불씨 재점화하기 222~225
접시머리 나사 50
접자 76, 77
접착제 46
접합 대패 160, 161
정목 35, 36
제재목
　구조목 36
　목재 vs 제재목 36
　옮기기 205
　유형 35, 36
줄 166
줄자 74, 75
쥐꼬리 톱 130
지, 미리엄 E. 84
지그소 142, 143

직각 새집 만들기 274~279
직각 클램프 92, 93
직각자 79, 80, 261
직결 나사 52, 53
직사각형 중심 찾기 196, 197
진공 청소기 188

ㅊ

차단기 220, 221
채널록 플라이어 116
척 키 154, 155
철강 제품 40, 41
철물 48~53, 56~59, 62~72
청소하기 187~189
초크 라인 86
추, 에리카 103, 179
추정목 36
축척 76, 198, 199
축척자 76, 77
측정하기 73~77
　공구 74~77
　정확한 측정 지점 73, 74
　치수 표시하기 194

치콰관리위원회 131
카우프만, 앨버트 142
캐리지 볼트 63
캘리퍼스 77
캘리포니아 패치 228
캡 너트 68
캡 볼트 와셔 69, 70

ㅋ
코에브리싱 84
콘크리트 41
시멘트 vs 콘크리트 41
우유갑으로 콘크리트 화분 만들기 290~294
개서 붓기 41, 290
콘크리트 나사 53
콘크리트 비트 151
콤비네이션 렌치 107
콤비네이션 스퀘어 78, 79
크레핀, 앤 폴린 141
클램프 88~93

ㅌ
타원형 나사 50
타이어
바람 빠진 타이어 교체하기 242~245
스페어타이어 244
테두리 못 59
테이블 톱 138~141
테이프 45
텐션 렌치 236, 237
토드, 찰스 271
토크 드라이버 104, 105
토크의 개념 105
토피도 수준기 82
톱(개별 톱 참고)
사용 요령 123~125
손톱 124~130
안전과 톱 123, 134
어떤 톱을 사용해야 할까? 123
전기 톱 134~144
절단기 184, 185
톱질대
만들기 254~257
사용하기 87
트러스머리 나사 50
트위스트 비트 151

ㅍ
파도 와셔 70
파이프 클램프 89, 90
파인, 리사 183
파티클 보드 38
판금 40
판목 35
팝 리벳 71
패리시, 시모네 42~44
퍼블릭 워크숍 271
페리, 루크 84
페이스 클램프 92
페인트칠하기 218, 219
펜더 와셔 69
평끌 118
평면도 198, 199
평 와셔 69
포스너 비트 151, 152
폴리우레탄 접착제 46
표면 용접부 180
표준 금속 제품 40, 41
풀림 방지 와셔 70
프렌치 클리트 216, 217
프로젝트
나만의 공구함 만들기 249~253

나무 숟가락 만들기 266~270
다리 달린 화분 상자 만들기 295~299
모듈식 책장 만들기 285~289
벽걸이식 자전거 거치대 만들기 280~284
샛기둥 구조의 개집 짓기 300~308
손으로 눈금을 새긴 강철 눈금자 만들기 258~261
우유갑으로 콘크리트 화분 만들기 290~294
원하는 모양으로 벽시계 만들기 262~265
직각 새집 만들기 274~279
톱질대 만들기 254~257
플라이어/펜치
사용 요령 114
용도 114
용접 공구 181
유형 114~116
잠금 플라이어 92
플랜지 너트 68
플럭스 코어 용접 176
피복 아크 용접 176
피어슨 빌딩 센터 97
피타고라스의 정리 200
피트와 인치 표시하기 193
필릿 용접부 180

ㅎ

합판 37
해머 태커 121
해비타트 운동 13
행거 216, 217
호기심 해결사 61
호흡용 보호구 27
홀드다운 클램프 94, 95
홀소 152
홈 용접부 180
화분
다리 달린 화분 상자 만들기 295~299
환끌 118
활 톱 128
히트 건 163, 164

C

C형 클램프 90, 91

D

DIY 걸스 29, 31

G

GTAW(가스 텅스텐 아크 용접) 176

I

I빔 수준기 82

M

MDF(중밀도 섬유판) 39
MIG(금속 불활성 가스) 용접 171, 176, 177

S

SMAW(스틱 금속 아크 용접) 176

T

T 자 261
TIG(텅스텐 불활성 가스) 용접 176

글쓴이와 그린이 소개

에밀리 필로톤(EMILY PILLOTON)

비영리 단체 걸스 개라지를 설립했다. 디자이너이자 건축업자면서 교육자로서 여성 청소년에게 전동 공구 사용법과 용접 방법, 지역 사회를 위한 프로젝트 기획을 가르친다. TED 강연과 TV 쇼 〈콜베어 리포트(Colbert Report)〉, 다큐멘터리 영화 〈이프 유 빌드 잇(If You Build It)〉에서 그간의 작업과 철학을 보여 주었다. UC 버클리 환경 디자인 대학에서 강의하며 샌프란시스코 베이 지역에 산다.

케이트 빙거먼버트(KATE BINGAMAN-BURT)

일러스트레이터 겸 캘리그래퍼. 포틀랜드 주립대학교 그래픽 디자인 부교수. 전 세계 독자가 모두 공감하는 그림을 그린다. 리소그라프 공방 '아웃렛(Outlet)'을 운영하며 워크숍 프로그램을 진행하고 있다. '디자인 포틀랜드(Design Portland)'의 창립 회원이자 이사로 활동 중이다.

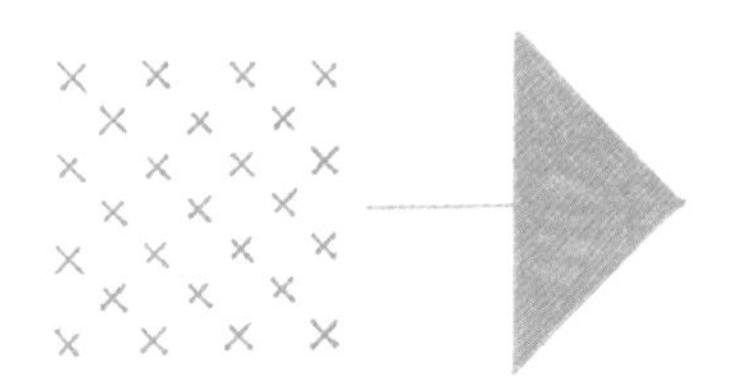

옮긴이 이하영

어릴 때 채우지 못한 전자공학에 관한 궁금증을 번역으로 해소하고 있다. 이화여자대학교 통번역대학원 한영번역과를 졸업했다. 번역서로는 『전자부품 백과사전 Vol.2&3』(공역, 한빛미디어), 『짜릿짜릿 전자회로 DIY(2판)』(인사이트), 『두근두근 아두이노 공작소』(인사이트)가 있다.

언니는 연장을 탓하지 않는다

여성 메이커를 위한 공구 워크숍

초판 1쇄 인쇄 2021년 4월 23일
초판 1쇄 발행 2021년 5월 3일

지은이 | 에밀리 필로톤
그린이 | 케이트 빙거먼버트
옮긴이 | 이하영
펴낸이 | 박해진
펴낸곳 | 도서출판 학고재

등록 | 2013년 6월 18일 제2013-0000186호
주소 | 서울시 마포구 새창로 7(도화동) SNU장학빌딩 17층
전화 | 02-745-1722(편집) 070-7404-2810(마케팅)
팩스 | 02-3210-2775
전자우편 | hakgojae@gmail.com
페이스북 | www.facebook.com/hakgojae

ISBN 978-89-5625-423-4 13590